上海财经大学数学系列教材

上海市精品课程配套教材

线性代数

学习指导与习题全解

◎ 上海财经大学数学学院 编

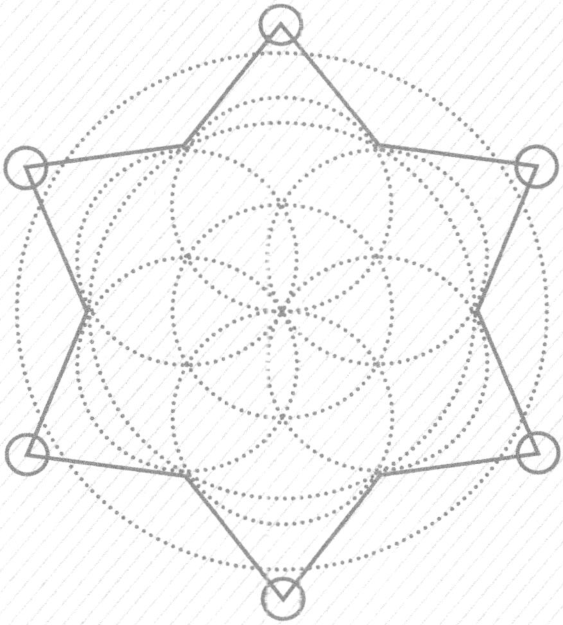

人 民 邮 电 出 版 社

北 京

图书在版编目（ＣＩＰ）数据

线性代数学习指导与习题全解 / 上海财经大学数学学院编. -- 北京 : 人民邮电出版社, 2023.4
上海财经大学数学系列教材
ISBN 978-7-115-58629-2

Ⅰ. ①线… Ⅱ. ①上… Ⅲ. ①线性代数－高等学校－教学参考资料 Ⅳ. ①O151.2

中国版本图书馆CIP数据核字(2022)第021244号

内 容 提 要

本书是上海财经大学数学学院编写的《线性代数》（ISBN 978-7-115-58628-5）的配套学习指导书，是按照教育部高等学校大学数学课程教学指导委员会经济和管理类本科数学基础课程教学基本要求，充分吸取当前优秀线性代数教材的精华，并结合数学学院线性代数课程组多年教学实践和教学改革实际经验，针对当前经济和管理类院校各专业对数学的实际需求及学生的知识结构而编写的.

本书针对线性代数的核心内容做了系统编排，全书脉络清晰、简明易懂. 全书共六章，包括行列式、矩阵、向量的线性相关性与矩阵的秩、线性方程组、矩阵的特征值、二次型；每章提供知识结构图示、内容归纳总结、典型例题解析、自测练习试卷、习题、总复习题及详解等. 并提供综合自测卷供读者使用.

本书可作为高等院校学习线性代数学生的解题指导参考书，也可以作为硕士研究生报考人员的线性代数辅助用书.

◆ 编　　上海财经大学数学学院
责任编辑　武恩玉
责任印制　李　东　胡　南
◆ 人民邮电出版社出版发行　北京市丰台区成寿寺路 11 号
邮编　100164　电子邮件　315@ptpress.com.cn
网址　https://www.ptpress.com.cn
固安县铭成印刷有限公司印刷
◆ 开本：787×1092　1/16
印张：11.75　2023 年 4 月第 1 版
字数：256 千字　2025 年 7 月河北第 2 次印刷

定价：49.80 元

读者服务热线：(010)81055256　印装质量热线：(010)81055316
反盗版热线：(010)81055315

丛书序

古希腊数学家毕达哥拉斯说过一句名言“数学统治着宇宙”. 数学是现实的核心，是自然科学的皇冠，是研究其他学科的主要工具. 新时代数学的深度应用、交叉融合已经成为科技、经济、社会发展的重要源动力.

作为一名数学科学工作者，我认为，数学在未来社会发展中有着愈发重要的位置，一个民族的数学水平，直接关系到整个国家的创新能力. 在“新文科”建设体系下，创新“新文科”专业的数学课程体系、改革教学模式、建设优质教学资源、编写优秀教材变得尤为重要. 我们欣喜地看到上海财经大学数学学院联合人民邮电出版社，针对“新文科”专业的大学数学课程教学，策划出版了一套大学数学系列教材. 教材配有丰富、优质的网络资源，让学生在深刻理解数学的同时，还能体会到数学的文化价值和在科学、经济领域中的巨大作用.

这套系列教材不仅是应对“新文科”专业建设和教学改革的要求，更是对大学数学教材开发的创新尝试，具有以下三个特点.

1. 注重课程思政，旨在突出数学教育“立德树人”的特殊功能. 在落实国家课程思政的要求上，这套系列教材进行了创新尝试，增加思政元素，强化教材对学生的思想引领，突出“育人”目的.

2. 梳理数学历史，科学诠释高等数学的思想与方法. 法国数学家庞加莱说过：“如果想要预知数学的未来，最合适的途径就是研究数学这门科学的历史和现状.”本套系列教材精心梳理了数学历史点，引导学生以史为鉴，培养学生的学习兴趣.

3. 设计教学案例，从全新视角展示数学规律，培养学生的数学素养. 数学的美在于从纷繁复杂的世界中抽离出简单和谐的规律，本套系列教材精心设计教学案例，引导学生探索、研究数学规律，培养学生的创新能力.

教材建设是人才培养、课程改革永恒的主题，希望社会各界都积极参与到“新文科”专业大学数学课程教材建设和人才培养中来，多出成果，为实现中华民族伟大复兴做出教育者应有的贡献.

徐宗本

中国科学院院士

西安交通大学教授

西安数学与数学技术研究院院长

2021 年 6 月

前　　言

本书是按照教育部高等学校大学数学课程教学指导委员会经济和管理类本科数学基础课程教学基本要求，充分吸取当前优秀线性代数教材的精华，并结合数学学院线性代数课程组多年教学实践和教学改革实际经验，针对当前经济和管理类院校各专业对数学的实际需求及学生的知识结构而编写的. 本书可作为高等院校学习线性代数学生的解题指导参考书，也可以作为硕士研究生报考人员的线性代数辅助用书.

作为教材的配套学习资料，本书根据教材的每个章节进行知识点梳理、重点难点分析、经典例题讲解等，并给出自测练习题. 本书每章包括知识结构图示、内容归纳总结、典型例题解析、自测练习试卷、习题、总复习题及详解五个部分. 第一部分通过知识结构图为同学们回顾本章基础知识和基本内容，使同学们快速明了章节要点. 第二部分详细梳理本章基本概念、基本方法，归纳各个知识点之间的逻辑和关联. 第三部分为经典例题解析，该部分精选具有代表性的基础题和综合题，并给出详细求解过程，使读者精准把握解题思路和重点难点. 第四部分为章节自测练习试卷，包含针对各个知识点的基础题和提高题，满足不同层次同学的学习需求. 第五部分为教材课后习题提供详细解答，辅助同学们熟练掌握教材习题的解题方法. 此外，本书对《线性代数》教材整体内容提供综合自测卷及答案，供同学们进行自我检测.

本书是基于“教育部新文科研究与改革实践”“上海市一流本科专业建设”“拔尖人才培养”“数学教学创新团队”等项目建设的教学改革成果，以项目的形式由上海财经大学数学学院线性代数课程组完成教材编写、习题库建设、电子资源三方面的建设内容，项目总负责人王燕军，项目成员包括张远征、崔雪婷、刘春丽、钱晓明、张震峰、顾桂定、周景珩等，在此，要特别感谢程晋院长对课程组教师的关心与支持，在本书编写过程中给出的建议与悉心指导. 此书是近几年来线性代数课程组集体智慧的结晶，也得到了人民邮电出版社的大力支持，谨此对所有人表示衷心的感谢.

数学学院　王燕军

目　　录

第一章　行列式

一、知识结构图示

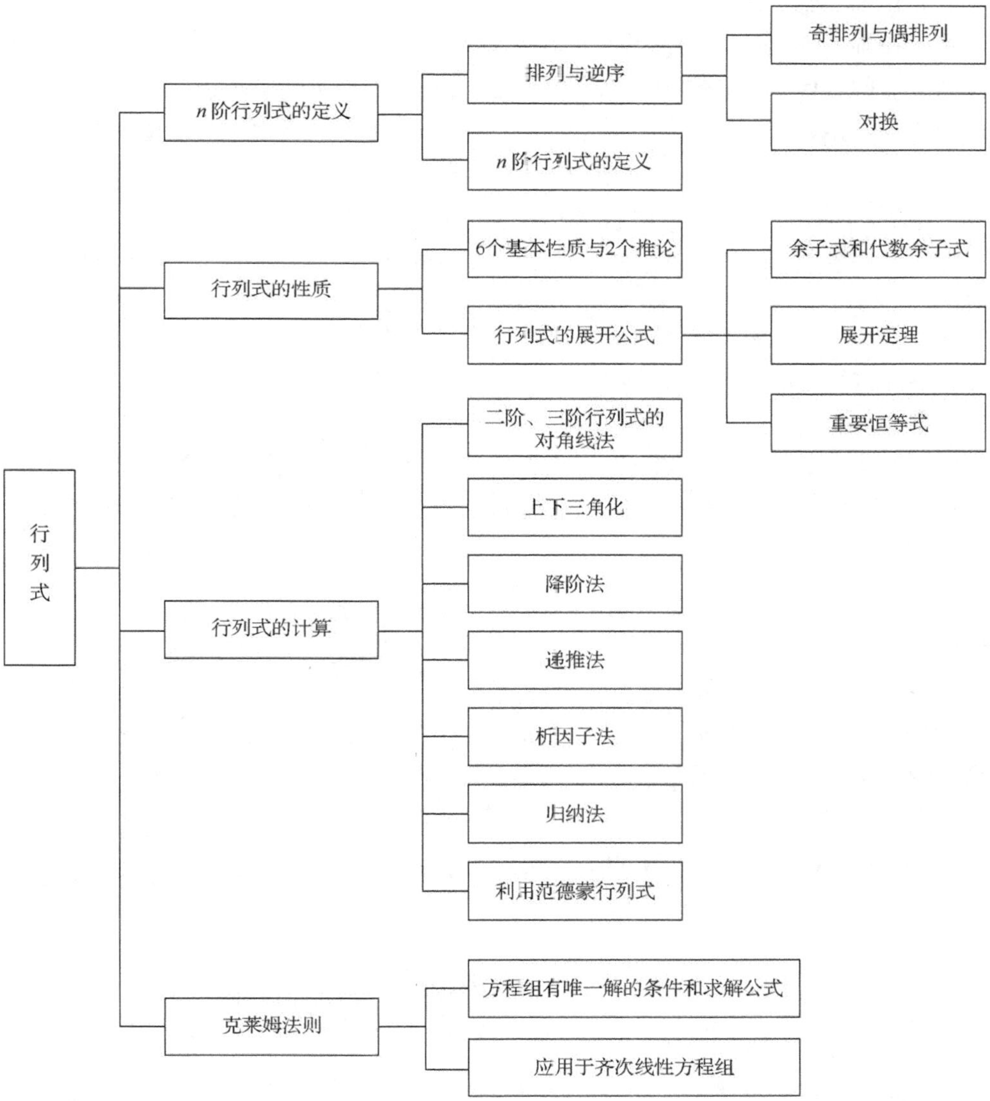

行列式
n阶行列式的定义
排列与逆序
奇排列与偶排列
对换
n阶行列式的定义
行列式的性质
6个基本性质与2个推论
行列式的展开公式
余子式和代数余子式
展开定理
重要恒等式
行列式的计算
二阶、三阶行列式的对角线法
上下三角化
降阶法
递推法
析因子法
归纳法
利用范德蒙行列式
克莱姆法则
方程组有唯一解的条件和求解公式
应用于齐次线性方程组

二、内容归纳总结

(一) n 阶行列式的定义

1. 排列与逆序

排列 n 个不同自然数 $1,2,\cdots,n$ 组成的一个有序数组 $p_1,p_2,\cdots,p_n$ 称为 n 级排列，其中每个自然数 p_i 称为该排列的第 i 个元素.

注 n 个不同自然数可以组成 $n!$ 个不同的 n 级排列.

逆序 在排列 $p_1p_2\cdots p_n$ 中，若有 $p_s>p_t(s<t)$，则称 p_s 与 p_t 构成该排列的一个逆序；一个排列中，所有逆序的总数称为该排列的逆序数，记作 $\tau(p_1p_2\cdots p_n)$.

逆序数 $\tau(p_1p_2\cdots p_n)$ 的计算，可以通过计算出每个元素 p_i 的逆序数(记为 t_i)而得出，

$$\tau(p_1p_2\cdots p_n)=t_1+t_2+\cdots+t_n,$$

而 t_i 即 p_i 前面元素 $p_1p_2\cdots p_{i-1}$ 中比 p_i 大的个数.

奇排列与偶排列 若 $\tau(p_1p_2\cdots p_n)$ 为奇数，则称 $p_1p_2\cdots p_n$ 为奇排列；若 $\tau(p_1p_2\cdots p_n)$ 为偶数或 0，则称 $p_1p_2\cdots p_n$ 为偶排列.

性质 在所有 $n!$ 个 n 级排列中($n\geqslant 2$)，奇、偶排列各有一半.

标准顺序排列 n 个不同自然数按从小到大自然顺序的排列，即 $12\cdots n$，称为 n 级标准顺序排列.

对换 对于 n 级排列 $p_1\cdots p_s\cdots p_t\cdots p_n$，对换某两个元素的位置(如对换 p_s 与 p_t 的位置)，其余元素不动，如此得到了另一个排列 $p_1\cdots p_t\cdots p_s\cdots p_n$. 这样一个变换称为一个**对换**，可记为

$$p_1\cdots p_s\cdots p_t\cdots p_n \xrightarrow{(p_s,p_t)} p_1\cdots p_t\cdots p_s\cdots p_n.$$

性质

(1) 对换改变排列的奇偶性.

(2) 任意一个 n 级排列 $p_1p_2\cdots p_n$ 与标准顺序排列 $12\cdots n$ 都可以经过一系列对换互变得到，且对换的奇偶次数与排列 $p_1p_2\cdots p_n$ 的奇偶性一致.

2. n 阶行列式的定义

由 n^2 个数组成的 n 行 n 列的 n 阶行列式定义为

$$\begin{vmatrix} a_{11} & a_{12} & \cdots & a_{1n} \\ a_{21} & a_{22} & \cdots & a_{2n} \\ \vdots & \vdots & & \vdots \\ a_{n1} & a_{n2} & \cdots & a_{nn} \end{vmatrix} = \sum_{n!}(-1)^{\tau(p_1p_2\cdots p_n)}a_{1p_1}a_{2p_2}\cdots a_{np_n},$$

其中 $\sum\limits_{n!}$ 表示对所有 n 级排列 $p_1p_2\cdots p_n$ 的对应项 $a_{1p_1}a_{2p_2}\cdots a_{np_n}$ 求和，共有 $P_n=n!$ 个项；n 阶行列式一般可记作 D_n(或 D)；也可记作 $D=\det(a_{ij})$，表明行列式 D 的元素为 a_{ij}.

重要 n 阶行列式的定义式中的代数和具有 3 项特征：

(1)共有 $n!$ 个项相加；

(2)每项有 n 个元素相乘，$a_{1p_1}a_{2p_2}\cdots a_{np_n}$，表明这 n 个元素取自不同行、不同列，即行下标固定为 $12\cdots n$，列下标则是 n 级排列中的某个排列 $p_1p_2\cdots p_n$；

(3)每项的符号由列下标排列 $p_1p_2\cdots p_n$ 的奇偶性决定，即 $a_{1p_1}a_{2p_2}\cdots a_{np_n}$ 项前的符号是 $(-1)^{\tau(p_1p_2\cdots p_n)}$.

(二)行列式的性质

记 n 阶行列式

$$D=\begin{vmatrix} a_{11} & a_{12} & \cdots & a_{1n} \\ a_{21} & a_{22} & \cdots & a_{2n} \\ \vdots & \vdots & & \vdots \\ a_{n1} & a_{n2} & \cdots & a_{nn} \end{vmatrix}.$$

1. 两个概念

转置行列式　行列式 D 的行与列对应互换得到的行列式，称为行列式 D 的**转置行列式**，记作 D^{T}，即

$$D^{\mathrm{T}}=\begin{vmatrix} a_{11} & a_{21} & \cdots & a_{n1} \\ a_{12} & a_{22} & \cdots & a_{n2} \\ \vdots & \vdots & & \vdots \\ a_{1n} & a_{2n} & \cdots & a_{nn} \end{vmatrix}.$$

余子式与代数余子式　在 n 阶行列式 $D=\det(a_{ij})$ 中，划去元素 a_{ij} 所在的第 i 行和第 j 列元素，余下的元素按原顺序组成的 $n-1$ 阶行列式，称为元素 a_{ij}(或称为位置 (i,j))的余子式，记作 M_{ij}；而称 $A_{ij}=(-1)^{i+j}\cdot M_{ij}$ 为元素 a_{ij}(或称为位置 (i,j))的代数余子式.

2. 行列式的基本性质

(1) $D=D^{\mathrm{T}}$.

(2)任意对换行列式的两行(或两列)元素，其值变号.

推论　两行(或两列)元素对应相同的行列式，其值为 0.

(3)若行列式某行(或某列)元素有公因子 λ，则 λ 可提到行列式外面.

推论　若行列式某行(或某列)元素全为 0，则行列式的值为 0.

(4)行列式中若有两行(或两列)对应元素成比例，其值为 0.

(5)行列式可以按某一行(如第 s 行)或某一列分拆，即

$$\begin{vmatrix} a_{11} & a_{12} & \cdots & a_{1n} \\ \vdots & \vdots & & \vdots \\ a'_{s1}+a''_{s1} & a'_{s2}+a''_{s2} & \cdots & a'_{sn}+a''_{sn} \\ \vdots & \vdots & & \vdots \\ a_{n1} & a_{n2} & \cdots & a_{nn} \end{vmatrix}=\begin{vmatrix} a_{11} & a_{12} & \cdots & a_{1n} \\ \vdots & \vdots & & \vdots \\ a'_{s1} & a'_{s2} & \cdots & a'_{sn} \\ \vdots & \vdots & & \vdots \\ a_{n1} & a_{n2} & \cdots & a_{nn} \end{vmatrix}+\begin{vmatrix} a_{11} & a_{12} & \cdots & a_{1n} \\ \vdots & \vdots & & \vdots \\ a''_{s1} & a''_{s2} & \cdots & a''_{sn} \\ \vdots & \vdots & & \vdots \\ a_{n1} & a_{n2} & \cdots & a_{nn} \end{vmatrix}.$$

(6)行列式某行(或某列)元素加上另一行(或另一列)元素的 λ 倍(如第 t 行元素加上第 s 行元素的 λ 倍),行列式的值不变,即

$$\begin{vmatrix} a_{11} & a_{12} & \cdots & a_{1n} \\ \vdots & \vdots & & \vdots \\ a_{s1} & a_{s2} & \cdots & a_{sn} \\ \vdots & \vdots & & \vdots \\ a_{t1} & a_{t2} & \cdots & a_{tn} \\ \vdots & \vdots & & \vdots \\ a_{n1} & a_{n2} & \cdots & a_{nn} \end{vmatrix} = \begin{vmatrix} a_{11} & a_{12} & \cdots & a_{1n} \\ \vdots & \vdots & & \vdots \\ a_{s1} & a_{s2} & \cdots & a_{sn} \\ \vdots & \vdots & & \vdots \\ a_{t1}+\lambda a_{s1} & a_{t2}+\lambda a_{s2} & \cdots & a_{tn}+\lambda a_{sn} \\ \vdots & \vdots & & \vdots \\ a_{n1} & a_{n2} & \cdots & a_{nn} \end{vmatrix}.$$

3. 行列式的展开公式

n 阶行列式 D 可以按任意第 i 行展开,

$$D=a_{i1}A_{i1}+a_{i2}A_{i2}+\cdots+a_{in}A_{in},\ 1\leqslant i\leqslant n;$$

也可以按任意第 j 列展开,

$$D=a_{1j}A_{1j}+a_{2j}A_{2j}+\cdots+a_{nj}A_{nj},\ 1\leqslant j\leqslant n.$$

行列式某行(或某列)的元素与另一行(或另一列)对应位置上的代数余子式乘积之和等于0,即

$$a_{i1}A_{j1}+a_{i2}A_{j2}+\cdots+a_{in}A_{jn}=0,\ i\neq j,$$

或

$$a_{1i}A_{1j}+a_{2i}A_{2j}+\cdots+a_{ni}A_{nj}=0,\ i\neq j.$$

(三)克莱姆法则

克莱姆(Cramer)法则 对于有 n 个未知量、n 个方程的线性方程组

$$\begin{cases} a_{11}x_1+a_{12}x_2+\cdots+a_{1n}x_n=b_1 \\ a_{21}x_1+a_{22}x_2+\cdots+a_{2n}x_n=b_2 \\ \qquad\vdots \\ a_{n1}x_1+a_{n2}x_2+\cdots+a_{nn}x_n=b_n \end{cases}, \tag{1.1}$$

若由方程组的系数 a_{ij}所构成的 n 阶行列式(称为方程组的系数行列式)

$$D=\begin{vmatrix} a_{11} & a_{12} & \cdots & a_{1n} \\ a_{21} & a_{22} & \cdots & a_{2n} \\ \vdots & \vdots & & \vdots \\ a_{n1} & a_{n2} & \cdots & a_{nn} \end{vmatrix}\neq 0,$$

则方程组的解存在且唯一,解为

$$x_j=\frac{D_j}{D},\ j=1,\cdots,n,$$

其中,D_j 是用 $b_1,b_2,\cdots,b_n$ 替换 D 中第 j 列元素所构成的 n 阶行列式,即

$$D_j=\begin{vmatrix} a_{11} & \cdots & a_{1,j-1} & b_1 & a_{1,j+1} & \cdots & a_{1n} \\ a_{21} & \cdots & a_{2,j-1} & b_2 & a_{2,j+1} & \cdots & a_{2n} \\ \vdots & & \vdots & \vdots & \vdots & & \vdots \\ a_{n1} & \cdots & a_{n,j-1} & b_n & a_{n,j+1} & \cdots & a_{nn} \end{vmatrix}.$$

重要推论　对于有 n 个未知量、n 个方程的齐次线性方程组

$$\begin{cases} a_{11}x_1+a_{12}x_2+\cdots+a_{1n}x_n=0 \\ a_{21}x_1+a_{22}x_2+\cdots+a_{2n}x_n=0 \\ \qquad\vdots \\ a_{n1}x_1+a_{n2}x_2+\cdots+a_{nn}x_n=0 \end{cases}, \tag{1.2}$$

若其系数行列式 $D\neq0$，则齐次线性方程组只有零解，即 $x_1=x_2=\cdots=x_n=0$.

这一结论被更多地说成：若齐次线性方程组有非零解，则系数行列式 $D=0$. 事实上，这个条件也是充分的，即若 $D=0$，则齐次线性方程组有非零解(参见第四章).

三、典型例题解析

(一)基本概念题

【例 1】　填空题.

(1)设 $a_{3r}a_{41}a_{2t}a_{52}a_{13}$ 是五阶行列式中的一项. 则 $r=$________，$t=$________时，该项取正号.

(2) $\begin{vmatrix} a_1 & 0 & 0 \\ 0 & a_2 & 0 \\ 0 & 0 & a_3 \end{vmatrix}$ 的所有代数余子式之和等于__________.

(3)设方程组 $\begin{cases} x_1+ax_2+bx_3=0 \\ ax_1+x_2=0 \\ bx_1+x_3=0 \end{cases}$ 有非零解，则 a,b 满足__________.

解　(1)**答案**　$r=5,t=4$.

分析　把元素按行下标的自然顺序排好，即 $a_{13}a_{2t}a_{3r}a_{41}a_{52}$，显然 r,t 应在 4 和 5 中取值. 若取 $r=4,t=5$，则列下标是 35412，$\tau(35412)=0+0+1+3+3=7$，为奇排列，取负号；若取 $r=5,t=4$，则列下标是 34512，$\tau(34512)=0+0+0+3+3=6$，为偶排列，取正号.
所以答案是 $r=5,t=4$.

(2)**答案**　$a_2a_3+a_1a_3+a_1a_2$.

分析　三阶行列式的代数余子式共有 9 个. 但非对角元素的代数余子式都为 0，而 3 个对角元素的代数余子式之和即 $a_2a_3+a_1a_3+a_1a_2$.

(3)**答案**　$a^2+b^2=1$.

分析　根据克莱姆法则，若齐次线性方程组有非零解，则系数行列式一定为 0，于是

$$\begin{vmatrix} 1 & a & b \\ a & 1 & 0 \\ b & 0 & 1 \end{vmatrix} = 1-b^2-a^2=0,$$

故 a,b 应满足 $a^2+b^2=1$.

【例 2】 选择题.

(1)设 D 是四阶行列式，则 D 中一定有一项为(　　).

(A) $a_{32}a_{13}a_{41}a_{24}$　　(B) $a_{42}a_{23}a_{11}a_{34}$

(C) $a_{21}a_{14}a_{43}a_{32}$　　(D) $-a_{21}a_{34}a_{43}a_{12}$

(2) $f(x)=\begin{vmatrix} 1 & x^2 & 3 & x^3 \\ 2 & 1 & 5 & 4 \\ 7 & 0 & 9 & x \\ 8 & 4 & 6 & 1 \end{vmatrix}$ 关于 x 的最高次数是(　　).

(A)3　　(B)4　　(C)5　　(D)6

(3)下列论断正确的是(　　).

(A)对于齐次线性方程组，若其系数行列式等于 0，则方程组不一定有解

(B)对于齐次线性方程组，若其系数行列式等于 0，则方程组只有零解

(C)对于非齐次线性方程组，若其系数行列式等于 0，则方程组无解

(D)对于非齐次线性方程组，若其系数行列式等于 0，则方程组可能有解

(4)设 $f(x)=\begin{vmatrix} 1 & 1 & 2 \\ 1 & 1 & x^2-2 \\ 2 & x^2+1 & 4 \end{vmatrix}$，则 $f(x)=0$ 的 4 个根为(　　).

(A) $0,0,\pm1$　　(B) $0,0,\pm2$　　(C) $\pm1,\pm2$　　(D) $\pm1,\pm\sqrt{2}$

解　(1)**答案**　B.

分析　把元素按行下标的自然顺序排好：A 选项，$a_{13}a_{24}a_{32}a_{41}$，列下标的排列是 3421，$\tau(3421)=5$，为奇排列，按行列式的定义该项取负号；B 选项，$a_{11}a_{23}a_{34}a_{42}$，列足标的排列是 1342，$\tau(1342)=2$，为偶排列，该项取正号，因此该项是行列式中的一项；同理 C 选项应该是负项，D 选项应该是正项.

(2)**答案**　A.

分析　根据行列式的定义，每一项的 4 个元素必须取自不同行、不同列，因此 $f(x)$ 是一个关于 x 的 3 次多项式.

(3)**答案**　D.

分析　对于 A 选项，齐次线性方程组一定是有解的，无论其系数行列式是否为 0，故 A 选项不正确；对于 B 选项，齐次线性方程组的系数行列式等于 0，其一定有非零解(参见第四章)，故 B 选项不正确；对于 C 选项，非齐次线性方程组的系数行列式等于 0，则有可能有解，也有可能无解，故 C 选项不正确；而 D 选项正确.

(4)**答案**　C.

分析　根据行列式的定义，此行列式是关于 x 的 4 次多项式，用 $x=\pm1$ 代入，此时行列式第 1 行与第 3 行成比例，故行列式等于 0，即 $f(\pm1)=0$；用 $x=\pm2$ 代入，此时行列式

第 1 行与第 2 行相同，故行列式等于 0，即 $f(\pm2)=0$. 因此答案是 C 选项；对于 A、B、D 选项，由于 $0,\pm\sqrt{2}$ 都不是根，故都不是答案.

(二)行列式的计算方法

我们知道上(下)三角行列式等于其对角元素的乘积. 利用行列式的性质把一个行列式化成上(下)三角行列式，如此就可计算出原行列式的值，这是计算行列式最重要的思想，也是最一般的方法.

一般来说 n 阶行列式的计算不是一件容易的事，需要进行大量的练习. 所介绍的行列式的计算方法，只提供一种途径，这种方法最终是否一定能计算出结果还要看具体的行列式本身结构. 而有些行列式也可以用多种方法来计算.

限于本书的适应性，介绍一些基本的行列式计算方法.

1. 二阶、三阶行列式的对角线法

二阶行列式：

$$\begin{vmatrix} a_{11} & a_{12} \\ a_{21} & a_{22} \end{vmatrix}=a_{11}a_{22}-a_{12}a_{21}.$$

利用图示可方便记忆二阶行列式的对角线法：

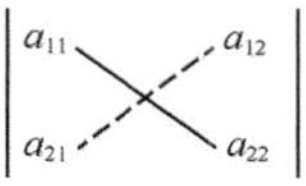

三阶行列式：

$$\begin{vmatrix} a_{11} & a_{12} & a_{13} \\ a_{21} & a_{22} & a_{23} \\ a_{31} & a_{32} & a_{33} \end{vmatrix}=a_{11}a_{22}a_{33}+a_{12}a_{23}a_{31}+a_{13}a_{21}a_{32}-a_{13}a_{22}a_{31}-a_{11}a_{23}a_{32}-a_{12}a_{21}a_{33}.$$

利用图示也可方便记忆三阶行列式的对角线法：

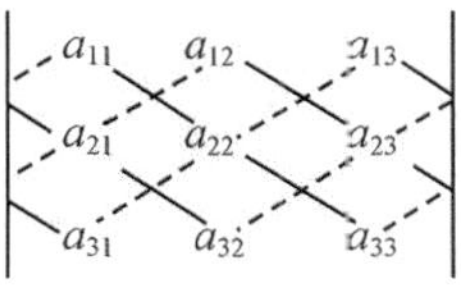

【例 3】 计算下列行列式.

(1) $\begin{vmatrix} \lambda-2 & 3 \\ -1 & \lambda+3 \end{vmatrix}$；　　(2) $D=\begin{vmatrix} -\dfrac{3}{4} & 0 & -\dfrac{1}{2} \\ \dfrac{1}{3} & -2 & \dfrac{1}{6} \\ 1 & \dfrac{1}{5} & -\dfrac{3}{5} \end{vmatrix}$；

解　可以按对角线法计算.

(1) $\begin{vmatrix} \lambda-2 & 3 \\ -1 & \lambda+3 \end{vmatrix}=(\lambda-2)(\lambda+3)-3\times(-1)=\lambda^2+\lambda-3.$

(2)先把各行分母的最小公因子提出，再按对角线法计算.

$$D=\frac{1}{4}\times\frac{1}{6}\times\frac{1}{5}\times\begin{vmatrix} -3 & 0 & -2 \\ 2 & -12 & 1 \\ 5 & 1 & -3 \end{vmatrix}=\frac{1}{120}\times(-108-4-120+3)=-\frac{229}{120}.$$

评注 在有分母的情形下，可以按行或按列提出分母的最小公因子，如此可以避免分数的运算，给计算带来方便；类似地，若元素数值很大，也可以设法按行或按列提出最大公因子，以简化计算.

重要：对角线法只适用于二阶、三阶行列式的计算！

2. 上(下)三角化

所谓上三角化，即利用行列式性质，把一个行列式化成上三角行列式，利用上三角行列式等于其对角元素的乘积，如此就可以计算出原行列式的值；同样也可以进行下三角化.

三角化是计算行列式最重要的思想，也是最一般的方法. 从理论上来说，任何一个行列式都可以化成上三角(或下三角)行列式，重要的是找到三角化的便捷途径. 对于完全由数构成的行列式，可以规律化地逐列上三角化，见下面的例 4 以及教材中的例 10；对于含有变量的行列式，则要具体分析，找出上三角化的便捷途径，见下面的例 5.

【例 4】 计算行列式 $D=\begin{vmatrix} 3 & 1 & -1 & 4 \\ 2 & 0 & 4 & 0 \\ 1 & 1 & -2 & 3 \\ 5 & 8 & -6 & 10 \end{vmatrix}$.

解 这是元素全部由数构成的行列式，可以规律化地逐列上三角化.

$$D=-\begin{vmatrix} 1 & 1 & -2 & 3 \\ 2 & 0 & 4 & 0 \\ 3 & 1 & -1 & 4 \\ 5 & 8 & -6 & 10 \end{vmatrix}=-\begin{vmatrix} 1 & 1 & -2 & 3 \\ 0 & -2 & 8 & -6 \\ 0 & -2 & 5 & -5 \\ 0 & 3 & 4 & -5 \end{vmatrix}=-\begin{vmatrix} 1 & 1 & -2 & 3 \\ 0 & 1 & -4 & 3 \\ 0 & 0 & -3 & 1 \\ 0 & 3 & 4 & -5 \end{vmatrix}$$

$$=-\begin{vmatrix} 1 & 1 & -2 & 3 \\ 0 & 1 & -4 & 3 \\ 0 & 0 & -3 & 1 \\ 0 & 0 & -32 & 28 \end{vmatrix}=-\begin{vmatrix} 1 & 1 & 7 & 3 \\ 0 & 1 & 5 & 3 \\ 0 & 0 & 0 & 1 \\ 0 & 0 & 52 & 28 \end{vmatrix}=\begin{vmatrix} 1 & 1 & 7 & 3 \\ 0 & 1 & 5 & 3 \\ 0 & 0 & 52 & 28 \\ 0 & 0 & 0 & 1 \end{vmatrix}=52.$$

【例 5】 计算下列行列式.

(1) $D_n=\begin{vmatrix} x & y & 0 & \cdots & 0 & 0 \\ 0 & x & y & \cdots & 0 & 0 \\ \vdots & \vdots & \vdots & & \vdots & \vdots \\ 0 & 0 & 0 & \cdots & x & y \\ y & 0 & 0 & \cdots & 0 & x \end{vmatrix}(n\geqslant 2)$；

$$(2)D=\begin{vmatrix} a_0 & b_1 & b_2 & \cdots & b_n \\ c_1 & a_1 & 0 & \cdots & 0 \\ c_2 & 0 & a_2 & \cdots & 0 \\ \vdots & \vdots & \vdots & & \vdots \\ c_n & 0 & 0 & \cdots & a_n \end{vmatrix}(a_i\neq 0,i=1,\cdots,n);$$

解　(1)按第一列展开，有两项，

$$D=x\begin{vmatrix} x & y & \cdots & 0 & 0 \\ \vdots & \vdots & & \vdots & \vdots \\ 0 & 0 & \cdots & x & y \\ 0 & 0 & \cdots & 0 & x \end{vmatrix}+y(-1)^{n+1}\begin{vmatrix} y & 0 & \cdots & 0 & 0 \\ x & y & \cdots & 0 & 0 \\ \vdots & \vdots & & \vdots & \vdots \\ 0 & 0 & \cdots & x & y \end{vmatrix}.$$

上述两个行列式都已是 $n-1$ 阶的上三角和下三角行列式，于是

$$D=xx^{n-1}+y(-1)^{n+1}y^{n-1}=x^n+(-1)^{n+1}y^n.$$

(2)这是教材中例 12 的更一般形式的行列式(称为箭形-指向左上方行列式)，同样可以上三角化. 把第 j 列的 $-\dfrac{c_j}{a_j}(j=2,\cdots,n+1)$ 倍加到第一列，

$$D=\begin{vmatrix} a_0-\dfrac{b_1c_1}{a_1}\cdots-\dfrac{b_1c_1}{a_1} & b_1 & b_2 & \cdots & b_n \\ 0 & a_1 & 0 & \cdots & 0 \\ 0 & 0 & a_3 & \cdots & 0 \\ \vdots & \vdots & \vdots & & \vdots \\ 0 & 0 & 0 & \cdots & a_n \end{vmatrix},$$

这已是一个上三角行列式，故

$$D=a_1\cdots a_n\left(a_0-\sum_{j=1}^{n}\frac{b_jc_j}{a_j}\right).$$

3. 降阶法

所谓降阶法就是利用展开公式，把 n 阶行列式降为 $n-1$ 阶行列式，进一步，根据需要，还可以把 $n-1$ 阶行列式降为 $n-2$ 阶行列式，等等. 一般来说，低阶行列式的计算要比高阶行列式的计算更容易；但不是所有行列式的降阶都会给计算带来方便，事实上，根据展开公式，一个 n 阶行列式降为的 $n-1$ 阶行列式有 n 个之多，这并没有给计算带来方便. 而当行列式的零元素比较多时，利用展开公式进行降阶一般会显得计算更方便. 更一般地，降阶往往结合上三角化(或其他途径)同时进行行列式的计算，见上述例 5 的第(1)题.

【例 6】　计算反上三角行列式 $D=\begin{vmatrix} a_{11} & a_{12} & \cdots & a_{1,n-1} & a_{1n} \\ a_{21} & a_{22} & \cdots & a_{2,n-1} & 0 \\ \vdots & \vdots & & \vdots & \vdots \\ a_{n-1,1} & a_{n-1,2} & \cdots & 0 & 0 \\ a_{n1} & 0 & \cdots & 0 & 0 \end{vmatrix}$.

解　按最后一列展开，只有一项，

$$D=(-1)^{1+n}a_{1n}\begin{vmatrix} a_{21} & a_{22} & \cdots & a_{2,n-2} & a_{2,n-1} \\ a_{31} & a_{32} & \cdots & a_{3,n-2} & 0 \\ \vdots & \vdots & & \vdots & \vdots \\ a_{n-1,1} & a_{n-1,2} & \cdots & 0 & 0 \\ a_{n1} & 0 & \cdots & 0 & 0 \end{vmatrix}.$$

对上面的 $n-1$ 阶行列式再按最后一列展开，也只有一项，

$$D=(-1)^{1+n}a_{1n}(-1)^{1+(n-1)}a_{2,n-1}\begin{vmatrix} a_{31} & \cdots & a_{3,n-3} & a_{3,n-2} \\ a_{41} & \cdots & a_{4,n-3} & 0 \\ \vdots & & \vdots & \vdots \\ a_{n1} & \cdots & 0 & 0 \end{vmatrix},$$

继续对上面的 $n-2$ 阶行列式按最后一列展开……最后可得

$$\begin{aligned} D &= (-1)^{1+n}a_{1n}(-1)^{1+(n-1)}a_{2,n-1}\cdots(-1)^{1+2}a_{n-1,2}(-1)^{1+1}a_{n1} \\ &= (-1)^{(n+1)+n+\cdots+2}a_{1n}a_{2,n-1}\cdots a_{n1}=(-1)^{\frac{n(n-1)}{2}}a_{1n}a_{2,n-1}\cdots a_{n1}. \end{aligned}$$

4. 递推法

递推法也是计算行列式值的一种有效方法. 所谓递推法，就是建立所要计算的 n 阶行列式 D_n 与低一阶的同结构行列式 D_{n-1}(或更低阶的 D_{n-2}等)的一种递推关系，进而计算出 D_n 的值. 这里重要的是 D_{n-1}(或 D_{n-2})具有与 D_n 完全相同的行列式结构，只是阶数低一阶(或二阶). 对于三对角行列式，一般可以采用递推法计算.

【例 7】 计算 n 阶行列式

$$D_n=\begin{vmatrix} x & -1 & 0 & \cdots & 0 & 0 \\ 0 & x & -1 & \cdots & 0 & 0 \\ \vdots & \vdots & \vdots & & \vdots & \vdots \\ 0 & 0 & 0 & \cdots & x & -1 \\ a_n & a_{n-1} & a_{n-2} & \cdots & a_2 & x+a_1 \end{vmatrix}.$$

解 将行列式 D_n 按第一列展开，有两项，

$$D_n=x(-1)^{1+1}\begin{vmatrix} x & -1 & \cdots & 0 & 0 \\ \vdots & \vdots & & \vdots & \vdots \\ 0 & 0 & \cdots & x & -1 \\ a_{n-1} & a_{n-2} & \cdots & a_2 & x+a_1 \end{vmatrix}+a_n(-1)^{n+1}\begin{vmatrix} -1 & 0 & \cdots & 0 & 0 \\ x & -1 & \cdots & 0 & 0 \\ \vdots & \vdots & & \vdots & \vdots \\ 0 & 0 & \cdots & x & -1 \end{vmatrix},$$

注意到上述右边第一个 $n-1$ 阶行列式具有与 D_n 完全相同的结构，即 D_{n-1}，而第二个 $n-1$ 阶行列式已是一个上三角行列式，故有递推式

$$D_n=x\cdot D_{n-1}+a_n(-1)^{n+1}(-1)^{n-1}=x\cdot D_{n-1}+a_n,$$

如此可以递推下去，

$$\begin{aligned} D_n &= x\cdot(x\cdot D_{n-2}+a_{n-1})+a_n=x^2D_{n-2}+a_{n-1}x+a_n=\cdots \\ &= x^{n-2}D_2+\cdots+a_{n-1}x+a_n=x^{n-2}(x(x+a_1)+a_2)+\cdots+a_{n-1}x+a_n \\ &= x^n+a_1x^{n-1}+a_2x^{n-2}+\cdots+a_{n-1}x+a_n. \end{aligned}$$

【例 8】　计算 n 阶三对角行列式

典例解析

$$D_n=\begin{vmatrix} 2 & -1 & \cdots & 0 & 0 & 0 \\ -1 & 2 & \cdots & 0 & 0 & 0 \\ \vdots & \vdots & & \vdots & \vdots & \vdots \\ 0 & 0 & \cdots & 2 & -1 & 0 \\ 0 & 0 & \cdots & -1 & 2 & -1 \\ 0 & 0 & \cdots & 0 & -1 & 2 \end{vmatrix}.$$

解　将行列式 D_n 按最后一列展开，有两项. 注意到 a_{nn} 的代数余子式

$$A_{nn}=\begin{vmatrix} 2 & -1 & \cdots & 0 & 0 \\ -1 & 2 & \cdots & 0 & 0 \\ \vdots & \vdots & & \vdots & \vdots \\ 0 & 0 & \cdots & 2 & -1 \\ 0 & 0 & \cdots & -1 & 2 \end{vmatrix}$$

是完全具有 D_n 同样结构的 $n-1$ 阶三对角行列式，即 $A_{nn}=D_{n-1}$，于是

$$D_n=2\cdot D_{n-1}+(-1)\times(-1)^n\begin{vmatrix} 2 & -1 & \cdots & 0 & 0 \\ -1 & 2 & \cdots & 0 & 0 \\ \vdots & \vdots & & \vdots & 0 \\ 0 & 0 & \cdots & 2 & -1 \\ 0 & 0 & \cdots & 0 & -1 \end{vmatrix}.$$

将等式右边的 $n-1$ 阶行列式再按最后一行展开（只有一项），而其 $(n-1,n-1)$ 位置的代数余子式 $A_{n-1,n-1}$ 也是一个同样结构的 $n-2$ 阶三对角行列式，即 $A_{n-1,n-1}=D_{n-2}$. 于是有递推关系，

$$D_n=2\cdot D_{n-1}-D_{n-2}(n=3,4,\cdots),$$

其中一阶和二阶行列式 $D_1=2,D_2=3$.

进一步，从上述递推关系可以得到，$D_n-D_{n-1}=D_{n-1}-D_{n-2}$，如此可以递推下去，

$$D_n-D_{n-1}=D_{n-1}-D_{n-2}=D_{n-2}-D_{n-3}=\cdots=D_2-D_1=1,$$

即 D_n 成等差数列，其公差 $d=1$. 故成立

$$D_n=D_1+(n-1)\cdot d=n+1.$$

5. 析因子法

析因子法一般把行列式 D 的某个元素（如 x）视为变量，从而该行列式可以看成该变量的多项式 $D(x)$，代入该变量的一些值（如 $x=a_i$），利用行列式性质可得 $D(a_i)=0$，如此可以析出 $D(x)$ 的一个因子 $D(x)=(x-a_i)d(x)$，再对 $d(x)$ 析出因子，不断地这样做，可以把 $D(x)$（即原行列式）计算出来.

【例 9】　计算行列式

$$D=\begin{vmatrix} 1 & 1 & 2 & 3 \\ 1 & 2-x^2 & 2 & 3 \\ 2 & 3 & 1 & 5 \\ 2 & 3 & 1 & 9-x^2 \end{vmatrix}.$$

解　把 D 看成一个关于 x 的多项式 $D(x)$，由行列式定义可知，$D(x)$ 是一个关于 x 的

4 次多项式. 取 $x=\pm1$，有

$$D(\pm1)=\begin{vmatrix}1&1&2&3\\1&1&2&3\\2&3&1&5\\2&3&1&8\end{vmatrix}=0,$$

再取 $x=\pm2$，有

$$D(\pm2)=\begin{vmatrix}1&1&2&3\\1&-2&2&3\\2&3&1&5\\2&3&1&5\end{vmatrix}=0.$$

可见，$D(x)$ 有因子 $x-1,x+1,x-2,x+2$，故

$$D(x)=C(x-1)(x+1)(x-2)(x+2), \tag{1.3}$$

其中 C 是待定常数. 令 $x=0$，直接计算行列式，

$$D(0)=\begin{vmatrix}1&1&2&3\\1&2&2&3\\2&3&1&5\\2&3&1&9\end{vmatrix}=\begin{vmatrix}1&1&2&3\\0&1&0&0\\0&1&-3&-1\\0&1&-3&3\end{vmatrix}=\begin{vmatrix}1&1&2&3\\0&1&0&0\\0&0&-3&-1\\0&0&-3&3\end{vmatrix}=\begin{vmatrix}1&1&2&3\\0&1&0&0\\0&0&-3&-1\\0&0&0&4\end{vmatrix}=-12.$$

而由(1.3)可得，$D(0)=C(-1)(1)(-2)(2)=4C$，解得 $C=-3$. 于是原行列式

$$D=-3(x-1)(x+1)(x-2)(x+2).$$

6. 归纳法

利用归纳法来计算(或证明)行列式的值，首先要给出一个结论，在此基础上再对该结论进行归纳、证明. 事实上，教材中例 13 证明范德蒙行列式用的就是归纳法，而前面例 7 的行列式也可以用归纳法计算.

【例 10】 证明

$$D=\begin{vmatrix}a_{11}&\cdots&a_{1k}&0&\cdots&0\\\vdots&&\vdots&\vdots&&\vdots\\a_{k1}&\cdots&a_{kk}&0&\cdots&0\\c_{11}&\cdots&c_{1k}&b_{11}&\cdots&b_{1m}\\\vdots&&\vdots&\vdots&&\vdots\\c_{m1}&\cdots&c_{mk}&b_{m1}&\cdots&b_{mm}\end{vmatrix}=\begin{vmatrix}a_{11}&\cdots&a_{1k}\\\vdots&&\vdots\\a_{k1}&\cdots&a_{kk}\end{vmatrix}\begin{vmatrix}b_{11}&\cdots&b_{1m}\\\vdots&&\vdots\\b_{m1}&\cdots&b_{mm}\end{vmatrix}.$$

典例解析

证明 对 k 用归纳法来证明，当 $k=1$ 时，对第一行展开，只有一项，

$$D=\begin{vmatrix}a_{11}&0&\cdots&0\\c_{11}&b_{11}&\cdots&b_{1m}\\\vdots&\vdots&&\vdots\\c_{m1}&b_{m1}&\cdots&b_{mm}\end{vmatrix}=a_{11}\begin{vmatrix}b_{11}&\cdots&b_{1m}\\\vdots&&\vdots\\b_{m1}&\cdots&b_{mm}\end{vmatrix},$$

结论成立. 设 $k-1$ 时即当左上角块是一个 $k-1$ 阶子式时结论成立. 则考虑左上角块为 k 阶子式时，对第一行展开，共有 k 项，

$$D=a_{11}\begin{vmatrix} a_{22} & \cdots & a_{2k} & 0 & \cdots & 0 \\ \vdots & & \vdots & \vdots & & \vdots \\ a_{k2} & \cdots & a_{kk} & 0 & \cdots & 0 \\ c_{12} & \cdots & c_{1k} & b_{11} & \cdots & b_{1m} \\ \vdots & & \vdots & \vdots & & \vdots \\ c_{m2} & \cdots & c_{mk} & b_{m1} & \cdots & b_{mm} \end{vmatrix}+\cdots+(-1)^{1+k}a_{1k}\begin{vmatrix} a_{21} & \cdots & a_{2,k-1} & 0 & \cdots & 0 \\ \vdots & & \vdots & \vdots & & \vdots \\ a_{k1} & \cdots & a_{k,k-1} & 0 & \cdots & 0 \\ c_{11} & \cdots & c_{1,k-1} & b_{11} & \cdots & b_{1m} \\ \vdots & & \vdots & \vdots & & \vdots \\ c_{m1} & \cdots & c_{m,k-1} & b_{m1} & \cdots & b_{mm} \end{vmatrix},$$

由归纳法假设，每一项的左上角都是 $k-1$ 阶子式的情况，故成立

$$\begin{aligned} D &= a_{11}\begin{vmatrix} a_{22} & \cdots & a_{2k} \\ \vdots & & \vdots \\ a_{k2} & \cdots & a_{kk} \end{vmatrix}\begin{vmatrix} b_{11} & \cdots & b_{1m} \\ \vdots & & \vdots \\ b_{m1} & \cdots & b_{mm} \end{vmatrix} \\ &\quad +\cdots+(-1)^{1+k}a_{1k}\begin{vmatrix} a_{21} & \cdots & a_{2,k-1} \\ \vdots & & \vdots \\ a_{k1} & \cdots & a_{k,k-1} \end{vmatrix}\begin{vmatrix} b_{11} & \cdots & b_{1m} \\ \vdots & & \vdots \\ b_{m1} & \cdots & b_{mm} \end{vmatrix} \\ &= \left(a_{11}\begin{vmatrix} a_{22} & \cdots & a_{2k} \\ \vdots & & \vdots \\ a_{k2} & \cdots & a_{kk} \end{vmatrix}+\cdots+(-1)^{1+k}a_{1k}\begin{vmatrix} a_{21} & \cdots & a_{2,k-1} \\ \vdots & & \vdots \\ a_{k1} & \cdots & a_{k,k-1} \end{vmatrix}\right)\begin{vmatrix} b_{11} & \cdots & b_{1m} \\ \vdots & & \vdots \\ b_{m1} & \cdots & b_{mm} \end{vmatrix}, \end{aligned}$$

而由展开公式，

$$\begin{vmatrix} a_{11} & \cdots & a_{1k} \\ \vdots & & \vdots \\ a_{k1} & \cdots & a_{kk} \end{vmatrix}=a_{11}\begin{vmatrix} a_{22} & \cdots & a_{2k} \\ \vdots & & \vdots \\ a_{k2} & \cdots & a_{kk} \end{vmatrix}+\cdots+(-1)^{1+k}a_{1k}\begin{vmatrix} a_{21} & \cdots & a_{2,k-1} \\ \vdots & & \vdots \\ a_{k1} & \cdots & a_{k,k-1} \end{vmatrix},$$

于是成立

$$D=\begin{vmatrix} a_{11} & \cdots & a_{1k} \\ \vdots & & \vdots \\ a_{k1} & \cdots & a_{kk} \end{vmatrix}\begin{vmatrix} b_{11} & \cdots & b_{1m} \\ \vdots & & \vdots \\ b_{m1} & \cdots & b_{mm} \end{vmatrix}.$$

如

$$\begin{vmatrix} 3 & 2 & 0 & 0 \\ -1 & 1 & 0 & 0 \\ 1 & 2 & 2 & -1 \\ 1 & -1 & 0 & 1 \end{vmatrix}=\begin{vmatrix} 3 & 2 \\ -1 & 1 \end{vmatrix}\begin{vmatrix} 2 & -1 \\ 0 & 1 \end{vmatrix}=5\times 2=10.$$

类似地，成立

$$D=\begin{vmatrix} a_{11} & \cdots & a_{1k} & c_{11} & \cdots & c_{1m} \\ \vdots & & \vdots & \vdots & & \vdots \\ a_{k1} & \cdots & a_{kk} & c_{k1} & \cdots & c_{km} \\ 0 & \cdots & 0 & b_{11} & \cdots & b_{1m} \\ \vdots & & \vdots & \vdots & & \vdots \\ 0 & \cdots & 0 & b_{m1} & \cdots & b_{mm} \end{vmatrix}=\begin{vmatrix} a_{11} & \cdots & a_{1k} \\ \vdots & & \vdots \\ a_{k1} & \cdots & a_{kk} \end{vmatrix}\begin{vmatrix} b_{11} & \cdots & b_{1m} \\ \vdots & & \vdots \\ b_{m1} & \cdots & b_{mm} \end{vmatrix},$$

特别地，

$$\begin{vmatrix} a_{11} & \cdots & a_{1k} & 0 & \cdots & 0 \\ \vdots & & \vdots & \vdots & & \vdots \\ a_{k1} & \cdots & a_{kk} & 0 & \cdots & 0 \\ 0 & \cdots & 0 & b_{11} & \cdots & b_{1m} \\ \vdots & & \vdots & \vdots & & \vdots \\ 0 & \cdots & 0 & b_{m1} & \cdots & b_{mm} \end{vmatrix} = \begin{vmatrix} a_{11} & \cdots & a_{1k} \\ \vdots & & \vdots \\ a_{k1} & \cdots & a_{kk} \end{vmatrix} \begin{vmatrix} b_{11} & \cdots & b_{1m} \\ \vdots & & \vdots \\ b_{m1} & \cdots & b_{mm} \end{vmatrix}.$$

7. 利用范德蒙行列式

【例 11】 计算下列行列式.

$$(1) D=\begin{vmatrix} 6 & 3 & 2 & 5 \\ 36 & 9 & 4 & 25 \\ 3 & 3 & 3 & 3 \\ 216 & 27 & 8 & 125 \end{vmatrix};\quad (2) D_n=\begin{vmatrix} 1 & a-1 & (a-1)^2 & \cdots & (a-1)^{n-1} \\ 1 & a-2 & (a-2)^2 & \cdots & (a-2)^{n-1} \\ 1 & a-3 & (a-3)^2 & \cdots & (a-3)^{n-1} \\ \vdots & \vdots & \vdots & & \vdots \\ 1 & a-n & (a-n)^2 & \cdots & (a-n)^{n-1} \end{vmatrix}.$$

解 $(1) D=3\times\begin{vmatrix} 6 & 3 & 2 & 5 \\ 36 & 9 & 4 & 25 \\ 1 & 1 & 1 & 1 \\ 216 & 27 & 8 & 125 \end{vmatrix}=3\times\begin{vmatrix} 1 & 1 & 1 & 1 \\ 6 & 3 & 2 & 5 \\ 36 & 9 & 4 & 25 \\ 216 & 27 & 8 & 125 \end{vmatrix}=3\times\begin{vmatrix} 1 & 1 & 1 & 1 \\ 6 & 3 & 2 & 5 \\ 6^2 & 3^2 & 2^2 & 5^2 \\ 6^3 & 3^3 & 2^3 & 5^3 \end{vmatrix}$，

这是一个范德蒙行列式，$x_1=6, x_2=3, x_3=2, x_4=5$，由范德蒙行列式的结论，

$$D = 3 \times \prod_{1\leqslant j<i\leqslant 4}(x_i-x_j) = 3(3-6)(2-6)(5-6)(2-3)(5-3)(5-2) = 216.$$

(2) D_n^{T} 便是一个范德蒙行列式，$x_i=a-i$，由范德蒙行列式的结论，$V_n=\prod\limits_{1\leqslant j<i\leqslant n}(x_i-x_j)$，且 $x_i-x_j=(a-i)-(a-j)=j-i$，这些因子共有 $1+2+\cdots+(n-1)=\dfrac{n(n-1)}{2}$ 个，故有

$$D_n = \prod_{1\leqslant j<i\leqslant n}(j-i) = (-1)^{\frac{n(n-1)}{2}}\prod_{1\leqslant j<i\leqslant n}(i-j)$$
$$= (-1)^{\frac{n(n-1)}{2}}1!\times 2!\times\cdots\times(n-2)!(n-1)!.$$

(三) 一些特殊结构行列式的值

前面一些例子中有一些行列式的结构是比较特殊的，同学们在学习时可以适当记住这些行列式的值或计算公式.

1. 上(下)三角行列式的值等于其对角元素的乘积

$$\begin{vmatrix} a_{11} & a_{12} & \cdots & a_{1n} \\ 0 & a_{22} & \cdots & a_{2n} \\ \vdots & \vdots & & \vdots \\ 0 & 0 & \cdots & a_{nn} \end{vmatrix}=a_{11}a_{22}\cdots a_{nn},\quad \begin{vmatrix} a_{11} & 0 & \cdots & 0 \\ a_{21} & a_{22} & \cdots & 0 \\ \vdots & \vdots & & \vdots \\ a_{n1} & a_{n2} & \cdots & a_{nn} \end{vmatrix}=a_{11}a_{22}\cdots a_{nn};$$

特别地，对角行列式的值也有同样的结论：

$$\begin{vmatrix} a_{11} & 0 & \cdots & 0 \\ 0 & a_{22} & \cdots & 0 \\ \vdots & \vdots & & \vdots \\ 0 & 0 & \cdots & a_{nn} \end{vmatrix} = a_{11}a_{22}\cdots a_{nn}.$$

2. 2×2 块上(下)三角行列式的值等于两个对角块行列式的乘积

$$\begin{vmatrix} a_{11} & \cdots & a_{1k} & c_{11} & \cdots & c_{1m} \\ \vdots & & \vdots & \vdots & & \vdots \\ a_{k1} & \cdots & a_{kk} & c_{k1} & \cdots & c_{km} \\ 0 & \cdots & 0 & b_{11} & \cdots & b_{1m} \\ \vdots & & \vdots & \vdots & & \vdots \\ 0 & \cdots & 0 & b_{m1} & \cdots & b_{mm} \end{vmatrix} = \begin{vmatrix} a_{11} & \cdots & a_{1k} \\ \vdots & & \vdots \\ a_{k1} & \cdots & a_{kk} \end{vmatrix} \begin{vmatrix} b_{11} & \cdots & b_{1m} \\ \vdots & & \vdots \\ b_{m1} & \cdots & b_{mm} \end{vmatrix},$$

见前面例 10. 如果把上述左端行列式简记为

$$\begin{vmatrix} A & C \\ O & B \end{vmatrix},$$

称之为 2×2 块上三角行列式，其成立

$$\begin{vmatrix} A & C \\ O & B \end{vmatrix} = |A| \cdot |B|.$$

对于 2×2 块下三角行列式，也成立

$$\begin{vmatrix} A & O \\ C & B \end{vmatrix} = |A| \cdot |B|.$$

特别地，$C=O$ 时，行列式称为 2×2 块对角行列式，成立

$$\begin{vmatrix} A & O \\ O & B \end{vmatrix} = |A| \cdot |B|.$$

3. 反上(下)三角行列式的值等于其反对角元素的乘积并有符号 $(-1)^{\frac{n(n-1)}{2}}$

反上三角行列式成立

$$\begin{vmatrix} a_{11} & a_{12} & \cdots & a_{1,n-1} & a_{1n} \\ a_{21} & a_{22} & \cdots & a_{2,n-1} & 0 \\ \vdots & \vdots & & \vdots & \vdots \\ a_{n-1,1} & a_{n-1,2} & \cdots & 0 & 0 \\ a_{n1} & 0 & \cdots & 0 & 0 \end{vmatrix} = (-1)^{\frac{n(n-1)}{2}} a_{1n}a_{2,n-1}\cdots a_{n1},$$

类似地，反下三角行列式成立

$$\begin{vmatrix} 0 & 0 & \cdots & 0 & a_{1n} \\ 0 & 0 & \cdots & a_{2,n-1} & a_{2n} \\ \vdots & \vdots & & \vdots & \vdots \\ 0 & a_{n-1,2} & \cdots & a_{n-1,n-1} & a_{n-1,n} \\ a_{n1} & a_{n2} & \cdots & a_{n,n-1} & a_{nn} \end{vmatrix} = (-1)^{\frac{n(n-1)}{2}} a_{1n}a_{2,n-1}\cdots a_{n1},$$

反对角行列式成立

$$\begin{vmatrix} 0 & 0 & \cdots & 0 & a_{1n} \\ 0 & 0 & \cdots & a_{2,n-1} & 0 \\ \vdots & \vdots & & \vdots & \vdots \\ 0 & a_{n-1,2} & \cdots & 0 & 0 \\ a_{n1} & 0 & \cdots & 0 & 0 \end{vmatrix} = (-1)^{\frac{n(n-1)}{2}} a_{1n} a_{2,n-1} \cdots a_{n1}.$$

4. 范德蒙行列式

$$V_n = \begin{vmatrix} 1 & 1 & \cdots & 1 \\ x_1 & x_2 & \cdots & x_n \\ x_1^2 & x_2^2 & \cdots & x_n^2 \\ \vdots & \vdots & & \vdots \\ x_1^{n-1} & x_2^{n-1} & \cdots & x_n^{n-1} \end{vmatrix} = \prod_{1 \leqslant j < i \leqslant n} (x_i - x_j),$$

其中连乘号 $\prod\limits_{1 \leqslant j < i \leqslant n}$ 是对满足 $1 \leqslant j < i \leqslant n$ 的所有因子 $x_i - x_j$ 的乘积.

5. 行和相等的行列式

这一类行列式有一个特征：每一行的元素之和都相等. 对这样的行列式进行计算，首先可以考虑把第一列后面的列都加到第一列上去，如此第一列元素都是相同的常数(行和)，提取该常数，再进一步设法将行列式化成上(下)三角行列式.

典例解析

【例 12】 计算行列式 $D = \begin{vmatrix} 1 & 2 & 3 & \cdots & n-1 & n \\ n & 1 & 2 & \cdots & n-2 & n-1 \\ n-1 & n & 1 & \cdots & n-3 & n-2 \\ \vdots & \vdots & \vdots & & \vdots & \vdots \\ 3 & 4 & 5 & \cdots & 1 & 2 \\ 2 & 3 & 4 & \cdots & n & 1 \end{vmatrix}$.

解 注意到行列式的行和相等，故把第二列至最后一列的元素全部加到第一列上，之后提出第一列的公因子，再各行减去后一行，

$$D = \frac{1}{2}n(n+1) \begin{vmatrix} 1 & 2 & 3 & \cdots & n-1 & n \\ 1 & 1 & 2 & \cdots & n-2 & n-1 \\ 1 & n & 1 & \cdots & n-3 & n-2 \\ \vdots & \vdots & \vdots & & \vdots & \vdots \\ 1 & 4 & 5 & \cdots & 1 & 2 \\ 1 & 3 & 4 & \cdots & n & 1 \end{vmatrix}$$

$$= \frac{1}{2}n(n+1) \begin{vmatrix} 0 & 1 & 1 & \cdots & 1 & 1 \\ 0 & 1-n & 1 & \cdots & 1 & 1 \\ 0 & 1 & 1-n & \cdots & 1 & 1 \\ \vdots & \vdots & \vdots & & \vdots & \vdots \\ 0 & 1 & 1 & \cdots & 1-n & 1 \\ 1 & 3 & 4 & \cdots & n & 1 \end{vmatrix}$$

$$=\frac{n(n+1)}{2}(-1)^{n+1}\begin{vmatrix}1 & 1 & \cdots & 1 & 1\\ 1-n & 1 & \cdots & 1 & 1\\ 1 & 1-n & \cdots & 1 & 1\\ \vdots & \vdots & & \vdots & \vdots\\ 1 & 1 & \cdots & 1-n & 1\end{vmatrix}$$

$$=\frac{n(n+1)}{2}(-1)^{n+1}\begin{vmatrix}1 & 1 & \cdots & 1 & 1\\ -n & 0 & \cdots & 0 & 0\\ 0 & -n & \cdots & 0 & 0\\ \vdots & \vdots & & \vdots & \vdots\\ 0 & 0 & \cdots & -n & 0\end{vmatrix}$$

$$=\frac{n(n+1)}{2}(-1)^{n+1}(-1)^{1+(n-1)}(-n)^{n-2}=(-1)^{n-1}\frac{n^{n-1}(n+1)}{2}.$$

上述一步是按最后一列展开.

(四)克莱姆法则题型

用克莱姆法则求解方程组，一定要注意如下特点.

(1)只适用于有 n 个未知量、n 个方程的线性方程组(1.1)，未知量个数和方程个数不同的方程组不能用该法则.

(2)对于非齐次线性方程组，如果系数行列式 $D\neq0$，则方程组有唯一解，且有解的表达式；但如果 $D=0$，此时方程组可能有解，可能无解.

(3)对于齐次线性方程组(1.2)，如果系数行列式 $D\neq0$，则方程组只有零解；等价地说，如果方程组有非零解，则系数行列式 $D=0$.

【例 13】　求解方程组

$$\begin{cases}x_1+a_1x_2+a_1^2x_3+\cdots+a_1^{n-1}x_n=1\\ x_1+a_2x_2+a_2^2x_3+\cdots+a_2^{n-1}x_n=1\\ \qquad\vdots\\ x_1+a_nx_2+a_n^2x_3+\cdots+a_n^{n-1}x_n=1\end{cases},$$

其中 $a_i\neq a_j,j\neq i$.

解　方程组的系数行列式为

$$D=\begin{vmatrix}1 & a_1 & a_1^2 & \cdots & a_1^{n-1}\\ 1 & a_2 & a_2^2 & \cdots & a_2^{n-1}\\ \vdots & \vdots & & \vdots & \vdots\\ 1 & a_n & a_n^2 & \cdots & a_n^{n-1}\end{vmatrix},$$

其转置行列式即一个范德蒙行列式，注意到 $a_i\neq a_j,j\neq i$，故

$$D=D^{\mathrm{T}}=\begin{vmatrix}1 & 1 & \cdots & 1\\ a_1 & a_2 & \cdots & a_n\\ a_1^2 & a_2^2 & \cdots & a_n^2\\ \vdots & \vdots & & \vdots\\ a_1^{n-1} & a_2^{n-1} & \cdots & a_n^{n-1}\end{vmatrix}=\prod_{1\leqslant j<i\leqslant n}(a_i-a_j)\neq0,$$

由克莱姆法则，方程组有唯一解 $x_i=\dfrac{D_i}{D}, i=1,\cdots,n$. 注意到，$D_i$ 是用右端项 $b_1=\cdots=b_n=1$ 代替 D 中的第 i 列所构成的行列式，故有 $D=D_1, D_2=\cdots=D_n=0$，如此方程组有唯一解

$$\begin{cases} x_1=1 \\ x_2=0 \\ \quad\vdots \\ x_n=0 \end{cases}.$$

【例 14】 设有方程组

$$\begin{cases} x_1+\ x_2+\ 2x_3+\ 3x_4=1 \\ x_1+3x_2+\ 6x_3+\ \ x_4=3 \\ 3x_1-\ x_2-\ kx_3+15x_4=3 \\ x_1-5x_2-10x_3+12x_4=1 \end{cases},$$

问 k 取何值时方程组有唯一解？

解 为使方程组有唯一解，必须使其系数行列式 $D\neq0$，即

$$D=\begin{vmatrix} 1 & 1 & 2 & 3 \\ 1 & 3 & 6 & 1 \\ 3 & -1 & -k & 15 \\ 1 & -5 & -10 & 12 \end{vmatrix}=\begin{vmatrix} 1 & 1 & 2 & 3 \\ 0 & 2 & 4 & -2 \\ 0 & -4 & -k-6 & 6 \\ 0 & -6 & -12 & 9 \end{vmatrix}$$

$$=\begin{vmatrix} 1 & 1 & 2 & 3 \\ 0 & 2 & 4 & -2 \\ 0 & 0 & -k+2 & 2 \\ 0 & 0 & 0 & 3 \end{vmatrix}=6(2-k),$$

所以，只要 $k\neq2$，方程组就有唯一解.

四、自测练习试卷

试卷 1

一、填空题

1. 设 $a_{3s}a_{11}a_{24}a_{4t}$ 是四阶行列式中的一项，则当 $s=$________，$t=$________时，该项取负号.
2. 排列 $n(n-2)(n-4)\cdots(n-5)(n-3)(n-1)$ 的逆序数为________.
3. 设行列式 $D=\begin{vmatrix} a_{11} & a_{12} & a_{13} & a_{14} \\ a_{21} & a_{22} & a_{23} & a_{24} \\ a_{31} & a_{32} & a_{33} & a_{34} \\ a_{41} & a_{42} & a_{43} & a_{44} \end{vmatrix}=d$，$k$ 是非零常数，则

$$D_1=\begin{vmatrix} a_{11} & k^{-1}a_{12} & k^{-2}a_{13} & k^{-3}a_{14} \\ ka_{21} & a_{22} & k^{-1}a_{23} & k^{-2}a_{24} \\ k^2a_{31} & ka_{32} & a_{33} & k^{-1}a_{34} \\ k^3a_{41} & k^2a_{42} & ka_{43} & a_{44} \end{vmatrix}=\_\_\_\_\_\_\_\_.$$

4. 行列式$\begin{vmatrix} 103 & 100 & 204 \\ 199 & 200 & 395 \\ 301 & 300 & 600 \end{vmatrix}=________$.

5. 已知方程组$\begin{cases} ax_1+bx_2+cx_3=0 \\ \qquad x_2+bx_3=0 \\ x_1+\qquad ax_3=0 \end{cases}$只有零解，则 a,b,c 满足关系________.

二、选择题

1. 设$\pm a_{3r}a_{12}a_{2s}a_{51}a_{44}$是五阶行列式中的一项,则下列正确的是(　　).

(A)$r=5,s=3$，且项的符号为正　　(B)$r=3,s=3$，且项的符号为正

(C)$r=3,s=5$，且项的符号为正　　(D)$r=3,s=5$，且项的符号为负

2. 设 D 是四阶行列式，则下列项是 D 中的一项的是(　　).

(A)$a_{31}a_{24}a_{42}a_{11}$　　(B)$a_{12}a_{23}a_{34}a_{41}$

(C)$-a_{41}a_{14}a_{23}a_{32}$　　(D)$-a_{11}a_{23}a_{32}a_{44}$

3. n 阶行列式 $D=\begin{vmatrix} 0 & 0 & \cdots & 0 & 1 \\ 0 & 0 & \cdots & 1 & 0 \\ \vdots & \vdots & & \vdots & \vdots \\ 0 & 1 & \cdots & 0 & 0 \\ 1 & 0 & \cdots & 0 & 0 \end{vmatrix}$的值为(　　).

(A)$(-1)^{n^2}$　　(B)$(-1)^{\frac{n(n-1)}{2}}$　　(C)$(-1)^{\frac{n(n+1)}{2}}$　　(D)1

4. n 阶行列式$\begin{vmatrix} \alpha_1 & 0 & 0 & \cdots & 0 & n \\ 1 & \alpha_2 & 0 & \cdots & 0 & 0 \\ 0 & 2 & \alpha_3 & \cdots & 0 & 0 \\ \vdots & \vdots & \vdots & & \vdots & \vdots \\ 0 & 0 & 0 & \cdots & n-1 & \alpha_n \end{vmatrix}$的值为(　　).

(A)$n!+\alpha_1\alpha_2\cdots\alpha_n$　　(B)$\alpha_1\alpha_2\cdots\alpha_n$

(C)$(-1)^{n+1}n!+\alpha_1\alpha_2\cdots\alpha_n$　　(D)$n!+(-1)^{n+1}\alpha_1\alpha_2\cdots\alpha_n$

5. 下列论断错误的是(　　).

(A)行列式对角元素的代数余子式等于其余子式

(B)行列式的第一行元素都乘 2，第二行元素都乘$\frac{1}{2}$，则行列式的值不变

(C)转置行列式与原行列式的值相差一个符号

(D)将行列式的第一行和第二行对换，再将第一列和第二列对换，其值不变

三、计算题

1. 利用对角线法，计算下列行列式.

（1）$\begin{vmatrix} 2 & 3 \\ -5 & -1 \end{vmatrix}$；　　（2）$\begin{vmatrix} 2 & 1 & 4 \\ -1 & 3 & 1 \\ 0 & 2 & 3 \end{vmatrix}$；

2. 当 k 取何值时，下列各式成立.

（1）$\begin{vmatrix} k & 3 & 4 \\ 0 & 2 & k \\ 0 & k & 1 \end{vmatrix}=0$；　　（2）$\begin{vmatrix} 1 & 3 & -1 \\ 1 & 2k & k \\ 2 & k & 0 \end{vmatrix}\neq 0$；　　（3）$\begin{vmatrix} 1 & 1 & k \\ 2 & -1 & 0 \\ 0 & k & k \end{vmatrix}<0$.

3. 利用上三角化，计算下列行列式.

（1）$\begin{vmatrix} 1 & 2 & 1 & -2 \\ 2 & 4 & -1 & 4 \\ 3 & -1 & 1 & 0 \\ -1 & -4 & -1 & 2 \end{vmatrix}$；　　（2）$\begin{vmatrix} \frac{3}{4} & 2 & -\frac{1}{2} & -5 \\ 1 & -2 & \frac{3}{2} & 8 \\ \frac{5}{6} & -\frac{4}{3} & \frac{4}{3} & \frac{14}{3} \\ \frac{2}{5} & -\frac{4}{5} & \frac{1}{2} & \frac{12}{5} \end{vmatrix}$.

4. 利用展开公式，计算下列行列式.

（1）$\begin{vmatrix} a & 0 & 0 & 1 \\ 0 & b & 0 & 0 \\ 0 & 0 & c & 0 \\ 1 & 0 & 0 & d \end{vmatrix}$；　　（2）$\begin{vmatrix} a & 0 & \cdots & 0 & 1 \\ 0 & a & \cdots & 0 & 0 \\ \vdots & \vdots & & \vdots & \vdots \\ 0 & 0 & \cdots & a & 0 \\ 1 & 0 & \cdots & 0 & a \end{vmatrix}$；

（3）$D_{2n}=\begin{vmatrix} a & \cdots & 0 & 0 & \cdots & b \\ \vdots & & \vdots & \vdots & & \vdots \\ 0 & \cdots & a & b & \cdots & 0 \\ 0 & \cdots & c & d & \cdots & 0 \\ \vdots & & \vdots & \vdots & & \vdots \\ c & \cdots & 0 & 0 & \cdots & d \end{vmatrix}$.

5. 建立递推关系，计算下列行列式.

（1）$\begin{vmatrix} 7 & 5 & 0 & \cdots & 0 & 0 \\ 2 & 7 & 5 & \cdots & 0 & 0 \\ 0 & 2 & 7 & \cdots & 0 & 0 \\ \vdots & \vdots & \vdots & & \vdots & \vdots \\ 0 & 0 & 0 & \cdots & 7 & 5 \\ 0 & 0 & 0 & \cdots & 2 & 7 \end{vmatrix}$；　　（2）$\begin{vmatrix} 1-a & a & 0 & \cdots & 0 & 0 \\ -1 & 1-a & a & \cdots & 0 & 0 \\ 0 & -1 & 1-a & \cdots & 0 & 0 \\ \vdots & \vdots & \vdots & & \vdots & \vdots \\ 0 & 0 & 0 & \cdots & 1-a & a \\ 0 & 0 & 0 & \cdots & -1 & 1-a \end{vmatrix}$；

(3) $\begin{vmatrix} n!\ a_0 & (n-1)!\ a_1 & (n-2)!\ a_2 & \cdots & 1!\ a_{n-1} & a_n \\ -n & x & 0 & \cdots & 0 & 0 \\ 0 & -(n-1) & x & \cdots & 0 & 0 \\ \vdots & \vdots & \vdots & & \vdots & \vdots \\ 0 & 0 & 0 & \cdots & x & 0 \\ 0 & 0 & 0 & \cdots & -1 & x \end{vmatrix}$（提示：按第一列展开）.

6. 计算下列行列式.

(1) $\begin{vmatrix} 0 & 0 & 0 & 0 & a \\ 0 & 0 & 0 & b & 0 \\ 0 & 0 & c & 0 & 0 \\ 0 & d & 0 & 0 & 0 \\ e & 0 & 0 & 0 & 0 \end{vmatrix}$；　(2) $\begin{vmatrix} 2 & 0 & 1 & 2 & 1 \\ -1 & -2 & 5 & 0 & 0 \\ 1 & 3 & 1 & 0 & 0 \\ 0 & -2 & 0 & 0 & 0 \\ 3 & 0 & 0 & 0 & 0 \end{vmatrix}$；

(3) $\begin{vmatrix} 2 & 0 & 0 & 0 & 0 \\ -1 & -2 & 0 & 0 & 0 \\ 1 & 3 & 1 & 4 & -5 \\ 0 & -2 & 2 & 0 & 2 \\ 3 & 3 & -1 & 2 & 2 \end{vmatrix}$；　(4) $\begin{vmatrix} 1 & 1 & 0 & 0 & 0 & 1 \\ x_1 & x_2 & 0 & 0 & 0 & x_3 \\ a_1 & b_1 & 1 & 1 & 1 & c_1 \\ a_2 & b_2 & x_1 & x_2 & x_3 & c_2 \\ a_3 & b_3 & x_1^2 & x_2^3 & x_3^2 & c_3 \\ x_1^2 & x_2^3 & 0 & 0 & 0 & x_3^2 \end{vmatrix}$.

7. 用克莱姆法则计算下列方程组的解.

(1) $\begin{cases} 5x_1-x_2=3 \\ 3x_1-x_2+x_3=4 \\ x_1+x_2+2x_3=9 \end{cases}$；　(2) $\begin{cases} x_1+x_2-2x_3=3 \\ 5x_1-2x_2+x_3=4 \\ 3x_2+4x_3=-4 \end{cases}$；

(3) $\begin{cases} x_1+\lambda x_2=1 \\ 2x_1-x_2=-1 \end{cases}$；

8. 设下列齐次线性方程组有非零解，则 λ, μ 应取何值？

(1) $\begin{cases} \lambda x_1+x_2=0 \\ 2\lambda x_1+(\lambda-1)x_2=0 \end{cases}$；　(2) $\begin{cases} (\lambda+1)x_1+x_2+x_3=0 \\ x_1+x_2-x_3=0 \\ 2x_1+\lambda x_3=0 \end{cases}$；

(3) $\begin{cases} \lambda x_1+x_2+x_3=0 \\ \mu x_1+x_2=0 \\ x_1-x_2+\lambda x_3=0 \end{cases}$.

四、证明题

1. 证明

$$\begin{vmatrix} a^2 & (a+1)^2 & (a+2)^2 & (a+3)^2 \\ b^2 & (b+1)^2 & (b+2)^2 & (b+3)^2 \\ c^2 & (c+1)^2 & (c+2)^2 & (c+3)^2 \\ d^2 & (d+1)^2 & (d+2)^2 & (d+3)^2 \end{vmatrix}=0.$$

2. 用归纳法证明下列结论.

$$\begin{vmatrix} a+b & 1 & 0 & \cdots & 0 & 0 \\ ab & a+b & 1 & \cdots & 0 & 0 \\ 0 & ab & a+b & \cdots & 0 & 0 \\ \vdots & \vdots & \vdots & & \vdots & \vdots \\ 0 & 0 & 0 & \cdots & a+b & 1 \\ 0 & 0 & 0 & \cdots & ab & a+b \end{vmatrix} = \frac{a^{n+1}-b^{n+1}}{a-b}(a\neq b).$$

试卷 2

一、填空题

1. 排列 7531246 的逆序数为________.

2. 对于五阶行列式中的项 $a_{35}a_{21}a_{13}a_{42}a_{54}$，其前面的符号为________.

3. 设 a,b 为实数，若 $\begin{vmatrix} 0 & b & a \\ -b & a & 0 \\ -1 & 0 & -1 \end{vmatrix}=0$，则 a,b 满足________.

4. 行列式 $\begin{vmatrix} 1 & 1 & 1 & 1 \\ a-1 & a-3 & a-5 & a-7 \\ (a-1)^2 & (a-3)^2 & (a-5)^2 & (a-7)^2 \\ (a-1)^3 & (a-3)^3 & (a-5)^3 & (a-7)^3 \end{vmatrix}=$________.

5. 设 n 阶行列式 $D=\begin{vmatrix} a_{11} & a_{12} & \cdots & a_{1,n-1} & a_{1n} \\ a_{21} & a_{22} & \cdots & a_{2,n-1} & a_{2n} \\ \vdots & \vdots & & \vdots & \vdots \\ a_{n-1,1} & a_{n-1,2} & \cdots & a_{n-1,n-1} & a_{n-1,n} \\ a_{n1} & a_{n2} & \cdots & a_{n,n-1} & a_{nn} \end{vmatrix}=d$，则

$$D_1=\begin{vmatrix} a_{n1} & a_{n2} & \cdots & a_{n,n-1} & a_{nn} \\ a_{n-1,1} & a_{n-1,2} & \cdots & a_{n-1,n-1} & a_{n-1,n} \\ \vdots & \vdots & & \vdots & \vdots \\ a_{21} & a_{22} & \cdots & a_{2,n-1} & a_{2n} \\ a_{11} & a_{12} & \cdots & a_{1,n-1} & a_{1n} \end{vmatrix}=\text{________}.$$

二、选择题

1. 四阶行列式中带负号且含有 a_{42} 的项是(　　).

(A) $-a_{11}a_{24}a_{33}a_{42}$　　(B) $-a_{11}a_{23}a_{34}a_{42}$

(C) $-a_{14}a_{21}a_{33}a_{42}$　　(D) $-a_{13}a_{24}a_{32}a_{42}$

2. 已知 $\begin{vmatrix} b_1 & x_1 & c_1 \\ b_2 & x_2 & c_2 \\ b_3 & x_3 & c_3 \end{vmatrix}=-2$，$\begin{vmatrix} b_1 & y_1 & c_1 \\ b_2 & y_2 & c_2 \\ b_3 & y_3 & c_3 \end{vmatrix}=3$，则 $\begin{vmatrix} 3c_1 & x_1+y_1 & 2b_1 \\ 3c_2 & x_2+y_2 & 2b_2 \\ 3c_3 & x_3+y_3 & 2b_3 \end{vmatrix}$ 等于(　　).

(A) 6　　(B) −6　　(C) 1　　(D) 0

3. n 阶行列式 $\begin{vmatrix} 1 & 1 & 1 & \cdots & 1 \\ 1 & 0 & 1 & \cdots & 1 \\ 1 & 1 & 0 & \cdots & 1 \\ \vdots & \vdots & \vdots & & \vdots \\ 1 & 1 & 1 & \cdots & 0 \end{vmatrix}$ 的值为(　　).

(A)1　　(B)-1　　(C)0　　(D)$(-1)^{n-1}$

4. 设 D 是 n 阶行列式,则 D 等于 0 的充分必要条件是(　　).

(A)D 中至少有两行(列)对应元素成比例

(B)D 中至少有一行(列)零元素

(C)D 中至少有一行(列)元素可以化成零

(D)D 中至少有一行(列)元素的代数余子式为 0

5. 设齐次线性方程组 $\begin{cases} ax_1+bx_2+cx_3=0 \\ x_1+x_2+x_3=0 \\ ax_1+cx_3=0 \end{cases}$ 有非零解，其中 $c\neq0$，则(　　).

(A)$a=b\neq c$　　(B)$a=c\neq b$　　(C)$b=c\neq a$　　(D)$a=b=c$

三、计算题

1. 利用对角线法，计算下列行列式.

(1) $\begin{vmatrix} 0 & x \\ y & 0 \end{vmatrix}$;　　(2) $\begin{vmatrix} 3 & 4 & 0 \\ 1 & 2 & -1 \\ 1 & 3 & 4 \end{vmatrix}$.

2. 利用上三角化，计算下列行列式.

(1) $\begin{vmatrix} 1 & 0 & -1 & -1 \\ 0 & -1 & -1 & 1 \\ a & b & c & d \\ -1 & -1 & 1 & 0 \end{vmatrix}$;　　(2) $\begin{vmatrix} 1 & 1 & 0 & 1 & -1 \\ 2 & 0 & -1 & 1 & 2 \\ 3 & 2 & 1 & 3 & 0 \\ 1 & -1 & 0 & 1 & 2 \\ 2 & 1 & 3 & 0 & 1 \end{vmatrix}$.

3. 利用范德蒙行列式的结论，计算下列行列式.

(1) $\begin{vmatrix} 1 & 1 & 1 & 1 \\ a & b & c & d \\ a^2 & b^2 & c^2 & d^2 \\ a^3 & b^3 & c^3 & d^3 \end{vmatrix}$;　　(2) $\begin{vmatrix} 1 & 1 & 1 & 1 \\ 16 & 9 & 49 & 25 \\ 4 & 3 & 7 & -5 \\ 64 & 27 & 343 & -125 \end{vmatrix}$;

(3) $\begin{vmatrix} a^n & (a-1)^n & \cdots & (a-n)^n \\ a^{n-1} & (a-1)^{n-1} & \cdots & (a-n)^{n-1} \\ \vdots & \vdots & & \vdots \\ a & a-1 & \cdots & a-n \\ 1 & 1 & \cdots & 1 \end{vmatrix}$.

4. 设 $D=\begin{vmatrix}1&1&1&2\\1&1&-2&0\\1&2&0&-1\\2&-3&4&3\end{vmatrix}$，求 $A_{14}+A_{24}+A_{34}+A_{44}$ 之值.

5. 计算下列行列式.

（1）$\begin{vmatrix}1&3&3&\cdots&3\\3&2&3&\cdots&3\\3&3&3&\cdots&3\\\vdots&\vdots&\vdots&&\vdots\\3&3&3&\cdots&n\end{vmatrix}(n\geqslant3)$；（2）$\begin{vmatrix}n&1&1&\cdots&1\\1&n&1&\cdots&1\\1&1&n&\cdots&1\\\vdots&\vdots&\vdots&&\vdots\\1&1&1&\cdots&n\end{vmatrix}$；

（3）$D_n=\begin{vmatrix}1&2&3&\cdots&n-2&n-1&n\\1&-1&0&\cdots&0&0&0\\0&2&-2&\cdots&0&0&0\\\vdots&\vdots&\vdots&&\vdots&\vdots&\vdots\\0&0&0&\cdots&n-2&-(n-2)&0\\0&0&0&\cdots&0&n-1&-(n-1)\end{vmatrix}$；

（4）$D=\begin{vmatrix}1&2&3&\cdots&n-1&n\\1&1&1&\cdots&1&1-n\\1&1&1&\cdots&1-n&1\\\vdots&\vdots&\vdots&&\vdots&\vdots\\1&1&1-n&\cdots&1&1\\1&1-n&1&\cdots&1&1\end{vmatrix}$.

6. 计算下列行列式.

（1）$\begin{vmatrix}1&a_1&a_2&\cdots&a_n\\1&a_1+b_1&a_2&\cdots&a_n\\1&a_1&a_2+b_2&\cdots&a_n\\\vdots&\vdots&\vdots&&\vdots\\1&a_1&a_2&\cdots&a_n+b_n\end{vmatrix}$；（2）$D=\begin{vmatrix}a_1-b&a_2&\cdots&a_n\\a_1&a_2-b&\cdots&a_n\\\vdots&\vdots&&\vdots\\a_1&a_2&\cdots&a_n-b\end{vmatrix}$；

（3）$D=\begin{vmatrix}x&a_1&a_2&\cdots&a_{n-1}&1\\a_1&x&a_2&\cdots&a_{n-1}&1\\a_1&a_2&x&\cdots&a_{n-1}&1\\\vdots&\vdots&\vdots&&\vdots&\vdots\\a_1&a_2&a_3&\cdots&x&1\\a_1&a_2&a_3&\cdots&a_n&1\end{vmatrix}$.

7. 用克莱姆法则计算下列方程组的解.

(1) $\begin{cases} 2x_1+\quad\quad x_3-\ x_4=3 \\ x_1+2x_2-x_3+3x_4=3 \\ -x_1+\quad 3x_3+\ x_4=-4 \\ x_1-\ x_2+x_3\quad\quad =3 \end{cases}$；　　(2) $\begin{cases} \lambda x_2-x_3=1 \\ \mu x_1+\quad x_3=0 \\ x_1+x_2+x_3=-1 \end{cases}$.

四、证明题

1. 证明下列结论.

$$D_n=\begin{vmatrix} a_1-b_1 & a_1-b_2 & \cdots & a_1-b_n \\ a_2-b_1 & a_2-b_2 & \cdots & a_2-b_n \\ \vdots & \vdots & & \vdots \\ a_n-b_1 & a_n-b_2 & \cdots & a_n-b_n \end{vmatrix}=\begin{cases} a_1-b_1, & n=1 \\ (a_1-a_2)(b_1-b_2), & n=2. \\ 0, & n>2 \end{cases}$$

2. 用归纳法证明下列结论.

$$\begin{vmatrix} a_0+a_1 & a_1 & 0 & \cdots & 0 & 0 \\ a_1 & a_1+a_2 & a_2 & \cdots & 0 & 0 \\ 0 & a_2 & a_2+a_3 & \cdots & 0 & 0 \\ \vdots & \vdots & \vdots & & \vdots & \vdots \\ 0 & 0 & 0 & \cdots & a_{n-2}+a_{n-1} & a_{n-1} \\ 0 & 0 & 0 & \cdots & a_{n-1} & a_{n-1}+a_n \end{vmatrix}=a_0a_1\cdots a_n\sum_{k=0}^{n}\frac{1}{a_k}(a_k\neq 0).$$

五、习题、总复习题及详解

习题 1-1　排列与逆序

1. 计算以下排列的逆序数，判别其奇偶性 .

(1)341265；　(2)123456；　(3) 13578642；　(4)86421357.

解　(1)5，奇排列；(2)0，偶排列；(3)12，偶排列；(4)16，偶排列 .

2. 选择 i 与 k，使下列排列(1)成为奇排列，使排列(2)成为偶排列.

(1)$231i5k$；　(2)$235ik1$.

解　(1)$\tau(231456)=2$，$\tau(231654)=5$，因此 $i=6$，$k=4$；

(2) 同理可知 $i=4,k=6$.

习题 1-2　行列式的定义

1. 在六阶行列式 $D=\det(a_{ij})$ 中，下列各元素乘积应取什么符号.

(1)$a_{15}a_{23}a_{32}a_{44}a_{51}a_{66}$；

(2)$a_{21}a_{53}a_{16}a_{42}a_{65}a_{34}$；

(3)$a_{61}a_{52}a_{43}a_{34}a_{25}a_{16}$.

解 (1) $(-1)^{\tau(532416)}=1$，取正号；

(2) $(-1)^{\tau(251463)+\tau(136254)}=-1$，取负号；

(3) $(-1)^{\tau(654321)}=-1$，取负号；

2. 按对角线法计算下列行列式.

(1) $\begin{vmatrix} 1 & -3 \\ 4 & 5 \end{vmatrix}$； (2) $\begin{vmatrix} a+bi & b \\ i & a-bi \end{vmatrix}$，其中 $i=\sqrt{-1}$；

(3) $\begin{vmatrix} \sin\theta & 0 & \cos\theta \\ 0 & 1 & 0 \\ -\cos\theta & 0 & \sin\theta \end{vmatrix}$； (4) $\begin{vmatrix} 1 & 9 & 6 \\ -1 & 5 & 0 \\ 3 & 0 & 2 \end{vmatrix}$.

解 (1) 原式 $=5+12=17$；

(2) 原式 $=a^2+b^2-bi$；

(3) 原式 $=\sin^2\theta+\cos^2\theta=1$；

(4) 原式 $=10-90+18=-62$.

3. 按行列式的定义计算以下行列式 .

(1) $\begin{vmatrix} a & 0 & 0 & 0 \\ 0 & b & 0 & 0 \\ 0 & 0 & c & 0 \\ 0 & 0 & 0 & d \end{vmatrix}$； (2) $\begin{vmatrix} 0 & 0 & 0 & a \\ 0 & 0 & b & 0 \\ 0 & c & 0 & 0 \\ d & 0 & 0 & 0 \end{vmatrix}$； (3) $\begin{vmatrix} 0 & a & 0 & 0 \\ b & 0 & 0 & 0 \\ 0 & 0 & c & 0 \\ 0 & 0 & 0 & d \end{vmatrix}$.

解 (1) 原式 $=(-1)^{\tau(1234)}abcd=abcd$；

(2) 原式 $=(-1)^{\tau(4321)}abcd=abcd$；

(3) 原式 $=(-1)^{\tau(2134)}abcd=-abcd$.

习题 1-3 行列式的基本性质

1. 利用行列式性质计算下列行列式：

(1) $\begin{vmatrix} 1 & 4 & 9 & 16 \\ 4 & 9 & 16 & 25 \\ 9 & 16 & 25 & 36 \\ 16 & 25 & 36 & 49 \end{vmatrix}$； (2) $\begin{vmatrix} 625 & 216 & 0 \\ -125 & 108 & -27 \\ 150 & 180 & 81 \end{vmatrix}$； (3) $\begin{vmatrix} \frac{3}{4} & 2 & -\frac{1}{2} \\ 1 & -2 & \frac{3}{2} \\ \frac{5}{6} & -\frac{4}{3} & \frac{4}{3} \end{vmatrix}$.

解 (1) 原式 $=\begin{vmatrix} 1 & 4 & 9 & 16 \\ 3 & 5 & 7 & 9 \\ 5 & 7 & 9 & 11 \\ 7 & 9 & 11 & 13 \end{vmatrix}=\begin{vmatrix} 1 & 4 & 9 & 16 \\ 3 & 5 & 7 & 9 \\ 2 & 2 & 2 & 2 \\ 2 & 2 & 2 & 2 \end{vmatrix}=0$；

(2) 原式 $=\begin{vmatrix} 5^4 & 6^3 & 0 \\ -5^3 & 6^2\cdot 3 & -3^3 \\ 5^2\cdot 6 & 6^2\cdot 5 & 3^4 \end{vmatrix}=5^2\cdot 6^2\cdot 3^3\begin{vmatrix} 25 & 6 & 0 \\ -5 & 3 & -1 \\ 6 & 5 & 3 \end{vmatrix}=9817200$；

(3) 原式 $=\frac{1}{3}\cdot\frac{1}{2}\cdot\frac{1}{2}\cdot\frac{1}{2}\begin{vmatrix}3&4&-2\\2&-2&3\\5&-4&8\end{vmatrix}=-\frac{5}{6}$.

2. 将下列行列式上三角化，进而计算出行列式的值.

(1) $\begin{vmatrix}2&1&4&1\\3&-1&2&1\\1&2&3&2\\5&0&6&2\end{vmatrix}$；　(2) $\begin{vmatrix}2&0&-1&3\\4&0&1&-1\\-3&1&0&1\\1&4&1&1\end{vmatrix}$；　(3) $\begin{vmatrix}2&-4&2&6\\2&-1&2&5\\0&2&0&-4\\3&0&4&1\end{vmatrix}$；

(4) $\begin{vmatrix}1&0&-1&-1\\0&-1&-1&1\\a&b&c&d\\-1&-1&1&0\end{vmatrix}$；　(5) $\begin{vmatrix}1&\frac{1}{2}&0&1&-1\\2&0&-1&1&2\\3&2&1&\frac{1}{2}&0\\1&-1&0&1&2\\2&1&3&0&\frac{1}{2}\end{vmatrix}$.

解　(1) 原式 $=-\begin{vmatrix}1&2&3&2\\0&-7&-7&-5\\0&-3&-2&-3\\0&0&0&0\end{vmatrix}=0$；

(2) 原式 $=\begin{vmatrix}1&0&1&-3\\0&1&-1&4\\0&0&2&6\\0&0&0&15\end{vmatrix}=30$；

(3) 原式 $=\begin{vmatrix}1&2&-4&0\\0&-2&13&-1\\0&0&1&-3\\0&0&0&10\end{vmatrix}=-20$；

(4) 原式 $=\begin{vmatrix}1&0&-1&-1\\0&-1&0&-1\\0&0&-1&2\\0&0&0&3a-b+2c+d\end{vmatrix}=3a-b+2c+d$；

(5) 原式 $=\frac{3}{8}\begin{vmatrix}1&0&0&1&0\\0&-1&0&0&2\\0&0&-1&-1&2\\0&0&0&1&-2\\0&0&0&0&1\end{vmatrix}=\frac{3}{8}$.

习题 1–4　行列式的展开

1. 利用展开定理，计算下列行列式.

(1) $\begin{vmatrix} 2 & 3 & 0 & 1 & 0 \\ 0 & 0 & 0 & 0 & 1 \\ 4 & 1 & -1 & 2 & 0 \\ 1 & 0 & 0 & 1 & 3 \\ -2 & 6 & 0 & 1 & -1 \end{vmatrix}$;　(2) $\begin{vmatrix} 2 & 0 & -1 & 3 \\ 4 & 0 & 1 & -1 \\ -3 & 1 & 0 & 1 \\ 1 & 4 & 1 & 1 \end{vmatrix}$;

(3) $\begin{vmatrix} a & 0 & 0 & 1 \\ 0 & b & 0 & 0 \\ 0 & 0 & c & 0 \\ 1 & 0 & 0 & d \end{vmatrix}$;　(4) $\begin{vmatrix} -a_1 & a_1 & 0 & \cdots & 0 & 0 \\ 0 & -a_2 & a_2 & \cdots & 0 & 0 \\ \vdots & \vdots & \vdots & & \vdots & \vdots \\ 0 & 0 & 0 & \cdots & -a_n & a_n \\ 1 & 1 & 1 & \cdots & 1 & 1 \end{vmatrix}$.

解　(1) 原式 $=(-1)^{3+3}\cdot(-1)\begin{vmatrix} 2 & 3 & 1 & 0 \\ 0 & 0 & 0 & 1 \\ 1 & 0 & 1 & 3 \\ -2 & 6 & 1 & -1 \end{vmatrix}=(-1)\cdot(-1)^{2+4}\begin{vmatrix} 2 & 3 & 1 \\ 1 & 0 & 1 \\ -2 & 6 & 1 \end{vmatrix}=15$;

(2) 原式 $=(-1)^{3+2}\cdot\begin{vmatrix} 2 & -1 & 3 \\ 4 & 1 & -1 \\ 1 & 1 & 1 \end{vmatrix}+(-1)^{4+2}\cdot 4\begin{vmatrix} 2 & -1 & 3 \\ 4 & 1 & -1 \\ -3 & 0 & 1 \end{vmatrix}=30$;

(3) 原式 $=(-1)^{2+2}b\begin{vmatrix} a & 0 & 1 \\ 0 & c & 0 \\ 1 & 0 & d \end{vmatrix}=b\,(-1)^{2+2}c\begin{vmatrix} a & 1 \\ 1 & d \end{vmatrix}=abcd-bc.$

(4) 按最后一列展开，可以得到 $D_n=(-1)^n a_1\cdots a_n-a_nD_{n-1}$. 于是有 $\dfrac{(-1)^nD_n}{a_1\cdots a_n}=\dfrac{(-1)^{n-1}D_{n-1}}{a_1\cdots a_{n-1}}+1.$

令 $b_n=\dfrac{(-1)^nD_n}{a_1\cdots a_n}$，则 $b_n=b_1+(n-1)$. 而 $D_1=\begin{vmatrix} -a_1 & a_1 \\ 1 & 1 \end{vmatrix}=-2a_1$，故 $b_1=2$，于是 $b_n=n+1$，因此 $D_n=(-1)^n(n+1)a_1\cdots a_n$.

2. 若 n 阶行列式不等于 0，那么它的所有 $n-1$ 阶子式能否都为 0?

解　不能. 由展开定理可知一个 n 阶行列式是它的 n 个代数余子式的和，因此若所有 $n-1$ 阶子式都为零，则这个行列式也一定为零.

习题 1–5　克莱姆法则

1. 用克莱姆法则计算下列方程组的解.

(1) $\begin{cases} 2x_1+5x_2=1 \\ 3x_1+7x_2=2 \end{cases}$;　(2) $\begin{cases} 4x_1+5x_2=0 \\ 3x_1-7x_2=0 \end{cases}$;

(3) $\begin{cases} x_1+x_2-2x_3=-3 \\ 5x_1-2x_2+7x_3=22 \\ 2x_1-5x_2+4x_3=4 \end{cases}$；　(4) $\begin{cases} 2x_1+3x_2+x_3-x_4=3 \\ x_1+2x_2+5x_3+3x_4=-2 \\ -x_1+3x_3+x_4=-2 \\ x_1-x_2+x_3=1 \end{cases}$.

解　直接利用 Cramer 法则计算即可，可得：

(1) $\begin{cases} x_1=3 \\ x_2=-1 \end{cases}$；　(2) $\begin{cases} x_1=0 \\ x_2=0 \end{cases}$；　(3) $\begin{cases} x=1 \\ y=2; \\ z=3 \end{cases}$　(4) $\begin{cases} x_1=1 \\ x_2=0 \\ x_3=0 \\ x_4=-1 \end{cases}$.

2. 当 λ 取何值时，下列方程组能运用克莱姆法则求解，并写出此解.

$$\begin{cases} 4x_1+\lambda x_2=b_1 \\ 2x_1-x_2=b_2 \end{cases}.$$

解　当 $\begin{vmatrix} 4 & \lambda \\ 2 & -1 \end{vmatrix} \neq 0$ 时可用 Cramer 法则求解，即 $\lambda \neq -2$，此时解为 $\begin{cases} x_1=\dfrac{b_1+\lambda b_2}{2(2+\lambda)} \\ x_2=\dfrac{b_1-2b_2}{2+\lambda} \end{cases}$.

3. 当参数 λ 满足什么条件时，下列方程组有唯一解.

$$\begin{cases} x_1+\lambda x_2+x_3=1 \\ x_1-x_2+x_3=0 \\ \lambda x_1+x_2+2x_3=1 \end{cases}.$$

解　有唯一解则必有系数行列式不等于零，故有 $\begin{vmatrix} 1 & \lambda & 1 \\ 1 & -1 & 1 \\ \lambda & 1 & 2 \end{vmatrix} \neq 0$，即当 $\lambda \neq -1$ 且 $\lambda \neq 2$ 时有唯一解.

总复习题一

1. 计算以下排列的逆序数，并判别其奇偶性.

(1) $135\cdots(2n-1)(2n)(2n-2)\cdots42$；(2) $(2n)(2n-2)\cdots42135\cdots(2n-1)$.

解　(1) $\tau(135\cdots(2n-1)(2n)(2n-2)\cdots42)=2+4+\cdots+(2n-4)+(2n-2)=n(n-1)$，是偶排列；

(2) $\tau((2n)(2n-2)\cdots42135\cdots(2n-1))=(2n-1)+(2n-3)+\cdots+3+1=n^2$，故当 n 是偶数时是偶排列，故当 n 是奇数时是奇排列，

2. 写出下列对换.

(1) $1356742 \to 4132567$；　(2) $1356742 \to 1234567$；　(3) $1234567 \to 76542321$.

解　对换方式并不唯一，按照一定顺序完成对换即可

(1) $(6,7)(5,6)(4,7)(3,6)(2,6)(1,6)$；

(2) $(2,3)(3,5)(4,6)(5,7)$；

(3)(1,7)(2,6)(3,5).

3. 按例式的定义计算以下行列式.

(1) $\begin{vmatrix} 3 & 0 & 0 & 0 \\ 2 & -1 & 0 & 0 \\ 0 & 2 & 2 & 0 \\ 2 & -4 & 1 & -5 \end{vmatrix}$; (2) $\begin{vmatrix} 0 & 0 & 0 & a_{14} \\ 0 & 0 & a_{23} & a_{24} \\ 0 & a_{32} & a_{33} & a_{34} \\ a_{41} & a_{42} & a_{43} & a_{44} \end{vmatrix}$; (3) $\begin{vmatrix} 0 & 1 & 0 & \cdots & 0 \\ 0 & 0 & 2 & \cdots & 0 \\ \vdots & \vdots & \vdots & & \vdots \\ 0 & 0 & 0 & \cdots & n-1 \\ n & 0 & 0 & \cdots & 0 \end{vmatrix}$.

解

(1)原式$=(-1)^{\tau(1234)}\cdot 3\cdot(-1)\cdot 2\cdot(-5)=30$;

(2)原式$=(-1)^{\tau(4321)}a_{14}a_{23}a_{32}a_{41}=a_{14}a_{23}a_{32}a_{41}$;

(3)原式$=(-1)^{\tau(23\cdots n1)}n!=(-1)^{n-1}n!$.

4. 按定义说明 n 阶行列式 $\begin{vmatrix} \lambda-a_{11} & -a_{12} & \cdots & -a_{1n} \\ -a_{21} & \lambda-a_{22} & \cdots & -a_{2n} \\ \vdots & \vdots & & \vdots \\ -a_{n1} & -a_{n2} & \cdots & \lambda-a_{nn} \end{vmatrix}$ 是一个关于 λ 的 n 次多项式，且 λ^{n-1} 前的系数为$-(a_{11}+a_{22}+\cdots+a_{nn})$.

解 由行列式的定义可知，求和的每项是每行每列各取一个元素相乘，因此每项中最多只有 n 个元素是含有 λ 的，且只有对角线元素组成的项$(\lambda-a_{11})(\lambda-a_{22})\cdots(\lambda-a_{nn})$恰好是 n 个元素都含有 λ 的，因此该 n 级行列式就是一个关于 λ 的 n 次多项式。另外，由行列式的定义可知，包含 λ^{n-1}的项只可能是由所有对角线元素所组成的项，于是 λ^{n-1}前的系数为$-(a_{11}+a_{22}+\cdots+a_{nn})$.

5. 当 k 取何值时，下列式子成立.

(1) $\begin{vmatrix} k & 3 & 4 \\ k & -2 & 1 \\ 0 & k & 0 \end{vmatrix}=0$; (2) $\begin{vmatrix} 1 & 3 & -1 \\ k & 2k & 1 \\ -2 & k & 0 \end{vmatrix}\neq 0$; (3) $\begin{vmatrix} k & 1 & 1 \\ 0 & -1 & 0 \\ 4 & k & k \end{vmatrix}>0$.

解 (1)原式$=3k^2$，故 $k=0$.

(2)原式$=(k+2)(k+3)$，故 $k\neq-2$ 且 $k\neq-3$.

(3)原式$=-k^2+4$，故$-2<k<2$.

6. 已知 n 阶行列式 D_n的元素如下.

(1) $a_{ij}=\begin{cases} -1, & i>j \\ 1, & i\leqslant j \end{cases}$; (2) $a_{ij}=\begin{cases} -1, & i>j \\ j, & i\leqslant j \end{cases}$.

计算 $n=2,3,4$ 时的行列式值，并给出 n 阶行列式 D_n 的值.

解

(1)将第一行依次加至其余行上，可化为上三角形行列式，因此 $D_n=2^{n-1}$.

(2)将最后一列提出一个公因子 n 后，将最后一列依次加至其余列上，可化为上三角行列式，因此 $D_n=n\cdot n!$.

7. 利用展开定理，计算下列行列式.

(1) $\begin{vmatrix} a_1 & 0 & \cdots & 0 & 1 \\ 0 & a_2 & \cdots & 0 & 0 \\ \vdots & \vdots & & \vdots & \vdots \\ 0 & 0 & \cdots & a_{n-1} & 0 \\ 1 & 0 & \cdots & 0 & a_n \end{vmatrix}$；　(2) $\begin{vmatrix} 0 & 0 & \cdots & 0 & a_{1n} \\ 0 & 0 & \cdots & a_{2,n-1} & a_{1,n-1} \\ \vdots & \vdots & & \vdots & \vdots \\ 0 & a_{n-1,2} & \cdots & a_{n-1,n-1} & a_{n-1,n} \\ a_{n1} & a_{n2} & \cdots & a_{n,n-1} & a_{nn} \end{vmatrix}$.

解　(1) 原式 $=a_1\begin{vmatrix} a_2 & \cdots & 0 & 0 \\ \vdots & & \vdots & \vdots \\ 0 & \cdots & a_{n-1} & 0 \\ 0 & \cdots & 0 & a_n \end{vmatrix}+(-1)^{n+1}\begin{vmatrix} 0 & \cdots & 0 & 1 \\ a_2 & \cdots & 0 & 0 \\ \vdots & & \vdots & \vdots \\ 0 & \cdots & a_{n-1} & 0 \end{vmatrix}=(a_1a_n-1)a_2\cdots a_{n-1}$.

(2) 每次都按照第一列展开，最后可得原式 $=(-1)^{\frac{(n-1)n}{2}}a_{1n}a_{2,n-1}\cdots a_{n1}$.

8. 能否将一个 $r(r>1)$ 阶行列式写成与其值相等的 $r+1$ 阶行列式？反之，能否将一个 r 阶行列式写成与其值相等的 $r-1$ 阶行列式？

解　都可以.

设 $D=\begin{vmatrix} a_{11} & \cdots & a_{1r} \\ \vdots & & \vdots \\ a_{r1} & \cdots & a_{rr} \end{vmatrix}$，则 $D=\begin{vmatrix} a_{11} & \cdots & a_{1r} & 0 \\ \vdots & & \vdots & \vdots \\ a_{r1} & \cdots & a_{rr} & 0 \\ 0 & \cdots & 0 & 1 \end{vmatrix}$. 另一方面，若 $D\neq 0$，则可不妨假设 $a_{11}\neq 0$，此时可通过行列式性质将第一列除 a_{11} 外元素变为零，由展开定理以及行列式的性质即可知结论正确.

9. (1) 设 $D=\begin{vmatrix} 2 & 2 & 3 \\ 1 & 1 & 2 \\ 2 & x & y \end{vmatrix}$，且 $A_{11}+A_{12}+A_{13}=1$，求 D 的值；

(2) 设 $D=\begin{vmatrix} 1 & 1 & 1 & 2 \\ 1 & 1 & -2 & 0 \\ 1 & 2 & 0 & -1 \\ 2 & -3 & 4 & 3 \end{vmatrix}$，求 $A_{41}+A_{42}+A_{43}+A_{44}$.

解　(1) 由展开定理，由 $A_{11}+A_{12}+A_{13}=1$ 可知 $\begin{vmatrix} 1 & 1 & 1 \\ 1 & 1 & 2 \\ 2 & x & y \end{vmatrix}=1$，按对角线法则可解得 $x=1$. 于是 $D=\begin{vmatrix} 2 & 2 & 2 \\ 1 & 1 & 2 \\ 2 & x & y \end{vmatrix}+\begin{vmatrix} 0 & 0 & 1 \\ 1 & 1 & 2 \\ 2 & x & y \end{vmatrix}=2+x-2=1$.

(2) $A_{41}+A_{42}+A_{43}+A_{44}=\begin{vmatrix} 1 & 1 & 1 & 2 \\ 1 & 1 & -2 & 0 \\ 1 & 2 & 0 & -1 \\ 1 & 1 & 1 & 1 \end{vmatrix}=-3$.

10. 利用范德蒙行列式的结论，计算下列行列式.

(1) $\begin{vmatrix} 1 & 1 & 1 & 1 \\ a & b & c & d \\ a^2 & b^2 & c^2 & d^2 \\ a^3 & b^3 & c^3 & d^3 \end{vmatrix}$；　(2) $\begin{vmatrix} 1 & 1 & 1 & 1 \\ 16 & 9 & 49 & 25 \\ 4 & 3 & 7 & -5 \\ 64 & 27 & 343 & -125 \end{vmatrix}$；

(3) $D_n=\begin{vmatrix} 1 & a-1 & (a-1)^2 & \cdots & (a-1)^{n-1} \\ 1 & a-2 & (a-2)^2 & \cdots & (a-2)^{n-1} \\ 1 & a-3 & (a-3)^2 & \cdots & (a-3)^{n-1} \\ \vdots & \vdots & \vdots & & \vdots \\ 1 & a-n & (a-n)^2 & \cdots & (a-n)^{n-1} \end{vmatrix}$.

解　直接利用范德蒙行列式的结论即可得到答案.

(1) 原式 $=(d-a)(d-b)(d-c)(c-a)(c-b)(b-a)$；

(2) 原式 $=\begin{vmatrix} 1 & 1 & 1 & 1 \\ 4 & 3 & 7 & -5 \\ 16 & 9 & 49 & 25 \\ 64 & 27 & 343 & -125 \end{vmatrix}$

$=-(-5-4)(-5-3)(-5-7)(7-4)(7-3)(3-4)=-10368.$

11. 计算下列行列式.

(1) $\begin{vmatrix} 3 & 2 & 0 & 0 \\ 2 & -1 & 0 & 0 \\ 0 & 2 & 2 & 1 \\ 2 & 4 & 1 & -5 \end{vmatrix}$；　(2) $\begin{vmatrix} 3 & 2 & 0 & 2 \\ 2 & -1 & 2 & 4 \\ 0 & 0 & 2 & 1 \\ 0 & 0 & 1 & -5 \end{vmatrix}$；

(3) $\begin{vmatrix} 1+a & 1 & 1 & 1 \\ 1 & 1-a & 1 & 1 \\ 1 & 1 & 1+b & 1 \\ 1 & 1 & 1 & 1-b \end{vmatrix}$，$ab\neq 0$；

(4) $\begin{vmatrix} 1 & a_1 & a_2 & \cdots & a_n \\ 1 & a_1+b_1 & a_2 & \cdots & a_n \\ 1 & a_1 & a_2+b_2 & \cdots & a_n \\ \vdots & \vdots & \vdots & & \vdots \\ 1 & a_1 & a_2 & \cdots & a_n+b_n \end{vmatrix}$；

(5) $\begin{vmatrix} x & a_1 & a_2 & \cdots & a_n \\ a_1 & x & a_2 & \cdots & a_n \\ a_1 & a_2 & x & \cdots & a_n \\ \vdots & \vdots & \vdots & & \vdots \\ a_1 & a_2 & a_3 & \cdots & x \end{vmatrix}$（提示：按例 13 的方法）.

解　(1) 原式 $=\begin{vmatrix} 3 & 2 \\ 2 & -1 \end{vmatrix}\cdot\begin{vmatrix} 2 & 1 \\ 1 & -5 \end{vmatrix}=77.$

(2)原式 $=\begin{vmatrix}3&2\\2&-1\end{vmatrix}\cdot\begin{vmatrix}2&1\\1&-5\end{vmatrix}=77.$

(3)后三列依次减去第一列，则有原式 $=\begin{vmatrix}1+a&-a&-a&-a\\1&-a&0&0\\1&0&b&0\\1&0&0&-b\end{vmatrix}$，这是一个箭形行列式，因为 $ab\neq0$，故可将其进一步化为上三角或下三角行列式，从而得到原式 $=a^2b^2$.

(4)第二列减去第一列的 a_1 倍，第三列减去第一列的 a_2 倍，……，最后一列减去第一列的 a_n 倍，于是化为一个下三角行列式，因此值为 $b_1b_2\cdots b_n$.

(5)该行列式特点为行和相等，因此可将每一列都加在第一列上后提公因子.

$$\text{原式}=(a_1+a_2+\cdots+a_n+x)\begin{vmatrix}1&a_1&a_2&\cdots&a_n\\1&x&a_2&\cdots&a_n\\\vdots&\vdots&\vdots&&\vdots\\1&a_2&a_3&\cdots&x\end{vmatrix}$$

$$=(a_1+a_2+\cdots+a_n+x)\begin{vmatrix}1&0&0&\cdots&0\\1&x-a_1&0&\cdots&0\\\vdots&\vdots&\vdots&&\vdots\\1&a_2-a_1&a_3-a_2&\cdots&x-a_n\end{vmatrix}$$

$$=(a_1+a_2+\cdots+a_n+x)(x-a_1)(x-a_2)\cdots(x-a_n).$$

12. 证明下列结论.

(1) $\begin{vmatrix}a^2&(a+1)^2&(a+2)^2&(a+3)^2\\b^2&(b+1)^2&(b+2)^2&(b+3)^2\\c^2&(c+1)^2&(c+2)^2&(c+3)^2\\d^2&(d+1)^2&(d+2)^2&(d+3)^2\end{vmatrix}=0$；

(2) $\begin{vmatrix}ka_1+b_1&lb_1+c_1&mc_1+a_1\\ka_2+b_2&lb_2+c_2&mc_2+a_2\\ka_3+b_3&lb_3+c_3&mc_3+a_3\end{vmatrix}=(klm+1)\times\begin{vmatrix}a_1&b_1&c_1\\a_2&b_2&c_2\\a_3&b_3&c_3\end{vmatrix}$；

(3) $D_n=\begin{vmatrix}x&-1&0&\cdots&0&0\\0&x&-1&\cdots&0&0\\\vdots&\vdots&\vdots&&\vdots&\vdots\\0&0&0&\cdots&x&-1\\a_n&a_{n-1}&a_{n-2}&\cdots&a_2&x+a_1\end{vmatrix}=x^n+a_1x^{n-1}+\cdots+a_{n-1}x+a_n$；

(4) $\begin{vmatrix}a_{11}&a_{12}&0&0\\a_{21}&a_{22}&0&0\\c_{11}&c_{12}&b_{11}&b_{12}\\c_{21}&c_{22}&b_{21}&b_{22}\end{vmatrix}=\begin{vmatrix}a_{11}&a_{12}\\a_{21}&a_{22}\end{vmatrix}\begin{vmatrix}b_{11}&b_{12}\\b_{21}&b_{22}\end{vmatrix}$；

(5) $\begin{vmatrix} a_{11} & a_{12} & c_{11} & c_{12} \\ a_{21} & a_{22} & c_{21} & c_{22} \\ 0 & 0 & b_{11} & b_{12} \\ 0 & 0 & b_{21} & b_{22} \end{vmatrix} = \begin{vmatrix} a_{11} & a_{12} \\ a_{21} & a_{22} \end{vmatrix} \begin{vmatrix} b_{11} & b_{12} \\ b_{21} & b_{22} \end{vmatrix}.$

证明 (1)每一列减去前一列可得

$$D=\begin{vmatrix} a^2 & 2a+1 & 2a+3 & 2a+5 \\ b^2 & 2b+1 & 2b+3 & 2b+5 \\ c^2 & 2c+1 & 2c+3 & 2c+5 \\ c^2 & 2d+1 & 2d+3 & 2d+5 \end{vmatrix} = \begin{vmatrix} a^2 & 2a+1 & 2 & 2 \\ b^2 & 2b+1 & 2 & 2 \\ c^2 & 2c+1 & 2 & 2 \\ c^2 & 2d+1 & 2 & 2 \end{vmatrix} =0.$$

(2)由行列式性质直接进行分拆即可.

(3)利用数学归纳法证明即可.

第一步：当 $n=1$ 时，$D_1=x+a_1$，结论成立。

第二步：假设 $n(n\geqslant1)$时，$D_n=x^n+a_1x^{n-1}+\cdots+a_{n-1}x+a_n$ 成立.

第三步：当 $n+1$ 时，按第一列展开，可得

$$D_{n+1}=xD_n+(-1)^{(n+1)+1}a_{n+1}\begin{vmatrix} -1 & 0 & \cdots & 0 & 0 \\ x & -1 & \cdots & 0 & 0 \\ \vdots & \vdots & & \vdots & \vdots \\ 0 & 0 & \cdots & -1 & 0 \\ 0 & 0 & \cdots & x & -1 \end{vmatrix} =xD_n+a_{n+1}.$$

代入第二步假设 $D_n=x^n+a_1x^{n-1}+\cdots+a_{n-1}x+a_n$，即可得

$$D_{n+1}=x^{n+1}+a_1x^n+\cdots+a_nx+a_{n+1}.$$

因此综上所述，对任意的 $n(n\geqslant1)$，都有 $D_n=x^n+a_1x^{n-1}+\cdots+a_{n-1}x+a_n$.

(4)按第一行展开即可.

(5)按第一列展开即可.

13. 用克莱姆法则计算下列方程组的解.

(1) $\begin{cases} 5x_1-7x_2=1 \\ x_1-2x_2=0 \end{cases}$； (2) $\begin{cases} 5x_1-x_2=9 \\ 3x_1-3x_2+x_3=20 \\ x_1+x_2+x_3=2 \end{cases}$；

(3) $\begin{cases} x+y+z=a+b+c \\ ax+by+cz=a^2+b^2+c^2 \\ bcx+acy+abz=3abc \end{cases}$，其中 a,b,c 是互不相等的数；

(4) $\begin{cases} x_1+x_2+x_3+x_4=4 \\ x_1+2x_2-x_3+4x_4=4 \\ 2x_1-3x_2-x_3-5x_4=0 \\ 3x_1+x_2+2x_3+11x_4=-2 \end{cases}$.

解 直接利用 Cramer 法则计算即可，可得：

（1）$\begin{cases}x_1=2/3\\x_2=1/3\end{cases}$；　（2）$\begin{cases}x_1=1\\x_2=-4\\x_3=5\end{cases}$；　（3）$\begin{cases}x=a\\y=b\\z=c\end{cases}$；　（4）$\begin{cases}x_1=2\\x_2=3\\x_3=0\\x_4=-1\end{cases}$.

14. 当 λ 取何值时，下列齐次线性方程组仅有零解.

$$\begin{cases}(\lambda+1)x_1+x_2+x_3=0\\x_1+\lambda x_2-x_3=0\\2x_1-x_2+x_3=0\end{cases}.$$

解　仅有零解当且仅当系数行列式不为零，即 $\begin{vmatrix}\lambda+1&1&1\\1&\lambda&-1\\2&-1&1\end{vmatrix}\neq 0$. 因此有

$$\lambda^2+\lambda-2-1-2\lambda-(\lambda+1)-1=\lambda^2-2\lambda-5=0.$$

故 $\lambda=1\pm\sqrt{6}$.

15. 当参数 λ 或 a,b,c 满足什么条件时，下列方程组有唯一解.

$$\begin{cases}x_1+x_2+x_3=a+b+c\\ax_1+bx_2+cx_3=a^2+b^2+c^2\\bcx_1+acx_2+abx_3=3abc\end{cases}.$$

解　有唯一解当且仅当系数行列式不为零，即 $\begin{vmatrix}1&1&1\\a&b&c\\bc&ac&ab\end{vmatrix}\neq 0$，由此可知

$$(c-a)(c-b)(b-a)\neq 0.$$

因此当 a,b,c 两两不相等时方程组有唯一解.

16. 设下列齐次线性方程组有非零解，则 λ，μ 应满足什么条件？

（1）$\begin{cases}(\lambda+1)x_1+x_2+x_3=0\\x_1+(\lambda+1)x_2+x_3=0\\x_1+x_2+(\lambda+1)x_3=0\end{cases}$；　（2）$\begin{cases}\lambda x_1+x_2+x_3=0\\x_1+\lambda x_2+x_3=0\\3x_1-x_2+x_3=0\end{cases}$；　（3）$\begin{cases}x_1+x_2+x_3+\lambda x_4=0\\x_1+2x_2+x_3+x_4=0\\x_1+x_2-3x_3+x_4=0\\x_1+x_2+\lambda x_3+\mu x_4=0\end{cases}$.

解　齐次方程组有非零解当且仅当系数行列式等于零.

（1）$\begin{vmatrix}\lambda+1&1&1\\1&\lambda+1&1\\1&1&\lambda+1\end{vmatrix}=0$，即有 $(\lambda+3)\lambda^2=0$，故 $\lambda=0$ 或 -3.

（2）$\begin{vmatrix}\lambda&1&1\\1&\lambda&1\\3&-1&1\end{vmatrix}=0$，即有 $\lambda^2-2\lambda+1=0$，故 $\lambda=1$.

（3）$\begin{vmatrix}1&1&1&\lambda\\1&2&1&1\\1&1&-3&1\\1&1&\lambda&\mu\end{vmatrix}=0$，即有 $4\mu=\lambda^2+2\lambda+1$，故 $\mu=\dfrac{(\lambda+1)^2}{4}$.

第二章　矩阵

一、知识结构图示

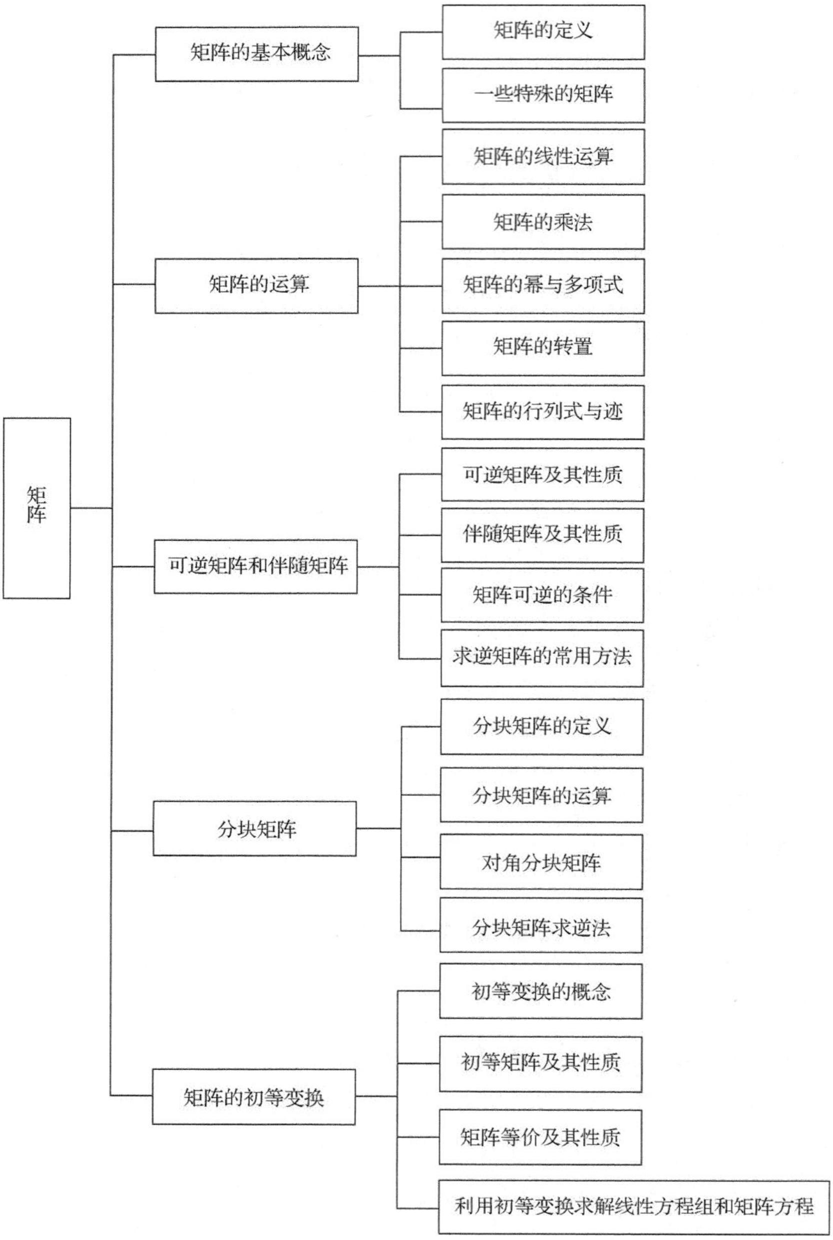
矩阵
矩阵的基本概念
矩阵的定义
一些特殊的矩阵
矩阵的运算
矩阵的线性运算
矩阵的乘法
矩阵的幂与多项式
矩阵的转置
矩阵的行列式与迹
可逆矩阵和伴随矩阵
可逆矩阵及其性质
伴随矩阵及其性质
矩阵可逆的条件
求逆矩阵的常用方法
分块矩阵
分块矩阵的定义
分块矩阵的运算
对角分块矩阵
分块矩阵求逆法
矩阵的初等变换
初等变换的概念
初等矩阵及其性质
矩阵等价及其性质
利用初等变换求解线性方程组和矩阵方程

二、内容归纳总结

(一) 矩阵的基本概念

1. 矩阵的定义

$m\times n$ 矩阵是指下列数表

$$A=\begin{pmatrix} a_{11} & a_{12} & \cdots & a_{1n} \\ a_{21} & a_{22} & \cdots & a_{2n} \\ \vdots & \vdots & & \vdots \\ a_{m1} & a_{m2} & \cdots & a_{mn} \end{pmatrix},$$

其中数 a_{ij} 称为矩阵 $\boldsymbol{A}$ 中的 (i,j) 元素. 元素全为实数的矩阵称为实矩阵，书中讨论的矩阵如无特别说明都指实矩阵.

注　(1) 当 $m=n$ 时，称 $\boldsymbol{A}$ 为 n 阶方阵或 n 阶矩阵.

(2) 元素全为 0 的矩阵称为零矩阵，记作 $\boldsymbol{O}_{m\times n}$ 或 $\boldsymbol{O}$.

(3) 两个矩阵 $\boldsymbol{A}=(a_{ij})_{m\times n}$，$\boldsymbol{B}=(b_{ij})_{s\times t}$，如果 $m=s,n=t$，则称 $\boldsymbol{A}$ 与 $\boldsymbol{B}$ 是同型矩阵.

(4) 两个同型矩阵 $\boldsymbol{A}$ 与 $\boldsymbol{B}$，如果它们的元素对应相等，即 $a_{ij}=b_{ij}$，则称矩阵 $\boldsymbol{A}$ 与 $\boldsymbol{B}$ 相等，记作 $\boldsymbol{A}=\boldsymbol{B}$.

2. 一些特殊的矩阵

上三角矩阵　元素 $a_{ij}=0(i>j,i,j=1,2,\cdots,n)$ 的矩阵，即 $\boldsymbol{A}=\begin{pmatrix} a_{11} & a_{12} & \cdots & a_{1n} \\ 0 & a_{22} & \cdots & a_{2n} \\ \vdots & \vdots & & \vdots \\ 0 & 0 & \cdots & a_{nn} \end{pmatrix}$.

下三角矩阵　元素 $a_{ij}=0(i<j,i,j=1,2,\cdots,n)$ 的矩阵，即 $\boldsymbol{A}=\begin{pmatrix} a_{11} & 0 & \cdots & 0 \\ a_{21} & a_{22} & \cdots & 0 \\ \vdots & \vdots & & \vdots \\ a_{n1} & a_{n2} & \cdots & a_{nn} \end{pmatrix}$.

性质　两个 n 阶上(下)三角矩阵的和、差、数乘、乘积仍是 n 阶上(下)三角矩阵.

对角矩阵　形如 $\boldsymbol{A}=\begin{pmatrix} a_{11} & 0 & \cdots & 0 \\ 0 & a_{22} & \cdots & 0 \\ \vdots & \vdots & & \vdots \\ 0 & 0 & \cdots & a_{nn} \end{pmatrix}=\mathrm{diag}(a_{11},a_{22},\cdots,a_{nn})$ 的 n 阶矩阵.

性质　$\boldsymbol{A}^k=\begin{pmatrix} a_{11}^k & 0 & \cdots & 0 \\ 0 & a_{22}^k & \cdots & 0 \\ \vdots & \vdots & & \vdots \\ 0 & 0 & \cdots & a_{nn}^k \end{pmatrix}=\mathrm{diag}\left(a_{11}^k,\ a_{22}^k,\ \cdots,\ a_{nn}^k\right)$.

数量矩阵 对角矩阵 $\mathrm{diag}(a,a,\cdots,a)$.

单位矩阵 当 $a=1$ 时的数量矩阵，称为 n 阶单位矩阵，记为 $\boldsymbol{I}_n$ 或 $\boldsymbol{I}$.

对称矩阵 满足 $a_{ij}=a_{ji}(i,j=1,2,\cdots,n)$ 的 n 阶矩阵 $\boldsymbol{A}=(a_{ij})_n$.

性质 (1)两个同阶对称矩阵的和是对称矩阵.

(2)对称矩阵与数的乘积是对称矩阵，但两个对称矩阵的乘积不一定是对称矩阵.

(3)对称矩阵的逆矩阵是对称矩阵.

反对称矩阵 满足 $a_{ij}=-a_{ji}(i,j=1,2,\cdots,n)$ 的 n 阶矩阵 $\boldsymbol{A}=(a_{ij})_n$.

(二)矩阵的运算

1. 矩阵的线性运算

矩阵的加法 对于同型矩阵 $\boldsymbol{A}=(a_{ij})_{m\times n}$，$\boldsymbol{B}=(b_{ij})_{m\times n}$，定义 $\boldsymbol{A}$ 与 $\boldsymbol{B}$ 的和为

$$\boldsymbol{A}+\boldsymbol{B}=(a_{ij}+b_{ij})_{m\times n}.$$

矩阵的数乘 对于矩阵 $\boldsymbol{A}=(a_{ij})_{m\times n}$及常数 k，定义 k 与 $\boldsymbol{A}$ 的数量乘积为

$$k\boldsymbol{A}=\boldsymbol{A}k=(ka_{ij})_{m\times n}.$$

矩阵的线性运算 以上两种运算统称为矩阵的线性运算.

运算规律(其中 $\boldsymbol{A}$，$\boldsymbol{B}$，$\boldsymbol{C}$ 为同型矩阵，k,l 为常数)

(1)$\boldsymbol{A}+\boldsymbol{B}=\boldsymbol{B}+\boldsymbol{A}$； (2)$(\boldsymbol{A}+\boldsymbol{B})+\boldsymbol{C}=\boldsymbol{A}+(\boldsymbol{B}+\boldsymbol{C})$；

(3)$\boldsymbol{A}+\boldsymbol{O}=\boldsymbol{A}$； (4)$\boldsymbol{A}+(-\boldsymbol{A})=\boldsymbol{O}$；

(5)$1\boldsymbol{A}=\boldsymbol{A}$； (6)$k(l\boldsymbol{A})=(kl)\boldsymbol{A}$；

(7)$k(\boldsymbol{A}+\boldsymbol{B})=k\boldsymbol{A}+k\boldsymbol{B}$； (8)$(k+l)\boldsymbol{A}=k\boldsymbol{A}+l\boldsymbol{A}$.

2. 矩阵的乘法

矩阵的乘积 设 $\boldsymbol{A}=(a_{ij})_{m\times s}$，$\boldsymbol{B}=(b_{ij})_{s\times n}$，则称矩阵 $\boldsymbol{C}=(c_{ij})_{m\times n}$为 $\boldsymbol{A}$ 与 $\boldsymbol{B}$ 的乘积，其中

$$c_{ij}=a_{i1}b_{1j}+a_{i2}b_{2j}+\cdots+a_{is}b_{sj}=\sum_{k=1}^{s}a_{ik}b_{kj},$$

记为 $\boldsymbol{C}=\boldsymbol{AB}$.

运算规律(假定其中的运算都有意义，k 为常数)

(1)$\boldsymbol{I}_m\boldsymbol{A}_{m\times n}=\boldsymbol{A}_{m\times n}\boldsymbol{I}_n=\boldsymbol{A}$； (2)$\boldsymbol{OA}=\boldsymbol{AO}=\boldsymbol{O}$；

(3)$(\boldsymbol{AB})\boldsymbol{C}=\boldsymbol{A}(\boldsymbol{BC})$； (4)$(k\boldsymbol{A})\boldsymbol{B}=\boldsymbol{A}(k\boldsymbol{B})=k(\boldsymbol{AB})$；

(5)$(\boldsymbol{A}+\boldsymbol{B})\boldsymbol{C}=\boldsymbol{AC}+\boldsymbol{BC}$； (6)$\boldsymbol{A}(\boldsymbol{B}+\boldsymbol{C})=\boldsymbol{AB}+\boldsymbol{AC}$.

注 (1)矩阵乘法一般不满足交换律，即 $\boldsymbol{AB}\neq\boldsymbol{BA}$，所以相乘的矩阵的次序不可随意颠倒.

(2)当 $\boldsymbol{AB}=\boldsymbol{O}$ 时，未必有 $\boldsymbol{A}=\boldsymbol{O}$ 或 $\boldsymbol{B}=\boldsymbol{O}$(但若 $\boldsymbol{AB}=\boldsymbol{O}$ 且 $\boldsymbol{A}$ 为可逆矩阵，则有 $\boldsymbol{B}=\boldsymbol{O}$；若 $\boldsymbol{B}$ 为可逆矩阵，则有 $\boldsymbol{A}=\boldsymbol{O}$).

(3)矩阵乘法不满足消去律，即当 $\boldsymbol{AB}=\boldsymbol{AC}$ 时，未必有 $\boldsymbol{B}=\boldsymbol{C}$(但若 $\boldsymbol{AB}=\boldsymbol{AC}$ 且 $\boldsymbol{A}$ 为可逆矩阵，则必有 $\boldsymbol{B}=\boldsymbol{C}$).

3. 矩阵的幂与多项式

矩阵的幂 设 $\boldsymbol{A}$ 为非零 n 阶方阵，则 $\boldsymbol{A}$ 的幂定义为

$$A^0=I,A^2=AA,\cdots,A^m=\underbrace{AA\cdots A}_{m个}.$$

运算规律(其中 k,l 为非负整数)

(1) $A^kA^l=A^{k+l}$；　　(2) $(A^k)^l=A^{kl}$.

注　由于矩阵乘法不满足交换律，所以下列等式未必成立(其中 A,B 为同阶方阵，k 为正整数)，即

$$(AB)^k\neq A^kB^k,\ (A+B)^2\neq A^2+2AB+B^2.$$

这些等式只在 $AB=BA$ 时才成立.

方阵的多项式　设 $f(x)=a_0x^m+a_1x^{m-1}+\cdots+a_{m-1}x+a_m$，则 A 的多项式为

$$f(A)=a_0A^m+a_1A^{m-1}+\cdots+a_{m-1}A+a_mI.$$

幂等矩阵　满足条件 $A^2=A$ 的 n 阶方阵 A.

幂零矩阵　满足条件 $A^k=O$(k 为正整数)的 n 阶方阵 A.

4. 矩阵的转置

转置矩阵　设 $m\times n$ 矩阵 $A=\begin{pmatrix}a_{11}&a_{12}&\cdots&a_{1n}\\a_{21}&a_{22}&\cdots&a_{2n}\\\vdots&\vdots&&\vdots\\a_{m1}&a_{m2}&\cdots&a_{mn}\end{pmatrix}$，称 $n\times m$ 矩阵 $\begin{pmatrix}a_{11}&a_{21}&\cdots&a_{m1}\\a_{12}&a_{22}&\cdots&a_{m2}\\\vdots&\vdots&&\vdots\\a_{1n}&a_{2n}&\cdots&a_{mn}\end{pmatrix}$ 为矩阵 $A=(a_{ij})_{m\times n}$ 的转置矩阵，记为 A^{T}.

注　对称矩阵 A 等价于 $A^{\mathrm{T}}=A$；反对称矩阵 B 等价于 $B^{\mathrm{T}}=-B$.

运算规律

(1) $(A^{\mathrm{T}})^{\mathrm{T}}=A$；　　(2) $(kA)^{\mathrm{T}}=kA^{\mathrm{T}}$；

(3) $(A+B)^{\mathrm{T}}=A^{\mathrm{T}}+B^{\mathrm{T}}$；　　(4) $(AB)^{\mathrm{T}}=B^{\mathrm{T}}A^{\mathrm{T}}$.

注　运算规律(4)可以推广为 $(A_1A_2\cdots A_m)^{\mathrm{T}}=A_m^{\mathrm{T}}\cdots A_2^{\mathrm{T}}A_1^{\mathrm{T}}$.

5. 矩阵的行列式与迹

矩阵的行列式　对于 n 阶方阵 $A=(a_{ij})_{n\times n}$，称行列式

$$\begin{vmatrix}a_{11}&a_{12}&\cdots&a_{1n}\\a_{21}&a_{22}&\cdots&a_{2n}\\\vdots&\vdots&&\vdots\\a_{n1}&a_{n2}&\cdots&a_{nn}\end{vmatrix}$$

为方阵 A 的行列式，记为 $|A|$ 或 $\det(A)$.

运算规律(其中 A，B 为 n 阶方阵，k 为常数)

(1) $|A^{\mathrm{T}}|=|A|$；　　(2) $|kA|=k^n|A|$；

(3) $|AB|=|A||B|$.

注　(1)把 $|A|\neq0$ 的方阵称为可逆矩阵或非奇异矩阵.

(2)运算规律(3)可以推广为 $|A_1A_2\cdots A_m|=|A_1||A_2|\cdots|A_m|$，其中 $A_1,A_2,\cdots,A_m$ 为 n 阶方阵.

矩阵的迹　n 阶方阵 $A=(a_{ij})_{n\times n}$ 的迹定义为 $\mathrm{tr}(A)=\sum\limits_{i=1}^{n}a_{ii}$，即主对角线上元素的和.

运算规律

(1) $\mathrm{tr}(\boldsymbol{A}+\boldsymbol{B})=\mathrm{tr}(\boldsymbol{A})+\mathrm{tr}(\boldsymbol{B})$;

(2) $\mathrm{tr}(k\boldsymbol{A})=k\mathrm{tr}(\boldsymbol{A})$;

(3) $\mathrm{tr}(\boldsymbol{AB})=\mathrm{tr}(\boldsymbol{BA})$.

(三)可逆矩阵和伴随矩阵

1. 可逆矩阵及其性质

可逆矩阵(非奇异矩阵)　对于 n 阶方阵 $\boldsymbol{A}$,若存在 n 阶方阵 $\boldsymbol{B}$,使得 $\boldsymbol{AB}=\boldsymbol{BA}=\boldsymbol{I}$,则称 $\boldsymbol{A}$ 是可逆矩阵或非奇异矩阵,并称 $\boldsymbol{B}$ 为 $\boldsymbol{A}$ 的逆矩阵,记为 $\boldsymbol{A}^{-1}$,即 $\boldsymbol{A}^{-1}=\boldsymbol{B}$.

性质　(其中 $\boldsymbol{A}$,$\boldsymbol{B}$ 为 n 阶可逆矩阵)

(1) $\boldsymbol{A}$ 的逆矩阵 $\boldsymbol{A}^{-1}$ 是唯一的;　(2) $(\boldsymbol{A}^{-1})^{-1}=\boldsymbol{A}$;

(3) $\boldsymbol{A}^{\mathrm{T}}$ 可逆,且 $(\boldsymbol{A}^{\mathrm{T}})^{-1}=(\boldsymbol{A}^{-1})^{\mathrm{T}}$;　(4) $\boldsymbol{AB}$ 可逆,且 $(\boldsymbol{AB})^{-1}=\boldsymbol{B}^{-1}\boldsymbol{A}^{-1}$;

(5)若常数 $k\neq0$,则 $k\boldsymbol{A}$ 可逆,且 $(k\boldsymbol{A})^{-1}=\dfrac{1}{k}\boldsymbol{A}^{-1}$;

(6) $|\boldsymbol{A}^{-1}|=\dfrac{1}{|\boldsymbol{A}|}$;

(7)矩阵方程 $\boldsymbol{AX}=\boldsymbol{C}$ 有唯一解 $\boldsymbol{X}=\boldsymbol{A}^{-1}\boldsymbol{C}$,矩阵方程 $\boldsymbol{XA}=\boldsymbol{C}$ 有唯一解 $\boldsymbol{X}=\boldsymbol{CA}^{-1}$,矩阵方程 $\boldsymbol{AXB}=\boldsymbol{C}$ 有唯一解 $\boldsymbol{X}=\boldsymbol{A}^{-1}\boldsymbol{CB}^{-1}$;

(8) $\boldsymbol{A}=\begin{pmatrix}\lambda_1&&&\\&\lambda_2&&\\&&\ddots&\\&&&\lambda_n\end{pmatrix}$(其中 $\lambda_1\lambda_2\cdots\lambda_n\neq0$),则 $\boldsymbol{A}^{-1}=\begin{pmatrix}\lambda_1^{-1}&&&\\&\lambda_2^{-1}&&\\&&\ddots&\\&&&\lambda_n^{-1}\end{pmatrix}$,

$\boldsymbol{A}=\begin{pmatrix}&&&\lambda_1\\&&\lambda_2&\\&\iddots&&\\\lambda_n&&&\end{pmatrix}$(其中 $\lambda_1\lambda_2\cdots\lambda_n\neq0$),则 $\boldsymbol{A}^{-1}=\begin{pmatrix}&&&\lambda_n^{-1}\\&&\lambda_{n-1}^{-1}&\\&\iddots&&\\\lambda_1^{-1}&&&\end{pmatrix}$.

注　性质(4)可以推广为 $(\boldsymbol{A}_1\boldsymbol{A}_2\cdots\boldsymbol{A}_m)^{-1}=\boldsymbol{A}_m^{-1}\cdots\boldsymbol{A}_2^{-1}\boldsymbol{A}_1^{-1}$,其中 $\boldsymbol{A}_1,\boldsymbol{A}_2,\cdots,\boldsymbol{A}_m$ 为同阶可逆矩阵. 但对于可逆矩阵,一般 $(\boldsymbol{A}+\boldsymbol{B})^{-1}\neq\boldsymbol{A}^{-1}+\boldsymbol{B}^{-1}$.

2. 伴随矩阵及其性质

伴随矩阵　设 $\boldsymbol{A}=(a_{ij})_{n\times n}(n\geqslant2)$,$A_{ij}$ 是 $|\boldsymbol{A}|$ 中元素 a_{ij} 的代数余子式,称矩阵

$$\boldsymbol{A}^*=\begin{pmatrix}A_{11}&A_{21}&\cdots&A_{n1}\\A_{12}&A_{22}&\cdots&A_{n2}\\\vdots&\vdots&&\vdots\\A_{1n}&A_{2n}&\cdots&A_{nn}\end{pmatrix}$$

为 $\boldsymbol{A}$ 的伴随矩阵.

注　$\boldsymbol{A}^*$ 的 (i,j) 元素是 A_{ji},即 $\boldsymbol{A}^*$ 的第 i 列各元素是 $|\boldsymbol{A}|$ 的第 i 行对应元素的代数余子

式，A^* 的第 j 行各元素是 $|A|$ 的第 j 列对应元素的代数余子式.

性质(其中 A 为 n 阶方阵)

(1)$AA^*=A^*A=|A|I$;

(2)若 A 可逆($|A|\neq 0$)，则 $A^{-1}=\dfrac{A^*}{|A|}$;

(3)若 A 可逆，则 A^* 也可逆，且 $(A^*)^{-1}=(A^{-1})^*=\dfrac{A}{|A|}$;

(4)$(kA)^*=k^{n-1}A^*$;

(5)$(A^k)^*=(A^*)^k$;

(6)$(A^{\mathrm{T}})^*=(A^*)^{\mathrm{T}}$;

(7)$(A^*)^*=|A|^{n-2}A$，其中 $n\geqslant 3$;

(8)$(AB)^*=B^*A^*$;

(9)$|A^*|=|A|^{n-1}$.

3. 矩阵可逆的条件

对于 n 阶方阵 A，下列条件相互等价：

(1)A 可逆；

(2)$|A|\neq 0$;

(3)可通过初等行(列)变换将 A 化成单位矩阵(A 等价于 I_n)；

(4)A 可以表示成若干个初等矩阵 $P_1,P_2,\cdots,P_m$ 的乘积，即 $A=P_1P_2\cdots P_m$;

(5)相应的齐次线性方程组 $AX=O$ 只有零解；

(6)$r(A)=n$($r(A)$称为矩阵 A 的秩，详见第三章的定义)；

(7)列(或行)矩阵(向量)组线性无关；

(8)特征值全不为 0.

注　其中条件(3)和(4)中有关初等变换、初等矩阵、矩阵等价的概念见下列第(四)部分，条件(6)和(7)详见第三章，条件(8)详见第五章.

性质　如果 n 阶矩阵 A,B 满足 $AB=I$(或 $BA=I$)，则 A,B 均可逆，且 $A^{-1}=B$，$B^{-1}=A$，$BA=I$(或 $AB=I$).

4. 求逆矩阵的常用方法

(1)利用定义：对于方阵 A，若存在方阵 B，使得 $AB=I$(或 $BA=I$)，则 A 可逆，且 $A^{-1}=B$.

(2)公式法：$A^{-1}=\dfrac{1}{|A|}A^*$.（公式法主要适用于低阶矩阵或比较简单的高阶矩阵，以及理论证明.）

(3)初等变换法：

$$(A\mid I)\xrightarrow{\text{初等行变换}}(I\mid A^{-1})；\quad \begin{pmatrix}A\\ I\end{pmatrix}\xrightarrow{\text{初等列变换}}\begin{pmatrix}I\\ A^{-1}\end{pmatrix}.$$

(四)分块矩阵

1. 分块矩阵的定义

根据矩阵的特殊结构进行分块，可以使大矩阵的运算化为小矩阵的运算，从而简化计算.

2. 分块矩阵的运算

$\boldsymbol{A}$ 是 $m\times n$ 矩阵，$\boldsymbol{B}$ 是 $n\times s$ 矩阵，$\boldsymbol{B}$ 按列分块成 $1\times s$ 分块矩阵，将 $\boldsymbol{A}$ 看成 1×1 分块矩阵，从而

$$\boldsymbol{AB}=\boldsymbol{A}(b_1,b_2,\cdots,b_s)=(\boldsymbol{A}b_1,\boldsymbol{A}b_2,\cdots,\boldsymbol{A}b_s).$$

若已知 $\boldsymbol{AB}=\boldsymbol{O}$($m\times s$ 零矩阵)，则显然有 $\boldsymbol{A}b_j=0$($n\times 1$ 零矩阵，$j=1,2,\cdots,s$). 因此，$\boldsymbol{B}$ 的每一列 b_j 都是线性方程组 $\boldsymbol{A}x=0$ 的解.

3. 对角分块矩阵

$$\boldsymbol{A}=\begin{pmatrix}\boldsymbol{A}_1 & \boldsymbol{O} & \boldsymbol{O} & \boldsymbol{O}\\ \boldsymbol{O} & \boldsymbol{A}_2 & \boldsymbol{O} & \boldsymbol{O}\\ \vdots & \vdots & \vdots & \vdots\\ \boldsymbol{O} & \boldsymbol{O} & \boldsymbol{O} & \boldsymbol{A}_s\end{pmatrix},$$

其中 $\boldsymbol{A}_i(i=1,2,\cdots,s)$ 均为方阵，其余 $\boldsymbol{O}$ 均为零子块. 那么 $\boldsymbol{A}$ 称为对角分块矩阵. 此时

$$|\boldsymbol{A}|=|\boldsymbol{A}_1||\boldsymbol{A}_2|\cdots|\boldsymbol{A}_s|.$$

$\boldsymbol{A}$ 可逆的充分必要条件是 $\boldsymbol{A}_i$ 可逆，且

$$\boldsymbol{A}=\begin{pmatrix}\boldsymbol{A}_1^{-1} & \boldsymbol{O} & \boldsymbol{O} & \boldsymbol{O}\\ \boldsymbol{O} & \boldsymbol{A}_2^{-1} & \boldsymbol{O} & \boldsymbol{O}\\ \vdots & \vdots & \vdots & \vdots\\ \boldsymbol{O} & \boldsymbol{O} & \boldsymbol{O} & \boldsymbol{A}_s^{-1}\end{pmatrix}.$$

4. 分块矩阵求逆法

若 $\boldsymbol{A},\boldsymbol{B}$ 均为可逆矩阵，则

(1) $\begin{pmatrix}\boldsymbol{A} & \boldsymbol{O}\\ \boldsymbol{O} & \boldsymbol{B}\end{pmatrix}^{-1}=\begin{pmatrix}\boldsymbol{A}^{-1} & \boldsymbol{O}\\ \boldsymbol{O} & \boldsymbol{B}^{-1}\end{pmatrix}$；　　(2) $\begin{pmatrix}\boldsymbol{O} & \boldsymbol{A}\\ \boldsymbol{B} & \boldsymbol{O}\end{pmatrix}^{-1}=\begin{pmatrix}\boldsymbol{O} & \boldsymbol{B}^{-1}\\ \boldsymbol{A}^{-1} & \boldsymbol{O}\end{pmatrix}$；

(3) $\begin{pmatrix}\boldsymbol{A} & \boldsymbol{C}\\ \boldsymbol{O} & \boldsymbol{B}\end{pmatrix}^{-1}=\begin{pmatrix}\boldsymbol{A}^{-1} & -\boldsymbol{A}^{-1}\boldsymbol{C}\boldsymbol{B}^{-1}\\ \boldsymbol{O} & \boldsymbol{B}^{-1}\end{pmatrix}$；　　(4) $\begin{pmatrix}\boldsymbol{A} & \boldsymbol{O}\\ \boldsymbol{C} & \boldsymbol{B}\end{pmatrix}^{-1}=\begin{pmatrix}\boldsymbol{A}^{-1} & \boldsymbol{O}\\ -\boldsymbol{B}^{-1}\boldsymbol{C}\boldsymbol{A}^{-1} & \boldsymbol{B}^{-1}\end{pmatrix}$.

(五)矩阵的初等变换

1. 初等变换的概念

初等行变换

(1)对换变换，互换矩阵的第 i,j 两行的位置(记为 $r_i\leftrightarrow r_j$)；

(2)倍乘变换，用一个非零数 k 乘矩阵第 i 行(记为 kr_i)；

(3)倍加变换，将矩阵第 i 行的 k 倍加至第 j 行(记为 r_j+kr_i)；

分别称作矩阵的第 1、2、3 种初等行变换，统称为矩阵的初等行变换.

初等列变换　若将上述的“行”换成“列”，就是矩阵的初等列变换的定义(分别记为 $c_i\leftrightarrow c_j$，kc_i，c_j+kc_i).

初等变换　矩阵的初等行变换和初等列变换统称为矩阵的初等变换.

2. 初等矩阵及其性质

初等矩阵　单位矩阵 $\boldsymbol{I}$ 经过一次初等变换所得到的矩阵称为初等矩阵. 3 种初等变换

对应3 种初等矩阵.

(1)对换矩阵：互换单位矩阵 $\boldsymbol{I}$ 的 i,j 行(列)所得到的初等矩阵记为 $\boldsymbol{E}(i,j)$.

(2)倍乘矩阵：用非零数 k 乘 $\boldsymbol{I}$ 的第 i 行(列)所得到的初等矩阵记为 $\boldsymbol{E}(i(k))$，

(3)倍加矩阵：把 $\boldsymbol{I}$ 的第 j 行的 k 倍加至第 i 行(或把 $\boldsymbol{I}$ 的第 i 列的 k 倍加至第 j 列)所得到的初等矩阵记为 $\boldsymbol{E}(j(k),i)$(或 $\boldsymbol{E}(j,i(k))$).

性质(其中 k 为非零常数)

(1) $|\boldsymbol{E}(i,j)|=-1$, $|\boldsymbol{E}(i(k))|=k$, $|\boldsymbol{E}(j(k),i)|=|\boldsymbol{E}(j,i(k))|=1$;

(2)用一个初等矩阵左(右)乘矩阵 $\boldsymbol{A}$，其结果就是对矩阵 $\boldsymbol{A}$ 做相应的初等行(列)变换.

3. 矩阵等价及其性质

矩阵等价　若矩阵 $\boldsymbol{A}$ 经一系列初等变换化为矩阵 $\boldsymbol{B}$，则称 $\boldsymbol{A}$ 与 $\boldsymbol{B}$ 等价，记为 $\boldsymbol{A}\to\boldsymbol{B}$.

性质

(1)反身性：$\boldsymbol{A}\to\boldsymbol{A}$.

(2)对称性：若 $\boldsymbol{A}\to\boldsymbol{B}$，则 $\boldsymbol{B}\to\boldsymbol{A}$.

(3)传递性：若 $\boldsymbol{A}\to\boldsymbol{B}$，$\boldsymbol{B}\to\boldsymbol{C}$，则 $\boldsymbol{A}\to\boldsymbol{C}$.

行阶梯形矩阵　可划出一条阶梯线，线的下方全为0；每个台阶只有一行，台阶数即非零行的行数，阶梯线的竖线后面的第一个元素为非零元素，即非零行的第一个非零元素.

行最简形矩阵　具有行阶梯形矩阵的特点；每一行第一个非零元素都为1，且该元素所在列的其余元素都为0.

注　任何一个矩阵 $\boldsymbol{A}$，均可以经过一系列初等行变换化为行阶梯形矩阵；继续进行初等行变换，化为行最简形矩阵；在此基础上，再经过一系列初等列变换化为 $\begin{pmatrix}\boldsymbol{I}_r & \boldsymbol{O}\\ \boldsymbol{O} & \boldsymbol{O}\end{pmatrix}$.

等价标准形　任何矩阵 $\boldsymbol{A}$ 都等价于 $\begin{pmatrix}\boldsymbol{I}_r & \boldsymbol{O}\\ \boldsymbol{O} & \boldsymbol{O}\end{pmatrix}$，称为矩阵 $\boldsymbol{A}$ 的等价标准形(简称标准形). 其中 r 为矩阵 $\boldsymbol{A}$ 的秩(关于秩的内容详见第三章).

对于同型矩阵 $\boldsymbol{A}$ 与 $\boldsymbol{B}$，下列条件是等价的：

(1) $\boldsymbol{A}$ 与 $\boldsymbol{B}$ 等价；

(2)存在 m 阶初等矩阵 $\boldsymbol{P}_1,\boldsymbol{P}_2,\cdots,\boldsymbol{P}_s$ 和 n 阶初等矩阵 $\boldsymbol{Q}_1,\boldsymbol{Q}_2,\cdots,\boldsymbol{Q}_t$，使得

$$\boldsymbol{P}_s\cdots\boldsymbol{P}_2\boldsymbol{P}_1\boldsymbol{A}\boldsymbol{Q}_1\boldsymbol{Q}_2\cdots\boldsymbol{Q}_t=\boldsymbol{B};$$

(3)存在 m 阶可逆矩阵 $\boldsymbol{P}$ 和 n 阶可逆矩阵 $\boldsymbol{Q}$，使得 $\boldsymbol{PAQ}=\boldsymbol{B}$；

(4)它们有相同的等价标准形；

(5^*) $r(\boldsymbol{A})=r(\boldsymbol{B})$(详见第三章).

定理

(1) n 阶可逆矩阵 $\boldsymbol{A}$ 的等价标准形是单位矩阵 $\boldsymbol{I}_n$.

(2) n 阶可逆矩阵 $\boldsymbol{A}$ 可表示成若干初等矩阵的乘积.

(3) n 阶可逆矩阵 $\boldsymbol{A}$ 可以仅经过初等行变换化至标准形 $\boldsymbol{I}_n$.

4. 利用初等变换求解线性方程组和矩阵方程

(1)设方程 $\boldsymbol{AX}=\boldsymbol{B}$，若 $\boldsymbol{A}$ 可逆，则 $\boldsymbol{X}=\boldsymbol{A}^{-1}\boldsymbol{B}$，可用初等变换的方法，通过初等行变换

求得.

$$(\boldsymbol{A}\mid\boldsymbol{B})\xrightarrow{\text{初等行变换}}(\boldsymbol{I}\mid\boldsymbol{A}^{-1}\boldsymbol{B}).$$

(2)设方程 $\boldsymbol{YA}=\boldsymbol{B}$，若 $\boldsymbol{A}$ 可逆，则 $\boldsymbol{Y}=\boldsymbol{BA}^{-1}$，可用初等变换的方法，通过初等列变换求得.

$$\begin{pmatrix}\boldsymbol{A}\\ \hline \boldsymbol{B}\end{pmatrix}\xrightarrow{\text{初等列变换}}\begin{pmatrix}\boldsymbol{I}\\ \hline \boldsymbol{BA}^{-1}\end{pmatrix}.$$

或者利用 $(\boldsymbol{YA})^{\mathrm{T}}=\boldsymbol{B}^{\mathrm{T}}$，即 $\boldsymbol{A}^{\mathrm{T}}\boldsymbol{Y}^{\mathrm{T}}=\boldsymbol{B}^{\mathrm{T}}$，从而用第 1 种初等行变换，求出 $\boldsymbol{Y}^{\mathrm{T}}$，再转置即可.

三、典型例题解析

(一)矩阵运算

【例 1】 设矩阵 $\boldsymbol{A}=\begin{bmatrix}2&-4\\-1&2\end{bmatrix},\boldsymbol{B}=\begin{bmatrix}2&4\\3&6\end{bmatrix}$，求 $\boldsymbol{AB}$ 和 $\boldsymbol{BA}$.

解 $\boldsymbol{AB}=\begin{bmatrix}2&-4\\-1&2\end{bmatrix}\begin{bmatrix}2&4\\3&6\end{bmatrix}=\begin{bmatrix}-8&-16\\4&8\end{bmatrix}$，

$\boldsymbol{BA}=\begin{bmatrix}2&4\\3&6\end{bmatrix}\begin{bmatrix}2&-4\\-1&2\end{bmatrix}=\begin{bmatrix}0&0\\0&0\end{bmatrix}$.

【例 2】 计算 $f(x,y)=(x,y)\begin{pmatrix}1&2\\2&-5\end{pmatrix}\begin{pmatrix}x\\y\end{pmatrix}$.

解 $f(x,y)=(x,y)\begin{pmatrix}1&2\\2&-5\end{pmatrix}\begin{pmatrix}x\\y\end{pmatrix}=(x,y)\begin{pmatrix}x+2y\\2x-5y\end{pmatrix}=x^2+4xy-5y^2$. 可以看出 $f(x,y)$ 是一个二元二次齐次函数.

【例 3】 已知 $\boldsymbol{A},\boldsymbol{B}$ 为 n 阶方阵，且满足 $\boldsymbol{A}^2=\boldsymbol{A},\boldsymbol{B}^2=\boldsymbol{B},(\boldsymbol{A}-\boldsymbol{B})^2=\boldsymbol{A}-\boldsymbol{B}$，证明 $\boldsymbol{AB}=\boldsymbol{BA}=\boldsymbol{B}$.

证明 $(\boldsymbol{A}-\boldsymbol{B})^2=(\boldsymbol{A}-\boldsymbol{B})(\boldsymbol{A}-\boldsymbol{B})=\boldsymbol{A}^2+\boldsymbol{B}^2-\boldsymbol{AB}-\boldsymbol{BA}=\boldsymbol{A}+\boldsymbol{B}-\boldsymbol{AB}-\boldsymbol{BA}$，

当 $(\boldsymbol{A}-\boldsymbol{B})^2=\boldsymbol{A}-\boldsymbol{B}$ 时，必有 $\boldsymbol{AB}+\boldsymbol{BA}=2\boldsymbol{B}$，两边分别同时右乘 $\boldsymbol{A}$ 和左乘 $\boldsymbol{A}$，得

$$\boldsymbol{ABA}+\boldsymbol{BA}=2\boldsymbol{BA}，即\ \boldsymbol{ABA}=\boldsymbol{BA},$$

$$\boldsymbol{AB}+\boldsymbol{ABA}=2\boldsymbol{AB}，即\ \boldsymbol{ABA}=\boldsymbol{AB}.$$

于是必有 $\boldsymbol{AB}=\boldsymbol{BA}$，再代入 $\boldsymbol{AB}+\boldsymbol{BA}=2\boldsymbol{B}$，即得 $\boldsymbol{AB}=\boldsymbol{BA}=\boldsymbol{B}$.

【例 4】 设 $\boldsymbol{A}=\boldsymbol{\alpha\beta}$，且 $\boldsymbol{\alpha}=\begin{pmatrix}4\\3\\-1\end{pmatrix}$，$\boldsymbol{\beta}=(1,-1,2)$，求 $\boldsymbol{A}^{2022}$.

解 因为 $\boldsymbol{A}=\boldsymbol{\alpha\beta}=\begin{pmatrix}4\\3\\-1\end{pmatrix}(1,-1,-2)=\begin{pmatrix}4&-4&-8\\3&-3&-6\\-1&1&2\end{pmatrix}$，且

$$\boldsymbol{\beta\alpha}=(1,-1,-2)\begin{pmatrix}4\\3\\-1\end{pmatrix}=1\times4+(-1)\times3+(-2)\times(-1)=3,$$

所以 $\boldsymbol{A}^{2022}=(\boldsymbol{\alpha\beta})^{2022}=\boldsymbol{\alpha}(\boldsymbol{\beta\alpha})^{2021}\boldsymbol{\beta}=3^{2021}\boldsymbol{\alpha\beta}=3^{2021}\boldsymbol{A}=3^{2021}\begin{pmatrix}4&-4&-8\\3&-3&-6\\-1&1&2\end{pmatrix}$.

【例 5】 设 $\boldsymbol{A},\boldsymbol{B}$ 均为 n 阶矩阵，且 $\boldsymbol{A}=\dfrac{1}{2}(\boldsymbol{B}+\boldsymbol{I})$，证明：$\boldsymbol{A}^2=\boldsymbol{A}$ 当且仅当 $\boldsymbol{B}^2=\boldsymbol{I}$.

证明 必要性：设 $\boldsymbol{A}^2=\boldsymbol{A}$，则 $\boldsymbol{A}^2=\dfrac{1}{4}(\boldsymbol{B}+\boldsymbol{I})(\boldsymbol{B}+\boldsymbol{I})=\dfrac{1}{4}(\boldsymbol{B}^2+2\boldsymbol{B}+\boldsymbol{I})=\dfrac{1}{2}(\boldsymbol{B}+\boldsymbol{I})$，$\boldsymbol{B}^2+2\boldsymbol{B}+\boldsymbol{I}=2\boldsymbol{B}+2\boldsymbol{I}$，从而可得 $\boldsymbol{B}^2=\boldsymbol{I}$.

充分性：若 $\boldsymbol{B}^2=\boldsymbol{I}$，则

$$\boldsymbol{A}^2=\frac{1}{4}(\boldsymbol{B}^2+2\boldsymbol{B}+\boldsymbol{I})=\frac{1}{4}(\boldsymbol{I}+2\boldsymbol{B}+\boldsymbol{I})=\frac{1}{2}(\boldsymbol{B}+\boldsymbol{I})=\boldsymbol{A}.$$

【例 6】 设 $\boldsymbol{A}$ 为 n 阶矩阵，n 为奇数，且 $\boldsymbol{AA}^{\mathrm{T}}=\boldsymbol{I}$，$|\boldsymbol{A}|=1$，求 $|\boldsymbol{A}-\boldsymbol{I}|$.

典例解析

解 由 $\boldsymbol{AA}^{\mathrm{T}}=\boldsymbol{I}$，$|\boldsymbol{A}|=1$ 得

$$\begin{aligned}|\boldsymbol{A}-\boldsymbol{I}|&=|\boldsymbol{A}-\boldsymbol{AA}^{\mathrm{T}}|=|\boldsymbol{A}(\boldsymbol{I}-\boldsymbol{A}^{\mathrm{T}})|=|\boldsymbol{A}||\boldsymbol{I}-\boldsymbol{A}^{\mathrm{T}}|=|\boldsymbol{I}-\boldsymbol{A}^{\mathrm{T}}|\\&=|(-1)(\boldsymbol{A}^{\mathrm{T}}-\boldsymbol{I})|=(-1)^n|\boldsymbol{A}^{\mathrm{T}}-\boldsymbol{I}|=(-1)^n|\boldsymbol{A}-\boldsymbol{I}|.\end{aligned}$$

由 n 为奇数，知 $|\boldsymbol{A}-\boldsymbol{I}|=-|\boldsymbol{A}-\boldsymbol{I}|\Rightarrow|\boldsymbol{A}-\boldsymbol{I}|=0$.

【例 7】 设列矩阵 $\boldsymbol{x}=(x_1,x_2,\cdots,x_n)^{\mathrm{T}}$ 满足 $\boldsymbol{x}^{\mathrm{T}}\boldsymbol{x}=1$，$\boldsymbol{I}$ 为 n 阶单位矩阵，$\boldsymbol{H}=\boldsymbol{I}-2\boldsymbol{xx}^{\mathrm{T}}$. 求证：$\boldsymbol{H}$ 为对称矩阵，且 $\boldsymbol{HH}^{\mathrm{T}}=\boldsymbol{I}$.

证明 因为 $\boldsymbol{H}^{\mathrm{T}}=(\boldsymbol{I}-2\boldsymbol{xx}^{\mathrm{T}})^{\mathrm{T}}=\boldsymbol{I}^{\mathrm{T}}-2(\boldsymbol{xx}^{\mathrm{T}})^{\mathrm{T}}=\boldsymbol{I}-2\boldsymbol{xx}^{\mathrm{T}}=\boldsymbol{H}$，所以 $\boldsymbol{H}$ 为对称矩阵，且

$$\begin{aligned}\boldsymbol{HH}^{\mathrm{T}}&=\boldsymbol{H}^2=(\boldsymbol{I}-2\boldsymbol{xx}^{\mathrm{T}})^2=\boldsymbol{I}-4\boldsymbol{xx}^{\mathrm{T}}+4(\boldsymbol{xx}^{\mathrm{T}})(\boldsymbol{xx}^{\mathrm{T}})\\&=\boldsymbol{I}-4\boldsymbol{xx}^{\mathrm{T}}+4\boldsymbol{x}(\boldsymbol{x}^{\mathrm{T}}\boldsymbol{x})\boldsymbol{x}^{\mathrm{T}}=\boldsymbol{I}-4\boldsymbol{xx}^{\mathrm{T}}+4\boldsymbol{xx}^{\mathrm{T}}=\boldsymbol{I}.\end{aligned}$$

【例 8】 设矩阵 $\boldsymbol{A}$ 和矩阵 $\boldsymbol{B}$ 是同阶方阵且满足 $\boldsymbol{A}^{\mathrm{T}}=\boldsymbol{A},\boldsymbol{B}^{\mathrm{T}}=-\boldsymbol{B}$. 试写出 $7\boldsymbol{AB}-2\boldsymbol{BA}$ 为对称矩阵的充分必要条件，并证明之.

解 $7\boldsymbol{AB}-2\boldsymbol{BA}$ 为对称矩阵的充分必要条件是 $\boldsymbol{AB}+\boldsymbol{BA}=\boldsymbol{O}$.

证明 由于 $\boldsymbol{A}^{\mathrm{T}}=\boldsymbol{A},\boldsymbol{B}^{\mathrm{T}}=-\boldsymbol{B}$，从而 $(7\boldsymbol{AB}-2\boldsymbol{BA})^{\mathrm{T}}=7\boldsymbol{B}^{\mathrm{T}}\boldsymbol{A}^{\mathrm{T}}-2\boldsymbol{A}^{\mathrm{T}}\boldsymbol{B}^{\mathrm{T}}=-7\boldsymbol{BA}+2\boldsymbol{AB}$. 又由 $7\boldsymbol{AB}-2\boldsymbol{BA}$ 为对称矩阵知 $(7\boldsymbol{AB}-2\boldsymbol{BA})^{\mathrm{T}}=7\boldsymbol{AB}-2\boldsymbol{BA}$，即 $-7\boldsymbol{BA}+2\boldsymbol{AB}=7\boldsymbol{AB}-2\boldsymbol{BA},\boldsymbol{AB}+\boldsymbol{BA}=\boldsymbol{O}$.

【例 9】 计算题

(1) 设 $\boldsymbol{A}=\begin{pmatrix}1&-1&2\\2&-2&4\\-1&1&-2\end{pmatrix}$，求 $\boldsymbol{A}^n$；

(2) 设 $\boldsymbol{P}=\begin{pmatrix}2&3\\1&2\end{pmatrix},\boldsymbol{R}=\begin{pmatrix}1&0\\0&-1\end{pmatrix},\boldsymbol{Q}=\begin{pmatrix}2&-3\\-1&2\end{pmatrix}$，$\boldsymbol{A}=\boldsymbol{PRQ}$，计算 $\boldsymbol{QP}$ 及 $\boldsymbol{A}^n$.

解 (1) 因为矩阵 $\boldsymbol{A}$ 中任何两行都对应成比例，所以 $\boldsymbol{A}$ 一定可以分解成一个列矩阵（也称列向量）与一个行矩阵（也称行向量）的乘积.

令 $\boldsymbol{\alpha}=\begin{pmatrix}1\\2\\-1\end{pmatrix}$，$\boldsymbol{\beta}=\begin{pmatrix}1\\-1\\2\end{pmatrix}$，则 $\boldsymbol{A}=\boldsymbol{\alpha\beta}^{\mathrm{T}},\boldsymbol{\beta}^{\mathrm{T}}\boldsymbol{\alpha}=-3$，从而

$$A_n=(\alpha\beta^{T})(\alpha\beta^{T})\cdots(\alpha\beta^{T})=\alpha(\beta^{T}\alpha)(\beta^{T}\alpha)\cdots(\beta^{T}\alpha)\beta^{T}=(-3)^{n-1}A.$$

(2) $QP=\begin{pmatrix}2&-3\\-1&2\end{pmatrix}\begin{pmatrix}2&3\\1&2\end{pmatrix}=\begin{pmatrix}1&0\\0&1\end{pmatrix}$，同时 $PQ=\begin{pmatrix}2&3\\1&2\end{pmatrix}\begin{pmatrix}2&-3\\-1&2\end{pmatrix}=\begin{pmatrix}1&0\\0&1\end{pmatrix}$，则

$$\begin{aligned}A^n&=(PRQ)(PRQ)\cdots(PRQ)\\&=PR(QP)R(QP)\cdots(QP)RQ\\&=PR^nQ\\&=\begin{cases}PIQ=PQ=I\ (n=2k)\\ P\begin{pmatrix}1&0\\0&-1\end{pmatrix}Q=\begin{pmatrix}7&-12\\4&-7\end{pmatrix}\ (n=2k+1)\end{cases}.\end{aligned}$$

评注 在矩阵运算中，虽然交换律不成立，但结合律是成立的. 在计算中巧妙地使用结合律，能简化计算. 当 α 是行矩阵时，$\alpha\alpha^{T}$ 是一个数，而 $\alpha^{T}\alpha$ 是矩阵.

(二)伴随矩阵运算

【例 10】 已知矩阵 $A=\begin{pmatrix}-5&0&0\\2&-1&3\\8&0&-2\end{pmatrix}$，$B=\left[\frac{1}{4}(A+3I)^{*}\right]^{-1}$，计算矩阵 B.

解 由 $A+3I=\begin{pmatrix}-2&0&0\\2&2&3\\8&0&1\end{pmatrix}$ 得 $|A+3I|=-2\begin{vmatrix}2&3\\0&1\end{vmatrix}=-4$，且 $(A+3I)^{*}=|A+3I|(A+3I)^{-1}$，故

$$\begin{aligned}B&=\left[\frac{1}{4}(A+3I)^{*}\right]^{-1}=4[\,|A+3I|(A+3I)^{-1}]^{-1}\\&=\frac{4}{|A+3I|}(A+3I)=-(A+3I)=\begin{pmatrix}2&0&0\\-2&-2&-3\\-8&0&-1\end{pmatrix}.\end{aligned}$$

【例 11】 设 n 阶矩阵 A 的伴随矩阵为 A^{*}，证明：

(1) 若 $|A|=0$，则 $|A^{*}|=0$；

(2) $|A^{*}|=|A|^{n-1}$.

证明 (1) 用反证法证明. 假设 $|A^{*}|\neq0$，则有 $A^{*}(A^{*})^{-1}=I$，由此得

$$A=AA^{*}(A^{*})^{-1}=|A|I(A^{*})^{-1}=O.$$

所以由定义可得 $A^{*}=O$，这与 $|A^{*}|\neq0$ 矛盾. 故当 $|A|=0$ 时，必有 $|A^{*}|=0$.

(2) 由于 $AA^{*}=|A|I$，取行列式得到 $|A||A^{*}|=|A|^{n}$. 若 $|A|\neq0$，则 $|A^{*}|=|A|^{n-1}$；若 $|A|=0$，由(1)知 $|A^{*}|=0$，因此 $|A^{*}|=0=|A|^{n-1}$.

【例 12】 设矩阵 A 可逆，证明：伴随矩阵 A^{*} 也可逆，且 $(A^{*})^{-1}=(A^{-1})^{*}$.

证明 由 $AA^{*}=|A|I$ 可知，当 A 可逆($|A|\neq0$)时，A^{*} 也可逆，且 $A^{*}=|A|A^{-1}$，从而 $(A^{*})^{-1}=|A|^{-1}A$；又 $A^{-1}(A^{-1})^{*}=|A^{-1}|I$，所以 $(A^{-1})^{*}=|A^{-1}|A$，从而 $(A^{*})^{-1}=(A^{-1})^{*}$.

【例 13】　设 $\boldsymbol{A}$ 为 n 阶可逆矩阵，且 $\boldsymbol{A}^2=|\boldsymbol{A}|\boldsymbol{I}$，证明：$\boldsymbol{A}$ 的伴随矩阵 $\boldsymbol{A}^*=\boldsymbol{A}$.

证明　由基本公式 $\boldsymbol{AA}^*=\boldsymbol{A}^*\boldsymbol{A}=|\boldsymbol{A}|\boldsymbol{I}$ 及 $\boldsymbol{A}$ 为可逆矩阵可知，

$$\boldsymbol{A}^*=|\boldsymbol{A}|\boldsymbol{A}^{-1}=|\boldsymbol{A}|\boldsymbol{I}\boldsymbol{A}^{-1}=\boldsymbol{A}^2\boldsymbol{A}^{-1}=\boldsymbol{A}.$$

评注　关于伴随矩阵的证明一般都从基本公式 $\boldsymbol{AA}^*=\boldsymbol{A}^*\boldsymbol{A}=|\boldsymbol{A}|\boldsymbol{I}$ 出发.

【例 14】　设 $\boldsymbol{A}=(a_{ij})$ 为三阶矩阵，$\boldsymbol{A}_{ij}$ 为元素 a_{ij} 的代数余子式. 若 $\boldsymbol{A}$ 的每行元素之和均为 2，且 $|\boldsymbol{A}|=3$，求 $\boldsymbol{A}_{11}+\boldsymbol{A}_{21}+\boldsymbol{A}_{31}$.

解　因为 $\boldsymbol{A}$ 的每行元素之和均为 2，所以 $\boldsymbol{A}\begin{pmatrix}1\\1\\1\end{pmatrix}=2\begin{pmatrix}1\\1\\1\end{pmatrix}$，$\boldsymbol{A}^*\boldsymbol{A}\begin{pmatrix}1\\1\\1\end{pmatrix}=2\boldsymbol{A}^*\begin{pmatrix}1\\1\\1\end{pmatrix}$，$\boldsymbol{A}^*\begin{pmatrix}1\\1\\1\end{pmatrix}=\dfrac{|\boldsymbol{A}|}{2}\begin{pmatrix}1\\1\\1\end{pmatrix}=\dfrac{3}{2}\begin{pmatrix}1\\1\\1\end{pmatrix}$，故 $\boldsymbol{A}^*$ 的每行元素之和均为 $\dfrac{3}{2}$.

【例 15】　若 $\boldsymbol{A}=(a_{ij})$ 是三阶非零矩阵，$|\boldsymbol{A}|$ 是 $\boldsymbol{A}$ 的行列式，$\boldsymbol{A}_{ij}$ 是 a_{ij} 的代数余子式. $a_{ij}+\boldsymbol{A}_{ij}=0(i,j=1,2,3)$，计算 $|\boldsymbol{A}|$.

解　利用伴随矩阵的定义及相关结论. $\boldsymbol{A}^*=(A_{ij})^{\mathrm{T}}=(-a_{ij})^{\mathrm{T}}=-\boldsymbol{A}^{\mathrm{T}}$，从而 $|\boldsymbol{A}^*|=|-\boldsymbol{A}^{\mathrm{T}}|\Rightarrow|\boldsymbol{A}|^2=-|\boldsymbol{A}|\Rightarrow|\boldsymbol{A}|=-1$ 或 0. 若 $|\boldsymbol{A}|=0$，则 $\boldsymbol{A}^*\boldsymbol{A}=|\boldsymbol{A}|\boldsymbol{I}=\boldsymbol{O}$，即 $-\boldsymbol{A}^{\mathrm{T}}\boldsymbol{A}=\boldsymbol{O}$，因而 $\boldsymbol{A}=\boldsymbol{O}$，这与已知条件 $\boldsymbol{A}$ 是非零矩阵矛盾，所以 $|\boldsymbol{A}|=-1$.

（三）可逆矩阵的计算和证明

【例 16】　判断矩阵

$$\boldsymbol{A}=\begin{bmatrix}1&0&2\\0&3&2\\1&-2&0\end{bmatrix}$$

是否可逆，若 $\boldsymbol{A}$ 可逆，则求 $\boldsymbol{A}^{-1}$.

解　因为

$$|\boldsymbol{A}|=\begin{vmatrix}1&0&2\\0&3&2\\1&-2&0\end{vmatrix}=-2\neq0$$

所以 $\boldsymbol{A}$ 可逆，而且

$$\boldsymbol{A}_{11}=\begin{vmatrix}3&2\\-2&0\end{vmatrix}=4,\boldsymbol{A}_{12}=-\begin{vmatrix}0&2\\1&0\end{vmatrix}=2,\boldsymbol{A}_{13}=\begin{vmatrix}0&3\\1&-2\end{vmatrix}=-3,$$

$$\boldsymbol{A}_{21}=-\begin{vmatrix}0&2\\-2&0\end{vmatrix}=-4,\boldsymbol{A}_{22}=\begin{vmatrix}1&2\\1&0\end{vmatrix}=-2,\boldsymbol{A}_{23}=-\begin{vmatrix}1&0\\1&-2\end{vmatrix}=2,$$

$$\boldsymbol{A}_{31}=\begin{vmatrix}0&2\\3&2\end{vmatrix}=-6,\boldsymbol{A}_{32}=-\begin{vmatrix}1&2\\0&2\end{vmatrix}=-2,\boldsymbol{A}_{33}=\begin{vmatrix}1&0\\0&3\end{vmatrix}=3,$$

从而得到 $\boldsymbol{A}$ 的逆矩阵为

$$A^{-1}=\frac{1}{|A|}A^*=\frac{1}{|A|}\begin{bmatrix}A_{11}&A_{21}&A_{31}\\A_{12}&A_{22}&A_{32}\\A_{13}&A_{23}&A_{33}\end{bmatrix}$$

$$=-\frac{1}{2}\begin{pmatrix}4&-4&-6\\2&-2&-2\\-3&2&3\end{pmatrix}=\begin{pmatrix}-2&2&3\\-1&1&1\\\frac{3}{2}&-1&-\frac{3}{2}\end{pmatrix}.$$

【例 17】 若方阵 $\boldsymbol{A}=(a_{ij})_{n\times n}$ 可逆，且 $\boldsymbol{A}$ 的每行元素之和都是 2，求 $\boldsymbol{A}^{-1}$ 的每行元素之和.

解 事实上，由于 $a_{i1}+a_{i2}+\cdots+a_{in}=2(i=1,2,\cdots,n)$，即

$$(a_{i1},a_{i2},\cdots,a_{in})\begin{pmatrix}1\\1\\\vdots\\1\end{pmatrix}=2，所以\begin{pmatrix}a_{11}&a_{12}&\cdots&a_{1n}\\a_{21}&a_{22}&\cdots&a_{2n}\\\vdots&\vdots&&\vdots\\a_{n1}&a_{n2}&\cdots&a_{nn}\end{pmatrix}\begin{pmatrix}1\\1\\\vdots\\1\end{pmatrix}=\begin{pmatrix}2\\2\\\vdots\\2\end{pmatrix}=2\begin{pmatrix}1\\1\\\vdots\\1\end{pmatrix}.$$

若记 $e=(1,1,\cdots,1)^{\mathrm{T}}$，则上式为 $\boldsymbol{A}e=2e$. 两端左乘 $\boldsymbol{A}^{-1}$，$2\boldsymbol{A}^{-1}e=e$，即 $\boldsymbol{A}^{-1}e=\frac{1}{2}e$.

这说明 $\boldsymbol{A}^{-1}$ 的每行元素之和都是 $\frac{1}{2}$.

评注 若记非零列向量 $\boldsymbol{e}=(1,1,\cdots,1)^{\mathrm{T}}$，则 $\boldsymbol{Ae}=2\boldsymbol{e}$. 这说明方阵 $\boldsymbol{A}$ 有特征值 2(详见第六章)，而 $\boldsymbol{A}^{-1}\boldsymbol{x}=\frac{1}{2}\boldsymbol{x}$ 说明 $\boldsymbol{A}^{-1}$ 有特征值 $\frac{1}{2}$. 一般地，λ 为可逆矩阵 $\boldsymbol{A}$ 的特征值，当且仅当 $\frac{1}{\lambda}$ 为 $\boldsymbol{A}^{-1}$ 的特征值.

【例 18】 设 $\boldsymbol{A},\boldsymbol{B}$ 均为 n 阶非零矩阵，若 $\boldsymbol{B}$ 的每一列是齐次线性方程组 $\boldsymbol{AX}=\boldsymbol{O}$ 的解，证明：$|\boldsymbol{A}|=0$，$|\boldsymbol{B}|=0$.

证明 因为 $\boldsymbol{B}$ 的每一列是齐次线性方程组 $\boldsymbol{AX}=\boldsymbol{O}$ 的解，所以由分块矩阵的乘法可知 $\boldsymbol{AB}=\boldsymbol{O}$.

若 $|\boldsymbol{A}|\neq0$，则 $\boldsymbol{A}$ 可逆，由方程 $\boldsymbol{AB}=\boldsymbol{O}$ 可得 $\boldsymbol{B}=\boldsymbol{O}$，与题设 $\boldsymbol{B}$ 是非零矩阵相矛盾.

若 $|\boldsymbol{B}|\neq0$，则 $\boldsymbol{B}$ 可逆，由方程 $\boldsymbol{AB}=\boldsymbol{O}$ 可得 $\boldsymbol{A}=\boldsymbol{O}$，与题设 $\boldsymbol{A}$ 是非零矩阵相矛盾.

评注 本例的结论也可以从齐次线性方程组 $\boldsymbol{AX}=\boldsymbol{O}$ 有非零解这一角度证得(关于线性方程组的讨论详见第四章). 以上两例将两矩阵乘积为 0 与相应的齐次线性方程组的解相联系，这种方法应用广泛.

【例 19】 设 $\boldsymbol{A},\boldsymbol{B}$ 为 n 阶矩阵，$\boldsymbol{B}$ 是可逆矩阵，且满足 $\boldsymbol{A}^2+\boldsymbol{AB}+\boldsymbol{B}^2=\boldsymbol{O}$，证明：$\boldsymbol{A}$ 与 $\boldsymbol{A}+\boldsymbol{B}$ 均可逆，并求 $\boldsymbol{A}^{-1}$ 和 $(\boldsymbol{A}+\boldsymbol{B})^{-1}$.

证明 由题设知，$|\boldsymbol{B}|\neq0$. 因为 $\boldsymbol{A}^2+\boldsymbol{AB}+\boldsymbol{B}^2=\boldsymbol{O}$，即

$$\boldsymbol{A}(\boldsymbol{A}+\boldsymbol{B})=-\boldsymbol{B}^2, \tag{1}$$

故 $|\boldsymbol{A}||\boldsymbol{A}+\boldsymbol{B}|=(-1)^n|\boldsymbol{B}|^2\neq0\Rightarrow|\boldsymbol{A}|\neq0,|\boldsymbol{A}+\boldsymbol{B}|\neq0$，即 $\boldsymbol{A},\boldsymbol{A}+\boldsymbol{B}$ 可逆.

(1)式两边同时右乘$-(\boldsymbol{B}^2)^{-1}$得$\boldsymbol{A}(\boldsymbol{A}+\boldsymbol{B})[-(\boldsymbol{B}^2)^{-1}]=\boldsymbol{I}$，故

$$\boldsymbol{A}^{-1}=-(\boldsymbol{A}+\boldsymbol{B})(\boldsymbol{B}^2)^{-1};$$

(1)式两边同时左乘$-(\boldsymbol{B}^2)^{-1}$得$-(\boldsymbol{B}^2)^{-1}\boldsymbol{A}(\boldsymbol{A}+\boldsymbol{B})=\boldsymbol{I}$，故

$$(\boldsymbol{A}+\boldsymbol{B})^{-1}=-(\boldsymbol{B}^2)^{-1}\boldsymbol{A}.$$

【例 20】　已知$\boldsymbol{A}$,$\boldsymbol{B}$和$\boldsymbol{A}+\boldsymbol{B}$都可逆，证明：$\boldsymbol{A}^{-1}+\boldsymbol{B}^{-1}$可逆，并求$(\boldsymbol{A}^{-1}+\boldsymbol{B}^{-1})^{-1}$.

证明　
$$\begin{aligned}\boldsymbol{A}^{-1}+\boldsymbol{B}^{-1}&=\boldsymbol{A}^{-1}\boldsymbol{I}+\boldsymbol{I}\boldsymbol{B}^{-1}=\boldsymbol{A}^{-1}\boldsymbol{I}+\boldsymbol{A}^{-1}\boldsymbol{A}\boldsymbol{B}^{-1}\\&=\boldsymbol{A}^{-1}(\boldsymbol{I}+\boldsymbol{A}\boldsymbol{B}^{-1})=\boldsymbol{A}^{-1}(\boldsymbol{B}\boldsymbol{B}^{-1}+\boldsymbol{A}\boldsymbol{B}^{-1})\\&=\boldsymbol{A}^{-1}(\boldsymbol{B}+\boldsymbol{A})\boldsymbol{B}^{-1}.\end{aligned}$$

由条件$\boldsymbol{A}$，$\boldsymbol{B}$和$\boldsymbol{A}+\boldsymbol{B}$都可逆得

$$|\boldsymbol{A}^{-1}+\boldsymbol{B}^{-1}|=|\boldsymbol{A}^{-1}(\boldsymbol{B}+\boldsymbol{A})\boldsymbol{B}^{-1}|=|\boldsymbol{A}^{-1}||(\boldsymbol{B}+\boldsymbol{A})||\boldsymbol{B}^{-1}|\neq 0,$$

所以$\boldsymbol{A}^{-1}+\boldsymbol{B}^{-1}$可逆，且有

$$(\boldsymbol{A}^{-1}+\boldsymbol{B}^{-1})^{-1}=(\boldsymbol{A}^{-1}(\boldsymbol{B}+\boldsymbol{A})\boldsymbol{B}^{-1})^{-1}=\boldsymbol{B}(\boldsymbol{B}+\boldsymbol{A})^{-1}\boldsymbol{A}.$$

评注　有矩阵乘积的求逆公式$(\boldsymbol{A}\boldsymbol{B})^{-1}=\boldsymbol{B}^{-1}\boldsymbol{A}^{-1}$，但没有矩阵和的求逆公式$(\boldsymbol{A}+\boldsymbol{B})^{-1}\neq\boldsymbol{A}^{-1}+\boldsymbol{B}^{-1}$. 所以本例的思路是，想要求某个矩阵$\boldsymbol{A}$的逆矩阵，将$\boldsymbol{A}$表示成若干个可逆矩阵的乘积，然后求逆矩阵.

【例 21】　设矩阵$\boldsymbol{A}$满足$\boldsymbol{A}^3+5\boldsymbol{A}-3\boldsymbol{I}=\boldsymbol{O}$，证明：$\boldsymbol{A}-\boldsymbol{I}$是可逆的，并求$\boldsymbol{A}-\boldsymbol{I}$的逆矩阵.

典例解析

证明　因为$(\boldsymbol{A}-\boldsymbol{I})(\boldsymbol{A}^2+\boldsymbol{A}+6\boldsymbol{I})+3\boldsymbol{I}=\boldsymbol{A}^3+5\boldsymbol{A}-3\boldsymbol{I}$，由$\boldsymbol{A}^3+54-3\boldsymbol{I}=\boldsymbol{O}$得$(\boldsymbol{A}-\boldsymbol{I})\left[-\dfrac{1}{3}(\boldsymbol{A}^2+\boldsymbol{A}+6\boldsymbol{I})\right]=\boldsymbol{I}$，所以$\boldsymbol{A}-\boldsymbol{I}$可逆，且$(\boldsymbol{A}-\boldsymbol{I})^{-1}=-\dfrac{1}{3}(\boldsymbol{A}^2+\boldsymbol{A}+6\boldsymbol{I})$.

评注　本例是矩阵求逆的一种常见题型. 一般方法都是对含有$\boldsymbol{A}$的多项式方程进行适当分解，使其满足$f(\boldsymbol{A})\cdot g(\boldsymbol{A})=\boldsymbol{I}$(或$g(\boldsymbol{A})\cdot f(\boldsymbol{A})=\boldsymbol{I}$)，其中$f(\boldsymbol{A})$，$g(\boldsymbol{A})$为关于矩阵$\boldsymbol{A}$的多项式，便可得到$f(\boldsymbol{A})$和$g(\boldsymbol{A})$可逆，且$f(\boldsymbol{A})^{-1}=g(\boldsymbol{A})$和$g(\boldsymbol{A})^{-1}=f(\boldsymbol{A})$.

【例 22】　设$\boldsymbol{A}=\begin{pmatrix}1&0&0\\-2&3&0\\0&-4&5\end{pmatrix}$，$\boldsymbol{B}=(\boldsymbol{I}+\boldsymbol{A})^{-1}(\boldsymbol{I}-\boldsymbol{A})$，求$(\boldsymbol{I}+\boldsymbol{B})^{-1}$.

解　由题设条件得

$$\boldsymbol{I}+\boldsymbol{B}=\boldsymbol{I}+(\boldsymbol{I}+\boldsymbol{A})^{-1}(\boldsymbol{I}-\boldsymbol{A}),$$

两端左乘$\boldsymbol{I}+\boldsymbol{A}$，得

$$(\boldsymbol{I}+\boldsymbol{A})(\boldsymbol{I}+\boldsymbol{B})=\boldsymbol{I}+\boldsymbol{A}+\boldsymbol{I}-\boldsymbol{A}=2\boldsymbol{I},$$

即$\left[\dfrac{1}{2}(\boldsymbol{I}+\boldsymbol{A})\right](\boldsymbol{I}+\boldsymbol{B})=\boldsymbol{I}$，所以

$$(\boldsymbol{I}+\boldsymbol{B})^{-1}=\frac{1}{2}(\boldsymbol{I}+\boldsymbol{A})=\begin{pmatrix}1&0&0\\-1&2&0\\0&-2&3\end{pmatrix}.$$

评注　在做矩阵运算时，如果能化简，则应先进行化简，然后再运算. 这个方法比直接计算要简单.

(四)分块矩阵

【例23】 设四阶方阵 $\boldsymbol{A}=(\boldsymbol{\alpha}_1,\boldsymbol{\alpha}_2,\boldsymbol{\alpha}_3,\boldsymbol{\beta})$，$\boldsymbol{B}=(\boldsymbol{\alpha}_1,\boldsymbol{\alpha}_2,\boldsymbol{\alpha}_3,\boldsymbol{\gamma})$，其中 $\boldsymbol{\alpha}_1,\boldsymbol{\alpha}_2,\boldsymbol{\alpha}_3,\boldsymbol{\beta},\boldsymbol{\gamma}$ 均为 4×1 列矩阵，且已知 $|\boldsymbol{A}|=1$，$|\boldsymbol{B}|=4$. 求 $|3\boldsymbol{A}-\boldsymbol{B}|$ 的值.

解
$$
\begin{aligned}
3\boldsymbol{A}-\boldsymbol{B}&=(3\boldsymbol{\alpha}_1,3\boldsymbol{\alpha}_2,3\boldsymbol{\alpha}_3,3\boldsymbol{\beta})-(\boldsymbol{\alpha}_1,\boldsymbol{\alpha}_2,\boldsymbol{\alpha}_3,\boldsymbol{\gamma})\\
&=(2\boldsymbol{\alpha}_1,2\boldsymbol{\alpha}_2,2\boldsymbol{\alpha}_3,3\boldsymbol{\beta}-\boldsymbol{\gamma}),
\end{aligned}
$$

所以

$$
\begin{aligned}
|3\boldsymbol{A}-\boldsymbol{B}|&=|2\boldsymbol{\alpha}_1\quad 2\boldsymbol{\alpha}_2\quad 2\boldsymbol{\alpha}_3\quad 3\boldsymbol{\beta}-\boldsymbol{\gamma}|\\
&=8|\boldsymbol{\alpha}_1\quad \boldsymbol{\alpha}_2\quad \boldsymbol{\alpha}_3\quad 3\boldsymbol{\beta}-\boldsymbol{\gamma}|\\
&=8(|\boldsymbol{\alpha}_1\quad \boldsymbol{\alpha}_2\quad \boldsymbol{\alpha}_3\quad 3\boldsymbol{\beta}|+|\boldsymbol{\alpha}_1\quad \boldsymbol{\alpha}_2\quad \boldsymbol{\alpha}_3\quad -\boldsymbol{\gamma}|)\\
&=8(|\boldsymbol{\alpha}_1\quad \boldsymbol{\alpha}_2\quad \boldsymbol{\alpha}_3\quad 3\boldsymbol{\beta}|-|\boldsymbol{\alpha}_1\quad \boldsymbol{\alpha}_2\quad \boldsymbol{\alpha}_3\quad \boldsymbol{\gamma}|)\\
&=8(3|\boldsymbol{A}|-|\boldsymbol{B}|)=8(3\times1-4)=-8.
\end{aligned}
$$

【例24】 已知 $\boldsymbol{A}=\begin{pmatrix}2&1&0&0\\0&1&0&0\\-1&2&2&0\\1&-1&1&3\end{pmatrix}$，求 $\boldsymbol{A}^{-1}$.

解 把 $\boldsymbol{A}$ 分块成

$$
\boldsymbol{A}=\begin{pmatrix}\boldsymbol{B}&\boldsymbol{O}\\\boldsymbol{C}&\boldsymbol{D}\end{pmatrix},
$$

其中 $\boldsymbol{B}$、$\boldsymbol{C}$ 和 $\boldsymbol{D}$ 均为 2×2 矩阵. 由 $\boldsymbol{B}^{-1}=\begin{pmatrix}\frac{1}{2}&-\frac{1}{2}\\0&1\end{pmatrix}$，$\boldsymbol{D}^{-1}=\begin{pmatrix}\frac{1}{2}&0\\-\frac{1}{6}&\frac{1}{3}\end{pmatrix}$，得

$$
\boldsymbol{A}^{-1}=\begin{pmatrix}\boldsymbol{B}^{-1}&\boldsymbol{O}\\-\boldsymbol{D}^{-1}\boldsymbol{C}\boldsymbol{B}^{-1}&\boldsymbol{D}^{-1}\end{pmatrix}
=\begin{pmatrix}\frac{1}{2}&-\frac{1}{2}&0&0\\0&1&0&0\\\frac{1}{4}&-\frac{5}{4}&\frac{1}{2}&0\\-\frac{1}{4}&\frac{11}{12}&-\frac{1}{6}&\frac{1}{3}\end{pmatrix}.
$$

评注 本例也可以采用初等变换求逆的方法.

【例25】 设 $\boldsymbol{A},\boldsymbol{B},\boldsymbol{C},\boldsymbol{D}$ 均为 n 阶矩阵，且 $\boldsymbol{A}$ 可逆，$\boldsymbol{AC}=\boldsymbol{CA}$. 证明：

$$
\begin{vmatrix}\boldsymbol{A}&\boldsymbol{B}\\\boldsymbol{C}&\boldsymbol{D}\end{vmatrix}=|\boldsymbol{AD}-\boldsymbol{BC}|.
$$

证明 构造矩阵$\begin{pmatrix} I & O \\ -CA^{-1} & I \end{pmatrix}$，根据分块矩阵的乘法，

$$\begin{pmatrix} I & O \\ -CA^{-1} & I \end{pmatrix}\begin{pmatrix} A & B \\ C & D \end{pmatrix}=\begin{pmatrix} A & B \\ O & -CA^{-1}B+D \end{pmatrix},$$

两端取行列式，得

$$\begin{aligned}\begin{vmatrix} A & B \\ C & D \end{vmatrix}&=\begin{vmatrix} A & B \\ O & -CA^{-1}B+D \end{vmatrix}=|A||-CA^{-1}B+D|\\&=|-ACA^{-1}B+AD|=|AD-CAA^{-1}B|\\&=|AD-CB|.\end{aligned}$$

评注 若没有条件 $AC=CA$，结论不成立.

【例 26】 设 A,B,C,D 都是 n 阶方阵，A 是非奇异的，I 是 n 阶单位矩阵，并且

$$X=\begin{pmatrix} I & O \\ -CA^{-1} & I \end{pmatrix},Y=\begin{pmatrix} A & B \\ C & D \end{pmatrix},Z=\begin{pmatrix} I & -A^{-1}B \\ O & I \end{pmatrix}.$$

(1)求乘积 XYZ；(2)证明：$\begin{vmatrix} A & B \\ C & D \end{vmatrix}=|A||D-CA^{-1}B|$.

解 (1)根据分块矩阵的乘法，得

$$\begin{aligned}XYZ&=\begin{pmatrix} I & O \\ -CA^{-1} & I \end{pmatrix}\begin{pmatrix} A & B \\ C & D \end{pmatrix}\begin{pmatrix} I & -A^{-1}B \\ O & I \end{pmatrix}\\&=\begin{pmatrix} A & B \\ O & D-CA^{-1}B \end{pmatrix}\begin{pmatrix} I & -A^{-1}B \\ O & I \end{pmatrix}=\begin{pmatrix} A & O \\ O & D-CA^{-1}B \end{pmatrix}.\end{aligned}$$

(2)因为 $|XYZ|=|X||Y||Z|$，而 $|X|=|Z|=1$，故

$$\begin{vmatrix} A & B \\ C & D \end{vmatrix}=|A||D-CA^{-1}B|.$$

【例 27】 设 A 为 $m\times n$ 矩阵，B 为 $n\times m$ 矩阵，证明：

$$|I_m-AB|=|I_n-BA|,$$

其中 I_m,I_n 分别为 m 阶、n 阶单位矩阵.

证明 根据分块矩阵的乘法，

$$\begin{pmatrix} I_m & A \\ B & I_n \end{pmatrix}\begin{pmatrix} I_m & O \\ -B & I_n \end{pmatrix}=\begin{pmatrix} I_m-AB & A \\ O & I_n \end{pmatrix},$$

$$\begin{pmatrix} I_m & O \\ -B & I_n \end{pmatrix}\begin{pmatrix} I_m & A \\ B & I_n \end{pmatrix}=\begin{pmatrix} I_m & A \\ O & I_n-BA \end{pmatrix},$$

两边取行列式，注意到$\begin{vmatrix} I_m & O \\ -B & I_n \end{vmatrix}=1$，可得

$$\begin{vmatrix} I_m & A \\ B & I_n \end{vmatrix}=\begin{vmatrix} I_m-AB & A \\ O & I_n \end{vmatrix}=\begin{vmatrix} I_m & A \\ O & I_n-BA \end{vmatrix},$$

即 $|I_m-AB|=|I_n-BA|$.

评注 这是一个很有用的等式，A 与 B 都不一定是方阵，且等式两端的行列式的阶数

不相同(通常 $m\neq n$). 特别地，当 $n=1$ 时，即 $\boldsymbol{A}$ 为列矩阵，$\boldsymbol{B}$ 为行矩阵时，有

$$\left|\boldsymbol{I}_m-\begin{pmatrix}a_1\\ \vdots\\ a_m\end{pmatrix}(b_1,\cdots,b_m)\right|=\left|\boldsymbol{I}_1-(b_1,\cdots,b_m)\begin{pmatrix}a_1\\ \vdots\\ a_m\end{pmatrix}\right|,$$

其中左端是一个 m 阶行列式，右端是一个一阶行列式.

【例 28】 设 $\boldsymbol{A}$ 为 n 阶可逆矩阵，$\boldsymbol{\alpha}$ 为 n 维向量，b 为常数，记分块矩阵：$\boldsymbol{P}=\begin{pmatrix}\boldsymbol{I}_n & \boldsymbol{O}\\ -\boldsymbol{\alpha}^{\mathrm{T}}\boldsymbol{A}^* & |\boldsymbol{A}|\end{pmatrix},\boldsymbol{Q}=\begin{pmatrix}\boldsymbol{A} & \boldsymbol{\alpha}\\ \boldsymbol{\alpha}^{\mathrm{T}} & b\end{pmatrix}$.

(1)计算并化简 $\boldsymbol{PQ}$;

(2)证明：矩阵 $\boldsymbol{PQ}$ 可逆的充分必要条件是 $\boldsymbol{\alpha}^{\mathrm{T}}\boldsymbol{A}^{-1}\boldsymbol{\alpha}\neq b$.

解 (1)显然 $\boldsymbol{P},\boldsymbol{Q}$ 的分块方法符合可乘条件，对 $\boldsymbol{P},\boldsymbol{Q}$ 进行分块乘法：

$$\boldsymbol{PQ}=\begin{pmatrix}\boldsymbol{I}_n & \boldsymbol{O}\\ -\boldsymbol{\alpha}^{\mathrm{T}}\boldsymbol{A}^* & |\boldsymbol{A}|\end{pmatrix}\begin{pmatrix}\boldsymbol{A} & \boldsymbol{\alpha}\\ \boldsymbol{\alpha}^{\mathrm{T}} & b\end{pmatrix}=\begin{pmatrix}\boldsymbol{A} & \boldsymbol{\alpha}\\ -\boldsymbol{\alpha}^{\mathrm{T}}\boldsymbol{A}^*\boldsymbol{A}+|\boldsymbol{A}|\boldsymbol{\alpha}^{\mathrm{T}} & -\boldsymbol{\alpha}^{\mathrm{T}}\boldsymbol{A}^*\boldsymbol{\alpha}+|\boldsymbol{A}|b\end{pmatrix}$$
$$=\begin{pmatrix}\boldsymbol{A} & \boldsymbol{\alpha}\\ \boldsymbol{O} & |\boldsymbol{A}|(b-\boldsymbol{\alpha}^{\mathrm{T}}\boldsymbol{A}^{-1}\boldsymbol{\alpha})\end{pmatrix}.$$

(2)由(1)可得 $|\boldsymbol{PQ}|=|\boldsymbol{P}||\boldsymbol{Q}|=|\boldsymbol{A}|^2(b-\boldsymbol{\alpha}^{\mathrm{T}}\boldsymbol{A}^{-1}\boldsymbol{\alpha})$，而 $|\boldsymbol{P}|=|\boldsymbol{A}|\neq 0$，故 $|\boldsymbol{Q}|=|\boldsymbol{A}|(b-\boldsymbol{\alpha}^{\mathrm{T}}\boldsymbol{A}^{-1}\boldsymbol{\alpha})$. 由此易见 $\boldsymbol{PQ}$ 可逆的充分必要条件是 $\boldsymbol{\alpha}^{\mathrm{T}}\boldsymbol{A}^{-1}\boldsymbol{\alpha}\neq b$.

评注 分块矩阵，在初等变换与初等矩阵方面类似于普通矩阵. 以二阶分块矩阵为例，设 $\boldsymbol{N}=\begin{pmatrix}\boldsymbol{A} & \boldsymbol{B}\\ \boldsymbol{C} & \boldsymbol{D}\end{pmatrix}$,若想把 $\boldsymbol{N}$ 化为三角分块矩阵，如果 $\boldsymbol{A}$ 可逆，把第一行的 $-\boldsymbol{CA}^{-1}$(注意左乘、右乘的差别)倍加到第二行即可，相当于左乘同类初等矩阵，

$$\begin{pmatrix}\boldsymbol{I} & \boldsymbol{O}\\ -\boldsymbol{CA}^{-1} & \boldsymbol{I}\end{pmatrix}\begin{pmatrix}\boldsymbol{A} & \boldsymbol{B}\\ \boldsymbol{C} & \boldsymbol{D}\end{pmatrix}=\begin{pmatrix}\boldsymbol{A} & \boldsymbol{B}\\ \boldsymbol{O} & \boldsymbol{D}-\boldsymbol{CA}^{-1}\boldsymbol{B}\end{pmatrix},$$

或把 $\boldsymbol{N}$ 的第一列的 $-\boldsymbol{A}^{-1}\boldsymbol{B}$ 倍加到第二列上，有

$$\begin{pmatrix}\boldsymbol{A} & \boldsymbol{B}\\ \boldsymbol{C} & \boldsymbol{D}\end{pmatrix}\begin{pmatrix}\boldsymbol{I} & -\boldsymbol{A}^{-1}\boldsymbol{B}\\ \boldsymbol{O} & \boldsymbol{I}\end{pmatrix}=\begin{pmatrix}\boldsymbol{A} & \boldsymbol{O}\\ \boldsymbol{C} & \boldsymbol{D}-\boldsymbol{CA}^{-1}\boldsymbol{B}\end{pmatrix},$$

这样对于右端的分块矩阵，不论求逆还是计算行列式，都非常方便. 当然还可以对 $\boldsymbol{N}$ 同时左乘、右乘初等矩阵，化 $\boldsymbol{N}$ 为对角分块矩阵.

以上都是在 $\boldsymbol{A}$ 可逆时推导出来的，当 $\boldsymbol{D}$ 可逆时，有类似的公式.

(五)初等变换和矩阵方程

【例 29】 用初等行变换把矩阵

$$\boldsymbol{A}=\begin{pmatrix}0 & 1 & 7 & 8\\ 1 & 3 & 3 & 8\\ -2 & -5 & 1 & -8\end{pmatrix}$$

化成行最简形矩阵 $\boldsymbol{M}$，并求初等矩阵 $\boldsymbol{P}_1,\boldsymbol{P}_2,\boldsymbol{P}_3$ 和 $\boldsymbol{P}_4$，使得 $\boldsymbol{A}=\boldsymbol{P}_1\boldsymbol{P}_2\boldsymbol{P}_3\boldsymbol{P}_4\boldsymbol{M}$.

解 $A \xrightarrow{r_1 \leftrightarrow r_2} \begin{pmatrix} 1 & 3 & 3 & 8 \\ 0 & 1 & 7 & 8 \\ -2 & -5 & 1 & -8 \end{pmatrix} \xrightarrow{r_3+2r_1} \begin{pmatrix} 1 & 3 & 3 & 8 \\ 0 & 1 & 7 & 8 \\ 0 & 1 & 7 & 8 \end{pmatrix} \xrightarrow[r_1-3r_2]{r_3-r_2} \begin{pmatrix} 1 & 0 & -18 & -16 \\ 0 & 1 & 7 & 8 \\ 0 & 0 & 0 & 0 \end{pmatrix} = M.$

上面所做初等行变换对应的初等矩阵分别记为

$$T_1 = \begin{pmatrix} 0 & 1 & 0 \\ 1 & 0 & 0 \\ 0 & 0 & 1 \end{pmatrix} = E(1,2);\ T_2 = \begin{pmatrix} 1 & 0 & 0 \\ 0 & 1 & 0 \\ 2 & 0 & 1 \end{pmatrix} = E(1(2),3)$$

$$T_3 = \begin{pmatrix} 1 & 0 & 0 \\ 0 & 1 & 0 \\ 0 & -1 & 1 \end{pmatrix} = E(2(-1),3),\ T_4 = \begin{pmatrix} 1 & -3 & 0 \\ 0 & 1 & 0 \\ 0 & 0 & 1 \end{pmatrix} = E(2(-3),1).$$

由初等变换与初等矩阵的关系，得 $T_4T_3T_2T_1A = M$. 两端左乘 $(T_4T_3T_2T_1)^{-1}$，得 $A = (T_4T_3T_2T_1)^{-1}M = T_1^{-1}T_2^{-1}T_3^{-1}T_4^{-1}M = P_1P_2P_3P_4M$，其中

$$P_1 = T_1^{-1} = E(1,2) = \begin{pmatrix} 0 & 1 & 0 \\ 1 & 0 & 0 \\ 0 & 0 & 1 \end{pmatrix},\ P_2 = T_2^{-1} = E(1(-2),3) = \begin{pmatrix} 1 & 0 & 0 \\ 0 & 1 & 0 \\ -2 & 0 & 1 \end{pmatrix},$$

$$P_3 = T_3^{-1} = E(2(1),3) = \begin{pmatrix} 1 & 0 & 0 \\ 0 & 1 & 0 \\ 0 & 1 & 1 \end{pmatrix},\ P_4 = T_4^{-1} = E(2(3),1) = \begin{pmatrix} 1 & 3 & 0 \\ 0 & 1 & 0 \\ 0 & 0 & 1 \end{pmatrix}.$$

评注　用初等变换把矩阵化为行阶梯形矩阵、行最简形矩阵和标准形的方法有许多重要的应用，所以应该熟练掌握. 但要注意其方法不是唯一的，因此本例所求的初等矩阵也不是唯一的.

【例 30】　若矩阵 A 经初等列变换化成 B，则(　　).

(A)存在矩阵 P，使得 $PA=B$　　　　(B)存在矩阵 P，使得 $BP=A$

(C)存在矩阵 P，使得 $PB=A$　　　　(D)方程组 $Ax=0$ 与 $Bx=0$ 同解

答案　B.

分析　因为矩阵 A 经初等列变换化成 B，所以存在可逆矩阵 P_1，使得 $AP_1=B$，故 $A=BP_1^{-1}$. 于是令 $P=P_1^{-1}$，就有 $A=BP$，故答案为 B 选项.

【例 31】　已知矩阵 A,B 均为三阶方阵，将 A 的第一行与第二行交换得到 A_1，将 B 的第一列加到第二列得到 B_1，又知 $A_1B_1 = \begin{pmatrix} 1 & 2 & 3 \\ 0 & 1 & 2 \\ 0 & 0 & 1 \end{pmatrix}$. 判断 AB 是否可逆？若可逆，求 $(AB)^{-1}$.

解　设 $P_1 = \begin{pmatrix} 0 & 1 & 0 \\ 1 & 0 & 0 \\ 0 & 0 & 1 \end{pmatrix}, P_2 = \begin{pmatrix} 1 & 1 & 0 \\ 0 & 1 & 0 \\ 0 & 0 & 1 \end{pmatrix}$，则 $A_1=P_1A, B_1=BP_2$，从而 $A_1B_1=P_1ABP_2$，即 $AB=P_1^{-1}(A_1B_1)P_2^{-1}$. 由于 $|AB| = |P_1^{-1}||A_1B_1||P_2^{-1}| \neq 0$，故 AB 可逆，且 $(AB)^{-1} = P_2(A_1B_1)^{-1}P_1$，$(A_1B_1)^{-1} = \begin{pmatrix} 1 & 2 & 3 \\ 0 & 1 & 2 \\ 0 & 0 & 1 \end{pmatrix}^{-1} = \begin{pmatrix} 1 & -2 & 1 \\ 0 & 1 & -2 \\ 0 & 0 & 1 \end{pmatrix}$，从而 $(AB)^{-1} = \begin{pmatrix} -1 & 1 & -1 \\ 1 & 0 & -2 \\ 0 & 0 & 1 \end{pmatrix}$.

【例 32】 设 A,B 为 n 阶矩阵，$2A-B-AB=I,A^2=A$，其中 I 为 n 阶单位矩阵，证明：

(1) $A-B$ 为可逆矩阵，并求 $(A-B)^{-1}$；

(2) 已知 $A=\begin{pmatrix}1&0&0\\0&3&-1\\0&6&-2\end{pmatrix}$，试求矩阵 B.

证明 (1) 由 $A^2=A$，得 $2A-B-AB=A-B+A-AB=A-B+A^2-AB=(A-B)+A(A-B)=(I+A)(A-B)=I$，故 $A-B$ 为可逆矩阵，且 $(A-B)^{-1}=I+A$.

(2) 由 (1) 知，$A-B=(I+A)^{-1}$，故

$$B=A-(I+A)^{-1}=\begin{pmatrix}\frac{1}{2}&0&0\\0&\frac{7}{2}&-\frac{3}{2}\\0&9&-4\end{pmatrix}.$$

【例 33】 已知 $A=\begin{pmatrix}1&1&-1\\-1&1&1\\1&-1&1\end{pmatrix}$，矩阵 X 满足 $A^*X=A^{-1}+2X$，其中 A^* 是 A 的伴随矩阵，求矩阵 X.

解 由 $AA^*=|A|I$，用矩阵 A 左乘方程的两端，有

$$|A|X=I+2AX\Rightarrow(|A|I-2A)X=I\Rightarrow X=(|A|I-2A)^{-1}.$$

$$|A|=4,X=\frac{1}{2}\begin{pmatrix}1&-1&1\\1&1&-1\\-1&1&1\end{pmatrix}^{-1}=\frac{1}{4}\begin{pmatrix}1&1&0\\0&1&1\\1&0&1\end{pmatrix}.$$

典例解析

【例 34】 设矩阵 $A=\begin{pmatrix}a&1&0\\1&a&-1\\0&1&a\end{pmatrix}$ 且 $A^3=O$.

(1) 求 a 的值；

(2) 若矩阵 X 满足 $X-XA^2-AX+AXA^2=I$，其中 I 为三阶单位矩阵，求 X.

解 (1) 因为 $A^3=O$，所以 A 的特征值 λ 都满足 $\lambda^3=0$，从而 A 的特征值全为 0；于是 $\operatorname{tr}(A)=0$，而 $\operatorname{tr}(A)=3a$，因此 $a=0$.（第六章特征值的相关内容.）

(2) $X-XA^2-AX+AXA^2=I\Rightarrow(I-A)X(I-A^2)=I$，所以

$$X=(I-A)^{-1}(I-A^2)^{-1}.$$

因为 $A^3=O$，所以 $(I-A)(I+A+A^2)=I-A^3=I$，得

$$(I-A)^{-1}=I+A+A^2.$$

又 $A^3=O\Rightarrow A^4=O$，于是 $(I-A^2)(I+A^2)=I-A^4=I$，得

$$(I-A^2)^{-1}=I+A^2.$$

于是 $X=(I-A)^{-1}(I-A^2)^{-1}=(I+A+A^2)(I+A^2)=I+A+2A^2$

$$=\begin{pmatrix}1&0&0\\0&1&0\\0&0&1\end{pmatrix}+\begin{pmatrix}0&1&0\\1&0&-1\\0&1&0\end{pmatrix}+\begin{pmatrix}2&0&-2\\0&0&0\\2&0&-2\end{pmatrix}=\begin{pmatrix}3&1&-2\\1&1&-1\\2&1&-1\end{pmatrix}.$$

评注 本例是综合了第六章特征值以及本章矩阵方程的知识的综合题，也是 2015 年

的考研题.

【例 35】 设矩阵 $\boldsymbol{A}$ 的伴随矩阵

$$\boldsymbol{A}^* = \begin{pmatrix} 1 & 0 & 0 & 0 \\ 0 & 1 & 0 & 0 \\ 1 & 0 & 1 & 0 \\ 0 & -3 & 0 & 8 \end{pmatrix},$$

矩阵 $\boldsymbol{B}$ 满足 $\boldsymbol{ABA}^{-1}=\boldsymbol{BA}^{-1}+3\boldsymbol{I}$，求 $\boldsymbol{B}$.

解法一 首先由 $|\boldsymbol{A}^*|=|\boldsymbol{A}|^{4-1}=8$，得 $|\boldsymbol{A}|=2$. 故有 $\boldsymbol{AA}^*=\boldsymbol{A}^*\boldsymbol{A}=2\boldsymbol{I}$. 在矩阵等式两端左乘 $\boldsymbol{A}^*$、右乘 $\boldsymbol{A}$，得 $\boldsymbol{A}^*\boldsymbol{AB}=\boldsymbol{A}^*\boldsymbol{B}+3\boldsymbol{A}^*\boldsymbol{A}$.

注意到 $\boldsymbol{A}^*\boldsymbol{A}=2\boldsymbol{I}$，上式成为 $(2\boldsymbol{I}-\boldsymbol{A}^*)\boldsymbol{B}=6\boldsymbol{I}$，所以

$$\boldsymbol{B}=6(2\boldsymbol{I}-\boldsymbol{A}^*)^{-1}=6\begin{pmatrix} 1 & 0 & 0 & 0 \\ 0 & 1 & 0 & 0 \\ -1 & 0 & 1 & 0 \\ 0 & 3 & 0 & -6 \end{pmatrix}^{-1}$$

$$=6\begin{pmatrix} 1 & 0 & 0 & 0 \\ 0 & 1 & 0 & 0 \\ 1 & 0 & 1 & 0 \\ 0 & \dfrac{1}{2} & 0 & -\dfrac{1}{6} \end{pmatrix}=\begin{pmatrix} 6 & 0 & 0 & 0 \\ 0 & 6 & 0 & 0 \\ 6 & 0 & 6 & 0 \\ 0 & 3 & 0 & -1 \end{pmatrix}.$$

解法二 同解法一，得 $|\boldsymbol{A}|=2$. 由 $\boldsymbol{AA}^*=2\boldsymbol{I}$，得

$$\boldsymbol{A}=2(\boldsymbol{A}^*)^{-1}=2\begin{pmatrix} 1 & 0 & 0 & 0 \\ 0 & 1 & 0 & 0 \\ 1 & 0 & 1 & 0 \\ 0 & -3 & 0 & 8 \end{pmatrix}^{-1}=\begin{pmatrix} 2 & 0 & 0 & 0 \\ 0 & 2 & 0 & 0 \\ -2 & 0 & 2 & 0 \\ 0 & \dfrac{3}{4} & 0 & \dfrac{1}{4} \end{pmatrix}.$$

由题设等式可得 $(\boldsymbol{A}-\boldsymbol{I})\boldsymbol{BA}^{-1}=3\boldsymbol{I}$. 由所求出的 $\boldsymbol{A}$ 可知，$(\boldsymbol{A}-\boldsymbol{I})$ 可逆，则在上式两端左乘 $(\boldsymbol{A}-\boldsymbol{I})^{-1}$、右乘 $\boldsymbol{A}$，得

$$\boldsymbol{B}=3(\boldsymbol{A}-\boldsymbol{I})^{-1}\boldsymbol{A}=3\begin{pmatrix} 1 & 0 & 0 & 0 \\ 0 & 1 & 0 & 0 \\ -2 & 0 & 1 & 0 \\ 0 & \dfrac{3}{4} & 0 & -\dfrac{3}{4} \end{pmatrix}^{-1}\begin{pmatrix} 2 & 0 & 0 & 0 \\ 0 & 2 & 0 & 0 \\ -2 & 0 & 2 & 0 \\ 0 & \dfrac{3}{4} & 0 & \dfrac{1}{4} \end{pmatrix}=\begin{pmatrix} 6 & 0 & 0 & 0 \\ 0 & 6 & 0 & 0 \\ 6 & 0 & 6 & 0 \\ 0 & 3 & 0 & -1 \end{pmatrix}.$$

四、自测练习试卷

试卷 1

一、填空题

1. 设 $\boldsymbol{A}=\begin{pmatrix} 3 & 2 & 1 \\ -3 & -2 & -1 \\ 6 & 4 & 2 \end{pmatrix}$，则 $\boldsymbol{A}^n=$________.

2. 设 $\boldsymbol{A}=\begin{pmatrix}1&0&0\\4&1&3\\1&-2&1\end{pmatrix}$，$\boldsymbol{I}$ 是三阶单位矩阵，则 $|(4\boldsymbol{I}-\boldsymbol{A}^{\mathrm{T}})(4\boldsymbol{I}-\boldsymbol{A})|=$ ________.

3. 设 $\boldsymbol{\alpha},\boldsymbol{\beta},\boldsymbol{\gamma}_2,\boldsymbol{\gamma}_3$ 都是三维向量，且 $\boldsymbol{A}=\begin{pmatrix}\boldsymbol{\alpha}\\2\boldsymbol{\gamma}_2\\3\boldsymbol{\gamma}_3\end{pmatrix}$，$\boldsymbol{B}=\begin{pmatrix}\boldsymbol{\beta}\\\boldsymbol{\gamma}_2\\\boldsymbol{\gamma}_3\end{pmatrix}$，已知方阵 $\boldsymbol{A}$，$\boldsymbol{B}$ 的行列式 $|\boldsymbol{A}|=12$，$|\boldsymbol{B}|=-2$，则 $|\boldsymbol{A}-\boldsymbol{B}|=$ ________.

4. 设矩阵 $\boldsymbol{A}=\begin{pmatrix}1&1&0\\0&1&1\\0&0&1\end{pmatrix}$，将矩阵 $\boldsymbol{A}$ 分解成一个对称矩阵 $\boldsymbol{B}$ 和一个反对称矩阵 $\boldsymbol{C}$ 之和，那么 $\boldsymbol{B}=$ ________，$\boldsymbol{C}=$ ________.

5. 设 n 阶方阵 $\boldsymbol{A}$ 的行列式 $|\boldsymbol{A}|=\dfrac{1}{3}$，则 $\left|\left(\dfrac{1}{3}\boldsymbol{A}\right)^{-1}-15\boldsymbol{A}^*\right|=$ ________.

6. 设矩阵 $\boldsymbol{A}=\begin{pmatrix}1&0&0&0\\-2&3&0&0\\0&-4&5&0\\0&0&-6&7\end{pmatrix}$，$\boldsymbol{I}$ 为四阶单位矩阵，且 $\boldsymbol{B}=(\boldsymbol{I}+\boldsymbol{A})^{-1}(\boldsymbol{I}-\boldsymbol{A})$，则 $(\boldsymbol{I}+\boldsymbol{B})^{-1}=$ ________.

7. 已知 $\boldsymbol{A}=\begin{pmatrix}1&2&-2\\4&t&3\\3&-1&1\end{pmatrix}$，$\boldsymbol{B}$ 为三阶非零矩阵，且 $\boldsymbol{AB}=\boldsymbol{O}$，则 $t=$ ________.

8. 设矩阵 $\boldsymbol{A}=\begin{pmatrix}2&1&0\\1&2&0\\0&0&1\end{pmatrix}$，矩阵 $\boldsymbol{B}$ 满足 $\boldsymbol{ABA}^*=2\boldsymbol{BA}^*+\boldsymbol{I}$，其中 $\boldsymbol{A}^*$ 为 $\boldsymbol{A}$ 的伴随矩阵，$\boldsymbol{I}$ 是单位矩阵，则 $|\boldsymbol{B}|=$ ________.

9. 设 $\boldsymbol{A}=\begin{pmatrix}0&3&3\\1&1&0\\-1&2&3\end{pmatrix}$，且 $\boldsymbol{AB}=\boldsymbol{A}+2\boldsymbol{B}$，则 $\boldsymbol{B}=$ ________.

二、选择题

1. 设 $\boldsymbol{A},\boldsymbol{B}$ 均为 n 阶方阵，则 $\boldsymbol{A}=\boldsymbol{O}$ 的充分条件是(　　).

(A) $\boldsymbol{A}^2=\boldsymbol{O}$　　(B) $|\boldsymbol{A}|=0$

(C) $\boldsymbol{B}\neq\boldsymbol{O}$ 且 $\boldsymbol{AB}=\boldsymbol{O}$　　(D) $|\boldsymbol{B}|\neq0$ 且 $\boldsymbol{AB}=\boldsymbol{O}$

2. 已知 $\boldsymbol{A},\boldsymbol{B}$ 均为 n 阶方阵，则必有(　　).

(A) $\boldsymbol{A}+\boldsymbol{B}(\boldsymbol{A}-\boldsymbol{B})=\boldsymbol{A}^2-\boldsymbol{B}^2$　　(B) $(\boldsymbol{AB})^{\mathrm{T}}=\boldsymbol{A}^{\mathrm{T}}\boldsymbol{B}^{\mathrm{T}}$

(C) 若 $\boldsymbol{AB}=\boldsymbol{O}$，则 $\boldsymbol{A}=\boldsymbol{O}$ 或 $\boldsymbol{B}=\boldsymbol{O}$　　(D) 若 $|\boldsymbol{AB}+\boldsymbol{B}|=0$，则 $|\boldsymbol{A}+\boldsymbol{I}|=0$ 或 $|\boldsymbol{B}|=0$

3. 已知 $\boldsymbol{A},\boldsymbol{B}$ 是 n 阶方阵，下列结论正确的是(　　).

(A) $\boldsymbol{AB}\neq\boldsymbol{O}\Leftrightarrow\boldsymbol{A}\neq\boldsymbol{O}$ 且 $\boldsymbol{B}\neq\boldsymbol{O}$　　(B) $|\boldsymbol{A}|=0\Leftrightarrow\boldsymbol{A}=\boldsymbol{O}$

(C) $|\boldsymbol{AB}|=0\Leftrightarrow|\boldsymbol{A}|=0$ 或 $|\boldsymbol{B}|=0$　　(D) $\boldsymbol{A}=\boldsymbol{I}\Leftrightarrow|\boldsymbol{A}|=1$

4. 设 n 阶方阵 $\boldsymbol{A},\boldsymbol{B}$ 满足 $\boldsymbol{A}(\boldsymbol{B}-\boldsymbol{I})=\boldsymbol{O}$，则必有(　　).

(A) $\boldsymbol{A}=\boldsymbol{O}$ 且 $\boldsymbol{B}=\boldsymbol{I}$　　(B) $\boldsymbol{A}+\boldsymbol{B}=\boldsymbol{I}$

(C) 当 $|\boldsymbol{A}|\neq 0$ 时，$\boldsymbol{B}=\boldsymbol{I}$　　(D) $|\boldsymbol{A}|=0$ 或 $|\boldsymbol{B}-\boldsymbol{I}|=0$

5. 设 $\boldsymbol{A}=\begin{pmatrix}1&0&0\\0&3&0\\0&0&1\end{pmatrix}$，$\boldsymbol{A}^*$ 为 $\boldsymbol{A}$ 的伴随矩阵，则 $|\boldsymbol{A}^*|$ 等于(　　).

(A) 3　　(B) $\frac{1}{3}$　　(C) 9　　(D) 27

6. 设 $\boldsymbol{A},\boldsymbol{B}$ 为 n 阶矩阵，$\boldsymbol{A}^*,\boldsymbol{B}^*$ 分别为 $\boldsymbol{A},\boldsymbol{B}$ 的伴随矩阵，分块矩阵 $\boldsymbol{C}=\begin{pmatrix}\boldsymbol{A}&\boldsymbol{O}\\\boldsymbol{O}&\boldsymbol{B}\end{pmatrix}$，则 $\boldsymbol{C}$ 的伴随矩阵 $\boldsymbol{C}^*$ 为(　　).

(A) $\begin{pmatrix}|\boldsymbol{A}|\boldsymbol{A}^*&\boldsymbol{O}\\\boldsymbol{O}&|\boldsymbol{B}|\boldsymbol{B}^*\end{pmatrix}$　　(B) $\begin{pmatrix}|\boldsymbol{B}|\boldsymbol{B}^*&\boldsymbol{O}\\\boldsymbol{O}&|\boldsymbol{A}|\boldsymbol{A}^*\end{pmatrix}$

(C) $\begin{pmatrix}|\boldsymbol{A}|\boldsymbol{B}^*&\boldsymbol{O}\\\boldsymbol{O}&|\boldsymbol{B}|\boldsymbol{A}^*\end{pmatrix}$　　(D) $\begin{pmatrix}|\boldsymbol{B}|\boldsymbol{A}^*&\boldsymbol{O}\\\boldsymbol{O}&|\boldsymbol{A}|\boldsymbol{B}^*\end{pmatrix}$

7. 设 $\boldsymbol{A}$，$\boldsymbol{B}$ 均为二阶矩阵，$\boldsymbol{A}^*,\boldsymbol{B}^*$ 分别为 $\boldsymbol{A},\boldsymbol{B}$ 的伴随矩阵，若 $|\boldsymbol{A}|=2$，$|\boldsymbol{B}|=3$，则分块矩阵 $\begin{pmatrix}\boldsymbol{O}&\boldsymbol{A}\\\boldsymbol{B}&\boldsymbol{O}\end{pmatrix}$ 的伴随矩阵为(　　).

(A) $\begin{pmatrix}\boldsymbol{O}&3\boldsymbol{B}^*\\2\boldsymbol{A}^*&\boldsymbol{O}\end{pmatrix}$　　(B) $\begin{pmatrix}\boldsymbol{O}&2\boldsymbol{B}^*\\3\boldsymbol{A}^*&\boldsymbol{O}\end{pmatrix}$

(C) $\begin{pmatrix}\boldsymbol{O}&3\boldsymbol{A}^*\\2\boldsymbol{B}^*&\boldsymbol{O}\end{pmatrix}$　　(D) $\begin{pmatrix}\boldsymbol{O}&2\boldsymbol{A}^*\\3\boldsymbol{B}&\boldsymbol{O}\end{pmatrix}$

8. 设 $\boldsymbol{A}$ 为 $n(n\geqslant 2)$ 阶可逆矩阵，交换 $\boldsymbol{A}$ 的第一行与第二行得矩阵 $\boldsymbol{B}$，$\boldsymbol{A}^*,\boldsymbol{B}^*$ 分别为 $\boldsymbol{A},\boldsymbol{B}$ 的伴随矩阵，则下列正确的是(　　).

(A) 交换 $\boldsymbol{A}^*$ 的第一列与第二列得 $\boldsymbol{B}^*$　　(B) 交换 $\boldsymbol{A}^*$ 的第一行与第二行得 $\boldsymbol{B}^*$

(C) 交换 $\boldsymbol{A}^*$ 的第一列与第二列得 $-\boldsymbol{B}^*$　　(D) 交换 $\boldsymbol{A}^*$ 的第一行与第二行得 $-\boldsymbol{B}^*$

9. 设 $\boldsymbol{A},\boldsymbol{P}$ 均为三阶矩阵，$\boldsymbol{P}^{\mathrm{T}}$ 为 $\boldsymbol{P}$ 的转置矩阵，且 $\boldsymbol{P}^{\mathrm{T}}\boldsymbol{A}\boldsymbol{P}=\begin{pmatrix}1&0&0\\0&1&0\\0&0&2\end{pmatrix}$. 若 $\boldsymbol{P}=(\boldsymbol{\alpha}_1,\boldsymbol{\alpha}_2,\boldsymbol{\alpha}_3)$，$\boldsymbol{Q}=(\boldsymbol{\alpha}_1+\boldsymbol{\alpha}_2,\boldsymbol{\alpha}_2,\boldsymbol{\alpha}_3)$，则 $\boldsymbol{Q}^{\mathrm{T}}\boldsymbol{A}\boldsymbol{Q}=$(　　).

(A) $\begin{pmatrix}2&1&0\\1&1&0\\0&0&2\end{pmatrix}$　　(B) $\begin{pmatrix}1&1&0\\1&2&0\\0&0&2\end{pmatrix}$　　(C) $\begin{pmatrix}2&0&0\\0&1&0\\0&0&2\end{pmatrix}$　　(D) $\begin{pmatrix}1&0&0\\0&2&0\\0&0&2\end{pmatrix}$

10. 设 $\boldsymbol{A},\boldsymbol{B}$ 为 n 阶可逆矩阵，则(　　).

(A) $\boldsymbol{A}\boldsymbol{B}=\boldsymbol{B}\boldsymbol{A}$　　(B) 存在可逆矩阵 $\boldsymbol{P}$，使得 $\boldsymbol{P}^{-1}\boldsymbol{A}\boldsymbol{P}=\boldsymbol{B}$

(C) 存在可逆矩阵 $\boldsymbol{C}$，使得 $\boldsymbol{C}^{\mathrm{T}}\boldsymbol{A}\boldsymbol{C}=\boldsymbol{B}$　　(D) 存在可逆矩阵 $\boldsymbol{P}$ 和 $\boldsymbol{Q}$，使得 $\boldsymbol{P}\boldsymbol{A}\boldsymbol{Q}=\boldsymbol{B}$

三、计算题

1. 设四阶方阵 $\boldsymbol{A}=(\boldsymbol{\alpha}_1,\boldsymbol{\alpha}_2,\boldsymbol{\alpha}_3,\boldsymbol{\beta})$，$\boldsymbol{B}=(\boldsymbol{\alpha}_1,\boldsymbol{\alpha}_2,\boldsymbol{\alpha}_3,\boldsymbol{\gamma})$，其中 $\boldsymbol{\alpha}_1,\boldsymbol{\alpha}_2,\boldsymbol{\alpha}_3,\boldsymbol{\beta},\boldsymbol{\gamma}$ 均为 4×1

列矩阵，且已知 $|\boldsymbol{A}|=1$，$|\boldsymbol{B}|=4$，求 $|3\boldsymbol{A}-\boldsymbol{B}|$.

2. 设 $\boldsymbol{A}=\begin{pmatrix}2&-2&-2&-2\\-2&2&-2&-2\\-2&-2&2&-2\\-2&-2&-2&2\end{pmatrix}$，求 $\boldsymbol{A}^n$.

3. 已知 n 阶矩阵

$$\boldsymbol{A}=\begin{pmatrix}1&0&0&\cdots&0\\1&1&0&\cdots&0\\1&1&1&\cdots&0\\\vdots&\vdots&\vdots&&\vdots\\1&1&1&\cdots&1\end{pmatrix},$$

试求 $|\boldsymbol{A}|$ 中所有元素 a_{ij} 的代数余子式 $\boldsymbol{A}_{ij}$ 的和.

4. 已知 $\boldsymbol{A},\boldsymbol{B}$ 都是三阶矩阵，将 $\boldsymbol{A}$ 的第一行乘 -3 加至第三行得到矩阵 $\boldsymbol{A}_1$，将 $\boldsymbol{B}$ 的第一列乘 -3 得到 $\boldsymbol{B}_1$，且 $\boldsymbol{A}_1\boldsymbol{B}_1=\begin{pmatrix}0&1&2\\1&0&1\\2&4&3\end{pmatrix}$，求 $\boldsymbol{AB}$.

5. 设三阶方阵 $\boldsymbol{A},\boldsymbol{B}$ 满足 $\boldsymbol{A}^2\boldsymbol{B}-\boldsymbol{A}-\boldsymbol{B}=\boldsymbol{I}$，若 $\boldsymbol{A}=\begin{pmatrix}1&0&1\\0&2&0\\-2&0&1\end{pmatrix}$，求 $|\boldsymbol{B}|$.

6. 设三阶矩阵 $\boldsymbol{A},\boldsymbol{B}$ 满足关系式 $\boldsymbol{A}^{-1}\boldsymbol{BA}=6\boldsymbol{A}+\boldsymbol{BA}$，其中 $\boldsymbol{A}=\begin{pmatrix}\frac{1}{3}&0&0\\0&\frac{1}{4}&0\\0&0&\frac{1}{7}\end{pmatrix}$，求 $\boldsymbol{B}$.

7. 已知 $\boldsymbol{A}=\begin{pmatrix}1&1&-1\\0&1&1\\0&0&-1\end{pmatrix}$，$\boldsymbol{B}=\begin{pmatrix}2&0&1\\0&2&0\\0&0&2\end{pmatrix}$，且 $\boldsymbol{AXB}=\boldsymbol{AX}+\boldsymbol{A}^2\boldsymbol{B}-\boldsymbol{A}^2+\boldsymbol{B}$，求 $\boldsymbol{X}$.

8. 设 $\boldsymbol{A},\boldsymbol{B}$ 为 n 阶矩阵，且满足 $2\boldsymbol{B}^{-1}\boldsymbol{A}=\boldsymbol{A}-4\boldsymbol{I}$，其中 $\boldsymbol{I}$ 为 n 阶单位矩阵.

(1) 证明：$\boldsymbol{B}-2\boldsymbol{I}$ 为可逆矩阵，并求 $(\boldsymbol{B}-2\boldsymbol{I})^{-1}$.

(2) 已知 $\boldsymbol{A}=\begin{pmatrix}1&-2&0\\1&2&0\\0&0&2\end{pmatrix}$，求矩阵 $\boldsymbol{B}$.

四、证明题

1. 若 $2\boldsymbol{A}(\boldsymbol{A}-\boldsymbol{E})=\boldsymbol{A}^3$，证明 $\boldsymbol{I}-\boldsymbol{A}$ 可逆，并求 $(\boldsymbol{I}-\boldsymbol{A})^{-1}$.

2. 已知 $\boldsymbol{A}^3=2\boldsymbol{I}$，$\boldsymbol{B}=\boldsymbol{A}^3-2\boldsymbol{A}^2+2\boldsymbol{A}$，证明 $\boldsymbol{B}$ 可逆，并求出其逆矩阵.

3. 设 $\boldsymbol{A}=\boldsymbol{I}-\boldsymbol{\xi\xi}^{\mathrm{T}}$，其中 $\boldsymbol{I}$ 是 n 阶单位矩阵，$\boldsymbol{\xi}$ 是 $n\times1$ 列矩阵. 证明

(1) $\boldsymbol{A}^2=\boldsymbol{A}$ 的充分必要条件是 $\boldsymbol{\xi}^{\mathrm{T}}\boldsymbol{\xi}=1$；

(2) 当 $\boldsymbol{\xi}^{\mathrm{T}}\boldsymbol{\xi}=1$ 时，$\boldsymbol{A}$ 是不可逆矩阵.

试卷 2

一、填空题

1. 设 $n\times 1$ 行矩阵 $\boldsymbol{\alpha}=\left(\frac{1}{2},0,\cdots,0,\frac{1}{2}\right)$，$\boldsymbol{A}=\boldsymbol{I}-\boldsymbol{\alpha}^{\mathrm{T}}\boldsymbol{\alpha}$，$\boldsymbol{B}=\boldsymbol{I}+2\boldsymbol{\alpha}^{\mathrm{T}}\boldsymbol{\alpha}$，其中 $\boldsymbol{I}$ 为 n 阶单位矩阵，则 $(\boldsymbol{AB})^n=$________.

2. 设矩阵 $\boldsymbol{A}=\begin{pmatrix}2&1\\-1&2\end{pmatrix}$，$\boldsymbol{I}$ 为二阶单位矩阵，矩阵 $\boldsymbol{B}$ 满足 $\boldsymbol{BA}=\boldsymbol{B}+2\boldsymbol{I}$，则 $|\boldsymbol{B}|=$________.

3. 设 $\boldsymbol{\alpha}_1,\boldsymbol{\alpha}_2,\boldsymbol{\alpha}_3$ 均为三维列向量，记矩阵 $\boldsymbol{A}=(\boldsymbol{\alpha}_1,\boldsymbol{\alpha}_2,\boldsymbol{\alpha}_3)$，$\boldsymbol{B}=(\boldsymbol{\alpha}_1+\boldsymbol{\alpha}_2+\boldsymbol{\alpha}_3,\boldsymbol{\alpha}_1+2\boldsymbol{\alpha}_2+4\boldsymbol{\alpha}_3,\boldsymbol{\alpha}_1+3\boldsymbol{\alpha}_2+9\boldsymbol{\alpha}_3)$，如果 $|\boldsymbol{A}|=1$，那么 $|\boldsymbol{B}|=$________.

4. 设 $\boldsymbol{A}$ 为三阶矩阵，$|\boldsymbol{A}|=\frac{1}{2}$，则 $|(2\boldsymbol{A})^{-1}-5\boldsymbol{A}^*|=$________.

5. 设 $\boldsymbol{A}=\begin{pmatrix}2&0&0\\0&3&2\\0&0&3\end{pmatrix}$，则 $|2\boldsymbol{A}^{-1}+\boldsymbol{I}|=$________.

6. 已知 $\boldsymbol{A}=\begin{pmatrix}1&2&0&0&0\\0&3&0&0&0\\0&0&4&0&0\\0&0&0&5&0\\0&0&0&2&-4\end{pmatrix}$，则 $\boldsymbol{A}^{-1}=$________.

7. 已知 $\boldsymbol{A}=\begin{pmatrix}t&0&1\\2&1&0\\1&3&2\end{pmatrix}$，$\boldsymbol{B}$ 为 3×4 的非零矩阵，且 $\boldsymbol{AB}=\boldsymbol{O}$，则 $t=$________.

8. 设 $\boldsymbol{A}$ 为三阶方阵，$|\boldsymbol{A}|=3$，$\boldsymbol{A}^*$ 为 $\boldsymbol{A}$ 的伴随矩阵，若交换 $\boldsymbol{A}$ 的第一行与第二行得到矩阵 $\boldsymbol{B}$，则 $|\boldsymbol{BA}^*|=$________.

9. 设 $\boldsymbol{A}=\begin{pmatrix}1&0&1\\0&2&0\\1&0&1\end{pmatrix}$，且 $\boldsymbol{AB}+\boldsymbol{I}=\boldsymbol{A}^3+\boldsymbol{B}$，则 $\boldsymbol{B}=$________.

二、选择题

1. 设 n 维行向量 $\boldsymbol{\alpha}=\left(\frac{1}{2},0,\cdots,0,\frac{1}{2}\right)$，矩阵 $\boldsymbol{A}=\boldsymbol{I}-\boldsymbol{\alpha}^{\mathrm{T}}\boldsymbol{\partial},\boldsymbol{B}=\boldsymbol{I}+2\boldsymbol{\alpha}^{\mathrm{T}}\boldsymbol{\alpha}$，其中 $\boldsymbol{I}$ 为 n 阶单位矩阵，则 $\boldsymbol{AB}=$(　　).

(A) $\boldsymbol{O}$　　(B) $\boldsymbol{I}$　　(C) $-\boldsymbol{I}$　　(D) $\boldsymbol{I}+\boldsymbol{\alpha}^{\mathrm{T}}\boldsymbol{\alpha}$

2. 设 $\boldsymbol{A},\boldsymbol{B}$ 为 n 阶矩阵，下列结论正确的是(　　).

(A) $(\boldsymbol{AB})^k=\boldsymbol{A}^k\boldsymbol{B}^k$　　(B) $|-\boldsymbol{A}|=-|\boldsymbol{A}|$

(C) $\boldsymbol{A}^2-\boldsymbol{B}^2=(\boldsymbol{A}-\boldsymbol{B})(\boldsymbol{A}+\boldsymbol{B})$　　(D) 若 $\boldsymbol{A}$ 可逆，$k\neq 0$，则 $(k\boldsymbol{A})^{-1}=k^{-1}\boldsymbol{A}^{-1}$

3. 设 $\boldsymbol{A}$ 为 $m\times n$ 矩阵，$\boldsymbol{B}$ 为 $n\times m$ 矩阵，则下列结论不正确的是(　　).

(A) $(\boldsymbol{AB})^{\mathrm{T}}=\boldsymbol{B}^{\mathrm{T}}\boldsymbol{A}^{\mathrm{T}}$　　(B) $|\boldsymbol{AB}|=|\boldsymbol{BA}|$

(C) $\mathrm{tr}(\boldsymbol{AB})=\mathrm{tr}(\boldsymbol{BA})$　　(D) $\boldsymbol{A}^{\mathrm{T}}\boldsymbol{A},\boldsymbol{BB}^{\mathrm{T}}$ 均为 n 阶对称矩阵

4. 设 n 阶矩阵 $\boldsymbol{A}$ 与 $\boldsymbol{B}$ 等价，则下列正确的是(　　).

(A)当$|\boldsymbol{A}|=a(a\neq0)$时，$|\boldsymbol{B}|=a$　　(B)当$|\boldsymbol{A}|=a(a\neq0)$时，$|\boldsymbol{B}|=-a$

(C)当$|\boldsymbol{A}|\neq0$时，$|\boldsymbol{B}|=0$　　(D)当$|\boldsymbol{A}|=0$时，$|\boldsymbol{B}|=0$

5. 设$\boldsymbol{A},\boldsymbol{B}$均为$n$阶方阵，且$\boldsymbol{A}$为可逆矩阵，$\boldsymbol{B}$为不可逆矩阵，$\boldsymbol{A}^*,\boldsymbol{B}^*$为$\boldsymbol{A},\boldsymbol{B}$的伴随矩阵，则(　　).

(A)$\boldsymbol{A}^*+\boldsymbol{B}^*$必为可逆矩阵　　(B)$\boldsymbol{A}^*+\boldsymbol{B}^*$必为不可逆矩阵

(C)$\boldsymbol{A}^*\boldsymbol{B}^*$必为可逆矩阵　　(D)$\boldsymbol{A}^*\boldsymbol{B}^*$必为不可逆矩阵

6. 设$\boldsymbol{A}$是n阶方阵，矩阵$\boldsymbol{X}=\begin{pmatrix}x_1\\x_2\\\vdots\\x_n\end{pmatrix}$，分块矩阵$\boldsymbol{A}=(A_1,A_2,\cdots,A_n)$，则下列等式正确的是(　　).

(A)$(A_1,A_2,\cdots,A_n)\boldsymbol{X}=(A_1\boldsymbol{X},A_2\boldsymbol{X},\cdots,A_n\boldsymbol{X})$

(B)$\boldsymbol{X}(A_1,A_2,\cdots,A_n)=(\boldsymbol{X}A_1,\boldsymbol{X}A_2,\cdots,\boldsymbol{X}A_n)$

(C)$(A_1,A_2,\cdots,A_n)\begin{pmatrix}x_1\\\vdots\\x_n\end{pmatrix}=\sum\limits_{i=1}^{n}A_ix_i$

(D)$\begin{pmatrix}x_1\\\vdots\\x_n\end{pmatrix}(A_1,A_2,\cdots,A_n)=\begin{pmatrix}x_1A_1&\cdots&x_1A_n\\\vdots&&\vdots\\x_nA_1&\cdots&x_nA_n\end{pmatrix}$

7. 设$\boldsymbol{A},\boldsymbol{B},\boldsymbol{X},\boldsymbol{Y}$都是$n$阶方阵，且$\boldsymbol{A}$为可逆矩阵，$\boldsymbol{C}=\begin{pmatrix}\boldsymbol{A}&\boldsymbol{B}\\\boldsymbol{X}&\boldsymbol{Y}\end{pmatrix}$，则$|\boldsymbol{C}|$等于(　　).

(A)$|\boldsymbol{A}||\boldsymbol{Y}|-|\boldsymbol{B}||\boldsymbol{X}|$　　(B)$|\boldsymbol{A}-\boldsymbol{X}||\boldsymbol{B}-\boldsymbol{Y}|$

(C)$|\boldsymbol{AY}|-|\boldsymbol{BX}|$　　(D)$|\boldsymbol{A}||\boldsymbol{Y}-\boldsymbol{XA}^{-1}\boldsymbol{B}|$

8. 设矩阵$\boldsymbol{A}=\begin{pmatrix}a_{11}&a_{12}&a_{13}\\a_{21}&a_{22}&a_{23}\\a_{31}&a_{32}&a_{33}\end{pmatrix}$，$\boldsymbol{B}=\begin{pmatrix}a_{21}&a_{22}&a_{23}\\a_{11}&a_{12}&a_{13}\\a_{31}+a_{11}&a_{32}+a_{12}&a_{33}+a_{13}\end{pmatrix}$，$\boldsymbol{P}_1=\begin{pmatrix}0&1&0\\1&0&0\\0&0&1\end{pmatrix}$，$P_2=\begin{pmatrix}1&0&0\\0&1&0\\1&0&1\end{pmatrix}$,则必有(　　).

(A)$\boldsymbol{AP}_1\boldsymbol{P}_2=\boldsymbol{B}$　　(B)$\boldsymbol{AP}_2\boldsymbol{P}_1=\boldsymbol{B}$

(C)$\boldsymbol{P}_1\boldsymbol{P}_2\boldsymbol{A}=\boldsymbol{B}$　　(D)$\boldsymbol{P}_2\boldsymbol{P}_1\boldsymbol{A}=\boldsymbol{B}$

9. 设$\boldsymbol{A}$为三阶矩阵，$\boldsymbol{P}$为三阶可逆矩阵，且$\boldsymbol{P}^{-1}\boldsymbol{AP}=\begin{pmatrix}1&&\\&1&\\&&2\end{pmatrix}$，$\boldsymbol{P}=(\boldsymbol{\alpha}_1,\boldsymbol{\alpha}_2,\boldsymbol{\alpha}_3)$，$\boldsymbol{Q}=(a_1+a_2,a_2,a_3)$，则$\boldsymbol{Q}^{-1}\boldsymbol{AQ}=$(　　).

(A)$\begin{pmatrix}1&&\\&2&\\&&1\end{pmatrix}$　　(B)$\begin{pmatrix}1&&\\&1&\\&&2\end{pmatrix}$　　(C)$\begin{pmatrix}2&&\\&1&\\&&2\end{pmatrix}$　　(D)$\begin{pmatrix}2&&\\&2&\\&&1\end{pmatrix}$

三、计算题

1. 设矩阵 $\boldsymbol{A}$ 满足 $\boldsymbol{AP}=\boldsymbol{P\Lambda}$，其中 $\boldsymbol{P}=\begin{pmatrix}1&1&1\\1&0&-2\\1&-1&1\end{pmatrix}$，$\boldsymbol{\Lambda}=\begin{pmatrix}-1&&\\&1&\\&&5\end{pmatrix}$，求 $\varphi(\boldsymbol{A})=\boldsymbol{A}^8(5\boldsymbol{I}-6\boldsymbol{A}+\boldsymbol{A}^2)$.

2. 设 $\boldsymbol{A}=\begin{pmatrix}0&a_1&0&\cdots&0\\0&0&a_2&\cdots&0\\\vdots&\vdots&\vdots&&\vdots\\0&0&0&\cdots&a_{n-1}\\a_n&0&0&\cdots&0\end{pmatrix}$，其中 $a_i\neq0$，$i=1,2,\cdots,n$，求 $\boldsymbol{A}^{-1}$.

3. 设 n 阶方阵 $\boldsymbol{A}=\begin{pmatrix}0&1&0&\cdots&0\\0&0&2&\cdots&0\\\vdots&\vdots&\vdots&&\vdots\\0&0&0&\cdots&n-1\\n&0&0&\cdots&0\end{pmatrix}$，求

(1) $\boldsymbol{A}^{-1}$；

(2) $|\boldsymbol{A}|$的第 i 行代数余子式的和 $\boldsymbol{A}_{i1}+\boldsymbol{A}_{i2}+\cdots+\boldsymbol{A}_{in}$.

4. 设四阶矩阵 $\boldsymbol{B}$ 满足 $\left[\left(\frac{1}{2}\boldsymbol{A}\right)^*\right]^{-1}\boldsymbol{BA}^{-1}=2\boldsymbol{AB}+12\boldsymbol{I}$，其中 $\boldsymbol{I}$ 是四阶单位矩阵，而 $\boldsymbol{A}=\begin{pmatrix}1&2&0&0\\1&3&0&0\\0&0&0&2\\0&0&-1&0\end{pmatrix}$，求矩阵 $\boldsymbol{B}$.

5. 设 $\boldsymbol{A}=\begin{pmatrix}2&2&3\\1&-1&0\\-1&2&1\end{pmatrix}$，$\boldsymbol{B}=\begin{pmatrix}1&1&-1\\2&1&0\\7&-1&0\end{pmatrix}$，求行列式 $D=\left|\left(\frac{1}{5}\boldsymbol{A}\right)^{-1}-\boldsymbol{A}^*\boldsymbol{B}^{-1}\left(\frac{\boldsymbol{A}}{|\boldsymbol{A}|}\right)\boldsymbol{B}\right|$.

6. 设矩阵 $\boldsymbol{A}$ 的伴随矩阵 $\boldsymbol{A}^*=\begin{pmatrix}1&0&0\\1&2&4\\0&0&2\end{pmatrix}$，若 $|\boldsymbol{A}|>0$，且 $\boldsymbol{AB}+(\boldsymbol{A}^{-1})^*\boldsymbol{B}(\boldsymbol{A}^*)^*=\boldsymbol{I}$，其中 $\boldsymbol{I}$ 为三阶单位矩阵，求矩阵 $\boldsymbol{B}$.

7. 已知矩阵 $\boldsymbol{A}=\begin{pmatrix}1&0&0\\1&1&0\\1&1&1\end{pmatrix}$，$\boldsymbol{B}=\begin{pmatrix}0&1&1\\1&0&1\\1&1&0\end{pmatrix}$，且矩阵 $\boldsymbol{X}$ 满足 $\boldsymbol{AXA}+\boldsymbol{BXB}=\boldsymbol{AXB}+\boldsymbol{BXA}+\boldsymbol{I}$，其中 $\boldsymbol{I}$ 为三阶单位矩阵，求 $\boldsymbol{X}$.

8. 设三阶矩阵 $\boldsymbol{A},\boldsymbol{B},\boldsymbol{C}$ 都满足 $\boldsymbol{AC}^{-1}(\boldsymbol{BC}^{-1}-\boldsymbol{I}_n)^{-1}=\boldsymbol{ABA}-\boldsymbol{ACA}$，已知其中 A 为可逆矩阵，$\boldsymbol{B}=\begin{pmatrix}1&2&3\\4&5&6\\7&8&9\end{pmatrix}$，$\boldsymbol{C}=\begin{pmatrix}0&2&2\\4&4&6\\7&8&8\end{pmatrix}$，求 $\boldsymbol{A}^n$.

四、证明题

1. 当矩阵 $\boldsymbol{A}$ 满足 $\boldsymbol{A}^3+5\boldsymbol{A}-3\boldsymbol{I}=0$ 时，试证明 $\boldsymbol{A}-\boldsymbol{I}$ 是可逆的，并求 $\boldsymbol{A}-\boldsymbol{I}$ 的逆矩阵.

2. 设矩阵 $\boldsymbol{A}$、$\boldsymbol{B}$ 及 $\boldsymbol{A}+\boldsymbol{B}$ 都可逆，证明 $\boldsymbol{A}^{-1}+\boldsymbol{B}^{-1}$ 也可逆，并求其逆矩阵.

3. (1) 设 $\boldsymbol{A}$ 是 $m\times n$ 矩阵，$\boldsymbol{B}$ 是 $n\times m$ 矩阵，$\boldsymbol{I}_n+\boldsymbol{AB}$ 和 $\boldsymbol{I}_m+\boldsymbol{BA}$ 都是可逆矩阵，证明

$$(\boldsymbol{I}_n+\boldsymbol{BA})^{-1}=\boldsymbol{I}_n-\boldsymbol{B}(\boldsymbol{I}_m+\boldsymbol{AB})^{-1}\boldsymbol{A};$$

(2) 设 $\boldsymbol{A}$ 是 n 阶可逆矩阵，$\boldsymbol{\alpha},\boldsymbol{\beta}$ 是 n 维列向量，且 $1+\boldsymbol{\beta}^{\mathrm{T}}\boldsymbol{A}\boldsymbol{\alpha}\neq 0$，证明 Sherman-Morrison 公式.

$$(\boldsymbol{A}+\boldsymbol{\alpha}\boldsymbol{\beta}^{\mathrm{T}})^{-1}=\boldsymbol{A}^{-1}-\frac{\boldsymbol{A}-\boldsymbol{\alpha}\boldsymbol{\beta}^{\mathrm{T}}\boldsymbol{A}^{-1}}{1+\boldsymbol{\beta}^{\mathrm{T}}\boldsymbol{A}^{-1}\boldsymbol{\alpha}}.$$

五、习题、总复习题及详解

习题 2-1　矩阵的定义

1. 设矩阵 $\boldsymbol{A}=\begin{pmatrix}0&-2&3\\-4&-8&6\end{pmatrix}$，$\boldsymbol{B}=\begin{pmatrix}0&x&3\\y&-8&z\end{pmatrix}$，已知 $\boldsymbol{A}=\boldsymbol{B}$，求 x,y,z.

解　根据矩阵相等的定义可得，$x=-2,y=-4,z=-6$.

习题 2-2　矩阵的基本运算

1. 设矩阵 $\boldsymbol{A}=\begin{pmatrix}1&-2&3\\-4&5&-6\end{pmatrix},\boldsymbol{B}=\begin{pmatrix}0&3&5\\7&-8&-2\end{pmatrix}$，求 $\boldsymbol{A}+\boldsymbol{B},\boldsymbol{A}-\boldsymbol{B},3\boldsymbol{A}-2\boldsymbol{B},\boldsymbol{AB},\boldsymbol{AB}^{\mathrm{T}}$.

解　$\boldsymbol{A}+\boldsymbol{B}=\begin{bmatrix}1&1&8\\3&-3&-8\end{bmatrix}$；$\boldsymbol{A}-\boldsymbol{B}=\begin{bmatrix}1&-5&-2\\-11&13&-4\end{bmatrix}$；$3\boldsymbol{A}-2\boldsymbol{B}=\begin{bmatrix}3&-12&-1\\-26&31&-4\end{bmatrix}$，$\boldsymbol{AB}$ 无意义，$\boldsymbol{AB}^T=\begin{bmatrix}9&17\\-15&-56\end{bmatrix}$.

2. 计算下列矩阵的乘积.

(1) $\begin{pmatrix}1&2&3\end{pmatrix}\begin{pmatrix}3\\2\\1\end{pmatrix}$；　(2) $\begin{pmatrix}3\\2\\1\end{pmatrix}\begin{pmatrix}1&2&3\end{pmatrix}$；　(3) $\begin{pmatrix}1&3&-2\\3&2&-5\\1&4&-3\end{pmatrix}\begin{pmatrix}x_1\\x_2\\x_3\end{pmatrix}=\begin{pmatrix}5\\14\\6\end{pmatrix}$.

解　(1) 10；(2) $\begin{pmatrix}3&6&9\\2&4&6\\1&2&3\end{pmatrix}$；(3) $\begin{cases}x_1+3x_2-2x_3=5\\3x_1+2x_2-5x_3=14.\\x_1+4x_2-3x_3=6\end{cases}$

3. 设 $\boldsymbol{A},\boldsymbol{B}$ 为同阶方阵，且满足 $\boldsymbol{A}=\frac{1}{2}(\boldsymbol{B}+\boldsymbol{I})$，证明 $\boldsymbol{A}^2=\boldsymbol{A}$ 的充分必要条件是 $\boldsymbol{B}^2=\boldsymbol{I}$.

证明　将 $\boldsymbol{A}=\frac{1}{2}(\boldsymbol{B}+\boldsymbol{I})$ 代入展开．可得 $\boldsymbol{A}^2=\frac{1}{4}(\boldsymbol{B}+\boldsymbol{I})^2=\frac{1}{4}(\boldsymbol{B}^2+2\boldsymbol{B}+\boldsymbol{I})=\frac{1}{2}(\boldsymbol{B}+\boldsymbol{I})=\boldsymbol{A}$，从而得证．

4. 已知 $\boldsymbol{A},\boldsymbol{B}$ 为 n 阶方阵，且满足 $\boldsymbol{A}^2=\boldsymbol{A},\boldsymbol{B}^2=\boldsymbol{B}$，如果 $\boldsymbol{AB}=\boldsymbol{BA}$，证明

$$(\boldsymbol{A}+\boldsymbol{B}-\boldsymbol{AB})^2=\boldsymbol{A}+\boldsymbol{B}-\boldsymbol{AB}.$$

解 $(A+B-AB)^2=A^2+AB-A^2B+BA+B^2-BAB-A^2B-AB^2+ABAB$，因为 $A^2=A$，$B^2=B$，且 $AB=BA$ 代入可得.

5. 设 $\boldsymbol{A},\boldsymbol{B}$ 为 n 阶矩阵，证明如下等式.

(1) $tr(\boldsymbol{A}+\boldsymbol{B})=tr(\boldsymbol{A})+tr(\boldsymbol{B})$；

(2) $tr(k\boldsymbol{A})=ktr(\boldsymbol{A})$；

(3) $tr(\boldsymbol{A}^{\mathrm{T}})=tr(\boldsymbol{A})$；

(4) $tr(\boldsymbol{AB})=tr(\boldsymbol{BA})$；

(5) $\boldsymbol{AB}-\boldsymbol{BA}\neq\boldsymbol{I}$.

解 (1) $tr(A+B)=\sum_{i=1}^{n}(a_{ii}+b_{ii})=\sum_{i=1}^{n}a_{ii}+\sum_{i=1}^{n}b_{ii}=tr(A)+tr(B)$.

(2) $tr(kA)=\sum_{i=1}^{n}ka_{ii}=k\sum_{i=1}^{n}a_{ii}=ktr(A)$.

(3) 因为，$(A^{\mathrm{T}})_{ii}=a_{ii}=(A)_{ii}$，从而 $tr(A^{\mathrm{T}})=\sum_{i=1}^{n}a_{ii}=tr(A)$.

(4) $(AB)_{ii}=\sum_{k=1}^{n}a_{ik}b_{ki}$，$tr(AB)=\sum_{i=1}^{n}\sum_{k=1}^{n}a_{ik}b_{ki}$，$(BA)_{ii}=\sum_{k=1}^{n}b_{ik}a_{ki}$，$tr(BA)=\sum_{i=1}^{n}\sum_{k=1}^{n}b_{ik}a_{ki}$，得证.

(5) 根据(4)，$tr(AB-BA)=tr(AB)-tr(BA)=0$ $tr(I)=n$，所以得证.

6. 设 $\boldsymbol{\alpha}=(1,2,-1)$，$\boldsymbol{\beta}=(1,3,1)$，$\boldsymbol{A}=\boldsymbol{\alpha}^{\mathrm{T}}\boldsymbol{\beta}$，$\boldsymbol{B}=\boldsymbol{\beta}^{\mathrm{T}}\boldsymbol{\alpha}$，计算 $\boldsymbol{A},\boldsymbol{B},\boldsymbol{A}^n$.

解 $A=\alpha^T\beta=\begin{pmatrix}1\\2\\3\\4\end{pmatrix}\begin{pmatrix}1 & \frac{1}{2} & \frac{1}{3} & \frac{1}{4}\end{pmatrix}=\begin{pmatrix}1 & \frac{1}{2} & \frac{1}{3} & \frac{1}{4}\\ 2 & 1 & \frac{2}{3} & \frac{2}{4}\\ 3 & \frac{3}{2} & 1 & \frac{3}{4}\\ 4 & 2 & \frac{4}{3} & 1\end{pmatrix}$，$B=4$，$A^n=4^{n-1}A$.

习题 2-3 可逆矩阵

1. 求下列矩阵的逆矩阵.

(1) $\begin{pmatrix}1 & 3\\2 & 4\end{pmatrix}$；　(2) $\begin{pmatrix}a & b\\c & d\end{pmatrix}(ad\neq bc)$；

(3) $\begin{pmatrix}2 & -2 & 3\\1 & 1 & 1\\1 & 3 & -1\end{pmatrix}$；　(4) $\begin{pmatrix}1 & 0 & 2\\0 & 3 & 2\\1 & -2 & 0\end{pmatrix}$.

解 （1）$\begin{pmatrix} -2 & \frac{3}{2} \\ 1 & -\frac{1}{2} \end{pmatrix}$；（2）$\frac{1}{ad-bc}\begin{pmatrix} d & -b \\ -c & a \end{pmatrix}$；

（3）$|A|=-6$，$A^{-1}=\frac{A^*}{|A|}=\begin{pmatrix} \frac{2}{3} & -\frac{7}{6} & \frac{5}{6} \\ -\frac{1}{3} & \frac{5}{6} & -\frac{1}{6} \\ -\frac{1}{3} & \frac{4}{3} & -\frac{2}{3} \end{pmatrix}$；

（4）$|A|=-2$，$A^{-1}=\frac{A^*}{|A|}=\begin{pmatrix} -2 & 2 & 3 \\ -1 & 1 & 1 \\ \frac{3}{2} & -1 & -\frac{3}{2} \end{pmatrix}$.

2. 设 $\boldsymbol{A}$ 为行和相等的可逆矩阵，证明 $\boldsymbol{A}^{-1}$，$\boldsymbol{A}^*$ 也是行和相等的矩阵.

证明 行和相等的矩阵即，存在数 k 使得 $Ae=ke$，其中 $e=(1,\cdots,1)^{\mathrm{T}}$. 因为 A 可逆，所以 $k\neq 0$. 又因为 $A^{-1}Ae=kA^{-1}e$，$A^{-1}e=\frac{1}{k}e$. 同理 $A^*A=kA^*e$，$A^*e=\frac{|A|}{k}e$. 得证.

3. 设 $\boldsymbol{A}$、$\boldsymbol{B}$ 均为 n 阶方阵，若 $|\boldsymbol{A}+\boldsymbol{B}|\neq 0$，且 $\boldsymbol{AB}=\boldsymbol{BA}$，证明

$$(\boldsymbol{A}-\boldsymbol{B})(\boldsymbol{A}+\boldsymbol{B})^*=(\boldsymbol{A}+\boldsymbol{B})^*(\boldsymbol{A}-\boldsymbol{B}).$$

证明：$(A-B)(A+B)^*(A+B)=(A-B)|A+B|=|A+B|(A-B)=(A+B)^*(A+B)(A-B)$.

又因为 $AB=BA$，所以 $(A+B)(A-B)=(A-B)(A+B)$，从而上式可得 $(A-B)(A+B)^*(A+B)=(A+B)^*(A-B)(A+B)$.

又因为 $A+B$ 可逆，两边同时右乘 $(A+B)^{-1}$，即可得证.

4. 设 $\boldsymbol{A}$ 为 n 阶方阵，$\boldsymbol{I}$ 为 n 阶单位矩阵，若 $\boldsymbol{A}^2=\boldsymbol{A}$ 且 $\boldsymbol{A}\neq\boldsymbol{I}$，证明 $\boldsymbol{A}$ 必为奇异矩阵.

反证法：假设 A 可逆，则由 $A^2=A$ 可得 $A(A-I)=0$，从而可得 $A-I=0$，$A=I$.

5. 设 $\boldsymbol{A}$ 为 n 阶方阵，$\boldsymbol{I}$ 为 n 阶单位矩阵，若满足条件 $\boldsymbol{A}^2+2\boldsymbol{A}-6\boldsymbol{I}=\boldsymbol{O}$，证明 $\boldsymbol{A}+4\boldsymbol{I}$ 可逆，并求 $(\boldsymbol{A}+4\boldsymbol{I})^{-1}$.

解 由于 $A^2+2A-BI=O$，所以 $(A+4I)(A-2I)=2I$，可得 $(A+4I)^{-1}=\frac{1}{2}(A-2I)$.

习题 2-4 分块矩阵

1. 设 $\boldsymbol{A}$ 为三阶矩阵，且 $|\boldsymbol{A}|=2$，若把 $\boldsymbol{A}$ 按列分块为 $\boldsymbol{A}=(\boldsymbol{\alpha}_1,\boldsymbol{\alpha}_2,\boldsymbol{\alpha}_3)$，求

（1）$|\boldsymbol{\alpha}_1,-3\boldsymbol{\alpha}_3,\boldsymbol{\alpha}_2|$；　　（2）$|\boldsymbol{\alpha}_3-3\boldsymbol{\alpha}_1,2\boldsymbol{\alpha}_2,\boldsymbol{\alpha}_1|$.

解 （1）$|\alpha_1,\ -3\alpha_3,\ \alpha_2|=-3|\alpha_1,\ \alpha_3,\ \alpha_2|=3|\alpha_1,\ \alpha_2,\ \alpha_3|=6$；

（2）$|\alpha_3-3\alpha_1,\ 2\alpha_2,\ \alpha_1|=|\alpha_3,\ 2\alpha_2,\ \alpha_1|=2|\alpha_3,\ \alpha_2,\ \alpha_1|=-2|\alpha_1,\ \alpha_2,\ \alpha_3|=-4$.

2. 求分块矩阵 $\boldsymbol{D}=\begin{pmatrix} \boldsymbol{A} & \boldsymbol{O} \\ \boldsymbol{C} & \boldsymbol{B} \end{pmatrix}$ 的逆矩阵，其中子块 $\boldsymbol{A}$,$\boldsymbol{B}$ 分别是 m,n 阶可逆方阵.

解　因为 A、B 均可逆，所以 $|A|\neq 0$，$|B|\neq 0$. 所以 $|D|=\begin{vmatrix} A & O \\ C & B \end{vmatrix}=|A||B|\neq 0$. 所以 D 可逆，设 D 的逆矩阵为 $D^{-1}=\begin{bmatrix} X & Z \\ W & Y \end{bmatrix}$，代入 $\begin{bmatrix} A & O \\ C & B \end{bmatrix}\begin{bmatrix} X & Z \\ W & Y \end{bmatrix}=\begin{bmatrix} I_r & O \\ O & I_s \end{bmatrix}$，可求得 $D^{-1}=\begin{pmatrix} A^{-1} & O \\ -B^{-1}CA^{-1} & B^{-1} \end{pmatrix}$.

3. 利用分块矩阵求下列矩阵的逆矩阵.

(1) $\begin{pmatrix} 1 & 0 & 0 & 0 \\ 1 & 2 & 0 & 0 \\ 1 & 2 & 3 & 0 \\ 1 & 2 & 3 & 4 \end{pmatrix}$；　　(2) $\begin{pmatrix} 2 & 1 & 0 & 0 \\ 0 & 1 & 0 & 0 \\ -1 & 2 & 2 & 0 \\ 1 & -1 & 1 & 3 \end{pmatrix}$.

解　直接利用第 2 题的结论 .

(1) $\begin{pmatrix} 1 & & & \\ -\frac{1}{2} & \frac{1}{2} & & \\ & -\frac{1}{3} & \frac{1}{3} & \\ & & -\frac{1}{4} & \frac{1}{4} \end{pmatrix}$；(2) $\begin{pmatrix} \frac{1}{2} & -\frac{1}{2} & 0 & 0 \\ 0 & 1 & 0 & 0 \\ \frac{1}{4} & -\frac{5}{4} & \frac{1}{2} & 0 \\ -\frac{1}{4} & \frac{11}{12} & -\frac{1}{6} & \frac{1}{3} \end{pmatrix}$.

4. 设 $\boldsymbol{A},\boldsymbol{B},\boldsymbol{C},\boldsymbol{D}$ 都是 n 阶方阵，且 $\boldsymbol{A}$ 可逆，$\boldsymbol{I}$ 是 n 阶单位矩阵，$\boldsymbol{X}=\begin{pmatrix} \boldsymbol{I} & \boldsymbol{O} \\ -\boldsymbol{C}\boldsymbol{A}^{-1} & \boldsymbol{I} \end{pmatrix}$，$\boldsymbol{Y}=\begin{pmatrix} \boldsymbol{A} & \boldsymbol{B} \\ \boldsymbol{C} & \boldsymbol{D} \end{pmatrix}$，$\boldsymbol{Z}=\begin{pmatrix} \boldsymbol{I} & -\boldsymbol{A}^{-1}\boldsymbol{B} \\ \boldsymbol{O} & \boldsymbol{I} \end{pmatrix}$，求 $\boldsymbol{XYZ}$.

解　根据分块矩阵乘法 $XYZ=\begin{pmatrix} A & O \\ O & D-CA^{-1}B \end{pmatrix}$.

习题 2-5　矩阵的初等变换

1. 把下列矩阵化为标准形.

(1) $\begin{pmatrix} 0 & 1 \\ 2 & 3 \end{pmatrix}$；　　(2) $\begin{pmatrix} 2 & -3 & 5 \\ -4 & 5 & 3 \end{pmatrix}$.

解　(1) $\begin{bmatrix} 1 & 0 \\ 0 & 1 \end{bmatrix}$；(2) $\begin{bmatrix} 1 & 0 & 0 \\ 0 & 1 & 0 \end{bmatrix}$.

2. 设矩阵

$$\boldsymbol{A}=\begin{pmatrix} 1 & 0 & 2 \\ 2 & 3 & 4 \\ 3 & 0 & 6 \end{pmatrix},\ \boldsymbol{B}=\begin{pmatrix} 1 & & \\ & 0 & \\ & & 6 \end{pmatrix},$$

求矩阵 $\boldsymbol{P}$、$\boldsymbol{Q}$，使 $\boldsymbol{PAQ}=\boldsymbol{B}$.

解 将 A 进行初等行变换：$\begin{bmatrix}1&0&2\\2&3&4\\3&0&6\end{bmatrix}\to\begin{pmatrix}1&0&2\\0&0&0\\0&0&3\end{pmatrix}$，等价于$\begin{bmatrix}1&0&0\\-3&0&1\\-2&1&0\end{bmatrix}\begin{bmatrix}1&0&2\\2&3&4\\3&0&6\end{bmatrix}=$

$\begin{pmatrix}1&0&2\\0&0&0\\0&3&0\end{pmatrix}$，同时继续将$\begin{pmatrix}1&0&2\\0&0&0\\0&3&0\end{pmatrix}$通过列变换变化为 $B=\begin{bmatrix}1&&\\&0&\\&&6\end{bmatrix}$，等价于

$\begin{pmatrix}1&0&2\\0&0&0\\0&3&0\end{pmatrix}\begin{pmatrix}1&-2&0\\0&0&2\\0&1&0\end{pmatrix}$

所以 $P=\begin{bmatrix}1&0&0\\-3&0&1\\-2&1&0\end{bmatrix}$，$Q=\begin{bmatrix}1&-2&0\\0&0&2\\0&1&0\end{bmatrix}$. 注意：答案不唯一.

3. 用初等变换求下列矩阵的逆矩阵.

（1）$\begin{pmatrix}2&1&-2\\-7&-3&8\\3&1&-3\end{pmatrix}$；（2）$\begin{pmatrix}3&2&1\\2&1&2\\4&3&1\end{pmatrix}$.

解 （1）$\begin{bmatrix}1&1&2\\3&0&-2\\2&1&1\end{bmatrix}$；（2）$\begin{bmatrix}5&-1&-3\\-6&1&4\\-2&1&1\end{bmatrix}$.

4. 已知矩阵 $\boldsymbol{A}=\begin{pmatrix}1&0&0\\1&1&0\\1&1&1\end{pmatrix}$，$\boldsymbol{B}=\begin{pmatrix}0&1&1\\1&0&1\\1&1&0\end{pmatrix}$，解矩阵方程 $\boldsymbol{AXA}+\boldsymbol{BXB}=\boldsymbol{AXB}+\boldsymbol{BXA}+\boldsymbol{I}$.

解 化简方程得：$(A-B)X(A-B)=I$，由于 $|A-B|=1$ 可逆，所以，$X=[(A-B)^{-1}]^2=$
$\begin{pmatrix}1&1&2\\0&1&1\\0&0&1\end{pmatrix}^2=\begin{pmatrix}1&2&5\\0&1&2\\0&0&1\end{pmatrix}$.

5. 设 $\boldsymbol{A}=\begin{pmatrix}1&0&1\\0&2&0\\1&0&1\end{pmatrix}$，且 $\boldsymbol{AB}+\boldsymbol{I}=\boldsymbol{A}^2+\boldsymbol{B}$，求 $\boldsymbol{B}$.

解 由方程 $AB+I=A^2+B$，合并含有未知矩阵 B 的项得 $(A-I)B=A^2-I=(A-I)(A+I)$. 其行列式 $|A-I|=-1\neq0$，故 $A-I$ 可逆，用 $(A-I)^{-1}$ 左乘上式两边，即得 $B=A+I=\begin{pmatrix}2&0&1\\0&3&0\\1&0&2\end{pmatrix}$.

总复习题二

1. 计算下列矩阵的乘积.

（1）$\begin{pmatrix}a&&\\&b&\\&&c\end{pmatrix}\begin{pmatrix}1&3&-2\\3&2&-5\\1&4&-3\end{pmatrix}$；

(2) $\begin{pmatrix}1 & 3 & -2\\ 3 & 2 & -5\\ 1 & 4 & -3\end{pmatrix}\begin{pmatrix}a & & \\ & b & \\ & & c\end{pmatrix}$;

(3) $A=\begin{pmatrix}1 & -2 & 0\\ -2 & -2 & -1\\ 0 & -1 & -3\end{pmatrix}$，$x=\begin{pmatrix}x_1\\ x_2\\ x_3\end{pmatrix}$，求 $f(x)=x^{\mathrm{T}}Ax$.

解　(1) $\begin{pmatrix}a & 3a & -2a\\ 3b & 2b & -5b\\ c & 4c & -3c\end{pmatrix}$;

(2) $\begin{pmatrix}a & 3b & -2c\\ 3a & 2b & -5c\\ a & 4b & -3c\end{pmatrix}$;

(3) $f(x_1,\ x_2,\ x_3)=(x_1\quad x_2\quad x_3)\begin{pmatrix}x_1-2x_2\\ -2x_1-2x_2-x_3\\ -x_1-3x_3\end{pmatrix}=x_1{}^2-2x_2{}^2-3x_3{}^2-4x_1x_2-2x_2x_3$.

2. 已知变量 $x_1,x_2,x_3,y_1,y_2,y_3,z_1,z_2$ 有如下线性关系.

$$\begin{cases}x_1=2y_1 \quad\quad\quad +y_3\\ x_2=-2y_1+3y_2+2y_3\\ x_3=4y_1+\quad y_2+5y_3\end{cases},\quad \begin{cases}y_1=-3z_1+z_2\\ y_2=2z_1+z_2\\ y_3=-z_1+3z_2\end{cases}.$$

试将变量 x_1,x_2,x_3 由变量 z_1，z_2 线性表示并用矩阵乘法表示出来.

解　设 $x=(x_1\quad x_2\quad x_3)^{\mathrm{T}}$，$y=(y_1\quad y_2\quad y_3)^{\mathrm{T}}$，$z=(z_1,\ z_2)^{\mathrm{T}}$，$A=\begin{pmatrix}2 & 0 & 1\\ -2 & 3 & 2\\ 4 & 1 & 5\end{pmatrix}$，$B=\begin{pmatrix}-3 & 1\\ 2 & 1\\ -1 & 3\end{pmatrix}$，可得，$x=Ay$，$y=Bz$，从而 $x=ABz=\begin{pmatrix}-7 & 5\\ 10 & 7\\ -15 & 20\end{pmatrix}z$.

3. 设 $\boldsymbol{A}=\boldsymbol{I}-\boldsymbol{\alpha\alpha}^7$，$\boldsymbol{\alpha}$ 为 N 维非零列向量. 证明：$\boldsymbol{A}^2=\boldsymbol{A}$ 的充分必要条件是 $\boldsymbol{\alpha}^{\mathrm{T}}\boldsymbol{\alpha}=\boldsymbol{I}$.

证明　$A^2=(I-\alpha\alpha^{\mathrm{T}})^2=I-2\alpha\alpha^{\mathrm{T}}+\alpha\alpha^{\mathrm{T}}\alpha\alpha^{\mathrm{T}}=I-\alpha\alpha^{\mathrm{T}}$ 的充要条件为 $-2\alpha\alpha^{\mathrm{T}}+\alpha\alpha^{\mathrm{T}}\alpha\alpha^{\mathrm{T}}=-\alpha\alpha^{\mathrm{T}}$，即 $\alpha\alpha^{\mathrm{T}}\alpha\alpha^{\mathrm{T}}=\alpha\alpha^{\mathrm{T}}$，$\alpha^{\mathrm{T}}\alpha=1$.

4. 计算 .

(1) 已知 $f(x)=x^2+2x+1$，$A=\begin{pmatrix}3 & 1 & 1\\ 1 & 3 & 1\\ 1 & 1 & 3\end{pmatrix}$，求 $f(A)$；

(2) 已知 $f(x)=x^3+2x^2-3x-4$，$A=\begin{pmatrix}1 & 0 & 1\\ 0 & 0 & 0\\ 1 & 0 & 1\end{pmatrix}$，求 $f(A)$.

解　(1) $f(A)=A^2-2A+I=\begin{pmatrix}18 & 9 & 9\\ 9 & 18 & 9\\ 9 & 9 & 18\end{pmatrix}$;

(2)$f(A)=A^3+2A^2-3A-4I=\begin{pmatrix}1&0&5\\0&-4&0\\5&0&1\end{pmatrix}$.

5. 计算.

(1)设$\boldsymbol{A}=\begin{pmatrix}1&-1&2\\2&-2&4\\-1&1&-2\end{pmatrix}$，求$\boldsymbol{A}^n$；

(2)设$\boldsymbol{P}=\begin{pmatrix}2&3\\1&2\end{pmatrix}$，$\boldsymbol{R}=\begin{pmatrix}1&0\\0&-1\end{pmatrix}$，$\boldsymbol{Q}=\begin{pmatrix}2&-3\\-1&2\end{pmatrix}$，$\boldsymbol{A}=\boldsymbol{PRQ}$，计算$\boldsymbol{QP}$及$\boldsymbol{A}^n$.

解　(1)因为矩阵$\boldsymbol{A}$中任何两行都对应成比例，所以$\boldsymbol{A}$一定可以分解成一个列矩阵(也称列向量)与一个行矩阵(也称行向量)的乘积.

令$\boldsymbol{\alpha}=\begin{pmatrix}1\\2\\-1\end{pmatrix}$，$\boldsymbol{\beta}=\begin{pmatrix}1\\-1\\2\end{pmatrix}$，则$\boldsymbol{A}=\boldsymbol{\alpha\beta}^{\mathrm{T}},\boldsymbol{\beta}^{\mathrm{T}}\boldsymbol{\alpha}=-3$，从而

$$\boldsymbol{A}_n=(\boldsymbol{\alpha\beta}^{\mathrm{T}})(\boldsymbol{\alpha\beta}^{\mathrm{T}})\cdots(\boldsymbol{\alpha\beta}^{\mathrm{T}})=\boldsymbol{\alpha}(\boldsymbol{\beta}^{\mathrm{T}}\boldsymbol{\alpha})(\boldsymbol{\beta}^{\mathrm{T}}\boldsymbol{\alpha})\cdots(\boldsymbol{\beta}^{\mathrm{T}}\boldsymbol{\alpha})\boldsymbol{\beta}^{\mathrm{T}}=(-3)^{n-1}\boldsymbol{A}.$$

(2)$\boldsymbol{QP}=\begin{pmatrix}2&-3\\-1&2\end{pmatrix}\begin{pmatrix}2&3\\1&2\end{pmatrix}=\begin{pmatrix}1&0\\0&1\end{pmatrix}$，同时$\boldsymbol{PQ}=\begin{pmatrix}2&3\\1&2\end{pmatrix}\begin{pmatrix}2&-3\\-1&2\end{pmatrix}=\begin{pmatrix}1&0\\0&1\end{pmatrix}$,则

$$\begin{aligned}\boldsymbol{A}^n&=(\boldsymbol{PRQ})(\boldsymbol{PRQ})\cdots(\boldsymbol{PRQ})\\&=\boldsymbol{PR}(\boldsymbol{QP})\boldsymbol{R}(\boldsymbol{QP})\cdots(\boldsymbol{QP})\boldsymbol{RQ}\\&=\boldsymbol{PR}^n\boldsymbol{Q}\\&=\begin{cases}\boldsymbol{PIQ}=\boldsymbol{PQ}=\boldsymbol{I}(n=2k)\\\boldsymbol{P}\begin{pmatrix}1&0\\0&-1\end{pmatrix}\boldsymbol{Q}=\begin{pmatrix}7&-12\\4&-7\end{pmatrix}(n=2k+1)\end{cases}.\end{aligned}$$

6. 设n阶实对称矩阵$\boldsymbol{A}=(a_{ij})$满足$\boldsymbol{A}^2=\boldsymbol{O}$，证明$\boldsymbol{A}=\boldsymbol{O}$.

解　因为$A=A^{\mathrm{T}}$，所以$A^2=AA^{\mathrm{T}}$，$(A^2)_{ij}=(AA^{\mathrm{T}})_{ij}=\sum_{k=1}^{n}a_{ik}a_{kj}^{\mathrm{T}}=\sum_{k=1}^{n}a_{ik}a_{jk}$，

从而$(A^2)_{ii}=\sum_{k=1}^{n}a_{ik}a_{ik}=\sum_{k=1}^{n}a_{ik}^2=0$，可得$a_{ik}=0(i,\ k=1,\ 2,\ \cdots,\ n)$. 即$A=0$.

7. 证明.

(1)设$\boldsymbol{A}$、$\boldsymbol{B}$为同阶对称矩阵，则$\boldsymbol{AB}$也为对称矩阵的充分必要条件是$\boldsymbol{AB}=\boldsymbol{BA}$；

(2)任意方阵可分解为一个对称矩阵与一个反对称矩阵的和；

(3)奇数阶反对称矩阵$\boldsymbol{A}$的行列式$|\boldsymbol{A}|=0$.

解　(1)证明：$A=A^{\mathrm{T}}$，$B=B^{\mathrm{T}}$，$(AB)^{\mathrm{T}}=B^{\mathrm{T}}A^{\mathrm{T}}=BA$，从而可得当且仅当$AB=BA$时，$(AB)^{\mathrm{T}}=BA=AB$，为对称矩阵.

(2)证明：对于任意一个矩阵A，另$B=\dfrac{A+A^{\mathrm{T}}}{2}$，$C=\dfrac{A-A^{\mathrm{T}}}{2}$，则，$B^{\mathrm{T}}=B,C^{\mathrm{T}}=-C$，且$A=B+C$.

(3) $A^{\mathrm{T}}=-A$，$|A^{\mathrm{T}}|=|A|=|-A|=(-1)^n|A|=-|A|$，则$|A|=-|A|=0$.

8. 计算下面四阶方阵的行列式.

$$\boldsymbol{A}=\begin{pmatrix} a & b & c & d \\ -b & a & -d & c \\ -c & d & a & -b \\ -d & -c & b & a \end{pmatrix}.$$

解　由于 $A^{\mathrm{T}}A=\begin{pmatrix} a^2+b^2+c^2+d^2 & & & \\ & a^2+b^2+c^2+d^2 & & \\ & & a^2+b^2+c^2+d^2 & \\ & & & a^2+b^2+c^2+d^2 \end{pmatrix}$,

因此，$|A|^2=(a^2+b^2+c^2+d^2)^4$. 由于$|A|$中 a^4 的系数是 1，

因此，$|A|=(a^2+b^2+c^2+d^2)^2$.

9. 设$\boldsymbol{A}$、$\boldsymbol{B}$ 均为 n 阶方阵，若 $\boldsymbol{A}^{\mathrm{T}}\boldsymbol{A}=\boldsymbol{I}$，$\boldsymbol{B}\boldsymbol{B}^{\mathrm{T}}=\boldsymbol{I}$，且$|\boldsymbol{A}|=-|\boldsymbol{B}|$，证明 $\boldsymbol{A}+\boldsymbol{B}$ 必为奇异矩阵.

解　由已知条件可得，矩阵 $|A||B|=-1$. 因此，$|A+B|=|BB^{\mathrm{T}}A+BA^{\mathrm{T}}A|=|B||B^{\mathrm{T}}+A^{\mathrm{T}}||A|=-|A+B|$，因此$|A+B|=0$，得证.

10. 设 n 阶方阵 $\boldsymbol{A}$ 满足关系式 $\boldsymbol{A}^3+\boldsymbol{A}^2-3\boldsymbol{A}+\boldsymbol{I}=\boldsymbol{O}$，且$|\boldsymbol{A}-\boldsymbol{I}|\neq 0$，证明 $\boldsymbol{A}$ 可逆，且 $\boldsymbol{A}^{-1}=\boldsymbol{A}+2\boldsymbol{I}$.

证明　$A^3+A^2-3A+I=O$，可得$-A(A^2+A-3I)=I$，所以 A 可逆。又因为$(A-I)(A^2+2A-I)=0$，又因为 $A-I$ 可逆，所以可得 $A^2+2A-I=0$，从而 $A(A+2I)=I$，$A^{-1}=A+2I$.

11. 设 $\boldsymbol{A}$、$\boldsymbol{B}$ 均为 n 阶方阵，$\boldsymbol{I}$ 为 n 阶单位矩阵，若满足条件 $\boldsymbol{A}+\boldsymbol{B}=\boldsymbol{A}\boldsymbol{B}$，证明

(1)$\boldsymbol{A}-\boldsymbol{I}$ 可逆，并求$(\boldsymbol{A}-\boldsymbol{I})^{-1}$；

(2)$\boldsymbol{A}\boldsymbol{B}=\boldsymbol{B}\boldsymbol{A}$.

证明　(1)因为 $A+B=AB$，所以可得 $AB-A-B=0$，$(A-I)(B-I)=I$. 所以 $A-I$ 可逆，$(A-I)^{-1}=B-I$.

(2)由(1)可得$(A-I)(B-I)=(B-I)(A-I)$，可得 $AB=BA$.

12. 设$\boldsymbol{A}$，$\boldsymbol{B}$ 为 n 阶可逆矩阵，且 $\boldsymbol{A}\boldsymbol{B}-\boldsymbol{I}$ 可逆，证明 $\boldsymbol{A}-\boldsymbol{B}^{-1}$可逆，且$(\boldsymbol{A}-\boldsymbol{B}^{-1})^{-1}=\boldsymbol{A}^{-1}(\boldsymbol{A}\boldsymbol{B}-\boldsymbol{I})^{-1}+\boldsymbol{A}^{-1}$.

证明

$$\begin{aligned}(A-B^{-1})(A^{-1}(AB-I)^{-1}+A^{-1})&=(AB-I)^{-1}+I-B^{-1}A^{-1}(AB-I)^{-1}-B^{-1}A^{-1}\\&=(AB-I)^{-1}+I-B^{-1}A^{-1}((AB-I)^{-1}+I)\\&=(I-B^{-1}A^{-1})((AB-I)^{-1}+I)\\&=B^{-1}A^{-1}(AB-I)((AB-I)^{-1}+I)\\&=B^{-1}A^{-1}(I+AB-I)=I.\end{aligned}$$

从而可得$(A-B^{-1})(A^{-1}(AB-I)^{-1}+A^{-1})=I$. 命题得证.

13. 设 $\boldsymbol{A}$ 为实矩阵，$\boldsymbol{A}^{\mathrm{T}}\boldsymbol{A}=\boldsymbol{I}$，$|\boldsymbol{A}|<0$，证明 $\boldsymbol{A}+\boldsymbol{I}$ 不可逆.

证明　由于 $A^{\mathrm{T}}A=I$，所以$|A|=\pm 1$，又因为$|A|<0$，所以$|A|=-1$，$|A+I|=|A+A^{\mathrm{T}}A|=|(I+A^{\mathrm{T}})A|=|I+A^{\mathrm{T}}||A|=-|I+A|$，所以可得$|A+I|=0$，得证.

14. (1)设 $\boldsymbol{A}=\begin{pmatrix} 1 & 0 & 0 \\ 2 & 2 & 0 \\ 3 & 4 & 5 \end{pmatrix}$，$\boldsymbol{A}^*$是 $\boldsymbol{A}$ 的伴随矩阵，求 $(\boldsymbol{A}^*)^{-1}$；

(2)设 $n(n\geqslant 3)$ 阶矩阵 $\boldsymbol{A}$ 非奇异，$\boldsymbol{A}^*$ 是 $\boldsymbol{A}$ 的伴随矩阵，求 $(\boldsymbol{A}^*)^*$；

(3)设 n 阶矩阵 $\boldsymbol{A}$ 的伴随矩阵为 $\boldsymbol{A}^*$，k 为任意常数，求 $(k\boldsymbol{A})^*$；

(4)设 $\boldsymbol{A}$ 为 n 阶可逆矩阵，求 $|(3\boldsymbol{A})^*|$.

解 (1) $(A^*)^{-1}=\dfrac{A}{|A|}=\dfrac{1}{10}\begin{pmatrix}1&0&0\\2&2&0\\3&4&5\end{pmatrix}$；

(2) $(A^*)^*=|A|^{n-2}A$；

(3) $(kA)^*=k^{n-1}A^*$；

(4) $|(3A)^*|=|3^{n-1}A^*|=3^{n(n-1)}|A^*|=3^{n(n-1)}|A|^{n-1}$.

15. 计算.

(1)设 $\boldsymbol{A}$ 为三阶矩阵，且 $|\boldsymbol{A}|=-2$，求 $\left|\left(\dfrac{1}{12}\boldsymbol{A}\right)^{-1}+(3\boldsymbol{A})^*\right|$；

(2)设 $\boldsymbol{A}=\begin{pmatrix}2&0&0\\0&3&2\\0&0&3\end{pmatrix}$，求 $|2\boldsymbol{A}^{-1}+\boldsymbol{I}|$.

解 (1) $\left|\left(\dfrac{1}{12}A\right)^{-1}+(3A)^*\right|=|12A^{-1}+3^2|A|A^{-1}|=|-6A^{-1}|=(-6)^3\left(-\dfrac{1}{2}\right)=108$；

(2) $|2A^{-1}+I|=|A^{-1}(2I+A)|=|A^{-1}||2I+A|=\dfrac{50}{9}$.

16. 设 $\boldsymbol{A},\boldsymbol{B}$ 为三阶方阵，$\boldsymbol{A}=(\boldsymbol{\alpha}_1,\boldsymbol{\alpha}_2,\boldsymbol{\alpha}_3)$，$\boldsymbol{B}=(3\boldsymbol{\alpha}_1,2\boldsymbol{\alpha}_2,\boldsymbol{\alpha}_4)$，$|\boldsymbol{A}|=2$，$|\boldsymbol{B}|=3$，求 $|\boldsymbol{A}-\boldsymbol{B}|$.

解 $|A-B|=|-2\alpha_1,-\alpha_2,\alpha_3-\alpha_4|=|2\alpha_1,\alpha_2,\alpha_3-\alpha_4|$

$=|2\alpha_1,\alpha_2,\alpha_3|-|2\alpha_1,\alpha_2,\alpha_4|=2|\alpha_1,\alpha_2,\alpha_3|-\dfrac{1}{3}|3\alpha_1,2\alpha_2,\alpha_4|=4-1=3.$

17. 利用分块矩阵求下列矩阵的逆矩阵.

(1) $\begin{pmatrix}1&4&0&0\\1&3&0&0\\0&0&1&1\\0&0&3&5\end{pmatrix}$；　(2) $\begin{pmatrix}0&0&1&4\\0&0&1&3\\1&2&0&0\\3&5&0&0\end{pmatrix}$.

解 (1)利用对角分块矩阵求逆的性质进行求解 $\begin{pmatrix}-3&4&&\\1&-1&&\\&&\dfrac{5}{2}&-\dfrac{1}{2}\\&&-\dfrac{3}{2}&\dfrac{1}{2}\end{pmatrix}$；

(2)分块矩阵 $\begin{pmatrix}O&A\\B&O\end{pmatrix}^{-1}=\begin{pmatrix}O&B^{-1}\\A^{-1}&O\end{pmatrix}$，可得 $\begin{pmatrix}&&\dfrac{5}{2}&-\dfrac{1}{2}\\&&-\dfrac{3}{2}&\dfrac{1}{2}\\-3&4&&\\-1&-1&&\end{pmatrix}$.

18. 设 $\boldsymbol{A}$ 为 $m\times n$ 矩阵，$\boldsymbol{B}$ 为 $n\times m$ 矩阵，证明

$$|\boldsymbol{I}_m-\boldsymbol{AB}|=|\boldsymbol{I}_n-\boldsymbol{BA}|,$$

其中 $\boldsymbol{I}_m,\boldsymbol{I}_n$ 分别为 m 阶，n 阶单位矩阵.

证明　$|I_m-AB|=|I_n-BA|$，其中 I_m,I_n 分别为 m 阶，n 阶单位阵 .

19. 分块矩阵 $\boldsymbol{P}=\begin{pmatrix}\boldsymbol{O}&\boldsymbol{A}\\\boldsymbol{B}&\boldsymbol{O}\end{pmatrix}$，其中 $\boldsymbol{A},\boldsymbol{B}$ 均为三阶方阵，且 $|\boldsymbol{A}|=a\neq0$，$|\boldsymbol{B}|=b\neq0$，求：

(1) $\boldsymbol{P}$ 的伴随矩阵 $\boldsymbol{P}^*$；

(2) $\boldsymbol{P}^*$ 的行列式 $|\boldsymbol{P}^*|$；

(3) $\boldsymbol{P}^*$ 的逆矩阵 $(\boldsymbol{P}^*)^{-1}$.

解　(1) $P^*=|P|P^{-1}=(-1)^{3\times3}abP^{-1}=-ab\begin{pmatrix}O&B^{-1}\\A^{-1}&O\end{pmatrix}$；

(2) $|P^*|=|P|^{n-1}=|P|^5=(-ab)^5=-a^5b^5$；

(3) $(P^*)^{-1}=\dfrac{P}{|P|}=-\dfrac{1}{ab}\begin{pmatrix}O&A\\B&O\end{pmatrix}$.

20. 把下列矩阵化为标准形.

(1) $\begin{pmatrix}1&-2&1\\-2&5&-4\\1&-4&6\end{pmatrix}$；　(2) $\begin{pmatrix}2&-1&4&-1\\4&-2&5&4\\2&-1&3&1\end{pmatrix}$.

解　(1) $\begin{bmatrix}1&0&0\\0&1&0\\0&0&1\end{bmatrix}$；　(2) $\begin{bmatrix}1&0&0&0\\0&1&0&0\\0&0&0&0\end{bmatrix}$.

21. 用初等变换求下列矩阵的逆矩阵.

(1) $\begin{pmatrix}1&1&1&-1\\1&1&-1&-1\\1&-1&1&-1\\1&-1&-1&1\end{pmatrix}$；　(2) $\begin{pmatrix}1&0&0&0\\2&1&0&0\\3&2&1&0\\4&3&3&1\end{pmatrix}$.

解　(1) $\begin{bmatrix}\frac{1}{2}&0&0&\frac{1}{2}\\\frac{1}{2}&0&-\frac{1}{2}&0\\\frac{1}{2}&-\frac{1}{2}&0&0\\\frac{1}{2}&-\frac{1}{2}&-\frac{1}{2}&\frac{1}{2}\end{bmatrix}$；(2) $\begin{pmatrix}1&0&0&0\\-2&1&0&0\\1&-2&1&0\\0&1&-2&1\end{pmatrix}$.

22. 已知 $\boldsymbol{A}=\begin{pmatrix}1&0&1\\2&1&0\\-3&2&-5\end{pmatrix}$，求 $(\boldsymbol{I}-\boldsymbol{A})^{-1}$.

解 $(I-A)^{-1}=\begin{pmatrix}0 & -\frac{1}{2} & 0\\ -3 & -\frac{3}{4} & -\frac{1}{2}\\ -1 & 0 & 0\end{pmatrix}$.

23. 设矩阵 $\boldsymbol{A}=\begin{pmatrix}1 & 1 & -1\\ -1 & 1 & 1\\ 1 & -1 & 1\end{pmatrix}$，且 $\boldsymbol{A}^*\boldsymbol{X}\left(\frac{1}{2}\boldsymbol{A}^*\right)^*=8\boldsymbol{A}^{-1}\boldsymbol{X}+\boldsymbol{I}$，求矩阵 $\boldsymbol{X}$.

解 由条件可计算出 $|A|=4$，又 $A^*=|A|A^{-1}$，故 $4A^{-1}XA=8A^{-1}X+I$. 因此，$4XA=8X+A$，$X=\frac{1}{4}A(A-2E)^{-1}$，求解可得 $X=\begin{pmatrix}0 & -\frac{1}{4} & 0\\ 0 & 0 & -\frac{1}{4}\\ -\frac{1}{4} & 0 & 0\end{pmatrix}$.

24. 已知 $\boldsymbol{B}=\begin{pmatrix}1 & 2 & -3 & -2\\ 0 & 1 & 2 & -3\\ 0 & 0 & 1 & 2\\ 0 & 0 & 0 & 1\end{pmatrix}$，$\boldsymbol{C}=\begin{pmatrix}1 & 2 & 0 & 1\\ 0 & 1 & 2 & 0\\ 0 & 0 & 1 & 2\\ 0 & 0 & 0 & 1\end{pmatrix}$，设 $(2\boldsymbol{I}-\boldsymbol{C}^{-1}\boldsymbol{B})\boldsymbol{A}^{\mathrm{T}}=\boldsymbol{C}^{-1}$，其中 $\boldsymbol{A}^{\mathrm{T}}$ 是四阶矩阵 $\boldsymbol{A}$ 的转置矩阵，求 $\boldsymbol{A}$.

解 $A=(2C^{\mathrm{T}}-B^{\mathrm{T}})^{-1}=\begin{pmatrix}1 & 0 & 0 & 0\\ 2 & 1 & 0 & 0\\ 3 & 2 & 1 & 0\\ 4 & 3 & 2 & 1\end{pmatrix}^{-1}=\begin{pmatrix}1 & 0 & 0 & 0\\ -2 & 1 & 0 & 0\\ 1 & -2 & 1 & 0\\ 0 & 1 & -2 & 1\end{pmatrix}$.

第三章　向量的线性相关性与矩阵的秩

一、知识结构图示

二、内容归纳总结

（一）n 维向量及其线性运算

1. 向量的定义及其线性运算

向量　n 个数 $a_1,a_2,\cdots,a_n$ 的有序数组$(a_1,a_2,\cdots,a_n)$，称为 n 维向量. a_i 称为第 i 个分量. 每个分量为实数的向量称为实向量，每个分量为复数的向量称为复向量. 本书没有特别指明的向量均为实向量. n 维向量可以写成行向量的形式，$\boldsymbol{\alpha}=(a_1,a_2,\cdots,a_n)$，也可以写成列向量的形式，

$$\boldsymbol{\alpha}=\begin{pmatrix}a_1\\a_2\\\vdots\\a_n\end{pmatrix}=(a_1,a_2,\cdots,a_n)^{\mathrm{T}}.$$

分量都为 0 的向量称为零向量，记为 $\mathbf{0}$. $\boldsymbol{e}_1=(1,0,\cdots,0)^{\mathrm{T}},\boldsymbol{e}_2=(0,1,\cdots,0)^{\mathrm{T}},\cdots,\boldsymbol{e}_n=(0,0,\cdots,1)^{\mathrm{T}}$ 称为 n 维单位坐标向量组.

向量相等　两个 n 维向量 $\boldsymbol{\alpha}=(a_1,a_2,\cdots,a_n)^{\mathrm{T}},\boldsymbol{\beta}=(b_1,b_2,\cdots,b_n)^{\mathrm{T}}$，如果 $a_i=b_i(i=1,2,\cdots,n)$，称向量 $\boldsymbol{\alpha}$ 和 $\boldsymbol{\beta}$ 相等，记作 $\boldsymbol{\alpha}=\boldsymbol{\beta}$.

向量的线性运算

加法　$\boldsymbol{\alpha}$ 和 $\boldsymbol{\beta}$ 的和定义为

$$\boldsymbol{\alpha}+\boldsymbol{\beta}=(a_1+b_1,a_2+b_2,\cdots,a_n+b_n)^{\mathrm{T}}.$$

数乘　数 k 与 α 的数乘定义为

$$k\boldsymbol{\alpha}=(ka_1,ka_2,\cdots,ka_n)^{\mathrm{T}}.$$

特别地，$(-1)\boldsymbol{\alpha}=(-a_1,-a_2,\cdots,-a_n)^{\mathrm{T}}$ 称为向量 $\boldsymbol{\alpha}$ 的负向量，记作$-\boldsymbol{\alpha}$. 因此 $\boldsymbol{\alpha}$ 和 $\boldsymbol{\beta}$ 的减法定义为

$$\boldsymbol{\alpha}-\boldsymbol{\beta}=\boldsymbol{\alpha}+(-\boldsymbol{\beta})=(a_1-b_1,a_2-b_2,\cdots,a_n-b_n)^{\mathrm{T}}.$$

2. n 维向量的运算法则

设 $\boldsymbol{\alpha},\boldsymbol{\beta},\boldsymbol{\gamma}$ 为 n 维向量，k,l 为实数.

(1) $\boldsymbol{\alpha}+\boldsymbol{\beta}=\boldsymbol{\beta}+\boldsymbol{\alpha}$.

(2) $\boldsymbol{\alpha}+(\boldsymbol{\beta}+\boldsymbol{\gamma})=(\boldsymbol{\alpha}+\boldsymbol{\beta})+\boldsymbol{\gamma}$.

(3) $\boldsymbol{\alpha}+\mathbf{0}=\boldsymbol{\alpha}$.

(4) $\boldsymbol{\alpha}+(-\boldsymbol{\alpha})=\mathbf{0}$.

(5) $(kl)\boldsymbol{\alpha}=k(l\boldsymbol{\alpha})$.

(6) $1\cdot\boldsymbol{\alpha}=\boldsymbol{\alpha}$.

(7) $(k+l)\boldsymbol{\alpha}=k\boldsymbol{\alpha}+l\boldsymbol{\alpha}$.

(8) $k(\boldsymbol{\alpha}+\boldsymbol{\beta})=k\boldsymbol{\alpha}+k\boldsymbol{\beta}$.

(二)向量间的线性关系

线性表示　设 n 维向量组 $\boldsymbol{\alpha}_1,\boldsymbol{\alpha}_2,\cdots,\boldsymbol{\alpha}_m$ 以及向量 $\boldsymbol{\beta}$，若存在数 $k_1,k_2,\cdots,k_m$，使得 $\boldsymbol{\beta}=k_1\boldsymbol{\alpha}_1+k_2\boldsymbol{\alpha}_2+\cdots+k_m\boldsymbol{\alpha}_m$，称向量 $\boldsymbol{\beta}$ 是向量组 $\boldsymbol{\alpha}_1,\boldsymbol{\alpha}_2,\cdots,\boldsymbol{\alpha}_m$ 的线性组合，或者称向量 $\boldsymbol{\beta}$ 可以由向量组 $\boldsymbol{\alpha}_1,\boldsymbol{\alpha}_2,\cdots,\boldsymbol{\alpha}_m$ 线性表示.

线性相关　设 n 维向量组 $\boldsymbol{\alpha}_1,\boldsymbol{\alpha}_2,\cdots,\boldsymbol{\alpha}_m$，若存在一组不全为 0 的数 $k_1,k_2,\cdots,k_m$，使得 $k_1\boldsymbol{\alpha}_1+k_2\boldsymbol{\alpha}_2+\cdots+k_m\boldsymbol{\alpha}_m=0$，则称 $\boldsymbol{\alpha}_1,\boldsymbol{\alpha}_2,\cdots,\boldsymbol{\alpha}_m$ 线性相关；否则称 $\boldsymbol{\alpha}_1,\boldsymbol{\alpha}_2,\cdots,\boldsymbol{\alpha}_m$ 线性无关，即当且仅当 $k_1,k_2,\cdots,k_m$ 全为 0 时，有 $k_1\boldsymbol{\alpha}_1+k_2\boldsymbol{\alpha}_2+\cdots+k_m\boldsymbol{\alpha}_m=0$，称 $\boldsymbol{\alpha}_1,\boldsymbol{\alpha}_2,\cdots,\boldsymbol{\alpha}_m$ **线性无关**.

性质

(1)任意 n 维向量均可由 n 维单位坐标向量组 $\boldsymbol{e}_1,\boldsymbol{e}_2,\cdots,\boldsymbol{e}_n$ 线性表示.

(2)n 维单位坐标向量组 $\boldsymbol{e}_1,\boldsymbol{e}_2,\cdots,\boldsymbol{e}_n$ 线性无关.

(3)含有零向量的向量组线性相关.

(4)一个向量 $\boldsymbol{\alpha}$ 线性相关的充分必要条件是 $\boldsymbol{\alpha}$ 为零向量.

(5)两个向量 $\boldsymbol{\alpha},\boldsymbol{\beta}$ 线性相关的充分必要条件是 $\boldsymbol{\alpha},\boldsymbol{\beta}$ 对应分量成比例.

(6)n 个 n 维向量 $\boldsymbol{\alpha}_i=(a_{1i},a_{2i},\cdots,a_{ni})^{\mathrm{T}}(i=1,2,\cdots,n)$线性无关的充分必要条件是

$$\begin{vmatrix} a_{11} & a_{12} & \cdots & a_{1n} \\ a_{21} & a_{22} & \cdots & a_{2n} \\ \vdots & \vdots & & \vdots \\ a_{n1} & a_{n2} & \cdots & a_{nn} \end{vmatrix} \neq 0.$$

(7)当 $m>n$ 时，m 个 n 维向量一定线性相关.

(8)设向量组 $\boldsymbol{\alpha}_1,\boldsymbol{\alpha}_2,\cdots,\boldsymbol{\alpha}_m$ 线性无关，且

$$\begin{cases} \boldsymbol{\beta}_1=b_{11}\boldsymbol{\alpha}_1+b_{12}\boldsymbol{\alpha}_2+\cdots+b_{1m}\boldsymbol{\alpha}_m \\ \boldsymbol{\beta}_2=b_{21}\boldsymbol{\alpha}_1+b_{22}\boldsymbol{\alpha}_2+\cdots+b_{2m}\boldsymbol{\alpha}_m \\ \qquad\vdots \\ \boldsymbol{\beta}_m=b_{m1}\boldsymbol{\alpha}_1+b_{m2}\boldsymbol{\alpha}_2+\cdots+b_{mm}\boldsymbol{\alpha}_m \end{cases},$$

则 $\boldsymbol{\beta}_1,\boldsymbol{\beta}_2,\cdots,\boldsymbol{\beta}_m$ 线性无关的充分必要条件是

$$\begin{vmatrix} b_{11} & b_{12} & \cdots & b_{1m} \\ b_{21} & b_{22} & \cdots & b_{2m} \\ \vdots & \vdots & & \vdots \\ b_{m1} & b_{m2} & \cdots & b_{mm} \end{vmatrix} \neq 0.$$

(9)设 n 维向量组 $\boldsymbol{\alpha}_1,\boldsymbol{\alpha}_2,\cdots,\boldsymbol{\alpha}_s$ 线性相关，则向量组 $\boldsymbol{\alpha}_1,\boldsymbol{\alpha}_2,\cdots,\boldsymbol{\alpha}_s,\boldsymbol{\alpha}_{s+1},\cdots,\boldsymbol{\alpha}_m(m>s)$ 也线性相关(部分相关则整体相关；反之，整体无关则部分无关).

(10)设 n 维向量组 $\boldsymbol{\alpha}_i=(a_{1i},a_{2i},\cdots,a_{ni})^{\mathrm{T}}(i=1,2,\cdots,m)$，添加一个分量后形成 $n+1$ 维向量组 $\boldsymbol{\beta}_i=(a_{1i},a_{2i},\cdots,a_{ni},b_i)^{\mathrm{T}}(i=1,2,\cdots,m)$. 若向量组 $\boldsymbol{\alpha}_1,\boldsymbol{\alpha}_2,\cdots,\boldsymbol{\alpha}_s$ 线性无关，则向量组 $\boldsymbol{\beta}_1,\boldsymbol{\beta}_2,\cdots,\boldsymbol{\beta}_s$ 也线性无关.

(11) n 维向量组 $\boldsymbol{\alpha}_1,\boldsymbol{\alpha}_2,\cdots,\boldsymbol{\alpha}_m$ 线性相关的充分必要条件是 $\boldsymbol{\alpha}_1,\boldsymbol{\alpha}_2,\cdots,\boldsymbol{\alpha}_m$ 中至少有一个向量可以由其余 $m-1$ 个向量线性表示.

(12) 设 n 维向量组 $\boldsymbol{\alpha}_1,\boldsymbol{\alpha}_2,\cdots,\boldsymbol{\alpha}_m$ 线性无关，则 $\boldsymbol{\alpha}_1,\boldsymbol{\alpha}_2,\cdots,\boldsymbol{\alpha}_m,\boldsymbol{\beta}$ 线性相关的充分必要条件是 $\boldsymbol{\beta}$ 可以由 $\boldsymbol{\alpha}_1,\boldsymbol{\alpha}_2,\cdots,\boldsymbol{\alpha}_m$ 线性表示.

(三) 向量组之间的关系

向量组的线性表示 设有两个 n 维向量组(Ⅰ) $\boldsymbol{\alpha}_1,\boldsymbol{\alpha}_2,\cdots,\boldsymbol{\alpha}_s$，(Ⅱ) $\boldsymbol{\beta}_1,\boldsymbol{\beta}_2,\cdots,\boldsymbol{\beta}_t$.

如果向量组(Ⅰ)中每个向量 $\boldsymbol{\alpha}_i(i=1,2,\cdots,s)$ 都可以由向量组(Ⅱ)线性表示，称向量组(Ⅰ)可以由向量组(Ⅱ)线性表示.

向量组的等价 如果向量组(Ⅰ)可以由向量组(Ⅱ)线性表示，且向量组(Ⅱ)也可以由向量组(Ⅰ)线性表示，称向量组(Ⅰ)和向量组(Ⅱ)等价.

性质

(1) 如果向量组(Ⅰ)可以由向量组(Ⅱ)线性表示，且 $s>t$，那么向量组(Ⅰ)线性相关.

(2) 如果向量组(Ⅰ)可以由向量组(Ⅱ)线性表示，且向量组(Ⅰ)线性无关，则 $s\leqslant t$.

(3) 两个等价的线性无关的向量组所含向量的个数相等.

(4) 如果两个向量组(Ⅰ)和(Ⅱ)的秩相等，且向量组(Ⅰ)可以由向量组(Ⅱ)线性表示，那么向量组(Ⅰ)和向量组(Ⅱ)等价.

(四) 向量组的秩

极大线性无关组 设向量组(Ⅰ)中有一部分向量 $\boldsymbol{\alpha}_1,\boldsymbol{\alpha}_2,\cdots,\boldsymbol{\alpha}_r$ 满足

(1) $\boldsymbol{\alpha}_1,\boldsymbol{\alpha}_2,\cdots,\boldsymbol{\alpha}_r$ 线性无关，

(2) 向量组(Ⅰ)中任取向量 $\boldsymbol{\alpha}$，有 $\boldsymbol{\alpha},\boldsymbol{\alpha}_1,\boldsymbol{\alpha}_2,\cdots,\boldsymbol{\alpha}_r$ 线性相关，称 $\boldsymbol{\alpha}_1,\boldsymbol{\alpha}_2,\cdots,\boldsymbol{\alpha}_r$ 是向量组(Ⅰ)的极大线性无关组. 可以看到，定义中的条件(2)可以改为：向量组(Ⅰ)中任意向量 $\boldsymbol{\alpha}$ 都可以由 $\boldsymbol{\alpha},\boldsymbol{\alpha}_1,\boldsymbol{\alpha}_2,\cdots,\boldsymbol{\alpha}_r$ 线性表示.

向量组的秩 向量组(Ⅰ)的极大线性无关组所含向量的个数称为向量组的秩，记为 r(Ⅰ)、R(Ⅰ)或秩(Ⅰ).

一般地，向量组的极大线性无关组不一定唯一，而向量组的秩是唯一的.

性质

(1) 向量组 $\boldsymbol{\alpha}_1,\boldsymbol{\alpha}_2,\cdots,\boldsymbol{\alpha}_m$ 的秩等于向量个数 m 的充分必要条件是 $\boldsymbol{\alpha}_1,\boldsymbol{\alpha}_2,\cdots,\boldsymbol{\alpha}_m$ 线性无关.

(2) 设向量组(Ⅰ)的秩为 r，向量组(Ⅱ)的秩为 s，如果向量组(Ⅰ)可以由向量组(Ⅱ)线性表示，那么 $r\leqslant s$.

(3) 如果两个向量组等价，那么秩相等. 反之不成立，即两个向量组的秩相等但它们不一定等价.

(4) 如果向量组(Ⅰ)的秩为 r，且向量组(Ⅰ)中有 r 个向量 $\boldsymbol{\alpha}_1,\boldsymbol{\alpha}_2,\cdots,\boldsymbol{\alpha}_r$ 线性无关，则 $\boldsymbol{\alpha}_1,\boldsymbol{\alpha}_2,\cdots,\boldsymbol{\alpha}_r$ 是向量组(Ⅰ)的极大线性无关组.

(5)如果向量组(Ⅰ)的秩为 r，则向量组(Ⅰ)中任意 $r+1$ 个向量一定线性相关.

(6)如果向量组(Ⅰ)和向量组(Ⅱ)的秩相等，且向量组(Ⅰ)可以由向量组(Ⅱ)线性表示，那么向量组(Ⅰ)和向量组(Ⅱ)等价.

(五)矩阵的秩

矩阵的秩　矩阵 $\boldsymbol{A}$ 的行向量组的秩称为矩阵 $\boldsymbol{A}$ 的行秩，矩阵 $\boldsymbol{A}$ 的列向量组的秩称为矩阵 $\boldsymbol{A}$ 的列秩. 矩阵的行秩等于列秩. 矩阵 $\boldsymbol{A}$ 的行秩(列秩)称为矩阵 $\boldsymbol{A}$ 的秩，记为 $r(\boldsymbol{A})$、$R(\boldsymbol{A})$ 或秩$(\boldsymbol{A})$.

矩阵的 k 阶子式　$m\times n$ 矩阵 $\boldsymbol{A}$ 中任取 k 行 k 列($k\leqslant\min\{m,n\}$)，位于这些行列交叉处的元素按原来的顺序组成的 k 阶行列式，称为矩阵 $\boldsymbol{A}$ 的 k 阶子式. 对于 n 阶矩阵 $\boldsymbol{A}$，它的 n 阶子式是矩阵 $\boldsymbol{A}$ 的行列式 $|\boldsymbol{A}|$，$n-1$ 阶子式是 $\boldsymbol{A}$ 的行列式中的余子式，一阶子式是 $\boldsymbol{A}$ 的每个元素.

性质

(1) $r(\boldsymbol{A},\boldsymbol{B})\leqslant r(\boldsymbol{A})+r(\boldsymbol{B})$.

(2) $r(\boldsymbol{A}+\boldsymbol{B})\leqslant r(\boldsymbol{A})+r(\boldsymbol{B})$.

(3) $r\begin{pmatrix}\boldsymbol{A} & \boldsymbol{O}\\ \boldsymbol{O} & \boldsymbol{B}\end{pmatrix}=r(\boldsymbol{A})+r(\boldsymbol{B})$.

(4) $r(\boldsymbol{AB})\leqslant\min\{r(\boldsymbol{A}),r(\boldsymbol{B})\}$.

(5)设 $\boldsymbol{A}$ 为 $m\times n$ 矩阵，$\boldsymbol{P}$ 为 m 阶可逆矩阵，$\boldsymbol{Q}$ 为 n 阶可逆矩阵，则 $r(\boldsymbol{PAQ})=r(\boldsymbol{A})$. 由此可以看到，矩阵做初等变换不改变秩.

(6) $m\times n$ 矩阵 $\boldsymbol{A}$ 和 $n\times s$ 矩阵 $\boldsymbol{B}$，如果 $\boldsymbol{AB}=\boldsymbol{O}$，那么 $r(\boldsymbol{A})+r(\boldsymbol{B})\leqslant n$(证明见第四章例 5).

(7) n 阶矩阵 $\boldsymbol{A}$ 可逆的充分必要条件是 $r(\boldsymbol{A})=n$.

(8) $m\times n$ 矩阵 $\boldsymbol{A}$ 的秩为 r 的充分必要条件是 $\boldsymbol{A}$ 有一个 r 阶子式不为 0，同时所有 $r+1$ 阶子式全为 0.

(9) $m\times n$ 矩阵 $\boldsymbol{A}$ 的秩为 r 的充分必要条件是 $\boldsymbol{A}$ 有一个 r 阶子式 D 不为 0，同时所有含 D 的 $r+1$ 阶子式(如果存在的话)全为 0.

三、典型例题解析

(一)线性表示、线性相关、线性无关

【例 1】　设 $\boldsymbol{\alpha}_1=\begin{pmatrix}1\\1\\1\\1\end{pmatrix},\boldsymbol{\alpha}_2=\begin{pmatrix}1\\1\\-1\\-1\end{pmatrix},\boldsymbol{\alpha}_3=\begin{pmatrix}1\\-1\\1\\-1\end{pmatrix},\boldsymbol{\alpha}_4=\begin{pmatrix}1\\-1\\-1\\1\end{pmatrix},\boldsymbol{\beta}=\begin{pmatrix}1\\2\\1\\1\end{pmatrix}$，将 $\boldsymbol{\beta}$ 表示为 $\boldsymbol{\alpha}_1,\boldsymbol{\alpha}_2,\boldsymbol{\alpha}_3,\boldsymbol{\alpha}_4$ 的线性组合.

解　设 $\boldsymbol{\beta}=k_1\boldsymbol{\alpha}_1+k_2\boldsymbol{\alpha}_2+k_3\boldsymbol{\alpha}_3+k_4\boldsymbol{\alpha}_4$，即

$$\begin{cases}k_1+k_2+k_3+k_4=1\\k_1+k_2-k_3-k_4=2\\k_1-k_2+k_3-k_4=1\\k_1-k_2-k_3+k_4=1\end{cases}.$$

由此，方程组有唯一解，且解为 $k_1=\frac{5}{4},k_2=\frac{1}{4},k_3=-\frac{1}{4},k_4=-\frac{1}{4}$，即 $\boldsymbol{\beta}=\frac{5}{4}\boldsymbol{\alpha}_1+\frac{1}{4}\boldsymbol{\alpha}_2-\frac{1}{4}\boldsymbol{\alpha}_3-\frac{1}{4}\boldsymbol{\alpha}_4$.

评注 $\boldsymbol{\beta}=k_1\boldsymbol{\alpha}_1+k_2\boldsymbol{\alpha}_2+\cdots+k_m\boldsymbol{\alpha}_m=(\boldsymbol{\alpha}_1,\boldsymbol{\alpha}_2,\cdots,\boldsymbol{\alpha}_m)\begin{pmatrix}k_1\\k_2\\\vdots\\k_m\end{pmatrix}=\boldsymbol{AX}$. 所以向量 $\boldsymbol{\beta}$ 能否由 $\boldsymbol{\alpha}_1,\boldsymbol{\alpha}_2,\cdots,\boldsymbol{\alpha}_m$ 线性表示等价于线性方程组 $\boldsymbol{AX}=\boldsymbol{\beta}$ 是否有解，其中系数矩阵 $\boldsymbol{A}$ 的列向量为 $\boldsymbol{\alpha}_1,\boldsymbol{\alpha}_2,\cdots,\boldsymbol{\alpha}_m$，常数项为向量 $\boldsymbol{\beta}$. 向量 $\boldsymbol{\beta}$ 可以由 $\boldsymbol{\alpha}_1,\boldsymbol{\alpha}_2,\cdots,\boldsymbol{\alpha}_m$ 线性表示且表示法唯一对应于线性方程组 $\boldsymbol{AX}=\boldsymbol{\beta}$ 有唯一解；向量 $\boldsymbol{\beta}$ 可以由 $\boldsymbol{\alpha}_1,\boldsymbol{\alpha}_2,\cdots,\boldsymbol{\alpha}_m$ 线性表示且表示法不唯一对应于线性方程组 $\boldsymbol{AX}=\boldsymbol{\beta}$ 有无穷多组解；向量 $\boldsymbol{\beta}$ 不可以由 $\boldsymbol{\alpha}_1,\boldsymbol{\alpha}_2,\cdots,\boldsymbol{\alpha}_m$ 线性表示对应于线性方程组 $\boldsymbol{AX}=\boldsymbol{\beta}$ 无解. 第四章会详细讨论线性方程组的求解，所以对于相关题目，读者可以学习第四章后再来解决.

【例 2】 设向量组 $\boldsymbol{\alpha}_1=\begin{pmatrix}-1\\2\\3\end{pmatrix},\boldsymbol{\alpha}_2=\begin{pmatrix}2\\t\\6\end{pmatrix},\boldsymbol{\alpha}_3=\begin{pmatrix}-3\\6\\8\end{pmatrix}$，试问：$t$ 为何值时，$\boldsymbol{\alpha}_1,\boldsymbol{\alpha}_2,\boldsymbol{\alpha}_3$ 线性无关？

典例解析

解 设常数 k_1,k_2,k_3 使得 $k_1\boldsymbol{\alpha}_1+k_2\boldsymbol{\alpha}_2+k_3\boldsymbol{\alpha}_3=0$，即

$$\begin{cases}-k_1+2k_2-3k_3=0\\2k_1+tk_2+6k_3=0\\3k_1+6k_2+8k_3=0\end{cases}.$$

根据克莱姆法则，$\begin{vmatrix}-1&2&-3\\2&t&6\\3&6&8\end{vmatrix}=t+4\neq0$，即 $t\neq-4$ 时方程组只有零解，即 $k_1=0,k_2=0,k_3=0$. 所以，$t\neq-4$ 时 $\boldsymbol{\alpha}_1,\boldsymbol{\alpha}_2,\boldsymbol{\alpha}_3$ 线性无关.

评注 向量组 $\boldsymbol{\alpha}_1,\boldsymbol{\alpha}_2,\cdots,\boldsymbol{\alpha}_s$ 的线性相关性等价于齐次线性方程组 $\boldsymbol{AX}=\boldsymbol{O}$ 是否只有零解，其中系数矩阵 $\boldsymbol{A}$ 的列向量为 $\boldsymbol{\alpha}_1,\boldsymbol{\alpha}_2,\cdots,\boldsymbol{\alpha}_s$. 向量组 $\boldsymbol{\alpha}_1,\boldsymbol{\alpha}_2,\cdots,\boldsymbol{\alpha}_s$ 线性相关对应于齐次线性方程组 $\boldsymbol{AX}=\boldsymbol{O}$ 有非零解；向量组 $\boldsymbol{\alpha}_1,\boldsymbol{\alpha}_2,\cdots,\boldsymbol{\alpha}_s$ 线性无关对应于 $\boldsymbol{AX}=\boldsymbol{O}$ 只有零解. 同样这些内容会在第四章中详细讨论. 对于 n 个 n 维向量 $\boldsymbol{\alpha}_1,\boldsymbol{\alpha}_2,\cdots,\boldsymbol{\alpha}_n$ 线性相关的问题也可以根据前面的性质直接用行列式 $\begin{vmatrix}-1&2&-3\\2&t&6\\3&6&8\end{vmatrix}$ 不等于 0 得出向量组线性无关的结论.

【例 3】 设 $\boldsymbol{\alpha}_1,\boldsymbol{\alpha}_2,\boldsymbol{\alpha}_3$ 线性无关，$\boldsymbol{\beta}_1=\boldsymbol{\alpha}_1+2\boldsymbol{\alpha}_2-\boldsymbol{\alpha}_3,\boldsymbol{\beta}_2=\boldsymbol{\alpha}_1-\boldsymbol{\alpha}_2+2\boldsymbol{\alpha}_3,\boldsymbol{\beta}_3=2\boldsymbol{\alpha}_1-\boldsymbol{\alpha}_2+\boldsymbol{\alpha}_3$，

试证 $\boldsymbol{\beta}_1,\boldsymbol{\beta}_2,\boldsymbol{\beta}_3$ 线性无关.

证明　设常数 k_1,k_2,k_3 使得 $k_1\boldsymbol{\beta}_1+k_2\boldsymbol{\beta}_2+k_3\boldsymbol{\beta}_3=0$，代入得

$$k_1(\boldsymbol{\alpha}_1+2\boldsymbol{\alpha}_2-\boldsymbol{\alpha}_3)+k_2(\boldsymbol{\alpha}_1-\boldsymbol{\alpha}_2+2\boldsymbol{\alpha}_3)+k_3(2\boldsymbol{\alpha}_1-\boldsymbol{\alpha}_2+\boldsymbol{\alpha}_3)=0,$$

即

$$(k_1+k_2+2k_3)\boldsymbol{\alpha}_1+(2k_1-k_2-k_3)\boldsymbol{\alpha}_2-(-k_1+2k_2+k_3)\boldsymbol{\alpha}_3=0.$$

因为 $\boldsymbol{\alpha}_1,\boldsymbol{\alpha}_2,\boldsymbol{\alpha}_3$ 线性无关，所以

$$\begin{cases}k_1+k_2+2k_3=0\\2k_1-k_2-k_3=0\\-k_1+2k_2+k_3=0\end{cases},$$

其系数行列式 $\begin{vmatrix}1&1&2\\2&-1&-1\\-1&2&1\end{vmatrix}=6\neq0$，所以齐次线性方程组只有零解，即 $k_1=k_2=k_3=0$. 因此，$\boldsymbol{\beta}_1,\boldsymbol{\beta}_2,\boldsymbol{\beta}_3$ 线性无关.

评注　这类题目也可以直接根据前面的性质利用表达式中系数组成的行列式来判断（详见例 4）.

【例 4】　设 n 维向量组 $\boldsymbol{\alpha}_1,\boldsymbol{\alpha}_2,\cdots,\boldsymbol{\alpha}_m$ 线性无关，而

$$\begin{cases}\boldsymbol{\beta}_1=b_{11}\boldsymbol{\alpha}_1+b_{12}\boldsymbol{\alpha}_2+\cdots+b_{1m}\boldsymbol{\alpha}_m\\\boldsymbol{\beta}_2=b_{21}\boldsymbol{\alpha}_1+b_{22}\boldsymbol{\alpha}_2+\cdots+b_{2m}\boldsymbol{\alpha}_m\\\qquad\vdots\\\boldsymbol{\beta}_m=b_{m1}\boldsymbol{\alpha}_1+b_{m2}\boldsymbol{\alpha}_2+\cdots+b_{mm}\boldsymbol{\alpha}_m\end{cases},$$

证明　$\boldsymbol{\beta}_1,\boldsymbol{\beta}_2,\cdots,\boldsymbol{\beta}_m$ 线性无关的充分必要条件是

$$\Delta=\begin{vmatrix}b_{11}&b_{12}&\cdots&b_{1m}\\b_{21}&b_{22}&\cdots&b_{2m}\\\vdots&\vdots&&\vdots\\b_{m1}&b_{m2}&\cdots&b_{mm}\end{vmatrix}\neq0.$$

证明　设常数 $k_1,k_2,\cdots,k_m$ 使得

$$k_1\boldsymbol{\beta}_1+k_2\boldsymbol{\beta}_2+\cdots+k_m\boldsymbol{\beta}_m=0,$$

即

$$k_1(b_{11}\boldsymbol{\alpha}_1+b_{12}\boldsymbol{\alpha}_2+\cdots+b_{1m}\boldsymbol{\alpha}_m)+k_2(b_{21}\boldsymbol{\alpha}_1+b_{22}\boldsymbol{\alpha}_2+\cdots+b_{2m}\boldsymbol{\alpha}_m)$$
$$+\cdots+k_m(b_{m1}\boldsymbol{\alpha}_1+b_{m2}\boldsymbol{\alpha}_2+\cdots+b_{mm}\boldsymbol{\alpha}_m)=0,$$

整理得

$$(k_1b_{11}+k_2b_{21}+\cdots+k_mb_{m1})\boldsymbol{\alpha}_1+(k_1b_{12}+k_2b_{22}+\cdots+k_mb_{m2})\boldsymbol{\alpha}_2$$
$$+\cdots+(k_1b_{1m}+k_2b_{2m}+\cdots+k_mb_{mm})\boldsymbol{\alpha}_m=0.$$

因为 $\boldsymbol{\alpha}_1,\boldsymbol{\alpha}_2,\cdots,\boldsymbol{\alpha}_m$ 线性无关，所以

$$\begin{cases}k_1b_{11}+k_2b_{21}+\cdots+k_mb_{m1}=0\\k_1b_{12}+k_2b_{22}+\cdots+k_mb_{m2}=0\\\qquad\vdots\\k_1b_{1m}+k_2b_{2m}+\cdots+k_mb_{mm}=0\end{cases}.$$

而上述齐次线性方程组只有零解的充分必要条件是

$$\begin{vmatrix} b_{11} & b_{21} & \cdots & b_{m1} \\ b_{12} & b_{22} & \cdots & b_{m2} \\ \vdots & \vdots & & \vdots \\ b_{1m} & b_{2m} & \cdots & b_{mm} \end{vmatrix} \neq 0,$$

即

$$\Delta = \begin{vmatrix} b_{11} & b_{12} & \cdots & b_{1m} \\ b_{21} & b_{22} & \cdots & b_{2m} \\ \vdots & \vdots & & \vdots \\ b_{m1} & b_{m2} & \cdots & b_{mm} \end{vmatrix} \neq 0.$$

所以 $\boldsymbol{\beta}_1,\boldsymbol{\beta}_2,\cdots,\boldsymbol{\beta}_m$ 线性无关的充分必要条件是 $\Delta\neq 0$.

【例 5】 n 维向量组 $\boldsymbol{\alpha}_1,\boldsymbol{\alpha}_2,\cdots,\boldsymbol{\alpha}_m,\boldsymbol{\beta}$，已知 $\boldsymbol{\beta}$ 可以由 $\boldsymbol{\alpha}_1,\boldsymbol{\alpha}_2,\cdots,\boldsymbol{\alpha}_m$ 线性表示，但不能由 $\boldsymbol{\alpha}_1,\boldsymbol{\alpha}_2,\cdots,\boldsymbol{\alpha}_{m-1}$ 线性表示，证明：$\boldsymbol{\alpha}_m$ 可以由 $\boldsymbol{\alpha}_1,\boldsymbol{\alpha}_2,\cdots,\boldsymbol{\alpha}_{m-1},\boldsymbol{\beta}$ 线性表示.

证明 因为 $\boldsymbol{\beta}$ 可以由 $\boldsymbol{\alpha}_1,\boldsymbol{\alpha}_2,\cdots,\boldsymbol{\alpha}_m$ 线性表示，所以存在一组数 $k_1,k_2,\cdots,k_{m-1},k_m$ 使得

$$\boldsymbol{\beta}=k_1\boldsymbol{\alpha}_1+k_2\boldsymbol{\alpha}_2+\cdots+k_{m-1}\boldsymbol{\alpha}_{m-1}+k_m\boldsymbol{\alpha}_m.$$

假若 $k_m=0$，则 $\boldsymbol{\beta}=k_1\boldsymbol{\alpha}_1+k_2\boldsymbol{\alpha}_2+\cdots+k_{m-1}\boldsymbol{\alpha}_{m-1}$，这与 $\boldsymbol{\beta}$ 不能由 $\boldsymbol{\alpha}_1,\boldsymbol{\alpha}_2,\cdots,\boldsymbol{\alpha}_{m-1}$ 线性表示矛盾. 所以 $k_m\neq 0$，于是

$$\boldsymbol{\alpha}_m=-\frac{k_1}{k_m}\boldsymbol{\alpha}_1-\frac{k_2}{k_m}\boldsymbol{\alpha}_2-\cdots-\frac{k_{m-1}}{k_m}\boldsymbol{\alpha}_{m-1}+\frac{1}{k_m}\boldsymbol{\beta}.$$

因此，$\boldsymbol{\alpha}_m$ 可以由 $\boldsymbol{\alpha}_1,\boldsymbol{\alpha}_2,\cdots,\boldsymbol{\alpha}_{m-1},\boldsymbol{\beta}$ 线性表示.

(二)向量组的秩和极大线性无关组

【例 6】 求向量组 $\boldsymbol{\alpha}_1=(6,4,1,-1,2)^{\mathrm{T}},\boldsymbol{\alpha}_2=(1,0,2,3,-4)^{\mathrm{T}},\boldsymbol{\alpha}_3=(1,4,-9,-16,22)^{\mathrm{T}}$，$\boldsymbol{\alpha}_4=(7,1,0,-1,3)^{\mathrm{T}}$ 的秩和一个极大线性无关组，并将其余向量用极大线性无关组线性表示.

解 将 $\boldsymbol{\alpha}_1,\boldsymbol{\alpha}_2,\boldsymbol{\alpha}_3,\boldsymbol{\alpha}_4$ 构成矩阵$(\boldsymbol{\alpha}_1,\boldsymbol{\alpha}_2,\boldsymbol{\alpha}_3,\boldsymbol{\alpha}_4)$，然后只做初等行变换化为行最简形矩形，根据行最简形矩阵得出所需结论.

$$(\boldsymbol{\alpha}_1,\boldsymbol{\alpha}_2,\boldsymbol{\alpha}_3,\boldsymbol{\alpha}_4)=\begin{pmatrix} 6 & 1 & 1 & 7 \\ 4 & 0 & 4 & 1 \\ 1 & 2 & -9 & 0 \\ -1 & 3 & -16 & -1 \\ 2 & -4 & 22 & 3 \end{pmatrix}\to\begin{pmatrix} 1 & 0 & 1 & 0 \\ 0 & 1 & -5 & 0 \\ 0 & 0 & 0 & 1 \\ 0 & 0 & 0 & 0 \\ 0 & 0 & 0 & 0 \end{pmatrix}.$$

所以向量组的秩为 3，$\boldsymbol{\alpha}_1,\boldsymbol{\alpha}_2,\boldsymbol{\alpha}_4$ 是其中一个极大线性无关组，且 $\boldsymbol{\alpha}_3=\boldsymbol{\alpha}_1-5\boldsymbol{\alpha}_2$.

评注 向量组的秩与极大线性无关组的求法：将 $\boldsymbol{\alpha}_1,\boldsymbol{\alpha}_2,\cdots,\boldsymbol{\alpha}_m$ 作为矩阵的列向量构成一个矩阵，然后对矩阵做初等行变换化为一个行最简形矩阵直接求得. 而相应的线性表示也可以同样得到，由于一个向量组的极大线性无关组一般不唯一，所以答案也不唯一.

【例 7】 已知向量组 $\boldsymbol{\alpha}_1,\boldsymbol{\alpha}_2,\cdots,\boldsymbol{\alpha}_m$ 的秩为 $r(r\leqslant m)$，证明：如果向量组中 r 个向量 $\boldsymbol{\alpha}_{i_1},\boldsymbol{\alpha}_{i_2},\cdots,\boldsymbol{\alpha}_{i_r}$ 线性无关，那么 $\boldsymbol{\alpha}_{i_1},\boldsymbol{\alpha}_{i_2},\cdots,\boldsymbol{\alpha}_{i_r}$ 是向量组 $\boldsymbol{\alpha}_1,\boldsymbol{\alpha}_2,\cdots,\boldsymbol{\alpha}_m$ 的极大线性无关组.

证明　因为 $r(\boldsymbol{\alpha}_1,\boldsymbol{\alpha}_2,\cdots,\boldsymbol{\alpha}_m)=r$，所以 $\boldsymbol{\alpha}_1,\boldsymbol{\alpha}_2,\cdots,\boldsymbol{\alpha}_m$ 中任意 $r+1$ 个向量都线性相关. 任取向量 $\boldsymbol{\alpha}_i$，因此 $\boldsymbol{\alpha}_{i_1},\boldsymbol{\alpha}_{i_2},\cdots,\boldsymbol{\alpha}_{i_r},\boldsymbol{\alpha}_i$ 这 $r+1$ 个向量线性相关. 所以 $\boldsymbol{\alpha}_{i_1},\boldsymbol{\alpha}_{i_2},\cdots,\boldsymbol{\alpha}_{i_r}$ 是 $\boldsymbol{\alpha}_1,\boldsymbol{\alpha}_2,\cdots,\boldsymbol{\alpha}_m$ 的极大线性无关组.

评注　在向量组的秩 r 已知时，向量组中任意 r 个线性无关的向量都构成该向量组的极大线性无关组.

【例 8】 证明：n 维向量组 $\boldsymbol{\alpha}_1,\boldsymbol{\alpha}_2,\cdots,\boldsymbol{\alpha}_n$ 线性无关的充分必要条件是任意 n 维向量都可以由它们线性表示.

证明　**充分性**　设任意 n 维向量都可以由 $\boldsymbol{\alpha}_1,\boldsymbol{\alpha}_2,\cdots,\boldsymbol{\alpha}_n$ 线性表示，则 n 维单位坐标向量组 $\boldsymbol{e}_1,\boldsymbol{e}_2,\cdots,\boldsymbol{e}_n$ 也可由 $\boldsymbol{\alpha}_1,\boldsymbol{\alpha}_2,\cdots,\boldsymbol{\alpha}_n$ 线性表示，因此 $\boldsymbol{\alpha}_1,\boldsymbol{\alpha}_2,\cdots,\boldsymbol{\alpha}_n$ 与 $\boldsymbol{e}_1,\boldsymbol{e}_2,\cdots,\boldsymbol{e}_n$ 等价，于是 $r(\boldsymbol{\alpha}_1,\boldsymbol{\alpha}_2,\cdots,\boldsymbol{\alpha}_n)=r(\boldsymbol{e}_1,\boldsymbol{e}_2,\cdots,\boldsymbol{e}_n)=n$，所以 $\boldsymbol{\alpha}_1,\boldsymbol{\alpha}_2,\cdots,\boldsymbol{\alpha}_n$ 线性无关.

必要性　设 $\boldsymbol{\alpha}_1,\boldsymbol{\alpha}_2,\cdots,\boldsymbol{\alpha}_n$ 线性无关. 任取一个 n 维向量 $\boldsymbol{\beta}$，则 $\boldsymbol{\alpha}_1,\boldsymbol{\alpha}_2,\cdots,\boldsymbol{\alpha}_n,\boldsymbol{\beta}$ 这 $n+1$ 个 n 维向量线性相关. 因为 $\boldsymbol{\alpha}_1,\boldsymbol{\alpha}_2,\cdots,\boldsymbol{\alpha}_n$ 线性无关，所以 $\boldsymbol{\beta}$ 可以由 $\boldsymbol{\alpha}_1,\boldsymbol{\alpha}_2,\cdots,\boldsymbol{\alpha}_n$ 线性表示.

【例 9】 已知向量组（Ⅰ）$\boldsymbol{\alpha}_1,\boldsymbol{\alpha}_2,\cdots,\boldsymbol{\alpha}_s$，

向量组（Ⅱ）$\boldsymbol{\beta}_1,\boldsymbol{\beta}_2,\cdots,\boldsymbol{\beta}_s$，

向量组（Ⅲ）$\boldsymbol{\alpha}_1+\boldsymbol{\beta}_1,\boldsymbol{\alpha}_2+\boldsymbol{\beta}_2,\cdots,\boldsymbol{\alpha}_s+\boldsymbol{\beta}_s$.

已知 $r(\text{Ⅰ})=r_1,r(\text{Ⅱ})=r_2,r(\text{Ⅲ})=r_3$，证明：$r_3\leqslant r_1+r_2$.

证明　不妨假设 $\boldsymbol{\alpha}_1,\boldsymbol{\alpha}_2,\cdots,\boldsymbol{\alpha}_{r_1}$ 是向量组（Ⅰ）的极大线性无关组，$\boldsymbol{\beta}_1,\boldsymbol{\beta}_2,\cdots,\boldsymbol{\beta}_{r_2}$ 是向量组（Ⅱ）的极大线性无关组. 可以看出，向量组（Ⅲ）可以由向量组 $\boldsymbol{\alpha}_1,\boldsymbol{\alpha}_2,\cdots,\boldsymbol{\alpha}_{r_1},\boldsymbol{\beta}_1,\boldsymbol{\beta}_2,\cdots,\boldsymbol{\beta}_{r_2}$ 线性表示，于是 $r(\text{Ⅲ})\leqslant r(\boldsymbol{\alpha}_1,\boldsymbol{\alpha}_2,\cdots,\boldsymbol{\alpha}_{r_1},\boldsymbol{\beta}_1,\boldsymbol{\beta}_2,\cdots,\boldsymbol{\beta}_{r_2})\leqslant r_1+r_2$.

【例 10】 证明：若向量组（Ⅰ）可以由向量组（Ⅱ）线性表示，且两个向量组的秩相等 $r(\text{Ⅰ})=r(\text{Ⅱ})$，则向量组（Ⅰ）和（Ⅱ）等价.

证明　设两个向量组的秩为 r，即 $r(\text{Ⅰ})=r(\text{Ⅱ})=r$.

不妨假设 $\boldsymbol{\alpha}_1,\boldsymbol{\alpha}_2,\cdots,\boldsymbol{\alpha}_r$ 是向量组（Ⅰ）的极大线性无关组，$\boldsymbol{\beta}_1,\boldsymbol{\beta}_2,\cdots,\boldsymbol{\beta}_r$ 是向量组（Ⅱ）的极大线性无关组.

因为向量组（Ⅰ）可以由向量组（Ⅱ）线性表示，所以 $\boldsymbol{\alpha}_1,\boldsymbol{\alpha}_2,\cdots,\boldsymbol{\alpha}_r$ 可以由 $\boldsymbol{\beta}_1,\boldsymbol{\beta}_2,\cdots,\boldsymbol{\beta}_r$ 线性表示. 于是，$\boldsymbol{\beta}_1,\boldsymbol{\beta}_2,\cdots,\boldsymbol{\beta}_r$ 是向量组 $\boldsymbol{\alpha}_1,\boldsymbol{\alpha}_2,\cdots,\boldsymbol{\alpha}_r,\boldsymbol{\beta}_1,\boldsymbol{\beta}_2,\cdots,\boldsymbol{\beta}_r$ 的极大线性无关组，则向量组 $\boldsymbol{\alpha}_1,\boldsymbol{\alpha}_2,\cdots,\boldsymbol{\alpha}_r,\boldsymbol{\beta}_1,\boldsymbol{\beta}_2,\cdots,\boldsymbol{\beta}_r$ 的秩为 r，所以 $\boldsymbol{\alpha}_1,\boldsymbol{\alpha}_2,\cdots,\boldsymbol{\alpha}_r,\boldsymbol{\beta}_i$ 这 $r+1$ 个向量线性相关，而 $\boldsymbol{\alpha}_1,\boldsymbol{\alpha}_2,\cdots,\boldsymbol{\alpha}_r$ 线性无关，因此 $\boldsymbol{\beta}_i$ 可以由 $\boldsymbol{\alpha}_1,\boldsymbol{\alpha}_2,\cdots,\boldsymbol{\alpha}_r$ 线性表示，即 $\boldsymbol{\beta}_1,\boldsymbol{\beta}_2,\cdots,\boldsymbol{\beta}_r$ 可以由 $\boldsymbol{\alpha}_1,\boldsymbol{\alpha}_2,\cdots,\boldsymbol{\alpha}_r$ 线性表示，所以向量组（Ⅱ）可以由向量组（Ⅰ）线性表示. 因此向量组（Ⅰ）和（Ⅱ）等价.

【例 11】 已知向量组 $\boldsymbol{\alpha}_1=\begin{pmatrix}1\\2\\-3\end{pmatrix},\boldsymbol{\alpha}_2=\begin{pmatrix}3\\0\\1\end{pmatrix},\boldsymbol{\alpha}_3=\begin{pmatrix}9\\6\\-7\end{pmatrix}$，$\boldsymbol{\beta}_1=\begin{pmatrix}0\\1\\-1\end{pmatrix},\boldsymbol{\beta}_2=\begin{pmatrix}a\\2\\1\end{pmatrix},\boldsymbol{\beta}_3=\begin{pmatrix}b\\1\\0\end{pmatrix}$，若 $\boldsymbol{\beta}_3$ 可以由 $\boldsymbol{\alpha}_1,\boldsymbol{\alpha}_2,\boldsymbol{\alpha}_3$ 线性表示，且 $\boldsymbol{\alpha}_1,\boldsymbol{\alpha}_2,\boldsymbol{\alpha}_3$ 与 $\boldsymbol{\beta}_1,\boldsymbol{\beta}_2,\boldsymbol{\beta}_3$ 的秩相同. 求 a,b.

解　将 $\boldsymbol{\alpha}_1,\boldsymbol{\alpha}_2,\boldsymbol{\alpha}_3,\boldsymbol{\beta}_3$ 构成矩阵并做初等行变换化为行阶梯形矩阵：

$$\begin{pmatrix}1&3&9&b\\2&0&6&1\\-3&1&-7&0\end{pmatrix}\rightarrow\begin{pmatrix}1&3&9&b\\0&1&2&-\dfrac{1}{6}(1-2b)\\0&0&0&\dfrac{1}{6}-\dfrac{1}{30}b\end{pmatrix}.$$

由此可见，$b=5$ 时 $\boldsymbol{\beta}_3$ 可以由 $\boldsymbol{\alpha}_1,\boldsymbol{\alpha}_2,\boldsymbol{\alpha}_3$ 线性表示，且 $r(\boldsymbol{\alpha}_1,\boldsymbol{\alpha}_2,\boldsymbol{\alpha}_3)=2$. 当 $b=5$ 时，

$$(\boldsymbol{\beta}_1,\boldsymbol{\beta}_2,\boldsymbol{\beta}_3)=\begin{pmatrix}0&a&5\\1&2&1\\-1&1&0\end{pmatrix}\rightarrow\begin{pmatrix}1&-1&0\\0&3&1\\0&a&5\end{pmatrix},$$

由 $r(\boldsymbol{\beta}_1,\boldsymbol{\beta}_2,\boldsymbol{\beta}_3)=2$，得 $a=15$. 所以当 $a=15,b=5$ 时，$\boldsymbol{\beta}_3$ 可以由 $\boldsymbol{\alpha}_1,\boldsymbol{\alpha}_2,\boldsymbol{\alpha}_3$ 线性表示，且 $r(\boldsymbol{\alpha}_1,\boldsymbol{\alpha}_2,\boldsymbol{\alpha}_3)=r(\boldsymbol{\beta}_1,\boldsymbol{\beta}_2,\boldsymbol{\beta}_3)=2$.

典例解析

【例 12】 设向量组（Ⅰ）$\boldsymbol{\alpha}_1=\begin{pmatrix}1\\1\\4\end{pmatrix},\boldsymbol{\alpha}_2=\begin{pmatrix}1\\0\\4\end{pmatrix},\boldsymbol{\alpha}_3=\begin{pmatrix}1\\2\\a^2+3\end{pmatrix}$ 和向量组（Ⅱ）$\boldsymbol{\beta}_1=\begin{pmatrix}1\\1\\a+3\end{pmatrix},\boldsymbol{\beta}_2=\begin{pmatrix}0\\2\\1-a\end{pmatrix},\boldsymbol{\beta}_3=\begin{pmatrix}1\\3\\a^2+3\end{pmatrix}$. 试问：当 a 为何值时，向量组（Ⅰ）和（Ⅱ）等价？

解 做初等行变换，得

$$(\boldsymbol{\alpha}_1,\boldsymbol{\alpha}_2,\boldsymbol{\alpha}_3\mid\boldsymbol{\beta}_1,\boldsymbol{\beta}_2,\boldsymbol{\beta}_3)=\left(\begin{array}{ccc|ccc}1&1&1&1&0&1\\1&0&2&1&2&3\\4&4&a^2+3&a+3&1-a&a^2+3\end{array}\right)$$

$$\rightarrow\left(\begin{array}{ccc|ccc}1&1&1&1&0&1\\0&-1&1&0&2&2\\0&0&a^2-1&a-1&1-a&a^2-1\end{array}\right).$$

当 $a=-1$ 时，上式为

$$\left(\begin{array}{ccc|ccc}1&1&1&1&0&1\\0&-1&1&0&2&2\\0&0&0&-2&2&0\end{array}\right),$$

由此可见，$\boldsymbol{\beta}_1,\boldsymbol{\beta}_2$ 都不可以由 $\boldsymbol{\alpha}_1,\boldsymbol{\alpha}_2,\boldsymbol{\alpha}_3$ 线性表示，所以向量组（Ⅰ）和（Ⅱ）不等价.

当 $a=1$ 时，上式为

$$\left(\begin{array}{ccc|ccc}1&1&1&1&0&1\\0&-1&1&0&2&2\\0&0&0&0&0&0\end{array}\right),$$

由此可见，$\boldsymbol{\beta}_1,\boldsymbol{\beta}_2,\boldsymbol{\beta}_3$ 都可以由 $\boldsymbol{\alpha}_1,\boldsymbol{\alpha}_2,\boldsymbol{\alpha}_3$ 线性表示，且 $r(\boldsymbol{\alpha}_1,\boldsymbol{\alpha}_2,\boldsymbol{\alpha}_3)=r(\boldsymbol{\beta}_1,\boldsymbol{\beta}_2,\boldsymbol{\beta}_3)=2$，所以向量组（Ⅰ）和（Ⅱ）等价.

当 $a\neq\pm1$ 时，$\boldsymbol{\beta}_1,\boldsymbol{\beta}_2,\boldsymbol{\beta}_3$ 都可以由 $\boldsymbol{\alpha}_1,\boldsymbol{\alpha}_2,\boldsymbol{\alpha}_3$ 线性表示，且 $r(\boldsymbol{\alpha}_1,\boldsymbol{\alpha}_2,\boldsymbol{\alpha}_3)=r(\boldsymbol{\beta}_1,\boldsymbol{\beta}_2,\boldsymbol{\beta}_3)=3$，所以向量组（Ⅰ）和（Ⅱ）等价.

所以，$a\neq-1$ 时，向量组（Ⅰ）和（Ⅱ）等价.

评注　向量组（Ⅰ）和（Ⅱ）等价的定义是两者可以相互线性表示. 向量组（Ⅱ）可以由向量组（Ⅰ）线性表示，且向量组（Ⅰ）和（Ⅱ）的秩相等，则向量组（Ⅰ）和（Ⅱ）等价. 根据这个性质，只需将 $\boldsymbol{\alpha}_1,\boldsymbol{\alpha}_2,\boldsymbol{\alpha}_3$ 和 $\boldsymbol{\beta}_1,\boldsymbol{\beta}_2,\boldsymbol{\beta}_3$ 作为一个矩阵的列向量 $(\boldsymbol{\alpha}_1,\boldsymbol{\alpha}_2,\boldsymbol{\alpha}_3,\boldsymbol{\beta}_1,\boldsymbol{\beta}_2,\boldsymbol{\beta}_3)$ 并做初等行变换即可得出需要的结论. 将 $\boldsymbol{\alpha}_1,\boldsymbol{\alpha}_2,\boldsymbol{\alpha}_3$ 和 $\boldsymbol{\beta}_1,\boldsymbol{\beta}_2,\boldsymbol{\beta}_3$ 放在一起做初等行变换，既可以得出两个向量组的秩，还可以得出 $\boldsymbol{\beta}_1,\boldsymbol{\beta}_2,\boldsymbol{\beta}_3$ 能否由 $\boldsymbol{\alpha}_1,\boldsymbol{\alpha}_2,\boldsymbol{\alpha}_3$ 线性表示.

（三）矩阵的秩

【例 13】　已知 n 阶矩阵 $\boldsymbol{A}=\begin{pmatrix} a & b & \cdots & b \\ b & a & \cdots & b \\ \vdots & \vdots & & \vdots \\ b & b & \cdots & a \end{pmatrix}(n>2)$，试根据 a 和 b 的不同取值确定 $\boldsymbol{A}$ 的秩.

解　$|\boldsymbol{A}|=(a+(n-1)b)(a-b)^{n-1}$.

当 $a+(n-1)b\neq 0$，且 $a\neq b$ 时，$|\boldsymbol{A}|\neq 0$，所以 $\boldsymbol{A}$ 的秩为 n.

当 $a=b=0$ 时，$\boldsymbol{A}=0$，所以 $\boldsymbol{A}$ 的秩为 0.

当 $a=b\neq 0$ 时，$\boldsymbol{A}=\begin{pmatrix} a & a & \cdots & a \\ a & a & \cdots & a \\ \vdots & \vdots & & \vdots \\ a & a & \cdots & a \end{pmatrix}$，所以 $\boldsymbol{A}$ 的秩为 1.

当 $a=(1-n)b$ 时，$\boldsymbol{A}$ 的左上角的 $n-1$ 阶子式为

$$\begin{vmatrix} a & b & \cdots & b \\ b & a & \cdots & b \\ \vdots & \vdots & & \vdots \\ b & b & \cdots & a \end{vmatrix}=(a+(n-2)b)(a-b)^{n-2}\neq 0,$$

所以 $\boldsymbol{A}$ 的秩为 $n-1$.

评注　矩阵的秩一般有两种方法求解，第一种方法，将矩阵做初等变换化为行阶梯形矩阵，然后得出矩阵的秩；第二种方法，根据性质，求矩阵的 k 阶子式，根据不等于 0 的子式最大阶数得出矩阵的秩. 如果矩阵中参数比较多，建议采用第二种方法，可以尝试从最大阶数的子式开始.

【例 14】　设 $\boldsymbol{A}$ 为 $n(n\geqslant 2)$ 阶矩阵，$\boldsymbol{A}^*$ 为 $\boldsymbol{A}$ 的伴随矩阵，证明：

$$r(\boldsymbol{A}^*)=\begin{cases} n(r(\boldsymbol{A})=n) \\ 1(r(\boldsymbol{A})=n-1). \\ 0(r(\boldsymbol{A})<n-1) \end{cases}$$

证明　当 $r(\boldsymbol{A})=n$ 时，$\boldsymbol{A}$ 为可逆矩阵，即 $|\boldsymbol{A}|\neq 0$，于是 $|\boldsymbol{A}^*|\neq 0$，因此 $r(\boldsymbol{A}^*)=n$.

当 $r(\boldsymbol{A})=n-1$ 时，$\boldsymbol{A}$ 有一个 $n-1$ 阶子式不等于 0，即存在一个余子式不等于 0，于是相应的代数余子式也不等于 0，则 $\boldsymbol{A}^*$ 不是零矩阵. 因此 $r(\boldsymbol{A}^*)\geqslant 1$.

另外，由 $r(\boldsymbol{A})=n-1$ 得 $|\boldsymbol{A}|=0$，根据 $\boldsymbol{A}\boldsymbol{A}^*=|\boldsymbol{A}|\boldsymbol{I}=0$，得 $r(\boldsymbol{A})+r(\boldsymbol{A}^*)\leqslant n$，所以 $r(\boldsymbol{A}^*)\leqslant 1$.

综上所述，当 $r(\boldsymbol{A})=n-1$ 时，$r(\boldsymbol{A}^*)=1$.

当 $r(\boldsymbol{A})<n-1$ 时，$\boldsymbol{A}$ 所有的 $n-1$ 阶子式都为 0，即 $\boldsymbol{A}$ 所有的余子式都为 0，于是所有代数余子式都为 0. 因此 $\boldsymbol{A}^*$ 为零矩阵，即 $r(\boldsymbol{A}^*)=0$.

典例解析

【例 15】 $\boldsymbol{A}$ 为 $m\times n$ 矩阵，$\boldsymbol{B}$ 为 $s\times t$ 矩阵，$\boldsymbol{C}$ 为 $m\times t$ 矩阵，证明：$r\begin{pmatrix}\boldsymbol{A} & \boldsymbol{C}\\ \boldsymbol{O} & \boldsymbol{B}\end{pmatrix}\geqslant r(\boldsymbol{A})+r(\boldsymbol{B})$.

证明 设 $r(\boldsymbol{A})=r_1,r(\boldsymbol{B})=r_2$，则存在可逆矩阵 $\boldsymbol{P}_1,\boldsymbol{P}_2,\boldsymbol{Q}_1,\boldsymbol{Q}_2$，使得 $\boldsymbol{P}_1\boldsymbol{A}\boldsymbol{Q}_1=\begin{pmatrix}I_{r_1} & 0\\ 0 & 0\end{pmatrix}$，$\boldsymbol{P}_2\boldsymbol{B}\boldsymbol{Q}_2=\begin{pmatrix}I_{r_2} & 0\\ 0 & 0\end{pmatrix}$. 于是

$$\begin{pmatrix}\boldsymbol{P}_1 & 0\\ 0 & \boldsymbol{P}_2\end{pmatrix}\begin{pmatrix}\boldsymbol{A} & \boldsymbol{C}\\ \boldsymbol{O} & \boldsymbol{B}\end{pmatrix}\begin{pmatrix}\boldsymbol{Q}_1 & 0\\ 0 & \boldsymbol{Q}_2\end{pmatrix}=\begin{pmatrix}\boldsymbol{P}_1\boldsymbol{A}\boldsymbol{Q}_1 & \boldsymbol{P}_1\boldsymbol{C}\boldsymbol{Q}_2\\ 0 & \boldsymbol{P}_2\boldsymbol{B}\boldsymbol{Q}_2\end{pmatrix}=\begin{pmatrix}I_{r_1} & 0 & C_{11} & C_{12}\\ 0 & 0 & C_{21} & C_{22}\\ 0 & 0 & I_{r_2} & 0\\ 0 & 0 & 0 & 0\end{pmatrix},$$

其中 $\boldsymbol{P}_1\boldsymbol{C}\boldsymbol{Q}_2=\begin{pmatrix}C_{11} & C_{12}\\ C_{21} & C_{22}\end{pmatrix}$. 将上述矩阵做相应的初等变换得

$$\begin{pmatrix}I_{r_1} & 0 & C_{11} & C_{12}\\ 0 & 0 & C_{21} & C_{22}\\ 0 & 0 & I_{r_2} & 0\\ 0 & 0 & 0 & 0\end{pmatrix}\to\begin{pmatrix}I_{r_1} & 0 & 0 & 0\\ 0 & I_{r_2} & 0 & 0\\ 0 & 0 & C_{22} & 0\\ 0 & 0 & 0 & 0\end{pmatrix},$$

$$r\begin{pmatrix}I_{r_1} & 0 & C_{11} & C_{12}\\ 0 & 0 & C_{21} & C_{22}\\ 0 & 0 & I_{r_2} & 0\\ 0 & 0 & 0 & 0\end{pmatrix}=r\begin{pmatrix}I_{r_1} & 0 & 0 & 0\\ 0 & I_{r_2} & 0 & 0\\ 0 & 0 & C_{22} & 0\\ 0 & 0 & 0 & 0\end{pmatrix}\geqslant r_1+r_2,$$

所以 $r\begin{pmatrix}\boldsymbol{A} & \boldsymbol{C}\\ \boldsymbol{O} & \boldsymbol{B}\end{pmatrix}\geqslant r(\boldsymbol{A})+r(\boldsymbol{B})$. 同理可得：$r\begin{pmatrix}\boldsymbol{A} & \boldsymbol{O}\\ \boldsymbol{D} & \boldsymbol{B}\end{pmatrix}\geqslant r(\boldsymbol{A})+r(\boldsymbol{B})$.

评注 对于矩阵的秩除了从向量组的秩考虑，也可以从矩阵的本身加以思考. 如果 $r(\boldsymbol{A})=r$，那么存在可逆矩阵 $\boldsymbol{P}$ 和 $\boldsymbol{Q}$，使得 $\boldsymbol{PAQ}=\begin{pmatrix}I_r & 0\\ 0 & 0\end{pmatrix}$，于是根据矩阵做初等变换秩不变，一些关于矩阵秩的证明会变得比较简洁. 下面运用这个方法证明著名的西尔维斯特(Sylvester)不等式.

【例 16】 (西尔维斯特不等式)$\boldsymbol{A}$ 为 $m\times n$ 矩阵，$\boldsymbol{B}$ 为 $n\times t$ 矩阵，证明：$r(\boldsymbol{AB})\geqslant r(\boldsymbol{A})+r(\boldsymbol{B})-n$.

证明 将下面矩阵做初等变换：

$$\begin{pmatrix}\boldsymbol{I}_n & 0\\ 0 & \boldsymbol{AB}\end{pmatrix}\to\begin{pmatrix}\boldsymbol{I}_n & 0\\ \boldsymbol{A} & \boldsymbol{AB}\end{pmatrix}\to\begin{pmatrix}\boldsymbol{I}_n & -\boldsymbol{B}\\ \boldsymbol{A} & 0\end{pmatrix}\to\begin{pmatrix}-\boldsymbol{B} & \boldsymbol{I}_n\\ 0 & \boldsymbol{A}\end{pmatrix}\to\begin{pmatrix}\boldsymbol{B} & \boldsymbol{I}_n\\ 0 & \boldsymbol{A}\end{pmatrix},$$

于是

$$r\begin{pmatrix} I_n & 0 \\ 0 & AB \end{pmatrix} = r\begin{pmatrix} B & I_n \\ 0 & A \end{pmatrix} \geqslant r(A)+r(B),$$

即 $r(I_n)+r(AB) \geqslant r(A)+r(B)$，所以 $r(AB) \geqslant r(A)+r(B)-n$.

作为这个不等式的一个推论：如果 $AB=O$，则 $r(A)+r(B) \leqslant n$. 这个性质的另一种证明方法见第四章例 5.

(四) 向量空间

【例 17】 $\boldsymbol{\alpha}_1=(1,-1,2,4)^{\mathrm{T}},\boldsymbol{\alpha}_2=(0,3,1,2)^{\mathrm{T}},\boldsymbol{\alpha}_3=(1,-1,2,0)^{\mathrm{T}},\boldsymbol{\alpha}_4=(3,0,7,14)^{\mathrm{T}}$, $\boldsymbol{\alpha}_5=(2,1,5,6)^{\mathrm{T}}$，求生成的空间 $L(\boldsymbol{\alpha}_1,\boldsymbol{\alpha}_2,\boldsymbol{\alpha}_3,\boldsymbol{\alpha}_4,\alpha_5)$ 的一组基与维数.

解　$\boldsymbol{\alpha}_1,\boldsymbol{\alpha}_2,\boldsymbol{\alpha}_3,\boldsymbol{\alpha}_4,\boldsymbol{\alpha}_5$ 的一个极大线性无关组即 $L(\boldsymbol{\alpha}_1,\boldsymbol{\alpha}_2,\boldsymbol{\alpha}_3,\boldsymbol{\alpha}_4,\boldsymbol{\alpha}_5)$ 的基，维数即 $\boldsymbol{\alpha}_1,\boldsymbol{\alpha}_2,\boldsymbol{\alpha}_3,\boldsymbol{\alpha}_4,\boldsymbol{\alpha}_5$ 的秩. 对以 $\boldsymbol{\alpha}_1,\boldsymbol{\alpha}_2,\boldsymbol{\alpha}_3,\boldsymbol{\alpha}_4,\boldsymbol{\alpha}_5$ 为列向量构成的矩阵 $\boldsymbol{A}$ 进行初等行变换，

$$\boldsymbol{A}=\begin{pmatrix} 1 & 0 & 1 & 3 & 2 \\ -1 & 3 & -1 & 0 & 1 \\ 2 & 1 & 2 & 7 & 5 \\ 4 & 2 & 0 & 14 & 6 \end{pmatrix} \to \begin{pmatrix} 1 & 0 & 1 & 3 & 2 \\ 0 & 3 & 0 & 3 & 3 \\ 0 & 1 & 0 & 1 & 1 \\ 0 & 2 & -4 & 2 & -2 \end{pmatrix} \to \begin{pmatrix} 1 & 0 & 1 & 3 & 2 \\ 0 & 1 & 0 & 1 & 1 \\ 0 & 0 & -4 & 0 & -4 \\ 0 & 0 & 0 & 0 & 0 \end{pmatrix},$$

所以，$\boldsymbol{\alpha}_1,\boldsymbol{\alpha}_2,\boldsymbol{\alpha}_3$ 是极大线性无关组，秩为 3. 因此，$\boldsymbol{\alpha}_1,\boldsymbol{\alpha}_2,\boldsymbol{\alpha}_3$ 为 $L(\boldsymbol{\alpha}_1,\boldsymbol{\alpha}_2,\boldsymbol{\alpha}_3,\boldsymbol{\alpha}_4,\boldsymbol{\alpha}_5)$ 的基，维数为 3.

四、自测练习试卷

试卷 1

一、填空题

1. $\boldsymbol{\alpha}_1=(1,1,1)^{\mathrm{T}},\boldsymbol{\alpha}_2=(0,1,-1)^{\mathrm{T}},\boldsymbol{\alpha}_3=(1,-1,0)^{\mathrm{T}},\boldsymbol{\beta}=(1,2,3)^{\mathrm{T}}$，已知 $\boldsymbol{\beta}$ 可由 $\boldsymbol{\alpha}_1,\boldsymbol{\alpha}_2,\boldsymbol{\alpha}_3$ 线性表示，则表达式为________.

2. 设向量组 $\boldsymbol{\alpha}_1=(1,1,1)^{\mathrm{T}},\boldsymbol{\alpha}_2=(1,2,3)^{\mathrm{T}},\boldsymbol{\alpha}_3=(1,3,t)^{\mathrm{T}}$，当 $t=$________时，$\boldsymbol{\alpha}_1,\boldsymbol{\alpha}_2,\boldsymbol{\alpha}_3$ 线性相关.

3. 设 $\boldsymbol{\alpha}=(a_1,a_2,a_3,a_4),\boldsymbol{\beta}=(b_1,b_2,b_3,b_4),\boldsymbol{\gamma}=(c_1,c_2,c_3,c_4)$，若行列式 $\begin{vmatrix} a_1 & a_2 & a_3 \\ b_1 & b_2 & b_3 \\ c_1 & c_2 & c_3 \end{vmatrix} \neq 0$，则 $\boldsymbol{\alpha},\boldsymbol{\beta},\boldsymbol{\gamma}$ 线性________.

4. 如果 $\boldsymbol{\alpha}_1,\boldsymbol{\alpha}_2,\cdots,\boldsymbol{\alpha}_m$ 线性相关，n 维向量 $\boldsymbol{\beta}$ 可以由 n 维向量组 $\boldsymbol{\alpha}_1,\boldsymbol{\alpha}_2,\cdots,\boldsymbol{\alpha}_m$ 线性表示，那么表示法________唯一的.（填是、不是.）

5. 设矩阵 $\boldsymbol{A}=\begin{pmatrix} k & 1 & 1 & 1 \\ 1 & k & 1 & 1 \\ 1 & 1 & k & 1 \\ 1 & 1 & 1 & k \end{pmatrix}$，且 $\boldsymbol{A}$ 的秩为 3，则 $k=$________.

6. 设 $\boldsymbol{\alpha}_1=(1,1,2,1)^{\mathrm{T}},\boldsymbol{\alpha}_2=(0,1,1,2)^{\mathrm{T}},\boldsymbol{\alpha}_3=(0,0,3,1)^{\mathrm{T}},\boldsymbol{\alpha}_4=(0,0,1,t)^{\mathrm{T}}$，当 t________时，

$\boldsymbol{\alpha}_1,\boldsymbol{\alpha}_2,\boldsymbol{\alpha}_3,\boldsymbol{\alpha}_4$ 可以为 R^4 的一组基.

二、选择题

1. 设有两个 n 维向量组 $\boldsymbol{\alpha}_1,\boldsymbol{\alpha}_2,\cdots,\boldsymbol{\alpha}_m$ 和 $\boldsymbol{\beta}_1,\boldsymbol{\beta}_2,\cdots,\boldsymbol{\beta}_m$，若存在两组不全为 0 的数 $\lambda_1,\lambda_2,\cdots,\lambda_m$ 和 $k_1,k_2,\cdots,k_m$，使得 $(\lambda_1+k_1)\boldsymbol{\alpha}_1+\cdots+(\lambda_m+k_m)\boldsymbol{\alpha}_m+(\lambda_1-k_1)\boldsymbol{\beta}_1+\cdots+(\lambda_m-k_m)\boldsymbol{\beta}_m=0$，则(　　).

(A) $\boldsymbol{\alpha}_1,\boldsymbol{\alpha}_2,\cdots,\boldsymbol{\alpha}_m$ 和 $\boldsymbol{\beta}_1,\boldsymbol{\beta}_2,\cdots,\boldsymbol{\beta}_m$ 都线性相关

(B) $\boldsymbol{\alpha}_1,\boldsymbol{\alpha}_2,\cdots,\boldsymbol{\alpha}_m$ 和 $\boldsymbol{\beta}_1,\boldsymbol{\beta}_2,\cdots,\boldsymbol{\beta}_m$ 都线性无关

(C) $\boldsymbol{\alpha}_1+\boldsymbol{\beta}_1,\cdots,\boldsymbol{\alpha}_m+\boldsymbol{\beta}_m,\boldsymbol{\alpha}_1-\boldsymbol{\beta}_1,\cdots,\boldsymbol{\alpha}_m-\boldsymbol{\beta}_m$ 线性无关

(D) $\boldsymbol{\alpha}_1+\boldsymbol{\beta}_1,\cdots,\boldsymbol{\alpha}_m+\boldsymbol{\beta}_m,\boldsymbol{\alpha}_1-\boldsymbol{\beta}_1,\cdots,\boldsymbol{\alpha}_m-\boldsymbol{\beta}_m$ 线性相关

2. 设向量组 $\boldsymbol{\alpha}_1,\boldsymbol{\alpha}_2,\boldsymbol{\alpha}_3$ 线性无关，则下列向量组线性相关的是(　　).

(A) $\boldsymbol{\alpha}_1-\boldsymbol{\alpha}_2+2\boldsymbol{\alpha}_3,-\boldsymbol{\alpha}_1+2\boldsymbol{\alpha}_2,2\boldsymbol{\alpha}_1-6\boldsymbol{\alpha}_2+3\boldsymbol{\alpha}_3$

(B) $\boldsymbol{\alpha}_1-2\boldsymbol{\alpha}_2+2\boldsymbol{\alpha}_3,-\boldsymbol{\alpha}_1+4\boldsymbol{\alpha}_2-\boldsymbol{\alpha}_3,-\boldsymbol{\alpha}_1+2\boldsymbol{\alpha}_2$

(C) $-2\boldsymbol{\alpha}_1+4\boldsymbol{\alpha}_2-\boldsymbol{\alpha}_3,-4\boldsymbol{\alpha}_1+8\boldsymbol{\alpha}_2-2\boldsymbol{\alpha}_3,3\boldsymbol{\alpha}_1+\boldsymbol{\alpha}_3$

(D) $\boldsymbol{\alpha}_1-2\boldsymbol{\alpha}_2+2\boldsymbol{\alpha}_3,2\boldsymbol{\alpha}_1-\boldsymbol{\alpha}_2,3\boldsymbol{\alpha}_1-3\boldsymbol{\alpha}_2+2\boldsymbol{\alpha}_3$

3. 向量 $\boldsymbol{\beta}$ 可由向量组 $\boldsymbol{\alpha}_1,\boldsymbol{\alpha}_2,\cdots,\boldsymbol{\alpha}_m$ 线性表示，但不能由向量组(Ⅰ) $\boldsymbol{\alpha}_1,\boldsymbol{\alpha}_2,\cdots,\boldsymbol{\alpha}_{m-1}$ 线性表示，记向量组(Ⅱ) $\boldsymbol{\alpha}_1,\boldsymbol{\alpha}_2,\cdots,\boldsymbol{\alpha}_{m-1},\boldsymbol{\beta}$，则(　　)成立.

(A) $\boldsymbol{\alpha}_m$ 不能由向量组(Ⅰ)线性表示，也不能由向量组(Ⅱ)线性表示

(B) $\boldsymbol{\alpha}_m$ 不能由向量组(Ⅰ)线性表示，但可由向量组(Ⅱ)线性表示

(C) $\boldsymbol{\alpha}_m$ 可由向量组(Ⅰ)线性表示，也可由向量组(Ⅱ)线性表示

(D) $\boldsymbol{\alpha}_m$ 可由向量组(Ⅰ)线性表示，但不可由向量组(Ⅱ)线性表示

4. 若向量组 $\boldsymbol{\alpha},\boldsymbol{\beta},\boldsymbol{\gamma}$ 线性无关，向量组 $\boldsymbol{\beta},\boldsymbol{\gamma},\boldsymbol{\delta}$ 线性相关，则(　　).

(A) $\boldsymbol{\alpha}$ 可以由 $\boldsymbol{\beta},\boldsymbol{\gamma},\boldsymbol{\delta}$ 线性表示　　(B) $\boldsymbol{\beta}$ 可以由 $\boldsymbol{\alpha},\boldsymbol{\gamma},\boldsymbol{\delta}$ 线性表示

(C) $\boldsymbol{\delta}$ 可以由 $\boldsymbol{\alpha},\boldsymbol{\beta},\boldsymbol{\gamma}$ 线性表示　　(D) $\boldsymbol{\delta}$ 不可以由 $\boldsymbol{\alpha},\boldsymbol{\beta},\boldsymbol{\gamma}$ 线性表示

5. 设 $\boldsymbol{\alpha}_1,\boldsymbol{\alpha}_2,\cdots,\boldsymbol{\alpha}_s$ 均为 n 维列向量，$\boldsymbol{A}$ 为 $m\times n$ 矩阵，下列选项正确的是(　　).

(A) 若 $\boldsymbol{\alpha}_1,\boldsymbol{\alpha}_2,\cdots,\boldsymbol{\alpha}_s$ 线性相关，则 $\boldsymbol{A\alpha}_1,\boldsymbol{A\alpha}_2,\cdots,\boldsymbol{A\alpha}_s$ 线性相关

(B) 若 $\boldsymbol{\alpha}_1,\boldsymbol{\alpha}_2,\cdots,\boldsymbol{\alpha}_s$ 线性相关，则 $\boldsymbol{A\alpha}_1,\boldsymbol{A\alpha}_2,\cdots,\boldsymbol{A\alpha}_s$ 线性无关

(C) 若 $\boldsymbol{\alpha}_1,\boldsymbol{\alpha}_2,\cdots,\boldsymbol{\alpha}_s$ 线性无关，则 $\boldsymbol{A\alpha}_1,\boldsymbol{A\alpha}_2,\cdots,\boldsymbol{A\alpha}_s$ 线性相关

(D) 若 $\boldsymbol{\alpha}_1,\boldsymbol{\alpha}_2,\cdots,\boldsymbol{\alpha}_s$ 线性无关，则 $\boldsymbol{A\alpha}_1,\boldsymbol{A\alpha}_2,\cdots,\boldsymbol{A\alpha}_s$ 线性无关

6. 设 $\boldsymbol{\alpha}_1=(1,0,1)^{\mathrm{T}},\boldsymbol{\alpha}_2=(1,1,0)^{\mathrm{T}},\boldsymbol{\alpha}_3=(0,1,1)^{\mathrm{T}},\boldsymbol{\alpha}_4=(1,1,1)^{\mathrm{T}}$，则向量组 $\boldsymbol{\alpha}_1,\boldsymbol{\alpha}_2,\boldsymbol{\alpha}_3,\boldsymbol{\alpha}_4$ 共有(　　)个不同的极大线性无关组.

(A) 1　　(B) 2　　(C) 3　　(D) 4

7. 设 $\boldsymbol{A},\boldsymbol{B}$ 都是 n 阶非零矩阵，且 $\boldsymbol{AB}=\boldsymbol{O}$，则 $\boldsymbol{A}$ 和 $\boldsymbol{B}$ 的秩(　　).

(A) 必有一个等于 0　　(B) 都小于 n

(C) 必有一个等于 n　　(D) 都等于 n

8. $m>n$，$\boldsymbol{A}$ 为 $m\times n$ 矩阵，$\boldsymbol{B}$ 为 $n\times m$ 矩阵，则(　　).

(A) $|\boldsymbol{AB}|\neq 0$　　(B) $|\boldsymbol{AB}|=0$　　(C) $|\boldsymbol{BA}|\neq 0$　　(D) $|\boldsymbol{BA}|=0$

9. $\boldsymbol{A}$ 为三阶矩阵，$\boldsymbol{A}^*$ 为 $\boldsymbol{A}$ 的伴随矩阵，且 $\boldsymbol{A}$ 的所有二阶子式都等于 0，则(　　).

(A) $r(\boldsymbol{A})\leqslant 1,r(\boldsymbol{A}^*)=0$　　(B) $r(\boldsymbol{A})=1,r(\boldsymbol{A}^*)=0$

(C) $r(\boldsymbol{A})\leqslant 1,r(\boldsymbol{A}^*)=1$　　(D) $r(\boldsymbol{A})=2,r(\boldsymbol{A}^*)=1$

三、计算题

1. 设向量组 $\boldsymbol{\alpha}_1=(a,2,10)^{\mathrm{T}},\boldsymbol{\alpha}_2=(-2,1,5)^{\mathrm{T}},\boldsymbol{\alpha}_3=(-1,1,4)^{\mathrm{T}},\boldsymbol{\beta}=(1,b,c)^{\mathrm{T}}$，试问：当 a,b,c 满足什么条件时，

(1)$\boldsymbol{\beta}$ 可由 $\boldsymbol{\alpha}_1,\boldsymbol{\alpha}_2,\boldsymbol{\alpha}_3$ 线性表示，且表达式唯一；

(2)$\boldsymbol{\beta}$ 不能由 $\boldsymbol{\alpha}_1,\boldsymbol{\alpha}_2,\boldsymbol{\alpha}_3$ 线性表示；

(3)$\boldsymbol{\beta}$ 可由 $\boldsymbol{\alpha}_1,\boldsymbol{\alpha}_2,\boldsymbol{\alpha}_3$ 线性表示，但表达式不唯一，并写出一般表达式.

2. 设向量 $\boldsymbol{\alpha}_1,\boldsymbol{\alpha}_2,\cdots,\boldsymbol{\alpha}_s(s\geqslant 2)$ 线性无关，且 $\boldsymbol{\beta}_1=\boldsymbol{\alpha}_1+\boldsymbol{\alpha}_2,\boldsymbol{\beta}_2=\boldsymbol{\alpha}_2+\boldsymbol{\alpha}_3,\cdots,\boldsymbol{\beta}_{s-1}=\boldsymbol{\alpha}_{s-1}+\boldsymbol{\alpha}_s$，$\boldsymbol{\beta}_s=\boldsymbol{\alpha}_s+\boldsymbol{\alpha}_1$，讨论 $\boldsymbol{\beta}_1,\boldsymbol{\beta}_2,\cdots,\boldsymbol{\beta}_s$ 的线性相关性.

3. 设向量组 $\boldsymbol{\alpha}_1=(0,1,1)^{\mathrm{T}},\boldsymbol{\alpha}_2=(1,2,1)^{\mathrm{T}},\boldsymbol{\alpha}_3=(1,0,-1)^{\mathrm{T}}$，以及向量组 $\boldsymbol{\beta}_1=(1,1,0)^{\mathrm{T}},\boldsymbol{\beta}_2=(1,1,1)^{\mathrm{T}},\boldsymbol{\beta}_3=(2,a,b)^{\mathrm{T}}$. 确定 a 和 b 使得 $\boldsymbol{\alpha}_1,\boldsymbol{\alpha}_2,\boldsymbol{\alpha}_3$ 与 $\boldsymbol{\beta}_1,\boldsymbol{\beta}_2,\boldsymbol{\beta}_3$ 的秩相同，且 $\boldsymbol{\beta}_3$ 可由 $\boldsymbol{\alpha}_1,\boldsymbol{\alpha}_2,\boldsymbol{\alpha}_3$ 线性表示.

4. 求实数 a 和 b，使 $L(\boldsymbol{\alpha}_1,\boldsymbol{\alpha}_2,\boldsymbol{\alpha}_3)=L(\boldsymbol{\beta}_1,\boldsymbol{\beta}_2,\boldsymbol{\beta}_3)$，其中 $\boldsymbol{\alpha}_1=(1,1,0,0)^{\mathrm{T}}$，$\boldsymbol{\alpha}_2=(0,1,1,0)^{\mathrm{T}}$，$\boldsymbol{\alpha}_3=(0,0,1,1)^{\mathrm{T}}$，$\boldsymbol{\beta}_1=(1,a,b,1)^{\mathrm{T}}$，$\boldsymbol{\beta}_2=(2,1,1,2)^{\mathrm{T}}$，$\boldsymbol{\beta}_3=(0,1,2,1)^{\mathrm{T}}$.

四、证明题

1. 设 m 个向量 $\boldsymbol{\alpha}_1,\boldsymbol{\alpha}_2,\cdots,\boldsymbol{\alpha}_m$ 线性相关，且其中任意 $m-1$ 个向量都线性无关，证明：存在 m 个全不为 0 的数 $k_1,k_2,\cdots,k_m$，使得 $k_1\boldsymbol{\alpha}_1+k_2\boldsymbol{\alpha}_2+\cdots+k_m\boldsymbol{\alpha}_m=0$.

2. 设向量组 $\boldsymbol{\alpha}_1,\boldsymbol{\alpha}_2,\boldsymbol{\alpha}_3$ 线性相关，向量组 $\boldsymbol{\alpha}_2,\boldsymbol{\alpha}_3,\boldsymbol{\alpha}_4$ 线性无关，证明：

(1)$\boldsymbol{\alpha}_1$ 能由 $\boldsymbol{\alpha}_2,\boldsymbol{\alpha}_3$ 线性表示；(2)$\boldsymbol{\alpha}_4$ 不能由 $\boldsymbol{\alpha}_1,\boldsymbol{\alpha}_2,\boldsymbol{\alpha}_3$ 线性表示.

3. 已知 $\boldsymbol{\alpha}_1,\boldsymbol{\alpha}_2,\cdots,\boldsymbol{\alpha}_s$ 的秩为 r，证明：(1)$r\leqslant r(\boldsymbol{\alpha}_1,\boldsymbol{\alpha}_2,\cdots,\boldsymbol{\alpha}_s,\boldsymbol{\alpha}_{s+1})\leqslant r+1$；(2)$r-1\leqslant r(\boldsymbol{\alpha}_1,\boldsymbol{\alpha}_2,\cdots,\boldsymbol{\alpha}_{s-1})\leqslant r$.

4. 设 $\boldsymbol{A}$ 是秩为 r 的 $m\times n$ 矩阵，从 $\boldsymbol{A}$ 中任取 s 行构成矩阵 $\boldsymbol{B}$，证明：$r(\boldsymbol{B})\geqslant r+s-m$.

5. 设 $\boldsymbol{A}$ 为 $m\times n$ 矩阵，$\boldsymbol{B}$ 为 $n\times m$ 矩阵，且矩阵 $\boldsymbol{B}$ 的秩为 $n(n\leqslant m)$，证明：若 $\boldsymbol{AB}=\boldsymbol{O}$，则 $\boldsymbol{A}=0$.

6. 设 $\boldsymbol{A}$ 为 n 阶方阵，证明：若 $\boldsymbol{A}^2=\boldsymbol{I}$，则 $r(\boldsymbol{A}+\boldsymbol{I})+r(\boldsymbol{A}-\boldsymbol{I})=n$.

试卷 2

一、填空题

1. 设 $\boldsymbol{\alpha}_1=(1,2,-1)^{\mathrm{T}},\boldsymbol{\alpha}_2=(2,-3,1)^{\mathrm{T}},\boldsymbol{\alpha}_3=(4,1,-1)^{\mathrm{T}}$，则 $\boldsymbol{\alpha}_1,\boldsymbol{\alpha}_2,\boldsymbol{\alpha}_3$ 线性________.

2. $\boldsymbol{\alpha}_1,\boldsymbol{\alpha}_2,\boldsymbol{\alpha}_3$ 线性无关，$\boldsymbol{\beta}_1=\boldsymbol{\alpha}_1-\boldsymbol{\alpha}_2+3\boldsymbol{\alpha}_3,\boldsymbol{\beta}_2=\boldsymbol{\alpha}_1-2\boldsymbol{\alpha}_2+\boldsymbol{\alpha}_3,\boldsymbol{\beta}_3=3\boldsymbol{\alpha}_1+\boldsymbol{\alpha}_2+\boldsymbol{\alpha}_3$，则向量组 $\boldsymbol{\beta}_1,\boldsymbol{\beta}_2,\boldsymbol{\beta}_3$ 线性________.

3. 向量组(Ⅰ)$\boldsymbol{\alpha}_1,\boldsymbol{\alpha}_2,\boldsymbol{\alpha}_3$，向量组(Ⅱ)$\boldsymbol{\alpha}_1,\boldsymbol{\alpha}_2,\boldsymbol{\alpha}_3,\boldsymbol{\alpha}_4$，向量组(Ⅲ)$\boldsymbol{\alpha}_1,\boldsymbol{\alpha}_2,\boldsymbol{\alpha}_3,\boldsymbol{\alpha}_5$，如果 r(Ⅰ)$=r$(Ⅱ)$=3$，r(Ⅲ)$=4$，那么 $\boldsymbol{\alpha}_1,\boldsymbol{\alpha}_2,\boldsymbol{\alpha}_3,\boldsymbol{\alpha}_5-\boldsymbol{\alpha}_4$ 的秩为________.

4. 已知 $r(\boldsymbol{\alpha}_1,\boldsymbol{\alpha}_2,\boldsymbol{\alpha}_3)=3$，而 $r(\boldsymbol{\alpha}_1+\boldsymbol{\alpha}_2,\boldsymbol{\alpha}_1+t\boldsymbol{\alpha}_3,\boldsymbol{\alpha}_2+2\boldsymbol{\alpha}_3)=2$，则 $t=$________.

5. $n(n\geqslant 3)$阶矩阵 $\boldsymbol{A}$ 为奇异矩阵，则$(\boldsymbol{A}^*)^*=$________.

二、选择题

1. 设 $\boldsymbol{\alpha}_1,\boldsymbol{\alpha}_2,\cdots,\boldsymbol{\alpha}_s$ 均为 n 维向量，下列结论不正确的是(　　).

(A)若对于任意一组不全为 0 的数 $k_1,k_2,\cdots,k_s$，都有 $k_1\boldsymbol{\alpha}_1+k_2\boldsymbol{\alpha}_2+\cdots+k_s\boldsymbol{\alpha}_s\neq 0$，则 $\boldsymbol{\alpha}_1,\boldsymbol{\alpha}_2,\cdots,\boldsymbol{\alpha}_s$ 线性无关

(B)若 $\boldsymbol{\alpha}_1,\boldsymbol{\alpha}_2,\cdots,\boldsymbol{\alpha}_s$ 线性相关，则对于任意一组不全为 0 的数 $k_1,k_2,\cdots,k_s$，都有 $k_1\boldsymbol{\alpha}_1+k_2\boldsymbol{\alpha}_2+\cdots+k_s\boldsymbol{\alpha}_s=0$

(C)$\boldsymbol{\alpha}_1,\boldsymbol{\alpha}_2,\cdots,\boldsymbol{\alpha}_s$ 线性无关的充分必要条件是此向量组的秩为 s

(D)$\boldsymbol{\alpha}_1,\boldsymbol{\alpha}_2,\cdots,\boldsymbol{\alpha}_s$ 线性无关的必要条件是其中任意两个向量线性无关

2. 设向量 $\boldsymbol{\alpha},\boldsymbol{\beta}$ 线性相关，则向量 $3\boldsymbol{\alpha}-2\boldsymbol{\beta}$(　　).

(A)线性相关　　　　　　　　　　　　(B)线性无关

(C)可能线性相关，可能线性无关　　　(D)为零向量

3. 设向量组 $\boldsymbol{\alpha}_1,\boldsymbol{\alpha}_2,\boldsymbol{\alpha}_3$ 线性无关，向量 $\boldsymbol{\beta}_1$ 可由 $\boldsymbol{\alpha}_1,\boldsymbol{\alpha}_2,\boldsymbol{\alpha}_3$ 线性表示，而向量 $\boldsymbol{\beta}_2$ 不能由 $\boldsymbol{\alpha}_1,\boldsymbol{\alpha}_2,\boldsymbol{\alpha}_3$ 线性表示，则对任意常数 k，成立的是(　　).

(A)向量组 $\boldsymbol{\alpha}_1,\boldsymbol{\alpha}_2,\boldsymbol{\alpha}_3,k\boldsymbol{\beta}_1+\boldsymbol{\beta}_2$ 线性无关

(B)向量组 $\boldsymbol{\alpha}_1,\boldsymbol{\alpha}_2,\boldsymbol{\alpha}_3,k\boldsymbol{\beta}_1+\boldsymbol{\beta}_2$ 线性相关

(C)向量组 $\boldsymbol{\alpha}_1,\boldsymbol{\alpha}_2,\boldsymbol{\alpha}_3,\boldsymbol{\beta}_1+k\boldsymbol{\beta}_2$ 线性无关

(D)向量组 $\boldsymbol{\alpha}_1,\boldsymbol{\alpha}_2,\boldsymbol{\alpha}_3,\boldsymbol{\beta}_1+k\boldsymbol{\beta}_2$ 线性相关

4. n 维列向量组(Ⅰ)$\boldsymbol{\alpha}_1,\boldsymbol{\alpha}_2,\cdots,\boldsymbol{\alpha}_m(m<n)$ 线性无关，则 n 维列向量组(Ⅱ)$\boldsymbol{\beta}_1,\boldsymbol{\beta}_2,\cdots,\boldsymbol{\beta}_m$ 也线性无关的充分必要条件是(　　).

(A)向量组(Ⅰ)可以由向量组(Ⅱ)线性表示

(B)向量组(Ⅱ)可以由向量组(Ⅰ)线性表示

(C)向量组(Ⅰ)与向量组(Ⅱ)等价

(D)矩阵 $\boldsymbol{A}=(\boldsymbol{\alpha}_1,\boldsymbol{\alpha}_2,\cdots,\boldsymbol{\alpha}_m)$ 与矩阵 $\boldsymbol{B}=(\boldsymbol{\beta}_1,\boldsymbol{\beta}_2,\cdots,\boldsymbol{\beta}_m)$ 等价

5. 矩阵 $\boldsymbol{A}$ 经过若干次初等行变换化为 $\boldsymbol{B}$，则(　　).

(A)$\boldsymbol{B}$ 的列向量组可由 $\boldsymbol{A}$ 的列向量组线性表示

(B)$\boldsymbol{B}$ 的列向量组不可由 $\boldsymbol{A}$ 的列向量组线性表示

(C)$\boldsymbol{B}$ 的行向量组可由 $\boldsymbol{A}$ 的行向量组线性表示

(D)$\boldsymbol{B}$ 的行向量组不可由 $\boldsymbol{A}$ 的行向量组线性表示

6. 当(　　)时，矩阵 $\begin{pmatrix}1 & a & a^2 & a^3\\ 1 & b & b^2 & b^3\\ 1 & c & c^2 & c^3\end{pmatrix}$ 的秩为 3.

(A)a,b,c 都不等于 1　　　　　　　(B)a,b,c 都不等于 0

(C)a,b,c 互不相等　　　　　　　　(D)$a=b=c$

7. $m\times n$ 矩阵 $\boldsymbol{A}$ 和 $n\times m$ 矩阵 $\boldsymbol{B}$，若 $\boldsymbol{BA}=\boldsymbol{I}_n$，则(　　).

(A)$\boldsymbol{A}$ 的行向量组线性无关，$\boldsymbol{B}$ 的行向量组线性无关

(B)$\boldsymbol{A}$ 的列向量组线性无关，$\boldsymbol{B}$ 的列向量组线性无关

(C)$\boldsymbol{A}$ 的行向量组线性无关，$\boldsymbol{B}$ 的列向量组线性无关

(D)$\boldsymbol{A}$ 的列向量组线性无关，$\boldsymbol{B}$ 的行向量组线性无关

8. 设方阵 $\boldsymbol{A}$ 和 $\boldsymbol{B}$ 等价，$\boldsymbol{A}$ 的所有 k 阶子式全为 0，则(　　).

(A)$r(\boldsymbol{B})<k$　　　　　　　　　(B)$r(\boldsymbol{B})=k$

(C)$r(\boldsymbol{B})\geqslant k$　　　　　　　　　(D)$r(\boldsymbol{B})\leqslant k$

9. 设 $\boldsymbol{A}$ 为 n 阶方阵，且 $|\boldsymbol{A}|=0$，则(　　).

(A) $\boldsymbol{A}$ 中必有两行(列)的元素对应成比例

(B) $\boldsymbol{A}$ 中任意一行(列)向量是其余各行(列)向量的线性组合

(C) $\boldsymbol{A}$ 中必有一行(列)向量是其余各行(列)向量的线性组合

(D) $\boldsymbol{A}$ 中至少有一行(列)的元素全为0

三、计算题

1. 设 $\boldsymbol{\alpha}_1=(1,2,0)^{\mathrm{T}},\boldsymbol{\alpha}_2=(1,a+2,-3a)^{\mathrm{T}},\boldsymbol{\alpha}_3=(-1,-b-2,a+2b)^{\mathrm{T}}$，$\boldsymbol{\beta}=(1,3,-3)^{\mathrm{T}}$，试讨论 a,b 为何值时，

(1) $\boldsymbol{\beta}$ 不能由 $\boldsymbol{\alpha}_1,\boldsymbol{\alpha}_2,\boldsymbol{\alpha}_3$ 线性表示；

(2) $\boldsymbol{\beta}$ 可由 $\boldsymbol{\alpha}_1,\boldsymbol{\alpha}_2,\boldsymbol{\alpha}_3$ 线性表示，且表达式唯一，并写出表达式；

(3) $\boldsymbol{\beta}$ 可由 $\boldsymbol{\alpha}_1,\boldsymbol{\alpha}_2,\boldsymbol{\alpha}_3$ 线性表示，但表达式不唯一，并写出一般表达式.

2. 设四维向量组 $\boldsymbol{\alpha}_1=(1+a,1,1,1)^{\mathrm{T}},\boldsymbol{\alpha}_2=(2,2+a,2,2)^{\mathrm{T}},\boldsymbol{\alpha}_3=(3,3,3+a,3)^{\mathrm{T}},\boldsymbol{\alpha}_4=(4,4,4,4+a)^{\mathrm{T}}$，试问 a 为何值时，$\boldsymbol{\alpha}_1,\boldsymbol{\alpha}_2,\boldsymbol{\alpha}_3,\boldsymbol{\alpha}_4$ 线性相关？当 $\boldsymbol{\alpha}_1,\boldsymbol{\alpha}_2,\boldsymbol{\alpha}_3,\boldsymbol{\alpha}_4$ 线性相关时，求其中一个极大线性无关组，并将其余向量用该极大线性无关组线性表示.

3. 设 $n(n\geqslant 3)$ 阶矩阵 $\boldsymbol{A}=\begin{pmatrix}1 & a & a & \cdots & a\\ a & 1 & a & \cdots & a\\ a & a & 1 & \cdots & a\\ \vdots & \vdots & \vdots & & \vdots\\ a & a & a & \cdots & 1\end{pmatrix}$，讨论 $\boldsymbol{A}$ 的秩.

4. 向量组 $\boldsymbol{\alpha}_1=\begin{pmatrix}1\\3\\5\end{pmatrix},\boldsymbol{\alpha}_2=\begin{pmatrix}1\\0\\1\end{pmatrix},\boldsymbol{\alpha}_3=\begin{pmatrix}0\\1\\1\end{pmatrix}$ 不能由向量组 $\boldsymbol{\beta}_1=\begin{pmatrix}1\\2\\3\end{pmatrix},\boldsymbol{\beta}_2=\begin{pmatrix}3\\4\\a\end{pmatrix},\boldsymbol{\beta}_3=\begin{pmatrix}1\\1\\1\end{pmatrix}$ 线性表示. 求：(1) a；(2) 将 $\boldsymbol{\beta}_1,\boldsymbol{\beta}_2,\boldsymbol{\beta}_3$ 表示为 $\boldsymbol{\alpha}_1,\boldsymbol{\alpha}_2,\boldsymbol{\alpha}_3$ 的线性组合.

四、证明题

1. 设 $\boldsymbol{\beta}_1=\boldsymbol{\alpha}_2+\boldsymbol{\alpha}_3+\cdots+\boldsymbol{\alpha}_s,\boldsymbol{\beta}_2=\boldsymbol{\alpha}_1+\boldsymbol{\alpha}_3+\cdots+\boldsymbol{\alpha}_s,\cdots,\boldsymbol{\beta}_s=\boldsymbol{\alpha}_1+\boldsymbol{\alpha}_2+\cdots+\boldsymbol{\alpha}_{s-1}$，证明：向量组 $\boldsymbol{\alpha}_1,\boldsymbol{\alpha}_2,\cdots,\boldsymbol{\alpha}_s$ 与向量组 $\boldsymbol{\beta}_1,\boldsymbol{\beta}_2,\cdots,\boldsymbol{\beta}_s$ 等价.

2. 设 $\boldsymbol{A}$ 是 $m\times n$ 矩阵，$\boldsymbol{B}$ 是 $n\times m$ 矩阵，$\boldsymbol{I}$ 是 n 阶单位矩阵，且 $m>n$. 已知 $\boldsymbol{BA}=\boldsymbol{I}$，试判断 $\boldsymbol{A}$ 的列向量组是否线性相关，说明理由.

3. 证明：向量组(Ⅰ) $\boldsymbol{\alpha}_1,\boldsymbol{\alpha}_2,\cdots,\boldsymbol{\alpha}_s$ 与向量组(Ⅱ) $\boldsymbol{\alpha}_1,\boldsymbol{\alpha}_2,\cdots,\boldsymbol{\alpha}_s,\boldsymbol{\alpha}_{s+1},\cdots,\boldsymbol{\alpha}_{s+m}$ 有相同的秩的充分必要条件是 $\boldsymbol{\alpha}_{s+1},\cdots,\boldsymbol{\alpha}_{s+m}$ 可由向量组(Ⅰ) $\boldsymbol{\alpha}_1,\boldsymbol{\alpha}_2,\cdots,\boldsymbol{\alpha}_s$ 线性表示.

4. 对于 $m\times n$ 矩阵 $\boldsymbol{A}$ 和 $\boldsymbol{B}$，证明：$r(\boldsymbol{A}-\boldsymbol{B})\geqslant r(\boldsymbol{A})-r(\boldsymbol{B})$.

5. 设 n 维向量组 $\boldsymbol{\alpha}_1,\boldsymbol{\alpha}_2,\cdots,\boldsymbol{\alpha}_m$ 线性无关，而

$$\begin{cases}\boldsymbol{\beta}_1=c_{11}\boldsymbol{\alpha}_1+c_{12}\boldsymbol{\alpha}_2+\cdots+c_{1m}\boldsymbol{\alpha}_m\\ \boldsymbol{\beta}_2=c_{21}\boldsymbol{\alpha}_1+c_{22}\boldsymbol{\alpha}_2+\cdots+c_{2m}\boldsymbol{\alpha}_m\\ \qquad\vdots\\ \boldsymbol{\beta}_m=c_{m1}\boldsymbol{\alpha}_1+c_{m2}\boldsymbol{\alpha}_2+\cdots+c_{mm}\boldsymbol{\alpha}_m\end{cases},$$

证明：$\boldsymbol{\beta}_1,\boldsymbol{\beta}_2,\cdots,\boldsymbol{\beta}_m$ 的秩等于矩阵 $\boldsymbol{C}=\begin{pmatrix}c_{11} & c_{12} & \cdots & c_{1m}\\ c_{21} & c_{22} & \cdots & c_{2m}\\ \vdots & \vdots & & \vdots\\ c_{m1} & c_{m2} & \cdots & c_{mm}\end{pmatrix}$ 的秩.

6. 证明：n 维列向量组 $\boldsymbol{\alpha}_1,\boldsymbol{\alpha}_2,\cdots,\boldsymbol{\alpha}_n$ 线性无关的充分必要条件是行列式

$$D=\begin{vmatrix}\boldsymbol{\alpha}_1^{\mathrm{T}}\boldsymbol{\alpha}_1 & \boldsymbol{\alpha}_1^{\mathrm{T}}\boldsymbol{\alpha}_2 & \cdots & \boldsymbol{\alpha}_1^{\mathrm{T}}\boldsymbol{\alpha}_n\\ \boldsymbol{\alpha}_2^{\mathrm{T}}\boldsymbol{\alpha}_1 & \boldsymbol{\alpha}_2^{\mathrm{T}}\boldsymbol{\alpha}_2 & \cdots & \boldsymbol{\alpha}_2^{\mathrm{T}}\boldsymbol{\alpha}_n\\ \vdots & \vdots & & \vdots\\ \boldsymbol{\alpha}_n^{\mathrm{T}}\boldsymbol{\alpha}_1 & \boldsymbol{\alpha}_n^{\mathrm{T}}\boldsymbol{\alpha}_2 & \cdots & \boldsymbol{\alpha}_n^{\mathrm{T}}\boldsymbol{\alpha}_n\end{vmatrix}\neq 0.$$

五、习题、总复习题及详解

习题 3-1　向量及其运算

1. 设 $\boldsymbol{\alpha}_1=\begin{pmatrix}1\\-1\\2\end{pmatrix}$，$\boldsymbol{\alpha}_2=\begin{pmatrix}3\\1\\-1\end{pmatrix}$，$\boldsymbol{\alpha}_3=\begin{pmatrix}2\\0\\-1\end{pmatrix}$，求(1)$\boldsymbol{\alpha}_1+2\boldsymbol{\alpha}_2-\boldsymbol{\alpha}_3$，(2)$2\boldsymbol{\alpha}_1-\boldsymbol{\alpha}_2+3\boldsymbol{\alpha}_3$.

解　(1)$\begin{pmatrix}5\\2\\1\end{pmatrix}$；(2)$\begin{pmatrix}5\\-3\\2\end{pmatrix}$.

2. 设 $\boldsymbol{\alpha}_1=\begin{pmatrix}1\\2\\3\end{pmatrix}$；$\boldsymbol{\alpha}_2=\begin{pmatrix}6\\-5\\-4\end{pmatrix}$；$\boldsymbol{\alpha}_3=\begin{pmatrix}-1\\2\\0\end{pmatrix}$，求 $2\boldsymbol{\alpha}_1+\boldsymbol{\alpha}_2-\boldsymbol{\alpha}_3$.

解　$\begin{pmatrix}9\\-3\\2\end{pmatrix}$.

3. 设 $\boldsymbol{\alpha}=\begin{pmatrix}-1\\3\\1\end{pmatrix}$，$\boldsymbol{\beta}=\begin{pmatrix}-1\\3\\2\end{pmatrix}$，$\boldsymbol{\gamma}=\begin{pmatrix}-1\\3\\-1\end{pmatrix}$，求常数 k，使得 $k\boldsymbol{\alpha}-2\boldsymbol{\beta}=\boldsymbol{\gamma}$.

解　$k=3$.

习题 3-2　向量间的线性相关性

1. 三维向量 $\boldsymbol{\alpha}_1=\begin{pmatrix}1\\3\\2\end{pmatrix}$，$\boldsymbol{\alpha}_2=\begin{pmatrix}3\\2\\1\end{pmatrix}$，$\boldsymbol{\alpha}_3=\begin{pmatrix}-2\\-5\\1\end{pmatrix}$，$\boldsymbol{\beta}=\begin{pmatrix}4\\11\\3\end{pmatrix}$，将 $\boldsymbol{\beta}$ 表示成 $\boldsymbol{\alpha}_1$，$\boldsymbol{\alpha}_2$，$\boldsymbol{\alpha}_3$ 的线性组合.

解　$\beta=2\alpha_1-\alpha_3$.

2. 判断下列向量组是否线性相关：

(1)$\boldsymbol{\alpha}_1=\begin{pmatrix}3\\1\\5\\-2\end{pmatrix}$，$\boldsymbol{\alpha}_2=\begin{pmatrix}-3\\-1\\-1\\2\end{pmatrix}$，$\boldsymbol{\alpha}_3=\begin{pmatrix}-1\\2\\5\\3\end{pmatrix}$，$\boldsymbol{\alpha}_4=\begin{pmatrix}5\\1\\3\\-4\end{pmatrix}$；

(2) $\boldsymbol{\alpha}_1=\begin{pmatrix}1\\2\\1\end{pmatrix}$，$\boldsymbol{\alpha}_2=\begin{pmatrix}-1\\1\\0\end{pmatrix}$，$\boldsymbol{\alpha}_3=\begin{pmatrix}2\\3\\1\end{pmatrix}$.

解　根据定理 3.1，(1) 由于 $\begin{vmatrix}3&-3&-1&5\\1&-2&-1&2\\5&-1&5&3\\-2&2&3&-4\end{vmatrix}=0$，故线性相关；

(2) 由于 $\begin{vmatrix}1&-1&2\\2&1&3\\1&0&1\end{vmatrix}\neq 0$，故线性无关.

3. 设 $\boldsymbol{\alpha}_1$，$\boldsymbol{\alpha}_2$，$\boldsymbol{\alpha}_3$ 线性无关，则 $2\boldsymbol{\alpha}_1-\boldsymbol{\alpha}_2+\boldsymbol{\alpha}_3$，$\boldsymbol{\alpha}_1+2\boldsymbol{\alpha}_2-2\boldsymbol{\alpha}_3$，$2\boldsymbol{\alpha}_1-3\boldsymbol{\alpha}_2+\boldsymbol{\alpha}_3$ 是否线性无关？

解　根据定理 3.2，$\begin{vmatrix}2&1&2\\-1&2&-3\\1&-2&1\end{vmatrix}\neq 0$，因此线性无关.

4. 设 $\boldsymbol{\alpha}_1$，$\boldsymbol{\alpha}_2$ 线性无关，而 $\boldsymbol{\alpha}_1+\boldsymbol{\beta}$，$\boldsymbol{\alpha}_2+\boldsymbol{\beta}$ 线性相关，证明：$\boldsymbol{\beta}$ 可由 $\boldsymbol{\alpha}_1$，$\boldsymbol{\alpha}_2$ 线性表示.

证明　由已知条件可知，存在不全为零的 k_1，k_2 使得 $k_1(\alpha_1+\beta)+k_2(\alpha_2+\beta)=0$，因此 $(k_1+k_2)\beta=-k_1\alpha_1-k_2\alpha_2$. 由于 α_1，α_2 线性无关，可知 $k_1+k_2\neq 0$，得证.

习题 3-3　向量组的秩

1. 向量组 $\boldsymbol{\alpha}_1,\boldsymbol{\alpha}_2,\cdots,\boldsymbol{\alpha}_m$ 的秩为 r，判断下列说法是否正确：

(1) $\boldsymbol{\alpha}_1,\boldsymbol{\alpha}_2,\cdots,\boldsymbol{\alpha}_r$ 是 $\boldsymbol{\alpha}_1,\boldsymbol{\alpha}_2,\cdots,\boldsymbol{\alpha}_m$ 的极大线性无关组；

(2) $\boldsymbol{\alpha}_1,\boldsymbol{\alpha}_2,\cdots,\boldsymbol{\alpha}_{r+1}$ 线性相关.

解　(1) 错误；(2) 正确.

2. 问 a 为何值时，向量组

$\boldsymbol{\alpha}_1=\begin{pmatrix}1\\0\\1\\2\end{pmatrix}$，$\boldsymbol{\alpha}_2=\begin{pmatrix}1\\-1\\0\\0\end{pmatrix}$，$\boldsymbol{\alpha}_3=\begin{pmatrix}-1\\2\\1\\a-1\end{pmatrix}$，$\boldsymbol{\alpha}_4=\begin{pmatrix}2\\3\\a+2\\9\end{pmatrix}$，$\boldsymbol{\alpha}_5=\begin{pmatrix}1\\1\\2\\3\end{pmatrix}$ 的秩等于 3，并求出此时它的一个极大线性无关组.

解　$(\alpha_1,\alpha_2,\alpha_3,\alpha_4,\alpha_5)\rightarrow\begin{pmatrix}1&1&-1&2&1\\0&-1&2&3&1\\0&0&a-3&-1&-1\\0&0&0&a-3&0\end{pmatrix}$，

所以 $a=3$ 时向量组的秩为 3，α_1，α_2，α_4 为其中一个极大线性无关组.

3. 设 $\boldsymbol{\alpha}_1,\boldsymbol{\alpha}_2,\boldsymbol{\alpha}_3$ 线性无关，$\boldsymbol{\beta}_1=\boldsymbol{\alpha}_1+\boldsymbol{\alpha}_2+\boldsymbol{\alpha}_3$，$\boldsymbol{\beta}_2=\boldsymbol{\alpha}_1-\boldsymbol{\alpha}_2+\boldsymbol{\alpha}_3$，$\boldsymbol{\beta}_3=2\boldsymbol{\alpha}_1+\boldsymbol{\alpha}_2+\boldsymbol{\alpha}_3$，求向量组 $\boldsymbol{\beta}_1,\boldsymbol{\beta}_2,\boldsymbol{\beta}_3$ 的秩.

解　已知 $(\beta_1,\ \beta_2,\ \beta_3)=(\alpha_1,\ \alpha_2,\ \alpha_3)\begin{pmatrix}1&1&2\\1&-1&1\\1&1&1\end{pmatrix}$，由于 $\begin{vmatrix}1&1&2\\1&-1&1\\1&1&1\end{vmatrix}\neq 0$，则 β_1,β_2，

β_3 与 $\alpha_1,\alpha_2,\alpha_3$ 等价，因此 β_1,β_2,β_3 线性无关，秩为 3.

习题 3-4　矩阵的秩

1. 求下列矩阵的秩 .

(1) $\begin{pmatrix}1&2&3\\2&4&6\\3&6&9\end{pmatrix}$；　(2) $\begin{pmatrix}2&-1&-2\\3&1&1\\-3&4&7\end{pmatrix}$；

(3) $\begin{pmatrix}1&1&1&1\\1&2&3&4\\1&4&9&16\\1&8&27&64\end{pmatrix}$；　(4) $\begin{pmatrix}1&-1&2&1&0\\2&0&4&-2&1\\-3&3&-6&-3&0\\0&3&0&0&1\end{pmatrix}$

解　(1)1；(2)2；(3)4；(4)3.

2. 矩阵 $\boldsymbol{A}=\begin{pmatrix}\lambda+3&1&2\\\lambda&\lambda-1&1\\3(\lambda+1)&\lambda&\lambda+3\end{pmatrix}$，根据 λ 的不同取值，确定矩阵 $\boldsymbol{A}$ 的秩 .

解　$|A|=\lambda^2(\lambda-1)$，所以(1)$\lambda\neq0$，1 时，秩为 3，(2)$\lambda=0$ 时秩为 2，(3)$\lambda=1$ 时秩为 2

习题 3-5　向量空间、基和维数

1. 设向量组 $\boldsymbol{\alpha}_1=\begin{pmatrix}3\\1\\3\\3\end{pmatrix}$，$\boldsymbol{\alpha}_2=\begin{pmatrix}1\\3\\2\\7\end{pmatrix}$，$\boldsymbol{\alpha}_3=\begin{pmatrix}1\\1\\3\\2\end{pmatrix}$，$\boldsymbol{\alpha}_4=\begin{pmatrix}7\\3\\9\\8\end{pmatrix}$，$\boldsymbol{\alpha}_5=\begin{pmatrix}0\\2\\-1\\5\end{pmatrix}$，求生成子空间 $L(\boldsymbol{\alpha}_1,\boldsymbol{\alpha}_2,\boldsymbol{\alpha}_3,\boldsymbol{\alpha}_4,\boldsymbol{\alpha}_5)$ 的维数和基.

解　$\begin{pmatrix}3&1&1&7&0\\1&3&1&3&2\\3&2&3&9&-1\\3&7&2&8&5\end{pmatrix}\to\begin{pmatrix}1&3&1&3&2\\0&1&0&0&1\\0&0&1&1&-1\\0&0&0&0&0\end{pmatrix}$；维数为 3，$\alpha_1,\alpha_2,\alpha_3$ 为基。

总复习题三

1. 设 $\boldsymbol{\alpha}_1=\begin{pmatrix}1\\1\\2\end{pmatrix},\boldsymbol{\alpha}_2=\begin{pmatrix}-1\\3\\-2\end{pmatrix},\boldsymbol{\alpha}_3=\begin{pmatrix}3\\1\\-1\end{pmatrix}$，求 $3\boldsymbol{\alpha}_1-2\boldsymbol{\alpha}_2+\boldsymbol{\alpha}_3$，$\boldsymbol{\alpha}_1+3\boldsymbol{\alpha}_2-2\boldsymbol{\alpha}_3$.

解　$\begin{pmatrix}8\\-2\\9\end{pmatrix}$，$\begin{pmatrix}-8\\8\\-2\end{pmatrix}$.

2. 设 $\boldsymbol{\alpha}=\begin{pmatrix}1\\-1\\2\end{pmatrix},\boldsymbol{\beta}=\begin{pmatrix}2\\-1\\1\end{pmatrix},\boldsymbol{\gamma}=\begin{pmatrix}-4\\1\\1\end{pmatrix}$，求常数 k，使得 $2\boldsymbol{\alpha}+k\boldsymbol{\beta}=\boldsymbol{\gamma}$.

解　$k=-3$.

3. 将 $\boldsymbol{\beta}$ 表示成 $\boldsymbol{\alpha}_1,\boldsymbol{\alpha}_2,\boldsymbol{\alpha}_3$ 的线性组合.

(1) $\boldsymbol{\alpha}_1=\begin{pmatrix}1\\1\\1\end{pmatrix},\boldsymbol{\alpha}_2=\begin{pmatrix}1\\1\\-1\end{pmatrix},\boldsymbol{\alpha}_3=\begin{pmatrix}1\\-1\\1\end{pmatrix},\boldsymbol{\beta}=\begin{pmatrix}1\\2\\1\end{pmatrix}$;

(2) $\boldsymbol{\alpha}_1=\begin{pmatrix}2\\3\\1\end{pmatrix},\boldsymbol{\alpha}_2=\begin{pmatrix}1\\0\\-1\end{pmatrix},\boldsymbol{\alpha}_3=\begin{pmatrix}3\\2\\1\end{pmatrix},\boldsymbol{\beta}=\begin{pmatrix}4\\4\\2\end{pmatrix}$.

解　(1) $\begin{pmatrix}1&1&1&1\\1&1&-1&2\\1&-1&1&1\end{pmatrix}\to\begin{pmatrix}1&0&0&\frac{3}{2}\\0&1&0&0\\0&0&1&-\frac{1}{2}\end{pmatrix}$，$\beta=\frac{2}{3}\alpha_1-\frac{1}{2}\alpha_3$，

(2) $\begin{pmatrix}2&1&3&4\\3&0&2&4\\1&-1&1&2\end{pmatrix}\to\begin{pmatrix}1&0&0&\frac{2}{3}\\0&1&0&-\frac{1}{3}\\0&0&1&1\end{pmatrix}$，$\beta=\frac{2}{3}\alpha_1-\frac{1}{3}\alpha_2+\alpha_3$.

4. 判断下列向量组是否线性相关.

(1) $\boldsymbol{\alpha}_1=\begin{pmatrix}1\\0\\1\end{pmatrix},\boldsymbol{\alpha}_2=\begin{pmatrix}2\\1\\-1\end{pmatrix},\boldsymbol{\alpha}_3=\begin{pmatrix}3\\1\\1\end{pmatrix}$;

(2) $\boldsymbol{\alpha}_1=\begin{pmatrix}1\\2\\2\end{pmatrix},\boldsymbol{\alpha}_2=\begin{pmatrix}-1\\3\\2\end{pmatrix},\boldsymbol{\alpha}_3=\begin{pmatrix}3\\1\\2\end{pmatrix}$;

(3) $\boldsymbol{\alpha}_1=\begin{pmatrix}2\\2\\-1\\3\end{pmatrix},\boldsymbol{\alpha}_2=\begin{pmatrix}1\\-1\\4\\-2\end{pmatrix},\boldsymbol{\alpha}_3=\begin{pmatrix}1\\-2\\-1\\3\end{pmatrix}$.

解　(1) $\begin{vmatrix}1&2&3\\0&1&1\\1&-1&1\end{vmatrix}\neq0$，$\alpha_1$，$\alpha_2$，$\alpha_3$ 线性无关，

(2) $\begin{vmatrix}1&-1&3\\2&3&1\\2&2&2\end{vmatrix}=0$，$\alpha_1$，$\alpha_2$，$\alpha_3$ 线性相关，

(3) $\begin{vmatrix}2&1&1\\2&-1&-2\\-1&4&-1\end{vmatrix}\neq0$，所以 $\begin{pmatrix}2\\2\\-1\end{pmatrix}$，$\begin{pmatrix}1\\-1\\4\end{pmatrix}$，$\begin{pmatrix}1\\-2\\-1\end{pmatrix}$ 线性无关，因此 $\alpha_1,\alpha_2,\alpha_3$ 线性无关.

5. 设 $c_1,c_2,\cdots,c_m$ 是 m 个互不相同的数，其中 $m<n$. 令 $\boldsymbol{\alpha}_i=(1,c_i,c_i^2,\cdots,c_i^{n-1})$，$i=1$，

$2,\cdots,m$，证明：$\boldsymbol{\alpha}_1,\boldsymbol{\alpha}_2,\cdots,\boldsymbol{\alpha}_m$ 线性无关.

解 考虑向量组 $(1\quad c_1\quad \cdots\quad c_1^{m-1})$，$(1\quad c_2\quad \cdots\quad c_2^{m-1})$，…，$(1\quad c_m\quad \cdots\quad c_m^{m-1})$，根据范德蒙行列式可知，该向量组形成的行列式非零，因此线性无关。利用定理 3.4. 可得结论 .

6. 设向量组 $\boldsymbol{\alpha}_i=(a_{i1}\quad a_{i2}\quad \cdots\quad a_{in})$，$i=1,2,\cdots,n$，证明：如果 $|(a_{ij})|\neq 0$，那么 $\boldsymbol{\alpha}_1,\boldsymbol{\alpha}_2,\cdots,\boldsymbol{\alpha}_n$ 线性无关.

解 参考课本定理 3. 20 及推论 2.

7. 向量组 $\boldsymbol{\alpha}_1,\boldsymbol{\alpha}_2,\cdots,\boldsymbol{\alpha}_m$ 线性无关，$\boldsymbol{\beta}_i=\sum_{j=1}^{m}a_{ij}\boldsymbol{\alpha}_j$，$i=1,2,\cdots,m$，证明：$\boldsymbol{\beta}_1,\boldsymbol{\beta}_2,\cdots,\boldsymbol{\beta}_m$ 线性无关的充分必要条件是 $|a_{ij}|\neq 0$.

证明 记 $(\beta_1,\beta_2,\cdots,\beta_m)=(\alpha_1,\alpha_2,\cdots,\alpha_m)A$，其中 $A=\begin{pmatrix}a_{11}&a_{21}&\cdots&a_{m1}\\a_{12}&a_{22}&\cdots&a_{m2}\\\vdots&\vdots&&\vdots\\a_{1m}&a_{2m}&\cdots&a_{mm}\end{pmatrix}$. 令 $k_1\beta_1+k_2\beta_2+\cdots+k_m\beta_m=0$，则 $(\alpha_1,\alpha_2,\cdots,\alpha_m)A\begin{pmatrix}k_1\\k_2\\\vdots\\k_m\end{pmatrix}=0$. 已知 $\alpha_1,\alpha_2,\cdots,\alpha_m$ 线性无关，则 $A\begin{pmatrix}k_1\\k_2\\\vdots\\k_m\end{pmatrix}=0$。因此，$\beta_1,\beta_2,\cdots,\beta_m$ 线性无关当且仅当 $A\begin{pmatrix}k_1\\k_2\\\vdots\\k_m\end{pmatrix}=0$ 只有零解，即 $|a_{ij}|\neq 0$.

8. 设 n 维向量组 $\boldsymbol{\alpha}_1,\boldsymbol{\alpha}_2,\cdots,\boldsymbol{\alpha}_m$ 和 $\boldsymbol{\beta}$，$\boldsymbol{\beta}$ 可以由 $\boldsymbol{\alpha}_1,\boldsymbol{\alpha}_2,\cdots,\boldsymbol{\alpha}_m$ 线性表示，证明：

(1) 如果向量组 $\boldsymbol{\alpha}_1,\boldsymbol{\alpha}_2,\cdots,\boldsymbol{\alpha}_m$ 线性无关，那么表示法唯一；

(2) 如果向量组 $\boldsymbol{\alpha}_1,\boldsymbol{\alpha}_2,\cdots,\boldsymbol{\alpha}_m$ 线性相关，那么表示法不唯一.

证明 (1) 反证法。假设表示法不唯一，即存在数 $k_1,k_2,\cdots,k_m$ 以及 $l_1,l_2,\cdots,l_m$ 使得

$\beta=k_1\alpha_1+k_2\alpha_2+\cdots+k_m\alpha_m=l_1\alpha_1+l_2\alpha_2+\cdots+l_m\alpha_m$，

因此 $(k_1-l_1)\alpha_1+(k_2-l_2)\alpha_2+\cdots+(k_m-l_m)\alpha_m=0$，

因为 $\alpha_1,\alpha_2,\cdots,\alpha_m$ 线性无关，所以 $k_1-l_1=k_2-l_2=\cdots=k_m-l_m=0$，

于是 $k_1=l_1,k_2=l_2,\cdots,k_m=l_m$，即表示法唯一。

(2) 因为 β 可以由 $\alpha_1,\alpha_2,\cdots,\alpha_m$ 表示，所以存在数 $k_1,k_2,\cdots,k_m$，使得 $\beta=k_1\alpha_1+k_2\alpha_2+\cdots+k_s\alpha_m$。又因为 $\alpha_1,\alpha_2,\cdots,\alpha_m$ 线性相关，所以存在一组不全为 0 的数 $l_1,l_2,\cdots,l_m$，使得 $l_1\alpha_1+l_2\alpha_2+\cdots+l_m\alpha_m=0$。因此，$\beta=k_1\alpha_1+k_2\alpha_2+\cdots+k_m\alpha_m=(k_1+l_1)\alpha_1+(k_2+l_2)\alpha_2+\cdots+(k_m+l_m)\alpha_m$，即表示法不唯一.

9. 设 $\boldsymbol{\alpha}_1=\begin{pmatrix}2\\1\\1\end{pmatrix},\boldsymbol{\alpha}_2=\begin{pmatrix}-1\\2\\7\end{pmatrix},\boldsymbol{\alpha}_3=\begin{pmatrix}1\\-1\\-4\end{pmatrix},\boldsymbol{\beta}=\begin{pmatrix}1\\2\\\lambda\end{pmatrix}$，$\lambda$ 为何值时，$\boldsymbol{\beta}$ 可以由 $\boldsymbol{\alpha}_1,\boldsymbol{\alpha}_2,\boldsymbol{\alpha}_3$ 线性表

示，并写出表达式.

解 $\begin{pmatrix}2&-1&1&1\\1&2&-1&2\\1&7&-4&\lambda\end{pmatrix}\to\begin{pmatrix}1&2&-1&2\\0&-5&3&-3\\0&0&0&\lambda-5\end{pmatrix}$，所以 $\lambda=5$ 时，β 可以由 $\alpha_1,\alpha_2,\alpha_3$ 线性表示，$\beta=\frac{4}{5}\alpha_1+\frac{3}{5}\alpha_2$（表达式不唯一）.

10. 设 $\boldsymbol{\alpha}_1=\begin{pmatrix}a\\2\\10\end{pmatrix},\boldsymbol{\alpha}_2=\begin{pmatrix}-2\\1\\5\end{pmatrix},\boldsymbol{\alpha}_3=\begin{pmatrix}-1\\1\\4\end{pmatrix},\boldsymbol{\beta}=\begin{pmatrix}1\\b\\c\end{pmatrix}$，当 a,b,c 满足何值时，

(1) $\boldsymbol{\beta}$ 可以由 $\boldsymbol{\alpha}_1,\boldsymbol{\alpha}_2,\boldsymbol{\alpha}_3$ 线性表示，而且表示法唯一；

(2) $\boldsymbol{\beta}$ 可以由 $\boldsymbol{\alpha}_1,\boldsymbol{\alpha}_2,\boldsymbol{\alpha}_3$ 线性表示，而且表示法不唯一；

(3) $\boldsymbol{\beta}$ 不可以由 $\boldsymbol{\alpha}_1,\boldsymbol{\alpha}_2,\boldsymbol{\alpha}_3$ 线性表示.

解 $\begin{vmatrix}a&-2&-1\\2&1&2\\10&5&4\end{vmatrix}=-a-4$

(1) $a\neq-4$ 时 β 可以由 $\alpha_1,\alpha_2,\alpha_3$ 表示，表示法唯一；

当 $a=-4$ 时，$\begin{pmatrix}-4&-2&-1&1\\2&1&1&b\\10&5&4&c\end{pmatrix}\to\begin{pmatrix}-4&-2&-1&1\\0&0&\frac{1}{2}&b-\frac{1}{2}\\&&0&c-3b+1\end{pmatrix}$，因此

(2) $a=-4$，$c-3b+1=0$ 时 β 可以由 $\alpha_1,\alpha_2,\alpha_3$ 表示，表示法不唯一；

(3) $a=-4$，$c-3b+1\neq0$ 时 β 不可以由 $\alpha_1,\alpha_2,\alpha_3$ 表示 .

11. 求下列向量组的一个极大线性无关组和秩，并将其余向量用该极大线性无关组线性表示.

(1) $\begin{pmatrix}1\\4\\1\\0\end{pmatrix},\begin{pmatrix}2\\1\\-1\\-3\end{pmatrix},\begin{pmatrix}1\\0\\-3\\-1\end{pmatrix},\begin{pmatrix}0\\2\\-6\\3\end{pmatrix}$；　　(2) $\begin{pmatrix}1\\-1\\2\\4\end{pmatrix},\begin{pmatrix}0\\3\\1\\2\end{pmatrix},\begin{pmatrix}3\\0\\7\\14\end{pmatrix},\begin{pmatrix}1\\-1\\2\\0\end{pmatrix},\begin{pmatrix}2\\1\\5\\6\end{pmatrix}$.

解　（答案不唯一 .）

(1) $\begin{pmatrix}1&2&1&0\\4&1&0&2\\1&-1&-3&-6\\0&-3&-1&3\end{pmatrix}\to\begin{pmatrix}1&0&0&1\\0&1&0&-2\\0&0&1&3\\0&0&0&0\end{pmatrix}$

所以秩为 3，$\alpha_1,\alpha_2,\alpha_3$ 为极大线性无关组，$\alpha_4=\alpha_1-2\alpha_2+3\alpha_3$；

(2) $\begin{pmatrix}1&0&3&1&2\\-1&3&0&-1&1\\2&1&7&2&5\\4&2&14&0&6\end{pmatrix}\to\begin{pmatrix}1&0&3&0&1\\0&1&1&0&1\\0&0&0&1&1\\0&0&0&0&0\end{pmatrix}$

所以，秩为 3，$\alpha_1,\alpha_2,\alpha_4$ 为极大线性无关组，$\alpha_3=3\alpha_1+\alpha_2,\alpha_5=\alpha_1+\alpha_2-\alpha_4$.

12. 试确定 a 为何值时，向量组 $\boldsymbol{\alpha}_1,\boldsymbol{\alpha}_2,\boldsymbol{\alpha}_3,\boldsymbol{\alpha}_4$ 的秩为 3.

$$\boldsymbol{\alpha}_1=\begin{pmatrix}3\\a\\0\end{pmatrix},\boldsymbol{\alpha}_2=\begin{pmatrix}a\\1\\2\end{pmatrix},\boldsymbol{\alpha}_3=\begin{pmatrix}1\\-2\\1\end{pmatrix},\boldsymbol{\alpha}_4=\begin{pmatrix}2\\-4\\2\end{pmatrix}.$$

解　因为 $\alpha_4=2\alpha_3$，所以 $\alpha_1,\alpha_2,\alpha_3$ 为极大线性无关组，$\alpha_1,\alpha_2,\alpha_3$ 线性无关。因此 $\begin{vmatrix}2&a&1\\a&1&-2\\0&2&1\end{vmatrix}\neq0$，$a\neq5$，且 $a\neq-3$.

13. 对于 n 维向量组 $\boldsymbol{\alpha}_1,\boldsymbol{\alpha}_2,\cdots,\boldsymbol{\alpha}_n$，证明：如果 n 维单位坐标向量 $\boldsymbol{e}_1,\boldsymbol{e}_2,\cdots,\boldsymbol{e}_n$ 可以由 $\boldsymbol{\alpha}_1,\boldsymbol{\alpha}_2,\cdots,\boldsymbol{\alpha}_n$线性表示，那么 $\boldsymbol{\alpha}_1,\boldsymbol{\alpha}_2,\cdots,\boldsymbol{\alpha}_n$ 线性无关.

证明　根据已知条件，向量组 $\alpha_1,\alpha_2,\cdots,\alpha_n$ 与 n 维单位坐标向量组 $e_1,e_2,\cdots,e_n$ 等价，因此 $\alpha_1,\alpha_2,\cdots,\alpha_n$ 线性无关 .

14. 对于 n 维向量组 $\boldsymbol{\alpha}_1,\boldsymbol{\alpha}_2,\cdots,\boldsymbol{\alpha}_n$，证明：$\boldsymbol{\alpha}_1,\boldsymbol{\alpha}_2,\cdots,\boldsymbol{\alpha}_n$ 线性无关的充分必要条件是任意 n 维向量都可以由它们线性表示.

证明　充分性：利用 13 题；

必要性：任取 n 维向量 β，则 $n+1$ 个 n 维向量 $\alpha_1,\alpha_2,\cdots,\alpha_n,\beta$ 线性相关，因为 $\alpha_1,\alpha_2,\cdots,\alpha_n$ 线性无关，所以 β 可以由 $\alpha_1,\alpha_2,\cdots,\alpha_n$ 线性表示.

15. 向量组 $\boldsymbol{\alpha}_1,\boldsymbol{\alpha}_2,\cdots,\boldsymbol{\alpha}_m$ 的秩为 r，证明：

(1) $\boldsymbol{\alpha}_1,\boldsymbol{\alpha}_2,\cdots,\boldsymbol{\alpha}_{m-1}$的秩大于等于 $r-1$ ；

(2) $\boldsymbol{\alpha}_1,\boldsymbol{\alpha}_2,\cdots,\boldsymbol{\alpha}_m$，$\boldsymbol{\alpha}_{m+1}$的秩小于等于 $r+1$.

证明　(1) 设 $r(\alpha_1,\alpha_2,\cdots,\alpha_{m-1})=t$，不妨假设 $\alpha_1,\alpha_2,\cdots,\alpha_t$ 为 $\alpha_1,\alpha_2,\cdots,\alpha_{m-1}$ 的极大线性无关组，即 $\alpha_1,\alpha_2,\cdots,\alpha_t$ 线性无关. 若 α_m 可以由 $\alpha_1,\alpha_2,\cdots,\alpha_t$ 线性表示，则 $\alpha_1,\alpha_2,\cdots,\alpha_t$ 也是 $\alpha_1,\alpha_2,\cdots,\alpha_m$ 的极大线性无关组，则 $t=r$；若 α_m 不可以由 $\alpha_1,\alpha_2,\cdots,\alpha_t$ 线性表示，则 $\alpha_1,\alpha_2,\cdots,\alpha_t,\alpha_m$ 线性无关，$\alpha_1,\alpha_2,\cdots,\alpha_t,\alpha_m$ 是 $\alpha_1,\alpha_2,\cdots,\alpha_m$ 的极大线性无关组，于是 $t+1=r$. 所以 $r-1\leqslant t\leqslant r$.

(2) 同理.

16. 设有向量组：

(Ⅰ) $\boldsymbol{\alpha}_1,\boldsymbol{\alpha}_2,\cdots,\boldsymbol{\alpha}_m$；

(Ⅱ) $\boldsymbol{\beta}_1,\boldsymbol{\beta}_2,\cdots,\boldsymbol{\beta}_t$；

(Ⅲ) $\boldsymbol{\alpha}_1,\boldsymbol{\alpha}_2,\cdots,\boldsymbol{\alpha}_m$，$\boldsymbol{\beta}_1,\boldsymbol{\beta}_2,\cdots,\boldsymbol{\beta}_t$.

它们的秩分别为 r_1,r_2,r_3，证明：$\max\{r_1,r_2\}\leqslant r_3\leqslant r_1+r_2$.

证明　向量组(Ⅰ)可以向量组(Ⅲ)线性表示，则 $r_1\leqslant r_3$.

不妨假设 $\alpha_1,\alpha_2,\cdots,\alpha_{r_1}$是 $\alpha_1,\alpha_2,\cdots,\alpha_m$ 的极大线性无关组，$\beta_1,\beta_2,\cdots,\beta_{r_2}$是 $\beta_1,\beta_2,\cdots,\beta_t$ 的极大线性无关组 . 可以看出 $\alpha_1,\alpha_2,\cdots,\alpha_m,\beta_1,\beta_2,\cdots,\beta_t$ 可以由 $\alpha_1,\alpha_2,\cdots,\alpha_{r_1},\beta_1,\beta_2,\cdots,\beta_{r_2}$线性表示，因此 $r_3\leqslant r_1+r_2$.

17. 用子式求下列矩阵的秩.

(1) $\begin{pmatrix}1&2&3&4\\1&-2&4&5\\1&10&1&2\end{pmatrix}$；

(2) $\begin{pmatrix} 2 & -3 & 8 & 2 \\ 2 & 12 & -2 & 12 \\ 1 & 3 & 1 & 4 \end{pmatrix}$.

解　(1) 1 阶顺序主子式和 2 阶顺序主子式非零，3 阶顺序主子式为零，故秩为 2；(2) 1 阶顺序主子式和 2 阶顺序主子式非零，3 阶顺序主子式为零，故秩为 2.

18. 用初等变换法求下列矩阵的秩.

(1) $\begin{pmatrix} 1 & -1 & 2 & 1 & 0 \\ 2 & -2 & 4 & -2 & 0 \\ 3 & 0 & 6 & -1 & 1 \\ 0 & 0 & 0 & 0 & 1 \end{pmatrix}$；　(2) $\begin{pmatrix} 3 & -3 & -1 & 5 \\ 1 & -2 & -1 & 2 \\ 5 & -1 & 5 & 3 \\ -2 & 2 & 3 & -4 \end{pmatrix}$.

解　(1) 秩为 3；(2) 秩为 3.

19. 已知矩阵 $\boldsymbol{A}=\begin{pmatrix} 1+a & 2 & 3 & 4 \\ 1 & 2+a & 3 & 4 \\ 1 & 2 & 3+a & 4 \\ 1 & 2 & 3 & 4+a \end{pmatrix}$，试对 a 取不同值，并求矩阵 $\boldsymbol{A}$ 的秩.

解　$|A|=\begin{vmatrix} 1+a & 2 & 3 & 4 \\ 1 & 2+a & 3 & 4 \\ 1 & 2 & 3+a & 4 \\ 1 & 2 & 3 & 4+a \end{vmatrix}=a^3(a+10)$

(1) $a\neq0$ 且 $a\neq-10$ 时，$|A|\neq0$，秩为 4；(2) $a=0$ 时，秩为 1；(3) $a=-10$ 时，秩为 3.

20. 设有向量组(Ⅰ) $\boldsymbol{\alpha}_1=\begin{pmatrix}1\\0\\2\end{pmatrix}$, $\boldsymbol{\alpha}_2=\begin{pmatrix}1\\1\\3\end{pmatrix}$, $\boldsymbol{\alpha}_3=\begin{pmatrix}1\\-1\\a+2\end{pmatrix}$，向量组(Ⅱ) $\boldsymbol{\beta}_1=\begin{pmatrix}1\\2\\a+3\end{pmatrix}$, $\boldsymbol{\beta}_2=\begin{pmatrix}2\\1\\a+6\end{pmatrix}$, $\boldsymbol{\beta}_3=\begin{pmatrix}2\\1\\a+4\end{pmatrix}$，当 a 为何值时，向量组(Ⅰ)和(Ⅱ)等价.

解　$\begin{pmatrix} 1 & 1 & 1 & 1 & 2 & 2 \\ 0 & 1 & -1 & 2 & 1 & 1 \\ 2 & 3 & a+2 & a+3 & a+6 & a+4 \end{pmatrix}\to\begin{pmatrix} 1 & 1 & 1 & 1 & 2 & 2 \\ 0 & 1 & -1 & 2 & 1 & 1 \\ 0 & 0 & a+1 & a-1 & a+1 & a-1 \end{pmatrix}$

于是 $a\neq1$ 时，β_1,β_2,β_3 可以由 $\alpha_1,\alpha_2,\alpha_3$ 线性表示，且 $r(\alpha_1,\alpha_2,\alpha_3)=r(\beta_1,\beta_2,\beta_3)=3$。所以向量组(Ⅰ)和(Ⅱ)等价.

21. 对于 $m\times n$ 矩阵 $\boldsymbol{A}$ 和 $m\times t$ 矩阵 $\boldsymbol{B}$，有分块矩阵 $(\boldsymbol{A}\ \ \boldsymbol{B})$，证明：$r(\boldsymbol{A}\ \ \boldsymbol{B})\leqslant r(\boldsymbol{A})+r(\boldsymbol{B})$.

解　参考第 16 题.

22. 对于 $m\times n$ 矩阵 $\boldsymbol{A}$ 和 $\boldsymbol{B}$，证明：$r(\boldsymbol{A}+\boldsymbol{B})\leqslant r(\boldsymbol{A})+r(\boldsymbol{B})$.

解　参考第 16 题.

23. $\boldsymbol{A}$ 为 n 阶矩阵，若 $r(\boldsymbol{A})=1$，证明：

(1)$\boldsymbol{A}=\begin{pmatrix} a_1 \\ a_2 \\ \vdots \\ a_n \end{pmatrix}(b_1 \quad b_2 \quad \cdots \quad b_n)$;

(2)$\boldsymbol{A}^2=k\boldsymbol{A}$.

解 (1)提示：矩阵 A 的秩为 1，意味着矩阵的行向量组的秩为 1，即矩阵的每行是成比例的，且至少有一行为非零向量。

(2)利用(1)的结论。

24. 设$\boldsymbol{A}$为$m\times n$矩阵，$r(\boldsymbol{A})=r$. 从$\boldsymbol{A}$中任取s行，构成一个$s\times n$矩阵$\boldsymbol{B}$，证明：$r(\boldsymbol{B})\geqslant r+s-m$.

解 由 15 题(1)可以看出，向量组少一个向量后，新向量组的秩$\geqslant r-1$；由此可得，少两个向量后，新向量组的秩$\geqslant r-2$，以此类推，少 t 个向量后，新向量组的秩$\geqslant r-t$。因此，矩阵 B 的行向量组比矩阵 A 的行向量组少 $m-s$ 个，矩阵 B 的行向量组的秩$\geqslant$矩阵 A 的行向量组$-(m-s)$，即 $r(B)\geqslant r(A)-(m-s)$。

第四章　线性方程组

一、知识结构图示

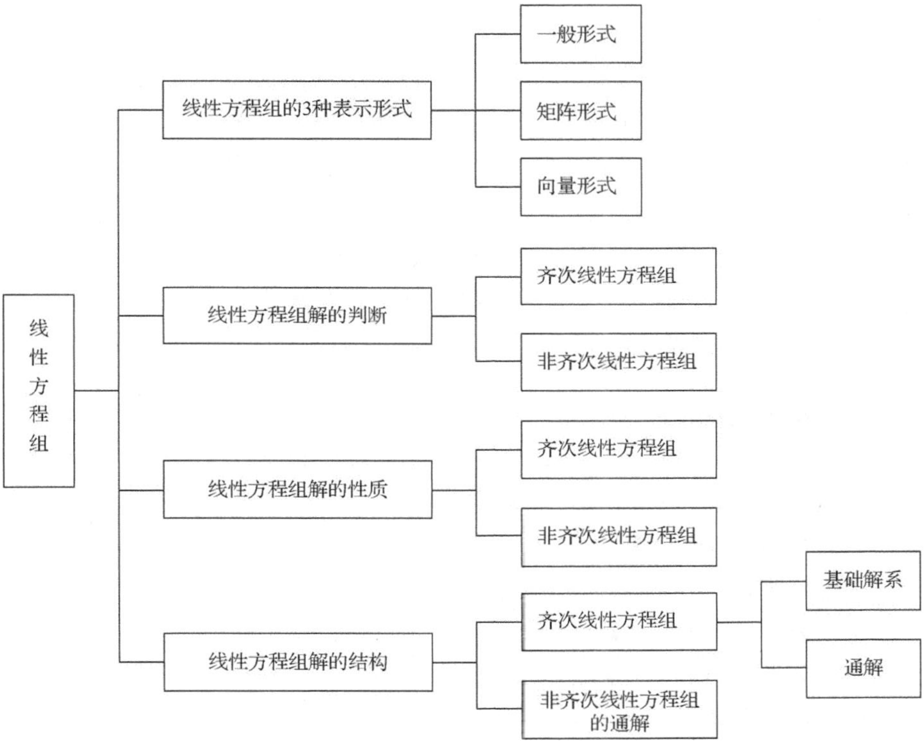

二、内容归纳总结

(一)线性方程组的表示形式

线性方程组的一般形式为

$$\begin{cases} a_{11}x_1+a_{12}x_2+\cdots+a_{1n}x_n=b_1 \\ a_{21}x_1+a_{22}x_2+\cdots+a_{2n}x_n=b_2 \\ \quad\quad\quad\vdots \\ a_{m1}x_1+a_{m2}x_2+\cdots+a_{mn}x_n=b_m \end{cases}. \tag{4.1}$$

若记

$$\boldsymbol{X}=\begin{pmatrix}x_1\\x_2\\\vdots\\x_n\end{pmatrix},\boldsymbol{A}=(a_{ij})_{m\times n},\boldsymbol{B}=\begin{pmatrix}b_1\\b_2\\\vdots\\b_m\end{pmatrix},$$

则方程组可写成矩阵形式

$$\boldsymbol{AX}=\boldsymbol{B},$$

称 $\boldsymbol{A}$ 为方程组(4.1)的系数矩阵，$\overline{\boldsymbol{A}}=(\boldsymbol{A},\boldsymbol{B})$ 为方程组(4.1)的增广矩阵.

若记

$$\boldsymbol{\alpha}_j=\begin{pmatrix}a_{1j}\\a_{2j}\\\vdots\\a_{mj}\end{pmatrix}(j=1,2,\cdots,n),\ \boldsymbol{\beta}=\begin{pmatrix}b_1\\b_2\\\vdots\\b_m\end{pmatrix}.$$

则方程组(4.1)可写成向量形式：

$$x_1\boldsymbol{\alpha}_1+x_2\boldsymbol{\alpha}_2+\cdots+x_n\boldsymbol{\alpha}_n=\boldsymbol{\beta}.$$

当 $\boldsymbol{B}=0$ 或 $\boldsymbol{\beta}=0$ 时，称方程组为齐次线性方程组，并称其为非齐次线性方程组 $\boldsymbol{AX}=\boldsymbol{B}$ 的导出组.

(二)线性方程组解的判断

1. 非齐次线性方程组 $\boldsymbol{AX}=\boldsymbol{B}$ 解的判断

有唯一解的充分必要条件是 $r(\boldsymbol{A})=r(\overline{\boldsymbol{A}})=n$;

有无穷多组解的充分必要条件是 $r(\boldsymbol{A})=r(\overline{\boldsymbol{A}})<n$;

无解的充分必要条件是 $r(\boldsymbol{A})\neq r(\overline{\boldsymbol{A}})$.

2. 齐次线性方程组 $\boldsymbol{AX}=\boldsymbol{O}$ 解的判断

只有零解的充分必要条件是 $r(\boldsymbol{A})=n$;

有非零解的充分必要条件是 $r(\boldsymbol{A})<n$.

(三)线性方程组解的性质

(1)齐次线性方程组解的线性组合仍为齐次线性方程组的解;

(2)非齐次线性方程组任意两个解的差为其导出组的解;

(3)非齐次线性方程组解与其导出组解之和为该非齐次线性方程组的解.

(四)线性方程组的通解

1. 齐次线性方程组

齐次线性方程组 $\boldsymbol{AX}=\boldsymbol{O}$ 的全体解向量构成向量空间(称为解空间，详见第三章)，解

空间的基即称为 $\boldsymbol{AX}=\boldsymbol{O}$ 的一个基础解系，其由 $n-r$ 个线性无关的解向量 $\boldsymbol{\xi}_1,\boldsymbol{\xi}_2,\cdots,\boldsymbol{\xi}_{n-r}$ 组成，其中 $r=r(\boldsymbol{A})$.

$\boldsymbol{AX}=\boldsymbol{O}$ 的通解(全部解)可表示为

$$\boldsymbol{X}=k_1\boldsymbol{\xi}_1+k_2\boldsymbol{\xi}_2+\cdots+k_{n-r}\boldsymbol{\xi}_{n-r},$$

其中 $k_1,k_2,\cdots,k_{n-r}$ 为任意常数.

2. 非齐次线性方程组

非齐次线性方程组 $\boldsymbol{AX}=\boldsymbol{B}$ 有无穷多解时，它的通解可表示为

$$\boldsymbol{X}=k_1\boldsymbol{\xi}_1+k_2\boldsymbol{\xi}_2+\cdots+k_{n-r}\boldsymbol{\xi}_{n-r}+\boldsymbol{\xi}^*,$$

其中，$\boldsymbol{\xi}^*$ 是 $\boldsymbol{AX}=\boldsymbol{B}$ 的一个特解，$\boldsymbol{\xi}_1,\boldsymbol{\xi}_2,\cdots,\boldsymbol{\xi}_{n-r}$ 是导出组 $\boldsymbol{AX}=\boldsymbol{O}$ 的一个基础解系，$k_1,k_2,\cdots,k_{n-r}$ 为任意常数.

三、典型例题解析

(一)线性方程组的求解

【例 1】 求解下列齐次线性方程组的通解

$$\begin{cases} x_1-2x_2+x_3-3x_4-x_5=0 \\ 3x_1-6x_2-x_3-3x_4+4x_5=0 \\ x_1-2x_2+5x_3-9x_4-8x_5=0 \\ 2x_1-4x_2-2x_3+5x_5=0 \end{cases}.$$

解 $$\boldsymbol{A}=\begin{pmatrix} 1 & -2 & 1 & -3 & -1 \\ 3 & -6 & -1 & -3 & 4 \\ 1 & -2 & 5 & -9 & -8 \\ 2 & -4 & -2 & 0 & 5 \end{pmatrix}\to\begin{pmatrix} 1 & -2 & 1 & -3 & -1 \\ 0 & 0 & -4 & 6 & 7 \\ 0 & 0 & 4 & -6 & -7 \\ 0 & 0 & -4 & 6 & 7 \end{pmatrix}$$

$$\to\begin{pmatrix} 1 & -2 & 0 & -\frac{3}{2} & \frac{3}{4} \\ 0 & 0 & 1 & -\frac{3}{2} & -\frac{7}{4} \\ 0 & 0 & 0 & 0 & 0 \\ 0 & 0 & 0 & 0 & 0 \end{pmatrix}.$$

方程组基础解系 $\boldsymbol{\xi}_1=\begin{pmatrix} 2 \\ 1 \\ 0 \\ 0 \\ 0 \end{pmatrix},\boldsymbol{\xi}_2=\begin{pmatrix} 3 \\ 0 \\ 3 \\ 2 \\ 0 \end{pmatrix},\boldsymbol{\xi}_3=\begin{pmatrix} -3 \\ 0 \\ 7 \\ 0 \\ 4 \end{pmatrix}$，通解为 $\boldsymbol{X}=k_1\boldsymbol{\xi}_1+k_2\boldsymbol{\xi}_2+k_3\boldsymbol{\xi}_3(k_1,k_2,k_3$ 为任意实数).

评注 将齐次线性方程组的系数矩阵通过矩阵初等行变换化为行最简形矩阵，确定自

由变量为 x_2,x_4,x_5，分别取 1,0,0、0,2,0 和 0,0,4，可以轻松得到 x_1,x_3 的数值分别为 2,0、3,3 和−3,7，然后组成基础解系 $\boldsymbol{\xi}_1,\boldsymbol{\xi}_2,\boldsymbol{\xi}_3$.

【例 2】 求解下列非齐次线性方程组的通解

$$\begin{cases} x_1+3x_2+x_3+2x_4=4 \\ 3x_1+10x_2+2x_3+4x_4=6 \\ 2x_1+7x_2+x_3+6x_4=6 \\ 2x_1+5x_2+3x_3+2x_4=10 \end{cases}.$$

解 $\overline{\boldsymbol{A}}=\begin{pmatrix} 1 & 3 & 1 & 2 & 4 \\ 3 & 10 & 2 & 4 & 6 \\ 2 & 7 & 1 & 6 & 6 \\ 2 & 5 & 3 & 2 & 10 \end{pmatrix}\to\begin{pmatrix} 1 & 3 & 1 & 2 & 4 \\ 0 & 1 & -1 & -2 & -6 \\ 0 & 1 & -1 & 2 & -2 \\ 0 & -1 & 1 & -2 & 2 \end{pmatrix}$

$$\to\begin{pmatrix} 1 & 0 & 4 & 8 & 22 \\ 0 & 1 & -1 & -2 & -6 \\ 0 & 0 & 0 & 4 & 4 \\ 0 & 0 & 0 & -4 & -4 \end{pmatrix}\to\begin{pmatrix} 1 & 0 & 4 & 0 & 14 \\ 0 & 1 & -1 & 0 & -4 \\ 0 & 0 & 0 & 1 & 1 \\ 0 & 0 & 0 & 0 & 0 \end{pmatrix}.$$

方程组导出组的基础解系 $\boldsymbol{\xi}_1=\begin{pmatrix} -4 \\ 1 \\ 1 \\ 0 \end{pmatrix}$，方程组的特解 $\boldsymbol{\xi}^*=\begin{pmatrix} 14 \\ -4 \\ 0 \\ 1 \end{pmatrix}$.

故方程组的通解为 $\boldsymbol{X}=\boldsymbol{\xi}^*+k\boldsymbol{\xi}_1$（$k$ 为任意实数）.

评注 将非齐次线性方程组的增广矩阵通过矩阵初等行变换化为行最简形矩阵，确定自由变量为 x_3，取 0，可以得到 x_1,x_2,x_4 的数值为 14,−4,1，然后组成一个特解 $\boldsymbol{\xi}^*$. 导出组的基础解系的求法可参考例 1.

（二）线性方程组解的判断与结构

典例解析

【例 3】 设一个非齐次线性方程组的通解为 $\boldsymbol{X}=\begin{pmatrix} -1 \\ 0 \\ 1 \end{pmatrix}+k_1\begin{pmatrix} 3 \\ -1 \\ 0 \end{pmatrix}+k_2\begin{pmatrix} 1 \\ 2 \\ -1 \end{pmatrix}$，求该非齐次线性方程组.

解 由解的结构可知：该非齐次线性方程组系数矩阵的秩为 3−2=1，即与该非齐次线性方程组等价的有效方程只有一个，设为 $a_1x_1+a_2x_2+a_3x_3=b$.

由题设 $\begin{pmatrix} 3 \\ -1 \\ 0 \end{pmatrix}$，$\begin{pmatrix} 1 \\ 2 \\ -1 \end{pmatrix}$是 $a_1x_1+a_2x_2+a_3x_3=0$ 的解，$\begin{pmatrix} -1 \\ 0 \\ 1 \end{pmatrix}$是 $a_1x_1+a_2x_2+a_3x_3=b$ 的解，将它

们分别代入各自的方程得到$\begin{cases}3a_1-a_2=0\\a_1+2a_2-a_3=0\\-a_1+a_3=b\end{cases}$，解得$\begin{cases}a_1=\frac{1}{6}b\\a_2=\frac{3}{6}b\\a_3=\frac{7}{6}b\end{cases}$，则该非齐次线性方程组为$x_1+3x_2+7x_3=6$.

评注　利用线性方程组解的结构和解的含义，重新建立新的方程组，并求解，由此得到原方程组.

【例 4】　n 元线性方程组 $\boldsymbol{AX}=\boldsymbol{B}$ 有唯一解的充分必要条件是(　　).

(A)导出组 $\boldsymbol{AX}=\boldsymbol{O}$ 仅有零解

(B)$\boldsymbol{A}$ 为方阵，且$|\boldsymbol{A}|\neq 0$

(C)$r(\boldsymbol{A})=n$

(D)$\boldsymbol{A}$ 的列向量组线性无关，且 $\boldsymbol{B}$ 可由 $\boldsymbol{A}$ 的列向量组线性表示

解　答案 D.

分析　n 元线性方程组 $\boldsymbol{AX}=\boldsymbol{B}$ 有唯一解的充分必要条件是 $r(\boldsymbol{A})=r(\overline{\boldsymbol{A}})=n$，由 $\boldsymbol{A}$ 的列向量组线性无关得 $r(\boldsymbol{A})=n$，$\boldsymbol{B}$ 可由 $\boldsymbol{A}$ 的列向量组线性表示得 $r(\boldsymbol{A})=r(\overline{\boldsymbol{A}})$，故选择 D 选项. 而 A、C 选项中都有可能 $r(\boldsymbol{A})\neq r(\overline{\boldsymbol{A}})$，另外，并不要求 $\boldsymbol{A}$ 为方阵.

评注　利用解的判断定理，先将方程组解的情况的文字描述替换成关于矩阵秩的数学式子，比如，方程组 $\boldsymbol{AX}=\boldsymbol{B}$ 有唯一解$\Leftrightarrow r(\boldsymbol{A})=r(\overline{\boldsymbol{A}})=n$，然后就可以很容易判断选项孰对孰错.

【例 5】　设 $\boldsymbol{A}$ 为 $m\times l$ 矩阵，$\boldsymbol{B}$ 为 $l\times n$ 矩阵，且满足 $\boldsymbol{AB}=\boldsymbol{O}$，证明：$r(\boldsymbol{A})+r(\boldsymbol{B})\leqslant n$.

证明　记 $\boldsymbol{B}=(\boldsymbol{\beta}_1,\boldsymbol{\beta}_2,\cdots,\boldsymbol{\beta}_n)$，由 $\boldsymbol{AB}=\boldsymbol{O}$，得

$$\boldsymbol{AB}=\boldsymbol{A}(\boldsymbol{\beta}_1,\boldsymbol{\beta}_2,\cdots,\boldsymbol{\beta}_n)=(\boldsymbol{A\beta}_1,\boldsymbol{A\beta}_2,\cdots,\boldsymbol{A\beta}_n)=\boldsymbol{O},$$

即 $\boldsymbol{A\beta}_i=\boldsymbol{O}$，则 $\boldsymbol{B}$ 中每个列向量 $\boldsymbol{\beta}_1,\boldsymbol{\beta}_2,\cdots,\boldsymbol{\beta}_n$ 均是齐次线性方程组 $\boldsymbol{AX}=\boldsymbol{O}$ 的解.

设齐次线性方程组 $\boldsymbol{AX}=\boldsymbol{O}$ 的一个基础解系为 $\boldsymbol{\xi}_1,\boldsymbol{\xi}_2,\cdots,\boldsymbol{\xi}_{n-r}$，其中 $r=r(\boldsymbol{A})$，显然 $\boldsymbol{\beta}_1,\boldsymbol{\beta}_2,\cdots,\boldsymbol{\beta}_n$ 可由 $\boldsymbol{\xi}_1,\boldsymbol{\xi}_2,\cdots,\boldsymbol{\xi}_{n-r}$ 线性表示，所以

$$r(\boldsymbol{\beta}_1,\boldsymbol{\beta}_2,\cdots,\boldsymbol{\beta}_n)\leqslant r(\boldsymbol{\xi}_1,\boldsymbol{\xi}_2,\cdots,\boldsymbol{\xi}_{n-r})=n-r=n-r(\boldsymbol{A}),$$

即 $r(\boldsymbol{B})\leqslant n-r(\boldsymbol{A})$，从而 $r(\boldsymbol{A})+r(\boldsymbol{B})\leqslant n$.

评注　这里主要应用了线性方程组解的结构，即 n 元齐次线性方程组 $\boldsymbol{AX}=\boldsymbol{O}$ 的基础解系包含的解向量的个数为 $n-r(\boldsymbol{A})$. 相对证明过程而言，此命题的结论可能更有用.

【例 6】　设 $\boldsymbol{A}$ 和 $\boldsymbol{B}$ 均为 $m\times n$ 矩阵，$r(\boldsymbol{A})+r(\boldsymbol{B})=n$，若 $\boldsymbol{BB}^{\mathrm{T}}=\boldsymbol{I}$，且 $\boldsymbol{B}$ 的行向量是齐次线性方程组 $\boldsymbol{AX}=\boldsymbol{O}$ 的解向量，$\boldsymbol{P}$ 是 m 阶可逆矩阵，证明：$\boldsymbol{PB}$ 的行向量组是齐次线性方程组 $\boldsymbol{AX}=\boldsymbol{O}$ 的基础解系.

证明　$\boldsymbol{B}$ 的行向量是齐次线性方程组 $\boldsymbol{AX}=\boldsymbol{O}$ 的解向量，即 $\boldsymbol{B}^{\mathrm{T}}$ 的列向量是齐次线性方程组 $\boldsymbol{AX}=\boldsymbol{O}$ 的解向量，得 $\boldsymbol{AB}^{\mathrm{T}}=\boldsymbol{O}$，从而 $\boldsymbol{A}(\boldsymbol{PB})^{\mathrm{T}}=\boldsymbol{AB}^{\mathrm{T}}\boldsymbol{P}^{\mathrm{T}}=\boldsymbol{O}$，所以$(\boldsymbol{PB})^{\mathrm{T}}$的列向量是齐次线性方程组 $\boldsymbol{AX}=\boldsymbol{O}$ 的解向量，即 $\boldsymbol{PB}$ 的行向量是齐次线性方程组 $\boldsymbol{AX}=\boldsymbol{O}$ 的解向量.

由 $\boldsymbol{BB}^{\mathrm{T}}=\boldsymbol{I}$，得 $r(\boldsymbol{B}^{\mathrm{T}})\geqslant r(\boldsymbol{BB}^{\mathrm{T}})=r(\boldsymbol{I})=m$，而 $r(\boldsymbol{B}^{\mathrm{T}})\leqslant m$，故 $r(\boldsymbol{B}^{\mathrm{T}})=m$，又 $\boldsymbol{P}$ 是 m 阶可逆矩阵，则 $r(\boldsymbol{PB})^{\mathrm{T}}=r(\boldsymbol{B}^{\mathrm{T}})=m$，$(\boldsymbol{PB})^{\mathrm{T}}$ 的列向量组线性无关.

因为 $r(\boldsymbol{A})=n-r(\boldsymbol{B})=n-r(\boldsymbol{B}^{\mathrm{T}})=n-m$，故方程组 $\boldsymbol{AX}=\boldsymbol{O}$ 的基础解系有 $n-r(\boldsymbol{A})=n-(n-m)=m$ 个解向量，所以 $(\boldsymbol{PB})^{\mathrm{T}}$ 的列向量组为方程组 $\boldsymbol{AX}=\boldsymbol{O}$ 的基础解系，即 $\boldsymbol{PB}$ 的行向量组是齐次线性方程组 $\boldsymbol{AX}=\boldsymbol{O}$ 的基础解系.

(三) 含参数的线性方程组解的讨论

【例 7】 对于线性方程组

$$\begin{cases}\lambda x_1+x_2+x_3=\lambda\\ x_1+\lambda x_2+x_3=\lambda,\\ x_1+x_2+\lambda x_3=\lambda\end{cases}$$

讨论 λ 取何值时，方程组无解、有唯一解和无穷多解；在方程组有无穷多解时，求通解.

解 方程组 $\boldsymbol{AX}=\boldsymbol{B}$ 的系数矩阵 $\boldsymbol{A}$ 为 n 阶方阵，而且含有参数，可以先运用克莱姆法则.

$$|\boldsymbol{A}|=\begin{vmatrix}\lambda&1&1\\1&\lambda&1\\1&1&\lambda\end{vmatrix}=(\lambda+2)(\lambda-1)^2.$$

当 $\lambda\neq-2$ 且 $\lambda\neq1$ 时，$|\boldsymbol{A}|\neq0$，由克莱姆法则，方程组 $\boldsymbol{AX}=\boldsymbol{B}$ 有唯一解.

当 $\lambda=-2$ 时，

$$\overline{\boldsymbol{A}}=\begin{pmatrix}-2&1&1&-2\\1&-2&1&-2\\1&1&-2&-2\end{pmatrix}\to\begin{pmatrix}1&1&-2&-2\\0&-3&3&0\\0&3&-3&-6\end{pmatrix}\to\begin{pmatrix}1&1&-2&-2\\0&-3&3&0\\0&0&0&-6\end{pmatrix},$$

$r(\boldsymbol{A})=2,r(\overline{\boldsymbol{A}})=3$，由于 $r(\boldsymbol{A})\neq r(\overline{\boldsymbol{A}})$，方程组 $\boldsymbol{AX}=\boldsymbol{B}$ 无解.

当 $\lambda=1$ 时，

$$\overline{\boldsymbol{A}}=\begin{pmatrix}1&1&1&1\\1&1&1&1\\1&1&1&1\end{pmatrix}\to\begin{pmatrix}1&1&1&1\\0&0&0&0\\0&0&0&0\end{pmatrix},$$

$r(\boldsymbol{A})=r(\overline{\boldsymbol{A}})=1<3$，方程组 $\boldsymbol{AX}=\boldsymbol{B}$ 有无穷多解，通解为

$$\boldsymbol{X}=\begin{pmatrix}1\\0\\0\end{pmatrix}+k_1\begin{pmatrix}-1\\1\\0\end{pmatrix}+k_2\begin{pmatrix}-1\\0\\1\end{pmatrix}\ (k_1,k_2\text{ 为任意常数}).$$

评注 克莱姆法则在含参数的线性方程组的讨论中，显然有其独特的方便性. 但是也有一定的局限性. 首先，线性方程组必须满足方程个数与未知量的个数相同，这样才保证有系数行列式；其次，系数行列式中必须含有待讨论的参数，而且系数行列式的数值必须含有待讨论的参数.

【例 8】 对于线性方程组

$$\begin{cases}ax_1-x_2+x_3=1\\ x_1+x_2+(2a+1)x_3=2,\\ (a-1)x_1-2x_2-2ax_3=b\end{cases}$$

讨论 a,b 取何值时，方程组无解、有唯一解和无穷多解.

解　对增广矩阵$\overline{A}$进行初等行变换：

$$\overline{\boldsymbol{A}}=\begin{pmatrix} a & -1 & 1 & 1 \\ 1 & 1 & 2a+1 & 2 \\ a-1 & -2 & -2a & b \end{pmatrix}\to\begin{pmatrix} 1 & 1 & 2a+1 & 2 \\ 0 & -a-1 & -2a^2-a+1 & -2a+2 \\ 0 & 0 & 0 & b+1 \end{pmatrix}.$$

当 $a=-1$ 时，$\overline{\boldsymbol{A}}\to\begin{pmatrix} 1 & 1 & -1 & 2 \\ 0 & 0 & 0 & 4 \\ 0 & 0 & 0 & 0 \end{pmatrix}$，$b$ 任意，有 $r(\overline{\boldsymbol{A}})\neq r(\boldsymbol{A})$，则方程组无解.

当 $a\neq-1$ 时，$b\neq-1$，有 $r(\overline{\boldsymbol{A}})\neq r(\boldsymbol{A})$，则方程组无解.

当 $a\neq-1$ 时，$b=-1$，有 $r(\overline{\boldsymbol{A}})=r(\boldsymbol{A})=2<3$，则方程组有无穷多解. 此时$\overline{\boldsymbol{A}}\to$ $\begin{pmatrix} 1 & 0 & 2 & \dfrac{3}{a+1} \\ 0 & 1 & 2a-1 & \dfrac{2a-1}{a+1} \\ 0 & 0 & 0 & 0 \end{pmatrix}$，于是得到同解方程组 $\begin{cases} x_1=-2x_3+\dfrac{3}{a+1} \\ x_2=-(2a-1)x_3+\dfrac{2a-1}{a+1} \end{cases}$ 和对应的导出组 $\begin{cases} x_1=-2x_3 \\ x_2=-(2a-1)x_3 \end{cases}$. 对自由未知量 x_3 取 1，代入同解方程组的导出组，得 $\begin{bmatrix} x_1 \\ x_2 \end{bmatrix}=\begin{bmatrix} -2 \\ -(2a-1) \end{bmatrix}$，从而得到方程组的一个基础解系 $\boldsymbol{\xi}=\begin{bmatrix} -2 \\ -(2a-1) \\ 1 \end{bmatrix}$. 对自由未知量 x_3 取 0，代入同解方程组，得到方程组的一个特解 $\boldsymbol{\xi}^*=\begin{bmatrix} \dfrac{3}{a+1} \\ \dfrac{(2a-1)}{a+1} \\ 0 \end{bmatrix}$. 因此通解为

$$\boldsymbol{X}=k\boldsymbol{\xi}+\boldsymbol{\xi}^*\ (k\text{ 为任意实数}).$$

评注　因本例中 $|\boldsymbol{A}|=0$，故克莱姆法则失效. 此时，只能用线性方程组解的判断定理来确定含参数的线性方程组中的参数.

【例 9】　已知齐次线性方程组

$$\begin{cases} bx_1+ax_2+ax_3+\cdots+ax_n=0 \\ ax_1+bx_2+ax_3+\cdots+ax_n=0 \\ ax_1+ax_2+bx_3+\cdots+ax_n=0, \\ \qquad\vdots \\ ax_1+ax_2+ax_3+\cdots+bx_n=0 \end{cases}$$

其中 $a\neq0,b\neq0,n\geqslant2$. 讨论 a,b 满足什么条件时，

(1) 方程组仅有零解；

(2) 方程组有非零解，并求解.

解
$$|\boldsymbol{A}|=\begin{vmatrix} b & a & a & \cdots & a \\ a & b & a & \cdots & a \\ a & a & b & \cdots & a \\ \vdots & \vdots & \vdots & & \vdots \\ a & a & a & \cdots & b \end{vmatrix}=\begin{vmatrix} b+(n-1)a & a & a & \cdots & a \\ b+(n-1)a & b & a & \cdots & a \\ b+(n-1)a & a & b & \cdots & a \\ \vdots & \vdots & \vdots & & \vdots \\ b+(n-1)a & a & a & \cdots & b \end{vmatrix}$$

$$=\begin{vmatrix} b+(n-1)a & a & a & \cdots & a \\ 0 & b-a & 0 & \cdots & 0 \\ 0 & 0 & b-a & \cdots & 0 \\ \vdots & \vdots & \vdots & & \vdots \\ 0 & 0 & 0 & \cdots & b-a \end{vmatrix}=(b-a)^{n-1}[b+(n-1)a].$$

(1) 当 $b+(n-1)a\neq0$ 且 $b\neq a$ 时，方程组仅有零解.

(2) 当 $b=a$ 时，方程组与 $ax_1+ax_2+ax_3+\cdots+ax_n=0$ 同解. 由 $a\neq0$，取 $x_2,x_3,\cdots,x_n$ 为自由变量，得基础解系

$$\boldsymbol{\xi}_1=(-1,1,0,\cdots,0)^{\mathrm{T}},\ \boldsymbol{\xi}_2=(-1,0,1,\cdots,0)^{\mathrm{T}},\ \cdots,\boldsymbol{\xi}_{n-1}=(-1,0,0,\cdots,1)^{\mathrm{T}},$$

故方程组通解为

$$\boldsymbol{X}=k_1\boldsymbol{\xi}_1+k_2\boldsymbol{\xi}_2+\cdots+k_{n-1}\boldsymbol{\xi}_{n-1}.$$

当 $b=-(n-1)a$ 时，知 $b\neq0$，

$$\boldsymbol{A}\to\begin{pmatrix} 0 & 0 & 0 & \cdots & 0 \\ a & -(n-1)a & a & \cdots & a \\ a & a & -(n-1)a & \cdots & a \\ \vdots & \vdots & \vdots & & \vdots \\ a & a & a & \cdots & -(n-1)a \end{pmatrix}\to\begin{pmatrix} 1 & -(n-1) & 1 & \cdots & 1 \\ 1 & 1 & -(n-1) & \cdots & 1 \\ \vdots & \vdots & \vdots & & \vdots \\ 1 & 1 & 1 & \cdots & -(n-1) \\ 0 & 0 & 0 & \cdots & 0 \end{pmatrix}$$

$$\to\begin{pmatrix} 1 & -(n-1) & 1 & \cdots & 1 & 1 \\ 0 & 1 & -1 & \cdots & 0 & 0 \\ 0 & 0 & 1 & \cdots & 0 & 0 \\ \vdots & \vdots & \vdots & & \vdots & \vdots \\ 0 & 0 & 0 & \cdots & 1 & -1 \\ 0 & 0 & 0 & \cdots & 0 & 0 \end{pmatrix}\to\begin{pmatrix} 1 & -(n-1) & 1 & \cdots & 1 & 1 \\ 0 & 1 & 0 & \cdots & 0 & -1 \\ 0 & 0 & 1 & \cdots & 0 & -1 \\ \vdots & \vdots & \vdots & & \vdots & \vdots \\ 0 & 0 & 0 & \cdots & 1 & -1 \\ 0 & 0 & 0 & \cdots & 0 & 0 \end{pmatrix}$$

$$\to\begin{pmatrix} 1 & 0 & 0 & \cdots & 0 & -1 \\ 0 & 1 & 0 & \cdots & 0 & -1 \\ 0 & 0 & 1 & \cdots & 0 & -1 \\ \vdots & \vdots & \vdots & & \vdots & \vdots \\ 0 & 0 & 0 & \cdots & 1 & -1 \\ 0 & 0 & 0 & \cdots & 0 & 0 \end{pmatrix},$$

得基础解系 $\boldsymbol{\xi}=(1,1,\cdots,1)^{\mathrm{T}}$，故方程组通解为 $\boldsymbol{X}=k\boldsymbol{\xi}$.

评注 关键是行列式的计算和最后的矩阵初等行变换.

【例 10】 已知 $\boldsymbol{\beta}=(1,-1,1,-1)^{\mathrm{T}}$ 是非齐次线性方程组 $\begin{cases} x_1+\lambda x_2+\mu x_3+x_4=0 \\ 2x_1+x_2+x_3+2x_4=0 \\ 3x_1+(\lambda+2)x_2+(\mu+4)x_3+4x_4=1 \end{cases}$ 的

解，求该方程组的通解.

解　将 $\boldsymbol{\beta}=(1,-1,1,-1)^{\mathrm{T}}$ 代入方程组，得 $\lambda=\mu$.

$$\overline{\boldsymbol{A}}=\begin{pmatrix}1&\lambda&\lambda&1&0\\2&1&1&2&0\\3&\lambda+2&\lambda+4&4&1\end{pmatrix}\to\begin{pmatrix}1&\lambda&\lambda&1&0\\0&1-2\lambda&1-2\lambda&0&0\\0&2-2\lambda&4-2\lambda&1&1\end{pmatrix}$$

$$\to\begin{pmatrix}1&\lambda&\lambda&1&0\\0&1&3&1&1\\0&0&4\lambda-2&2\lambda-1&2\lambda-1\end{pmatrix}.$$

当 $\lambda=\frac{1}{2}$ 时，$\overline{\boldsymbol{A}}\to\begin{pmatrix}1&\frac{1}{2}&\frac{1}{2}&1&0\\0&1&3&1&1\\0&0&0&0&0\end{pmatrix}\to\begin{pmatrix}1&0&-1&\frac{1}{2}&-\frac{1}{2}\\0&1&3&1&1\\0&0&0&0&0\end{pmatrix}$，故方程组通解为

$$\boldsymbol{X}=k_1\begin{pmatrix}1\\-3\\1\\0\end{pmatrix}+k_2\begin{pmatrix}-\frac{1}{2}\\-1\\0\\1\end{pmatrix}+\begin{pmatrix}-\frac{1}{2}\\1\\0\\0\end{pmatrix}.$$

当 $\lambda\neq\frac{1}{2}$ 时，$\overline{\boldsymbol{A}}\to\begin{pmatrix}1&\lambda&\lambda&1&0\\0&1&3&1&1\\0&0&2&1&1\end{pmatrix}\to\begin{pmatrix}1&0&0&1&0\\0&1&0&-\frac{1}{2}&-\frac{1}{2}\\0&0&1&\frac{1}{2}&\frac{1}{2}\end{pmatrix}$，故方程组通解为

$$\boldsymbol{X}=k\begin{pmatrix}-1\\\frac{1}{2}\\-\frac{1}{2}\\1\end{pmatrix}+\begin{pmatrix}0\\-\frac{1}{2}\\\frac{1}{2}\\0\end{pmatrix}.$$

评注　由一个已知解，可以确定参数之间的关系，然后进行讨论并求解.

【例 11】　已知非齐次线性方程组 $\begin{cases}x_1-2x_2+x_3-x_4=1\\-x_1+x_2-x_3+x_4=0\\2x_1-3x_2-ax_3-bx_4=c\end{cases}$ 有 3 个线性无关的解，求 a,b,c 的值及方程组的通解.

解　设 $\boldsymbol{\alpha}_1,\boldsymbol{\alpha}_2,\boldsymbol{\alpha}_3$ 是方程组的 3 个线性无关的解，那么 $\boldsymbol{\alpha}_1-\boldsymbol{\alpha}_2,\boldsymbol{\alpha}_1-\boldsymbol{\alpha}_3$ 是其导出组 $\boldsymbol{AX}=\boldsymbol{O}$ 的 2 个线性无关的解，所以 $n-r(\boldsymbol{A})\geqslant 2$，即 $r(\boldsymbol{A})\leqslant 2$.

$$\overline{\boldsymbol{A}}=\begin{pmatrix}1&-2&1&-1&1\\-1&1&-1&1&0\\2&-3&a&-b&c\end{pmatrix}\to\begin{pmatrix}1&-2&1&-1&1\\0&-1&0&0&1\\0&1&a-2&2-b&c-2\end{pmatrix}$$

典例解析

$$\rightarrow\begin{pmatrix}1 & -2 & 1 & -1 & 1\\0 & -1 & 0 & 0 & 1\\0 & 0 & a-2 & 2-b & c-1\end{pmatrix}.$$

由 $r(\overline{A})=r(A)\leqslant 2$，得 $a=b=2,c=1$，此时

$$\overline{A}\rightarrow\begin{pmatrix}1 & -2 & 1 & -1 & 1\\0 & -1 & 0 & 0 & 1\\0 & 0 & 0 & 0 & 0\end{pmatrix}\rightarrow\begin{pmatrix}1 & 0 & 1 & -1 & -1\\0 & 1 & 0 & 0 & -1\\0 & 0 & 0 & 0 & 0\end{pmatrix},$$

故方程组通解为

$$X=k_1\begin{pmatrix}-1\\0\\1\\0\end{pmatrix}+k_2\begin{pmatrix}1\\0\\0\\1\end{pmatrix}+\begin{pmatrix}-1\\-1\\0\\0\end{pmatrix}.$$

评注 利用齐次线性方程组基础解系中解的个数为 $n-r(A)$，确定 $r(A)$ 的取值范围，从而求出参数.

(四)两个线性方程组之间关系的讨论

【例 12】 设 A 为 $m\times l$ 实矩阵，B 为 $l\times n$ 实矩阵，且 $r(A)=l$，证明：

(1)线性方程组 $BX=O$ 与 $ABX=O$ 同解；

(2)$r(AB)=r(B)$.

证明 (1)显然 $BX=O$ 的解是 $ABX=O$ 的解；

反过来，设 α 是 $ABX=O$ 的任一解，则 $AB\alpha=O$，即 $A(B\alpha)=O$，因为 $r(A)=l$，所以线性方程组 $AX=O$ 只有零解，从而 $B\alpha=O$，即 α 也是 $BX=O$ 的解.

(2)由于 $ABX=O$ 与 $BX=O$ 同解，所以两者有相同的基础解系，从而 $n-r(AB)=n-r(B)$，即 $r(AB)=r(B)$.

评注 此题的意义在于线性方程组同解，从而有相同的基础解系，所以 $n-r(AB)=n-r(B)\Rightarrow$系数矩阵的秩相等，这为有关矩阵秩的证明提供一种思路.

【例 13】 设线性方程组 $\begin{cases}x_1+x_2+x_3+x_4=0\\x_2+2x_3+2x_4=1\end{cases}$ 与 $\begin{cases}-x_2+(a-3)x_3-2x_4=b\\3x_1+2x_2+x_3+ax_4=-1\end{cases}$ 有公共解，求 a,b 的值及所有公共解.

解 将两个方程组联立，得线性方程组 $AX=B$，如果 $AX=B$ 有解，则两个方程组有公共解，且 $AX=B$ 的解为它们的公共解.

$$\overline{A}=\begin{pmatrix}1 & 1 & 1 & 1 & 0\\0 & 1 & 2 & 2 & 1\\0 & -1 & a-3 & -2 & b\\3 & 2 & 1 & a & -1\end{pmatrix}\rightarrow\begin{pmatrix}1 & 1 & 1 & 1 & 0\\0 & 1 & 2 & 2 & 1\\0 & -1 & a-3 & -2 & b\\0 & -1 & -2 & a-3 & -1\end{pmatrix}$$

$$\rightarrow\begin{pmatrix}1 & 1 & 1 & 1 & 0\\0 & 1 & 2 & 2 & 1\\0 & 0 & a-1 & 0 & b+1\\0 & 0 & 0 & a-1 & 0\end{pmatrix}.$$

如果 $a\neq 1$，b 为任意实数，则

$$\overline{A}\to\begin{pmatrix}1&0&-1&0&-1\\0&1&2&0&1\\0&0&1&0&\dfrac{b+1}{a-1}\\0&0&0&1&0\end{pmatrix}\to\begin{pmatrix}1&0&0&0&\dfrac{b-a+2}{a-1}\\0&1&0&0&\dfrac{a-2b-3}{a-1}\\0&0&1&0&\dfrac{b+1}{a-1}\\0&0&0&1&0\end{pmatrix},$$

从而 $\boldsymbol{AX}=\boldsymbol{B}$ 的唯一解为 $\boldsymbol{X}=\left(\dfrac{b-a+2}{a-1},\dfrac{a-2b-3}{a-1},\dfrac{b+1}{a-1},0\right)^{\mathrm{T}}$，即两个方程组的唯一公共解.

如果 $a=1,b=-1$，则$\overline{A}\to\begin{pmatrix}1&0&-1&-1&-1\\0&1&2&2&1\\0&0&0&0&0\\0&0&0&0&0\end{pmatrix}$，从而 $\boldsymbol{AX}=\boldsymbol{B}$ 的解为 $\boldsymbol{X}=k_1(1,-2,1,0)^{\mathrm{T}}+k_2(1,-2,0,1)^{\mathrm{T}}+(-1,1,0,0)^{\mathrm{T}}$，即两个方程组的公共解.

评注　求两个方程组的公共解，一般将两个方程组联立；如果一个方程组的解已经给出，可将这个方程组的解代入另一个方程组，求出通解中的任意常数，再代回通解，即得到公共解；如果两个方程组的解均已经给出，可让两个方程组的通解相等，求出通解中的任意常数，再代回通解，即得到公共解.

【例 14】　已知齐次线性方程组

$$(\text{Ⅰ})\begin{cases}x_1+2x_2+3x_3=0\\2x_1+3x_2+ax_3=0,\\x_1+x_2+2x_3=0\end{cases}\quad(\text{Ⅱ})\begin{cases}x_1+bx_2+cx_3=0\\2x_1+b^2x_2+(c+1)x_3=0\end{cases}$$

同解，求 a,b,c 的值.

解　同解方程组的系数矩阵的秩相等，而方程组(Ⅱ)的系数矩阵 $\boldsymbol{B}$ 的秩小于等于 2，所以方程组(Ⅰ)的系数矩阵 $\boldsymbol{A}$ 的秩小于等于 2，从而由

$$\boldsymbol{A}=\begin{pmatrix}1&2&3\\2&3&a\\1&1&2\end{pmatrix}\to\begin{pmatrix}1&2&3\\0&-1&a-6\\0&-1&-1\end{pmatrix}\to\begin{pmatrix}1&2&3\\0&1&1\\0&0&a-5\end{pmatrix},$$

得 $a=5$，此时 $\boldsymbol{A}\to\begin{pmatrix}1&0&1\\0&1&1\\0&0&0\end{pmatrix}$，所以方程组(Ⅰ)的通解为 $\boldsymbol{X}=k(-1,-1,1)^{\mathrm{T}}$. 将 $(-1,-1,1)^{\mathrm{T}}$ 代入方程组(Ⅱ)，得

$$\begin{cases}-1-b+c=0\\-2-b^2+(c+1)=0\end{cases},$$

解出 $b=1,c=2$ 或 $b=0,c=1$.

当 $b=0,c=1$ 时，$r(\boldsymbol{B})=1$，而 $r(\boldsymbol{A})=2$，所以方程组(Ⅰ)与(Ⅱ)不同解，$b=0,c=1$ 舍去；

当 $b=1,c=2$ 时，$\boldsymbol{B}=\begin{pmatrix}1&1&2\\2&1&3\end{pmatrix}\to\begin{pmatrix}1&1&2\\0&-1&-1\end{pmatrix}\to\begin{pmatrix}1&0&1\\0&1&1\end{pmatrix}$，方程组(Ⅱ)的通解为 $\boldsymbol{X}=k(-1,-1,1)^{\mathrm{T}}$，此时方程组(Ⅰ)与(Ⅱ)同解，所以 $a=5,b=1,c=2$.

评注 方程组(Ⅰ)与(Ⅱ)同解，则系数矩阵的秩相等. 但是系数矩阵的秩相等，方程组(Ⅰ)与(Ⅱ)不一定同解. 所以确定参数后，还需求出各自的通解并做比较，以确保方程组(Ⅰ)与(Ⅱ)同解.

(五)抽象线性方程组的解

【例 15】 设四元非齐次线性方程组 $\boldsymbol{AX}=\boldsymbol{B}$ 的系数矩阵 $\boldsymbol{A}$ 的秩为 3，$\boldsymbol{\alpha}_1,\boldsymbol{\alpha}_2,\boldsymbol{\alpha}_3$ 是它的 3 个解向量，且 $\boldsymbol{\alpha}_1+\boldsymbol{\alpha}_3=\begin{pmatrix}3\\0\\-1\\2\end{pmatrix},\boldsymbol{\alpha}_2+\boldsymbol{\alpha}_3=\begin{pmatrix}1\\0\\2\\0\end{pmatrix}$，求该方程组的通解.

解 由 $\boldsymbol{A}(\boldsymbol{\alpha}_2+\boldsymbol{\alpha}_3)=\boldsymbol{A\alpha}_2+\boldsymbol{A\alpha}_3=\boldsymbol{B}+\boldsymbol{B}=2\boldsymbol{B}$ 和 $\boldsymbol{A}(\boldsymbol{\alpha}_1+\boldsymbol{\alpha}_3)=\boldsymbol{A\alpha}_1+\boldsymbol{A\alpha}_3=2\boldsymbol{B}$，知 $\boldsymbol{\alpha}_1+\boldsymbol{\alpha}_3-\boldsymbol{\alpha}_2-\boldsymbol{\alpha}_3$ 是 $\boldsymbol{AX}=\boldsymbol{O}$ 的解. 由于 $r(\boldsymbol{A})=3,n-r(\boldsymbol{A})=1$，所以

$$\boldsymbol{\alpha}_1+\boldsymbol{\alpha}_3-\boldsymbol{\alpha}_2-\boldsymbol{\alpha}_3=\begin{pmatrix}2\\0\\-3\\2\end{pmatrix}\neq 0$$

为 $\boldsymbol{AX}=\boldsymbol{O}$ 的一个基础解系.

又 $\boldsymbol{A}\left(\dfrac{\boldsymbol{\alpha}_1+\boldsymbol{\alpha}_3}{2}\right)=\boldsymbol{B}$，即 $\dfrac{\boldsymbol{\alpha}_1+\boldsymbol{\alpha}_3}{2}=\begin{pmatrix}\frac{3}{2}\\0\\-\frac{1}{2}\\1\end{pmatrix}$ 为 $\boldsymbol{AX}=\boldsymbol{B}$ 的一个特解. 因此方程组的通解为

$$\boldsymbol{X}=\begin{pmatrix}\frac{3}{2}\\0\\-\frac{1}{2}\\1\end{pmatrix}+k\begin{pmatrix}2\\0\\-3\\2\end{pmatrix}\ (k\text{ 为任意常数}).$$

评注 没有具体给出方程组时，应当从方程组解的结构和性质入手.

【例 16】 已知四阶矩阵 $\boldsymbol{A}=(\boldsymbol{\alpha}_1,\boldsymbol{\alpha}_2,\boldsymbol{\alpha}_3,\boldsymbol{\alpha}_4)$，$\boldsymbol{\alpha}_1,\boldsymbol{\alpha}_2,\boldsymbol{\alpha}_3,\boldsymbol{\alpha}_4$ 均是四维列向量，其中 $\boldsymbol{\alpha}_2,\boldsymbol{\alpha}_3,\boldsymbol{\alpha}_4$ 线性无关，$\boldsymbol{\alpha}_1=2\boldsymbol{\alpha}_2-\boldsymbol{\alpha}_3$，如果 $\boldsymbol{\beta}=\boldsymbol{\alpha}_1+\boldsymbol{\alpha}_2+\boldsymbol{\alpha}_3+\boldsymbol{\alpha}_4,\boldsymbol{B}=(\boldsymbol{\alpha}_3,\boldsymbol{\alpha}_2,\boldsymbol{\alpha}_1,\boldsymbol{\beta}-\boldsymbol{\alpha}_4)$，求线性方程组 $\boldsymbol{BX}=\boldsymbol{\alpha}_1-\boldsymbol{\alpha}_3$ 的通解.

解 由 $\boldsymbol{\alpha}_2,\boldsymbol{\alpha}_3,\boldsymbol{\alpha}_4$ 线性无关，$\boldsymbol{\alpha}_1=2\boldsymbol{\alpha}_2-\boldsymbol{\alpha}_3$，$\boldsymbol{\beta}-\boldsymbol{\alpha}_4=\boldsymbol{\alpha}_1+\boldsymbol{\alpha}_2+\boldsymbol{\alpha}_3$，得向量组 $\boldsymbol{\alpha}_3,\boldsymbol{\alpha}_2,\boldsymbol{\alpha}_1,\boldsymbol{\beta}-\boldsymbol{\alpha}_4$ 的秩为 2，即 $r(\boldsymbol{B})=2$，$n-r(\boldsymbol{B})=2$. 由 $\boldsymbol{\alpha}_1=2\boldsymbol{\alpha}_2-\boldsymbol{\alpha}_3$ 和 $\boldsymbol{\beta}=\boldsymbol{\alpha}_1+\boldsymbol{\alpha}_2+\boldsymbol{\alpha}_3+\boldsymbol{\alpha}_4$，得

$$\boldsymbol{B}\begin{pmatrix}1\\-2\\1\\0\end{pmatrix}=(\boldsymbol{\alpha}_3,\boldsymbol{\alpha}_2,\boldsymbol{\alpha}_1,\boldsymbol{\beta}-\boldsymbol{\alpha}_4)\begin{pmatrix}1\\-2\\1\\0\end{pmatrix}=\boldsymbol{\alpha}_3-2\boldsymbol{\alpha}_2+\boldsymbol{\alpha}_1=0,$$

$$\boldsymbol{B}\begin{pmatrix}1\\1\\1\\-1\end{pmatrix}=(\boldsymbol{\alpha}_3,\boldsymbol{\alpha}_2,\boldsymbol{\alpha}_1,\boldsymbol{\beta}-\boldsymbol{\alpha}_4)\begin{pmatrix}1\\1\\1\\-1\end{pmatrix}=\boldsymbol{\alpha}_3+\boldsymbol{\alpha}_2+\boldsymbol{\alpha}_1-(\boldsymbol{\beta}-\boldsymbol{\alpha}_4)=0,$$

所以$\begin{pmatrix}1\\-2\\1\\0\end{pmatrix}$，$\begin{pmatrix}1\\1\\1\\-1\end{pmatrix}$为 $\boldsymbol{BX}=\boldsymbol{O}$ 的一个基础解系.

又由 $\boldsymbol{\beta}=\boldsymbol{\alpha}_1+\boldsymbol{\alpha}_2+\boldsymbol{\alpha}_3+\boldsymbol{\alpha}_4$，得 $\boldsymbol{B}\begin{pmatrix}0\\1\\2\\-1\end{pmatrix}=(\boldsymbol{\alpha}_3,\boldsymbol{\alpha}_2,\boldsymbol{\alpha}_1,\boldsymbol{\beta}-\boldsymbol{\alpha}_4)\begin{pmatrix}0\\1\\2\\-1\end{pmatrix}=0\boldsymbol{\alpha}_3+\boldsymbol{\alpha}_2+2\boldsymbol{\alpha}_1-(\boldsymbol{\beta}-\boldsymbol{\alpha}_4)=$ $\boldsymbol{\alpha}_1-\boldsymbol{\alpha}_3$，

所以$\begin{pmatrix}0\\1\\2\\-1\end{pmatrix}$为 $\boldsymbol{BX}=\boldsymbol{\alpha}_1-\boldsymbol{\alpha}_3$ 的一个特解. 故方程组的通解为

$$\boldsymbol{X}=\begin{pmatrix}0\\1\\2\\-1\end{pmatrix}+k_1\begin{pmatrix}1\\-2\\1\\0\end{pmatrix}+k_2\begin{pmatrix}1\\1\\1\\-1\end{pmatrix}\ (k_1,k_2\text{ 为任意常数}).$$

评注　同样是抽象方程组，仍从方程组解的结构入手，但利用了方程组的向量形式，得出了 $\boldsymbol{BX}=\boldsymbol{O}$ 的一个基础解系和 $\boldsymbol{BX}=\boldsymbol{\alpha}_1-\boldsymbol{\alpha}_3$ 的特解.

(六)矩阵方程

【例 17】　设 $\boldsymbol{A}=\begin{pmatrix}1&-2&3&-4\\0&1&-1&1\\1&2&0&-3\end{pmatrix}$，$\boldsymbol{E}$ 为三阶单位矩阵，求矩阵 $\boldsymbol{B}$，使得 $\boldsymbol{AB}=\boldsymbol{E}$.

典例解析

解　设 $\boldsymbol{B}=(\boldsymbol{\beta}_1,\boldsymbol{\beta}_2,\boldsymbol{\beta}_3)$，$\boldsymbol{E}=(\boldsymbol{\gamma}_1,\boldsymbol{\gamma}_2,\boldsymbol{\gamma}_3)$，由 $\boldsymbol{AB}=\boldsymbol{E}$ 得

$$\boldsymbol{AB}=\boldsymbol{A}(\boldsymbol{\beta}_1,\boldsymbol{\beta}_2,\boldsymbol{\beta}_3)=(\boldsymbol{A\beta}_1,\boldsymbol{A\beta}_2,\boldsymbol{A\beta}_3)=(\boldsymbol{\gamma}_1,\boldsymbol{\gamma}_2,\boldsymbol{\gamma}_3),$$

则 $\boldsymbol{\beta}_i$ 分别为 $\boldsymbol{AX}=\boldsymbol{\gamma}_i(i=1,2,3)$ 的解向量. 方便起见，将 3 个方程组 $\boldsymbol{AX}=\boldsymbol{\gamma}_i(i=1,2,3)$ 一起求通解.

$$\overline{A}=\begin{pmatrix}1&-2&3&-4&1&0&0\\0&1&-1&1&0&1&0\\1&2&0&-3&0&0&1\end{pmatrix}\to\begin{pmatrix}1&-2&3&-4&1&0&0\\0&1&-1&1&0&1&0\\0&4&-3&1&-1&0&1\end{pmatrix}$$

$$\to\begin{pmatrix}1&-2&3&-4&1&0&0\\0&1&-1&1&0&1&0\\0&0&1&-3&-1&-4&1\end{pmatrix}\to\begin{pmatrix}1&0&0&1&2&6&-1\\0&1&0&-2&-1&-3&1\\0&0&1&-3&-1&-4&1\end{pmatrix}.$$

3 个方程组的通解分别为

$$\boldsymbol{\beta}_1=k_1\begin{pmatrix}-1\\2\\3\\1\end{pmatrix}+\begin{pmatrix}2\\-1\\-1\\0\end{pmatrix},\boldsymbol{\beta}_2=k_2\begin{pmatrix}-1\\2\\3\\1\end{pmatrix}+\begin{pmatrix}6\\-3\\-4\\0\end{pmatrix},\boldsymbol{\beta}_3=k_3\begin{pmatrix}-1\\2\\3\\1\end{pmatrix}+\begin{pmatrix}-1\\1\\1\\0\end{pmatrix},$$

故 $\boldsymbol{B}=(\boldsymbol{\beta}_1,\boldsymbol{\beta}_2,\boldsymbol{\beta}_3)=\begin{pmatrix}2-k_1&6-k_2&-1-k_3\\2k_1-1&2k_2-3&2k_3+1\\3k_1-1&3k_2-4&3k_3+1\\k_1&k_2&k_3\end{pmatrix}.$

评注 在矩阵方程中，如果需要某个矩阵的逆矩阵来求未知矩阵，而该矩阵又不可逆，这就需要把矩阵方程转换为线性方程组来求解.

【例 18】 设 $\boldsymbol{A}=\begin{pmatrix}1&1&2\\2&2&4\\3&3&6\end{pmatrix}$，求秩为 1 的方阵 $\boldsymbol{B}$,使得 $\boldsymbol{BA}=\boldsymbol{O}$.

解 由 $\boldsymbol{BA}=\boldsymbol{O}$，得 $(\boldsymbol{BA})^{\mathrm{T}}=\boldsymbol{O}$，即 $\boldsymbol{A}^{\mathrm{T}}\boldsymbol{B}^{\mathrm{T}}=\boldsymbol{O}$. 设 $\boldsymbol{B}^{\mathrm{T}}=(\boldsymbol{\beta}_1,\boldsymbol{\beta}_2,\boldsymbol{\beta}_3)$，由 $\boldsymbol{A}^{\mathrm{T}}\boldsymbol{B}^{\mathrm{T}}=\boldsymbol{O}$ 得 $\boldsymbol{A}^{\mathrm{T}}\boldsymbol{B}^{\mathrm{T}}=\boldsymbol{A}^{\mathrm{T}}(\boldsymbol{\beta}_1,\boldsymbol{\beta}_2,\boldsymbol{\beta}_3)=(\boldsymbol{A}^{\mathrm{T}}\boldsymbol{\beta}_1,\boldsymbol{A}^{\mathrm{T}}\boldsymbol{\beta}_2,\boldsymbol{A}^{\mathrm{T}}\boldsymbol{\beta}_3)=\boldsymbol{O}$，则 $\boldsymbol{\beta}_i(i=1,2,3)$ 为 $\boldsymbol{A}^{\mathrm{T}}\boldsymbol{X}=\boldsymbol{O}$ 的解向量.

$$\boldsymbol{A}^{\mathrm{T}}=\begin{pmatrix}1&2&3\\1&2&3\\2&4&6\end{pmatrix}\to\begin{pmatrix}1&2&3\\0&0&0\\0&0&0\end{pmatrix}，其基础解系\ \boldsymbol{\xi}_1=\begin{pmatrix}-2\\1\\0\end{pmatrix},\boldsymbol{\xi}_2=\begin{pmatrix}-3\\0\\1\end{pmatrix}.$$

由于 $r(\boldsymbol{B})=1$，取

$$\boldsymbol{\beta}_1=k_1\begin{pmatrix}-2\\1\\0\end{pmatrix},\boldsymbol{\beta}_2=k_2\begin{pmatrix}-2\\1\\0\end{pmatrix},\boldsymbol{\beta}_3=k_3\begin{pmatrix}-2\\1\\0\end{pmatrix}(k_1,k_2,k_3\ 不全为\ 0).$$

则 $\boldsymbol{B}^{\mathrm{T}}=(\boldsymbol{\beta}_1,\boldsymbol{\beta}_2,\boldsymbol{\beta}_3)=\begin{pmatrix}-2k_1&-2k_2&-2k_3\\k_1&k_2&k_3\\0&0&0\end{pmatrix},\boldsymbol{B}=\begin{pmatrix}-2k_1&k_1&0\\-2k_2&k_2&0\\-2k_3&k_3&0\end{pmatrix}.$

评注 通过线性方程组来求解矩阵方程，已知矩阵需要在未知矩阵的右边，如若不然，可以通过等式两边同时取转置来解决.

四、自测练习试卷

试卷 1

一、填空题

1. 设 $\boldsymbol{\alpha}_1,\boldsymbol{\alpha}_2,\boldsymbol{\alpha}_3$ 为非齐次线性方程组 $\boldsymbol{AX}=\boldsymbol{B}$ 的一组解，如果 $\boldsymbol{\alpha}_1+2\boldsymbol{\alpha}_2+c\boldsymbol{\alpha}_3$ 也是该方程组的一个解，则 $c=$________.

2. 当常数 $a=$________时，方程组 $\begin{cases}ax_1+x_2+2x_3=0\\x_1+2x_2+4x_3=0\\x_1-x_2+x_3=0\end{cases}$ 有非零解.

3. 设非齐次线性方程组为 $x_1+2x_2+3x_3+\cdots+nx_n=n+1$，则它的通解为________.

4. 已知一个非齐次线性方程组的增广矩阵经过初等变换化为

$$\begin{pmatrix}1&-1&3&2&0&1\\0&\lambda&-1&0&2&0\\0&0&0&2&0&\lambda-2\\0&0&0&0&\lambda-1&\lambda-3\end{pmatrix},$$

则当 λ________时，该方程组无解.

5. 已知 $\boldsymbol{A}=(\boldsymbol{\alpha}_1,\boldsymbol{\alpha}_2,\boldsymbol{\alpha}_3,\boldsymbol{\alpha}_4)$，其中 $\boldsymbol{\alpha}_1,\boldsymbol{\alpha}_2,\boldsymbol{\alpha}_3,\boldsymbol{\alpha}_4$ 为四维列向量，齐次线性方程组 $\boldsymbol{AX}=\boldsymbol{O}$ 的通解为 $k(2,-1,-3,1)^{\mathrm{T}}$，则 $\boldsymbol{\alpha}_2$ 可由 $\boldsymbol{\alpha}_1,\boldsymbol{\alpha}_3,\boldsymbol{\alpha}_4$ 表示为________.

6. 设 n 阶矩阵 $\boldsymbol{A}$ 的各行元素之和均为 0，且 $\boldsymbol{A}$ 的秩为 $n-1$，则线性方程组 $\boldsymbol{AX}=\boldsymbol{O}$ 的通解为________.

7. 设方程组 $\boldsymbol{AX}=\boldsymbol{B}$ 的系数矩阵 $\boldsymbol{A}$ 的秩等于 3，已知 $\boldsymbol{\alpha}_1,\boldsymbol{\alpha}_2,\boldsymbol{\alpha}_3$ 是它的 3 个解向量，且 $\boldsymbol{\alpha}_1+\boldsymbol{\alpha}_2=\begin{pmatrix}1\\0\\5\\1\end{pmatrix},\boldsymbol{\alpha}_3=\begin{pmatrix}1\\2\\3\\-1\end{pmatrix}$，则该方程组 $\boldsymbol{AX}=\boldsymbol{B}$ 的通解为________.

二、选择题

1. 齐次线性方程组 $\begin{cases}x_1-2x_2+x_3+x_4=0\\2x_1-x_2-x_3=0\\3x_1-3x_2+x_4=0\\-2x_1+4x_2-2x_3-2x_4=0\end{cases}$ 的基础解系中有(　　).

(A)0 个解向量　　(B)1 个解向量

(C)2 个解向量　　(D)3 个解向量

2. 设 $\boldsymbol{A}$ 为 $n(n\geqslant 3)$ 阶方阵，且 $\boldsymbol{\alpha}_1,\boldsymbol{\alpha}_2,\boldsymbol{\alpha}_3$ 是 $\boldsymbol{AX}=\boldsymbol{O}$ 的基础解系，则下列各组向量为 $\boldsymbol{AX}=\boldsymbol{O}$ 的基础解系的是(　　).

(A) $\boldsymbol{\alpha}_1-\boldsymbol{\alpha}_2,\boldsymbol{\alpha}_2-\boldsymbol{\alpha}_3,\boldsymbol{\alpha}_3-\boldsymbol{\alpha}_1$　　(B) $\boldsymbol{\alpha}_1-\boldsymbol{\alpha}_2,3\boldsymbol{\alpha}_2+\boldsymbol{\alpha}_3,\boldsymbol{\alpha}_1+2\boldsymbol{\alpha}_2+\boldsymbol{\alpha}_3$

(C) $\boldsymbol{\alpha}_1+\boldsymbol{\alpha}_2,\boldsymbol{\alpha}_2+\boldsymbol{\alpha}_3,\boldsymbol{\alpha}_3+\boldsymbol{\alpha}_1$　　(D) $\boldsymbol{\alpha}_1+\boldsymbol{\alpha}_2,3\boldsymbol{\alpha}_2-\boldsymbol{\alpha}_3,\boldsymbol{\alpha}_1-2\boldsymbol{\alpha}_2+\boldsymbol{\alpha}_3$

3. n 元齐次线性方程组 $\boldsymbol{AX}=\boldsymbol{O}$ 有唯一零解是 n 元非齐次线性方程组 $\boldsymbol{AX}=\boldsymbol{B}$ 有唯一解的(　　).

(A)充分必要条件　(B)充分条件　(C)必要条件　(D)无关条件

4. 设 $\boldsymbol{A}$ 为 $n(n\geqslant 2)$ 阶方阵，$\boldsymbol{A}^*$ 是 $\boldsymbol{A}$ 的伴随矩阵，若对任一 n 维列向量 $\boldsymbol{\alpha}$，均有 $\boldsymbol{A}^*\boldsymbol{\alpha}=0$，则线性方程组 $\boldsymbol{AX}=\boldsymbol{O}$ 的基础解系所含解向量的个数 k 必定满足(　　).

(A)$k=0$　(B)$k=1$　(C)$k>1$　(D)$k=n$

5. 设 $\boldsymbol{A},\boldsymbol{B}$ 为三阶非零方阵，$\boldsymbol{B}$ 的列向量是 $\boldsymbol{AX}=(1,0,0)^{\mathrm{T}}$ 的解向量，则(　　).

(A)$r(\boldsymbol{A})=1$　(B)$r(\boldsymbol{B})=1$　(C)$r(\boldsymbol{AB})=1$　(D)$r(\boldsymbol{A})+r(\boldsymbol{B})=3$

6. 设方程组 $\boldsymbol{AX}=\boldsymbol{B}$ 的系数矩阵 $\boldsymbol{A}$ 的秩等于 3，已知 $\boldsymbol{\alpha}_1,\boldsymbol{\alpha}_2,\boldsymbol{\alpha}_3$ 是它的 3 个解向量，且

$\boldsymbol{\alpha}_1+\boldsymbol{\alpha}_2=\begin{pmatrix}1\\-2\\5\\2\end{pmatrix},\boldsymbol{\alpha}_3=\begin{pmatrix}-1\\2\\4\\1\end{pmatrix}$，则该方程组 $\boldsymbol{AX}=\boldsymbol{B}$ 的通解是(　　).

(A)$k\begin{pmatrix}2\\-4\\1\\1\end{pmatrix}+\begin{pmatrix}-1\\2\\4\\1\end{pmatrix}$　(B)$k\begin{pmatrix}3\\-6\\-3\\0\end{pmatrix}+\begin{pmatrix}1\\-2\\5\\2\end{pmatrix}$

(C)$k\begin{pmatrix}3\\-6\\-3\\0\end{pmatrix}+\begin{pmatrix}0\\0\\3\\1\end{pmatrix}$　(D)$\begin{pmatrix}3\\-6\\-3\\0\end{pmatrix}+k\begin{pmatrix}-1\\2\\4\\1\end{pmatrix}$

7. 设有齐次线性方程组 $\boldsymbol{AX}=\boldsymbol{O}$ 和 $\boldsymbol{BX}=\boldsymbol{O}$，其中 $\boldsymbol{A},\boldsymbol{B}$ 均为 $m\times n$ 矩阵，现有 4 个命题：

(1)若 $\boldsymbol{AX}=\boldsymbol{O}$ 的解都是 $\boldsymbol{BX}=\boldsymbol{O}$ 的解，则 $r(\boldsymbol{A})\geqslant r(\boldsymbol{B})$；

(2)若 $r(\boldsymbol{A})\geqslant r(\boldsymbol{B})$，则 $\boldsymbol{AX}=\boldsymbol{O}$ 的解都是 $\boldsymbol{BX}=\boldsymbol{O}$ 的解；

(3)若 $\boldsymbol{AX}=\boldsymbol{O}$ 与 $\boldsymbol{BX}=\boldsymbol{O}$ 同解，则 $r(\boldsymbol{A})=r(\boldsymbol{B})$；

(4)若 $r(\boldsymbol{A})=r(\boldsymbol{B})$，则 $\boldsymbol{AX}=\boldsymbol{O}$ 与 $\boldsymbol{BX}=\boldsymbol{O}$ 同解.

以上命题中正确的是(　　).

(A)(1)(2)　(B)(1)(3)　(C)(2)(4)　(D)(3)(4)

8. 设 $\boldsymbol{A}$ 为 $m\times n$ 矩阵，则与 $\boldsymbol{AX}=\boldsymbol{B}$ 同解的情形是(　　).

(A)当 $m=n$ 时，$\boldsymbol{A}^{\mathrm{T}}\boldsymbol{X}=\boldsymbol{B}$

(B)当 $r(\boldsymbol{P})=m$($\boldsymbol{P}$ 为 $n\times m$ 矩阵)时，$\boldsymbol{PAX}=\boldsymbol{PB}$

(C)当 $r(\boldsymbol{P})=n$($\boldsymbol{P}$ 为 $n\times m$ 矩阵)时，$\boldsymbol{PAX}=\boldsymbol{PB}$

(D)当 $r(\boldsymbol{A})=r(\overline{\boldsymbol{A}})=r$ 时，由 $\boldsymbol{AX}=\boldsymbol{B}$ 的前 r 个方程构成的方程组

三、计算题

1. 当参数 a 为何值时，线性方程组 $\begin{cases}2x_1-x_2+3x_3=0\\x_1-3x_2+4x_3=0\\-x_1+2x_2+ax_3=0\end{cases}$ 有非零解，并求通解.

2. a 为何值时，方程组 $\begin{cases} 3ax_1+(2a+1)x_2+(a+1)x_3=a \\ (2a-1)x_1+(2a-1)x_2+(a-2)x_3=a+1 \\ (4a-1)x_1+3ax_2+2ax_3=1 \end{cases}$ 无解、有唯一解、有无穷多解，并在有无穷多解时求通解.

3. 已知齐次线性方程组 $\begin{cases} x_1+2x_2+x_3+2x_4=0 \\ x_2+tx_3+tx_4=0 \\ x_1+tx_2+x_4=0 \end{cases}$ 有两个线性无关的解向量，求 t 的值及方程组的通解.

4. 设非齐次线性方程组 $\boldsymbol{AX}=\boldsymbol{B}$ 的系数矩阵 $\boldsymbol{A}$ 的秩为 2，$\boldsymbol{\alpha}_1,\boldsymbol{\alpha}_2,\boldsymbol{\alpha}_3$ 是它的 3 个解向量，且 $\boldsymbol{\alpha}_1=\begin{pmatrix}-1\\0\\1\\2\end{pmatrix},\boldsymbol{\alpha}_2=\begin{pmatrix}0\\1\\-1\\1\end{pmatrix},\boldsymbol{\alpha}_3=\begin{pmatrix}1\\0\\2\\-1\end{pmatrix}$，求该方程组的通解.

5. 已知 $\boldsymbol{\alpha}_1=\begin{pmatrix}-1\\1\\1\end{pmatrix},\boldsymbol{\alpha}_2=\begin{pmatrix}1\\1\\-1\end{pmatrix}$ 是线性方程组 $\begin{cases} x_1+kx_2+k^2x_3=k^3 \\ x_1-kx_2+k^2x_3=-k^3 \end{cases}$ 的两个解，求该方程组的通解.

6. 设齐次线性方程组(Ⅰ) $\begin{cases} x_1+x_2=0 \\ x_2-x_4=0 \end{cases}$，又已知某齐次线性方程组(Ⅱ)的通解为 $k_1(0,1,1,0)^{\mathrm{T}}+k_2(-1,2,2,1)^{\mathrm{T}}$.

(1)求齐次线性方程组(Ⅰ)的通解；

(2)方程组(Ⅰ)和(Ⅱ)是否有非零公共解？若有，求出非零公共解.

7. 设 $\boldsymbol{A}=\begin{pmatrix}1&-1&2\\2&-2&4\\3&-3&6\end{pmatrix}$，求一个秩为 2 的方阵 $\boldsymbol{B}$，使得 $\boldsymbol{AB}=\boldsymbol{O}$.

8. 设齐次线性方程组(Ⅰ)的基础解系为 $\boldsymbol{\alpha}_1=(1,0,1,1)^{\mathrm{T}},\boldsymbol{\alpha}_2=(2,1,0,-1)^{\mathrm{T}}$，$\boldsymbol{\alpha}_3=(0,2,1,-1)^{\mathrm{T}}$，方程组(Ⅰ)添加两个方程 $\begin{cases} x_1+x_2+x_3+x_4=0 \\ x_1+2x_2+2x_4=0 \end{cases}$ 后组成齐次线性方程组(Ⅱ)，求方程组(Ⅱ)的通解.

四、证明题

1. 设线性方程组 $\begin{cases} x_1+a_1x_2+a_1^2x_3=a_1^3 \\ x_1+a_2x_2+a_2^2x_3=a_2^3 \\ x_1+a_3x_2+a_3^2x_3=a_3^3 \\ x_1+a_4x_2+a_4^2x_3=a_4^3 \end{cases}$，若 a_1,a_2,a_3,a_4 互不相等，证明：方程组无解.

2. 如果线性方程组$\begin{cases}a_{11}x_1+a_{12}x_2+\cdots+a_{1n}x_n=b_1\\ a_{21}x_1+a_{22}x_2+\cdots+a_{2n}x_n=b_2\\ \vdots\\ a_{n1}x_1+a_{n2}x_2+\cdots+a_{nn}x_n=b_n\end{cases}$的系数矩阵$\boldsymbol{A}$与矩阵$\boldsymbol{C}=\begin{pmatrix}a_{11}&\cdots&a_{1n}&b_1\\ \vdots&&\vdots&\vdots\\ a_{n1}&\cdots&a_{nn}&b_n\\ b_1&\cdots&b_n&k\end{pmatrix}$的秩相等，其中$k$为任意实数，证明：方程组有解.

3. 设向量组$\boldsymbol{\alpha}_1,\boldsymbol{\alpha}_2,\cdots,\boldsymbol{\alpha}_t$是齐次线性方程组$\boldsymbol{AX}=\boldsymbol{O}$的一个基础解系，若存在$\boldsymbol{\beta}_i(i=1,2,\cdots,t)$，使得$\boldsymbol{A\beta}_i=\boldsymbol{\alpha}_i$，证明：$\boldsymbol{\alpha}_1,\boldsymbol{\alpha}_2,\cdots,\boldsymbol{\alpha}_t,\boldsymbol{\beta}_1,\boldsymbol{\beta}_2,\cdots,\boldsymbol{\beta}_t$线性无关.

4. n元非齐次线性方程组$\boldsymbol{AX}=\boldsymbol{B}$有解向量$\boldsymbol{\beta}$，$r(\boldsymbol{A})=r<n$，证明：方程组$\boldsymbol{AX}=\boldsymbol{B}$有$n-r+1$个线性无关的解向量，而且这$n-r+1$个解向量可以线性表示方程组$\boldsymbol{AX}=\boldsymbol{B}$的任意一个解向量.

5. 设$\boldsymbol{\eta}^*$是n元非齐次线性方程组$\boldsymbol{AX}=\boldsymbol{B}$的一个解，$\boldsymbol{\xi}_1,\boldsymbol{\xi}_2,\cdots,\boldsymbol{\xi}_{n-r}$是该方程组的导出组$\boldsymbol{AX}=\boldsymbol{O}$的一个基础解系，证明：

(1)$\boldsymbol{\eta}^*,\boldsymbol{\xi}_1,\boldsymbol{\xi}_2,\cdots,\boldsymbol{\xi}_{n-r}$线性无关；

(2)$\boldsymbol{\eta}^*,\boldsymbol{\eta}^*+\boldsymbol{\xi}_1,\boldsymbol{\eta}^*+\boldsymbol{\xi}_2,\cdots,\boldsymbol{\eta}^*+\boldsymbol{\xi}_{n-r}$线性无关.

6. 设$\boldsymbol{A}$为$m\times n$矩阵，$\boldsymbol{A}^{\mathrm{T}}$是$\boldsymbol{A}$的转置矩阵，证明：

(1)$r(\boldsymbol{A}^{\mathrm{T}}\boldsymbol{A})=r(\boldsymbol{A})$；

(2)对任意的向量$\boldsymbol{\beta}$，方程组$\boldsymbol{A}^{\mathrm{T}}\boldsymbol{AX}=\boldsymbol{A}^{\mathrm{T}}\boldsymbol{\beta}$有解.

7. 已知齐次线性方程组

$$\begin{cases}(a_1+b)x_1+a_2x_2+a_3x_3+\cdots+a_nx_n=0\\ a_1x_1+(a_2+b)x_2+a_3x_3+\cdots+a_nx_n=0\\ a_1x_1+a_2x_2+(a_3+b)x_3+\cdots+a_nx_n=0,\\ \vdots\\ a_1x_1+a_2x_2+a_3x_3+\cdots+(a_n+b)x_n=0\end{cases}$$

其中$\sum\limits_{i=1}^{n}a_i\neq 0$. 讨论$a_1,a_2,\cdots,a_n,b$满足什么条件时，

(1)方程组仅有零解；

(2)方程组有非零解，并求解.

8. 设$\boldsymbol{A}$为$m\times n$矩阵，$\boldsymbol{B}$为$n\times l$矩阵，证明：方程组$\boldsymbol{ABX}=\boldsymbol{O}$和$\boldsymbol{BX}=\boldsymbol{O}$是同解方程组的充分必要条件是$r(\boldsymbol{AB})=r(\boldsymbol{B})$.

试卷 2

一、填空题

1. 设$\boldsymbol{\alpha}_1,\boldsymbol{\alpha}_2$为非齐次线性方程组$\boldsymbol{AX}=\boldsymbol{B}$的一组解，$\boldsymbol{\beta}_1,\boldsymbol{\beta}_2$是其导出组$\boldsymbol{AX}=\boldsymbol{O}$的解，如果$2\boldsymbol{\alpha}_1+c\boldsymbol{\alpha}_2-\boldsymbol{\beta}_1+3\boldsymbol{\beta}_2$也是该方程组的一个解，则$c=$________.

2. 当常数$a=$________时，方程组$\begin{cases}x_1-x_2+2x_3=1\\ 2x_1-x_2+7x_3=2\\ -x_1+2x_2+x_3=a\end{cases}$有解.

3. 若非齐次线性方程组$\begin{cases}x_1-x_2=b_1\\x_2-x_3=b_2\\x_3-x_4=b_3\\x_4-x_1=b_4\end{cases}$有解，则常数$b_1,b_2,b_3,b_4$应满足条件________.

4. 设$\boldsymbol{A}=(a_{ij})$是三阶实矩阵，满足$\boldsymbol{A}\boldsymbol{A}^{\mathrm{T}}=\boldsymbol{I}$，且$a_{12}=1$，$\boldsymbol{B}=(1,0,0)^{\mathrm{T}}$，则$\boldsymbol{AX}=\boldsymbol{B}$的解$\boldsymbol{X}=$________.

5. 设$\boldsymbol{A}$为四阶矩阵，$r(\boldsymbol{A})=3$，$\boldsymbol{A}^*$为$\boldsymbol{A}$的伴随矩阵，则$\boldsymbol{A}^*\boldsymbol{X}=\boldsymbol{O}$的基础解系所含解向量的个数为________.

6. 设$\boldsymbol{\alpha}_1,\boldsymbol{\alpha}_2,\boldsymbol{\alpha}_3$是非齐次线性方程组$\boldsymbol{AX}=\boldsymbol{B}$的3个解向量，$r(\boldsymbol{A})=1$，且$\boldsymbol{\alpha}_1+\boldsymbol{\alpha}_2=\begin{pmatrix}1\\0\\-2\end{pmatrix}$，$\boldsymbol{\alpha}_1+\boldsymbol{\alpha}_3=\begin{pmatrix}0\\1\\-2\end{pmatrix}$，$\boldsymbol{\alpha}_2+\boldsymbol{\alpha}_3=\begin{pmatrix}2\\4\\0\end{pmatrix}$，则$\boldsymbol{AX}=\boldsymbol{B}$的通解$\boldsymbol{X}=$________.

7. 已知三阶矩阵$\boldsymbol{B}\neq\boldsymbol{O}$，且$\boldsymbol{B}$的每一列向量都是方程组$\begin{cases}x_1+2x_2-2x_3=0\\2x_1-x_2+\lambda x_3=0\\3x_1+x_2-x_3=0\end{cases}$的解，则$\lambda=$________.

二、选择题

1. 设$\boldsymbol{A},\boldsymbol{B},\boldsymbol{C}$均为$n$阶方阵，且$\boldsymbol{ABC}=\boldsymbol{O}$，则(　　).

(A)$\boldsymbol{C}$的列向量是$\boldsymbol{BX}=\boldsymbol{O}$的解向量

(B)$\boldsymbol{B}$的列向量是$\boldsymbol{AX}=\boldsymbol{O}$的解向量

(C)$\boldsymbol{AB}$的行向量是$\boldsymbol{C}^{\mathrm{T}}\boldsymbol{X}=\boldsymbol{O}$的解向量

(D)$\boldsymbol{A}$的列向量是$(\boldsymbol{BC})^{\mathrm{T}}\boldsymbol{X}=\boldsymbol{O}$的解向量

2. 设$\boldsymbol{A}$为$m\times n$矩阵，齐次线性方程组$\boldsymbol{AX}=\boldsymbol{O}$仅有零解的充分必要条件是$\boldsymbol{A}$的(　　).

(A)列向量组线性无关　　(B)列向量组线性相关

(C)行向量组线性无关　　(D)行向量组线性相关

3. 设$\boldsymbol{A}$为n阶方阵，$\boldsymbol{A}^*$是$\boldsymbol{A}$的伴随矩阵，且$\boldsymbol{A}^*\neq\boldsymbol{O}$，若$\boldsymbol{\alpha}_1,\boldsymbol{\alpha}_2,\boldsymbol{\alpha}_3$是非齐次线性方程组$\boldsymbol{AX}=\boldsymbol{B}$互不相等的解，则对应的齐次线性方程组$\boldsymbol{AX}=\boldsymbol{O}$的基础解系中有(　　).

(A)0个解向量　　(B)1个解向量　　(C)2个解向量　　(D)3个解向量

4. 设$\boldsymbol{A}$为n阶方阵，$\boldsymbol{A}^*$是$\boldsymbol{A}$的伴随矩阵，$\boldsymbol{\alpha}_1,\boldsymbol{\alpha}_2$是齐次线性方程组$\boldsymbol{AX}=\boldsymbol{O}$的两个线性无关的解向量，则(　　).

(A)$\boldsymbol{A}^*\boldsymbol{X}=\boldsymbol{O}$的解均是$\boldsymbol{AX}=\boldsymbol{O}$的解

(B)$\boldsymbol{AX}=\boldsymbol{O}$的解均是$\boldsymbol{A}^*\boldsymbol{X}=\boldsymbol{O}$的解

(C)$\boldsymbol{A}^*\boldsymbol{X}=\boldsymbol{O}$与$\boldsymbol{AX}=\boldsymbol{O}$无非零公共解

(D)$\boldsymbol{A}^*\boldsymbol{X}=\boldsymbol{O}$与$\boldsymbol{AX}=\boldsymbol{O}$仅有两个非零公共解

5. 已知$\boldsymbol{A}$为三阶方阵，$\boldsymbol{\alpha}_1=\begin{pmatrix}1\\2\\0\end{pmatrix}$，$\boldsymbol{\alpha}_2=\begin{pmatrix}1\\1\\1\end{pmatrix}$，$\boldsymbol{\alpha}_3=\begin{pmatrix}1\\t\\0\end{pmatrix}$为非齐次线性方程组$\boldsymbol{AX}=\boldsymbol{B}$的3个解向量，则(　　).

(A)当 $t=2$ 时，$r(\boldsymbol{A})=1$　　(B)当 $t=2$ 时，$r(\boldsymbol{A})=2$

(C)当 $t\neq2$ 时，$r(\boldsymbol{A})=1$　　(D)当 $t\neq2$ 时，$r(\boldsymbol{A})=2$

6. 已知 $\boldsymbol{\beta}_1,\boldsymbol{\beta}_2$ 是非齐次线性方程组 $\boldsymbol{AX}=\boldsymbol{B}$ 的两个不同的解向量，$\boldsymbol{\alpha}_1,\boldsymbol{\alpha}_2$ 是对应齐次线性方程组 $\boldsymbol{AX}=\boldsymbol{O}$ 的基础解系，k_1,k_2 是任意常数，则方程组 $\boldsymbol{AX}=\boldsymbol{B}$ 的通解是(　　).

(A) $k_1\boldsymbol{\alpha}_1-k_2(\boldsymbol{\alpha}_1+\boldsymbol{\alpha}_2)+\dfrac{\boldsymbol{\beta}_2-\boldsymbol{\beta}_1}{2}$　　(B) $k_1\boldsymbol{\alpha}_1-k_2(\boldsymbol{\alpha}_1+\boldsymbol{\alpha}_2)+\dfrac{\boldsymbol{\beta}_2+\boldsymbol{\beta}_1}{2}$

(C) $k_1\boldsymbol{\alpha}_1+k_2(\boldsymbol{\beta}_1+\boldsymbol{\beta}_2)+\dfrac{\boldsymbol{\beta}_2-\boldsymbol{\beta}_1}{2}$　　(D) $k_1\boldsymbol{\alpha}_1+k_2(\boldsymbol{\beta}_1-\boldsymbol{\beta}_2)+\dfrac{\boldsymbol{\beta}_2+\boldsymbol{\beta}_1}{2}$

7. 设 $\boldsymbol{A}$ 为 n 阶方阵，$\boldsymbol{\alpha}$ 为 n 维列向量，若 $r(\boldsymbol{A})=r\begin{pmatrix}\boldsymbol{A} & \boldsymbol{\alpha}\\ \boldsymbol{\alpha}^{\mathrm{T}} & 0\end{pmatrix}$，则线性方程组(　　).

(A) $\boldsymbol{AX}=\boldsymbol{\alpha}$ 必有无穷多解　　(B) $\boldsymbol{AX}=\boldsymbol{\alpha}$ 必有唯一解

(C) $\begin{pmatrix}\boldsymbol{A} & \boldsymbol{\alpha}\\ \boldsymbol{\alpha}^{\mathrm{T}} & 0\end{pmatrix}\boldsymbol{Y}=0$ 仅有零解　　(D) $\begin{pmatrix}\boldsymbol{A} & \boldsymbol{\alpha}\\ \boldsymbol{\alpha}^{\mathrm{T}} & 0\end{pmatrix}\boldsymbol{Y}=0$ 必有非零解

三、计算题

1. 当参数 λ 为何值时，线性方程组 $\begin{cases}x_1-x_2+2x_3=1\\ x_1+(\lambda-1)x_2+2x_3+x_4=2\lambda\\ 2x_1-2x_2+7x_3=\lambda\\ x_1-x_2+2x_3+(\lambda+1)x_4=\lambda\end{cases}$ 有唯一解、无解、有无穷多解，并在有无穷多解时求通解.

2. a,b 为何值时，方程组 $\begin{cases}x_1+x_2+x_3+x_4+x_5=1\\ 3x_1+2x_2+x_3+x_4-3x_5=a\\ x_2+2x_3+2x_4+6x_5=3\\ 5x_1+4x_2+3x_3+3x_4-x_5=b\end{cases}$ 有解，并求通解.

3. 已知非齐次线性方程组 $\begin{cases}x_1+x_2+x_3+x_4=-1\\ 4x_1+3x_2+5x_3-x_4=-1\\ ax_1+x_2+3x_3+bx_4=1\end{cases}$ 有 3 个线性无关的解向量，求 a,b 的值及方程组的通解.

4. 设方程组 $\boldsymbol{AX}=\boldsymbol{B}$ 的系数矩阵 $\boldsymbol{A}$ 的秩等于 3，已知 $\boldsymbol{\alpha}_1,\boldsymbol{\alpha}_2,\boldsymbol{\alpha}_3$ 是它的 3 个解向量，且 $\boldsymbol{\alpha}_1+\boldsymbol{\alpha}_2=\begin{pmatrix}1\\-2\\5\\3\end{pmatrix},\boldsymbol{\alpha}_2+\boldsymbol{\alpha}_3=\begin{pmatrix}-1\\2\\3\\1\end{pmatrix}$，求该方程组 $\boldsymbol{AX}=\boldsymbol{B}$ 的通解.

5. a,b 为何值时，线性方程组

$$(\text{Ⅰ})\begin{cases}x_1+x_2+x_3+x_4=0\\ x_2+2x_3+2x_4=1\end{cases},\quad(\text{Ⅱ})\begin{cases}-x_2+(a-3)x_3-2x_4=b\\ 3x_1+2x_2+x_3+ax_4=-1\end{cases}$$

无公共解、有唯一公共解、有无穷多组公共解，并在有无穷多组公共解时求全部公共解.

6. 已知 $\boldsymbol{\alpha}_1=(1,1,0,0)^{\mathrm{T}},\boldsymbol{\alpha}_2=(1,0,1,0)^{\mathrm{T}},\boldsymbol{\alpha}_3=(1,0,0,1)^{\mathrm{T}}$ 是齐次线性方程组(Ⅰ)的

基础解系，$\boldsymbol{\beta}_1=(0,0,1,1)^{\mathrm{T}}$,$\boldsymbol{\beta}_2=(0,1,0,1)^{\mathrm{T}}$ 是齐次线性方程组(Ⅱ)的基础解系，求方程组(Ⅰ)与(Ⅱ)的公共解.

7. 已知 $\boldsymbol{AB}=\boldsymbol{C}$，其中 $\boldsymbol{A}=\begin{pmatrix}1&3&3\\2&6&9\\-1&-3&3\end{pmatrix}$，$\boldsymbol{C}=\begin{pmatrix}2&-1&1\\7&4&-1\\4&13&-7\end{pmatrix}$，求 $\boldsymbol{B}$.

8. 已知向量组 $\boldsymbol{\alpha}_1=(1,2,0,2)^{\mathrm{T}}$,$\boldsymbol{\alpha}_2=(1,-1,a,5)^{\mathrm{T}}$,$\boldsymbol{\alpha}_3=(-1,-1,1,a)^{\mathrm{T}}$,$\boldsymbol{\alpha}_4=(2,a,-3,-5)^{\mathrm{T}}$ 与 $\boldsymbol{AX}=\boldsymbol{O}$ 的基础解系等价，且 $r(\boldsymbol{A})=1$，求 $\boldsymbol{AX}=\boldsymbol{O}$ 的通解.

四、证明题

1. 设 $\boldsymbol{A}$ 为 n 阶方阵，且 $\boldsymbol{A}^2=\boldsymbol{A}$，$\boldsymbol{A}\neq\boldsymbol{I}$，$\boldsymbol{I}$ 为 n 阶单位矩阵，证明：方程组 $\boldsymbol{AX}=\boldsymbol{O}$ 有非零解.

2. 设向量 $\boldsymbol{\alpha}_1,\boldsymbol{\alpha}_2$ 是 n 元非齐次线性方程组 $\boldsymbol{AX}=\boldsymbol{B}$ 的两个不同解，$\boldsymbol{\beta}$ 是其导出组 $\boldsymbol{AX}=\boldsymbol{O}$ 的一个非零解，证明：

(1)向量组 $\boldsymbol{\alpha}_1,\boldsymbol{\alpha}_1-\boldsymbol{\alpha}_2$ 线性无关；

(2)若 $r(\boldsymbol{A})=n-1$，则向量组 $\boldsymbol{\beta},\boldsymbol{\alpha}_1,\boldsymbol{\alpha}_2$ 线性相关.

3. 设向量 $\boldsymbol{\alpha}_0,\boldsymbol{\alpha}_1,\boldsymbol{\alpha}_2,\cdots,\boldsymbol{\alpha}_{n-r}$是非齐次线性方程组 $\boldsymbol{AX}=\boldsymbol{B}$ 的 $n-r+1$ 个线性无关的解向量，$r(\boldsymbol{A})=r$，证明：向量组 $\boldsymbol{\alpha}_1-\boldsymbol{\alpha}_0,\boldsymbol{\alpha}_2-\boldsymbol{\alpha}_0,\cdots,\boldsymbol{\alpha}_{n-r}-\boldsymbol{\alpha}_0$ 是对应齐次线性方程组 $\boldsymbol{AX}=\boldsymbol{O}$ 的基础解系.

4. 设 n 阶矩阵 $\boldsymbol{A}=(\boldsymbol{\alpha}_1,\boldsymbol{\alpha}_2,\cdots,\boldsymbol{\alpha}_{n-1},\boldsymbol{\alpha}_n)$，其中 $\boldsymbol{\alpha}_1,\boldsymbol{\alpha}_2,\cdots,\boldsymbol{\alpha}_{n-1}$线性相关，$\boldsymbol{\alpha}_2,\cdots,\boldsymbol{\alpha}_{n-1},\boldsymbol{\alpha}_n$ 线性无关，$\boldsymbol{\beta}=\boldsymbol{\alpha}_1+\boldsymbol{\alpha}_2+\cdots+\boldsymbol{\alpha}_{n-1}+\boldsymbol{\alpha}_n$，证明：

(1)方程组 $\boldsymbol{AX}=\boldsymbol{\beta}$ 有无穷多解；

(2)若$(k_1,k_2,\cdots,k_n)^{\mathrm{T}}$ 是 $\boldsymbol{AX}=\boldsymbol{\beta}$ 的任一解，则 $k_n=1$.

5. 已知 $\boldsymbol{A},\boldsymbol{B}$ 均为 $m\times n$ 矩阵，$r(\boldsymbol{A})=n-s$，$r(\boldsymbol{B})=n-r$，且 $r+s>n$，证明：$\boldsymbol{AX}=\boldsymbol{O}$ 和 $\boldsymbol{BX}=0$ 有非零公共解.

6. 设 $\boldsymbol{\alpha}_i=(a_{i1},a_{i2},\cdots,a_{in})(i=1,2,\cdots,s)$，$\boldsymbol{\beta}=(b_1,b_2,\cdots,b_n)$，如果

$$\begin{cases}a_{11}x_1+a_{12}x_2+\cdots+a_{1n}x_n=0\\a_{21}x_1+a_{22}x_2+\cdots+a_{2n}x_n=0\\\qquad\vdots\\a_{s1}x_1+a_{s2}x_2+\cdots+a_{sn}x_n=0\end{cases}$$

的解全是方程 $b_1x_1+b_2x_2+\cdots+b_nx_n=0$ 的解，证明：$\boldsymbol{\beta}$ 可由 $\boldsymbol{\alpha}_1,\boldsymbol{\alpha}_2,\cdots,\boldsymbol{\alpha}_s$ 线性表示.

7. 设 $\boldsymbol{\alpha}_i=(a_{i1},a_{i2},\cdots,a_{in})^{\mathrm{T}}(i=1,2,\cdots,r,r<n)$是 n 维实向量，且 $\boldsymbol{\alpha}_1,\boldsymbol{\alpha}_2,\cdots,\boldsymbol{\alpha}_r$ 线性无关. 已知 $\boldsymbol{\beta}=(b_1,b_2,\cdots,b_n)^{\mathrm{T}}$ 是线性方程组

$$\begin{cases}a_{11}x_1+a_{12}x_2+\cdots+a_{1n}x_n=0\\a_{21}x_1+a_{22}x_2+\cdots+a_{2n}x_n=0\\\qquad\vdots\\a_{r1}x_1+a_{r2}x_2+\cdots+a_{rn}x_n=0\end{cases}$$

的非零解向量. 证明：向量组 $\boldsymbol{\alpha}_1,\boldsymbol{\alpha}_2,\cdots,\boldsymbol{\alpha}_r,\boldsymbol{\beta}$ 线性无关.

8. 设 $\boldsymbol{A}$ 为 $n\times n$ 矩阵，证明：方程组 $\boldsymbol{A}^n\boldsymbol{X}=\boldsymbol{O}$ 和 $\boldsymbol{A}^{n+1}\boldsymbol{X}=\boldsymbol{O}$ 是同解方程组.

五、习题、总复习题及详解

习题 4-1　线性方程组的相容性和解的判定

1. 设齐次线性方程组$\begin{cases}x_1+x_2+x_3+5x_4=0\\x_1+x_2+2x_3+4x_4=0\\x_1-x_2-\lambda x_3+6x_4=0\\x_1-x_2-4x_3-x_4=0\end{cases}$有非零解，求 λ 的值．

解　方程组的系数行列式 $|A|=\begin{vmatrix}1&1&1&5\\1&1&2&4\\1&-1&-\lambda&6\\1&-1&-4&-1\end{vmatrix}=\begin{vmatrix}1&1&1&5\\0&0&1&-1\\0&-2&-1-\lambda&1\\0&-2&-5&-6\end{vmatrix}=22-2\lambda=0$

$\lambda=11$

2. 判断方程组$\begin{cases}x_1+x_2+2x_3+2x_4=1\\x_1+2x_2+2x_3-x_4=-4\\-2x_1-2x_2+x_3+x_4=6\\3x_1+x_2+x_3+7x_4=5\end{cases}$解的情况．

解　对增广矩阵 $\overline{A}$ 进行初等行变换：

$$\overline{A}=\begin{pmatrix}1&1&2&2&1\\1&2&2&-1&-4\\-2&-2&1&1&6\\3&1&1&7&5\end{pmatrix}\to\begin{pmatrix}1&1&2&2&1\\0&1&0&-3&-5\\0&0&5&5&8\\0&-2&-5&1&2\end{pmatrix}\to\begin{pmatrix}1&1&2&2&1\\0&1&0&-3&-5\\0&0&5&5&8\\0&0&0&0&0\end{pmatrix},$$

由此可见，$r(A)=r(\overline{A})=3$，由于未知数个数 $n=4$，所以该方程组有无穷多组解．

3. 证明：非齐次线性方程组

$$\begin{cases}x_1-x_2=b_1\\x_2-x_3=b_2\\x_3-x_4=b_3\\x_4-x_1=b_4\end{cases}$$

有解的充分必要条件是：$b_1+b_2+b_3+b_4=0$.

解　对增广矩阵 $\overline{A}$ 进行初等行变换：

$$\overline{A}=\begin{pmatrix}1&-1&0&0&b_1\\0&1&-1&0&b_2\\0&0&1&-1&b_3\\-1&0&0&1&b_4\end{pmatrix}\to\begin{pmatrix}1&-1&0&0&b_1\\0&1&-1&0&b_2\\0&0&1&-1&b_3\\0&0&0&0&b_1+b_2+b_3+b_4\end{pmatrix},$$

有解的充分必要条件是：$r(A)=r(\overline{A})$，得 $b_1+b_2+b_3+b_4=0$.

4. 讨论线性方程组

$$\begin{cases}x_1+x_2+2x_3+3x_4=0\\2x_1+x_2+6x_3+4x_4=-2\\3x_1+2x_2+kx_3+7x_4=t\\x_1-x_2+6x_3-x_4=-4\end{cases}$$

何时有唯一解？何时有无穷多组解？何时无解？

解 对增广矩阵 $\overline{A}$ 进行初等行变换：

$$\overline{A}=\begin{pmatrix}1&1&2&3&0\\2&1&6&4&-2\\3&2&k&7&t\\1&-1&6&-1&-4\end{pmatrix}\to\begin{pmatrix}1&1&2&3&0\\0&-1&2&-2&-2\\0&0&k-8&0&t+2\\0&0&0&0&0\end{pmatrix}$$

当 $k\neq8$ 且 $t\in R$ 时，$r(A)=r(\overline{A})=3<4$，有无穷多组解；

当 $k=8$ 且 $t=-2$ 时，$r(A)=r(\overline{A})=2<4$，有无穷多组解；

当 $k=8$ 且 $t\neq-2$ 时，$r(A)\neq r(\overline{A})$，无解 .

习题 4-2 齐次线性方程组及其基础解系

1. 求齐次线性方程组 $\begin{cases}x_1+2x_2-x_3+x_4=0\\2x_1+6x_2+3x_3-x_4=0\\5x_1+10x_2-5x_3+x_4=0\end{cases}$ 的一个基础解系，并写出它的通解 .

解 对系数矩阵 A 进行初等行变换：

$$A=\begin{pmatrix}1&2&-1&1\\2&6&3&-1\\5&10&-5&1\end{pmatrix}\to\begin{pmatrix}1&0&-6&0\\0&1&\dfrac{5}{2}&0\\0&0&0&1\end{pmatrix},$$

自由未知量 x_3 取 $x_3=2$，得 $\begin{pmatrix}x_1\\x_2\\x_4\end{pmatrix}=\begin{pmatrix}12\\-5\\0\end{pmatrix}$

从而得到方程组的一个基础解系，$\xi_1=\begin{pmatrix}12\\-5\\2\\0\end{pmatrix}$

因此该方程组的通解为 $X=k_1\xi_1$，（k_1 为任意实数）

2. 设 $\boldsymbol{A}$ 为 $m\times n$ 矩阵，$\boldsymbol{B}$ 为 $n\times s$ 矩阵，若 $\boldsymbol{AB}=\boldsymbol{O}$，则

$$r(\boldsymbol{A})+r(\boldsymbol{B})\leqslant n$$

解 设 $B=(\beta_1,\beta_2,\cdots,\beta_s)$，由 $AB=O$，得 $\beta_1,\beta_2,\cdots,\beta_s$ 是 $AX=O$ 的解向量，则 $r(B)=r(\beta_1,\beta_2,\cdots,\beta_s)\leqslant n-r(A)$，所以 $r(A)+r(B)\leqslant n$.

习题 4-3 非齐次线性方程组的解的结构

1. 求解非齐次线性方程组 $\begin{cases} x_1+x_2-3x_3-x_4=1 \\ 3x_1-x_2-3x_3+4x_4=4 \\ x_1+5x_2-9x_3-5x_4=0 \end{cases}$

解 对增广矩阵 $\overline{A}$ 进行初等行变换：

$$\overline{A}=\begin{pmatrix} 1 & 1 & -3 & -1 & 1 \\ 3 & -1 & -3 & 1 & 4 \\ 1 & 5 & -9 & -5 & 0 \end{pmatrix} \to \begin{pmatrix} 1 & 0 & -\frac{3}{2} & 0 & \frac{5}{4} \\ 0 & 1 & -\frac{3}{2} & -1 & -\frac{1}{4} \\ 0 & 0 & 0 & 0 & 0 \end{pmatrix}$$

得到方程组导出组的一个基础解系：$\xi_1=\begin{pmatrix} 3 \\ 3 \\ 2 \\ 0 \end{pmatrix} \xi_2=\begin{pmatrix} 0 \\ 1 \\ 0 \\ 1 \end{pmatrix}$

方程组的特解：$\xi^*=\begin{pmatrix} \frac{5}{4} \\ -\frac{1}{4} \\ 0 \\ 0 \end{pmatrix}$，

方程组的通解 $\begin{pmatrix} x_1 \\ x_2 \\ x_3 \\ x_4 \end{pmatrix}=\begin{pmatrix} \frac{5}{4} \\ -\frac{1}{4} \\ 0 \\ 0 \end{pmatrix}+k_1\begin{pmatrix} 3 \\ 3 \\ 2 \\ 0 \end{pmatrix}+k_2\begin{pmatrix} 0 \\ 1 \\ 0 \\ 1 \end{pmatrix} \quad k_1,k_2 \in R.$

2. λ 为何值时，线性方程组

$$\begin{cases} \lambda x_1+x_2+x_3=1 \\ x_1+\lambda x_2+x_3=\lambda \\ x_1+x_2+\lambda x_3=\lambda^2 \end{cases}$$

有唯一解？有无穷多组解及无解？并在有解时求出它的全部解 .

解 由克莱姆法则，系数行列式

$$\begin{vmatrix} \lambda & 1 & 1 \\ 1 & \lambda & 1 \\ 1 & 1 & \lambda \end{vmatrix}=(\lambda+2)(\lambda-1)^2 \neq 0,$$

(1) 当 $\lambda \neq 1$ 且 $\lambda \neq 2$ 时，方程组有唯一解，且其唯一解为：

$$x_1=-\frac{\lambda+1}{\lambda+2},x_2=-\frac{1}{\lambda+2},x_3=\frac{(\lambda+1)^2}{\lambda+2}.$$

(2)当 $\lambda=-2$ 时，$\bar{A}=\begin{pmatrix}-2&1&1&1\\1&-2&1&-2\\1&1&-2&4\end{pmatrix}\to\begin{pmatrix}1&1&-2&4\\0&1&-1&2\\0&0&0&1\end{pmatrix}$，$r(A)\neq r(\bar{A})$，方程组无解，

(3)当 $\lambda=1$ 时，$\bar{A}=\begin{pmatrix}1&1&1&1\\1&1&1&1\\1&1&1&1\end{pmatrix}\to\begin{pmatrix}1&1&1&1\\0&0&0&0\\0&0&0&0\end{pmatrix}$，$r(A)=r(\bar{A})=1<3$，方程组有无穷多组解，且其通解为：

$$\begin{pmatrix}x_1\\x_2\\x_3\end{pmatrix}=\begin{pmatrix}1\\0\\0\end{pmatrix}+k_1\begin{pmatrix}-1\\1\\0\end{pmatrix}+k_2\begin{pmatrix}-1\\0\\1\end{pmatrix}\quad(k_1,k_2\in R)$$

3. 设 $\boldsymbol{\eta}_1,\boldsymbol{\eta}_2,\cdots,\boldsymbol{\eta}_s$ 是非齐次线性方程组 $\boldsymbol{AX}=\boldsymbol{B}$ 的 s 个解，$k_1,k_2,\cdots,k_s$ 均是实数，则 $\boldsymbol{X}=k_1\boldsymbol{\eta}_1+k_2\boldsymbol{\eta}_2+\cdots+k_s\boldsymbol{\eta}_s$ 也是该非齐次线性方程组的解的充分必要条件是 $k_1+k_2+\cdots+k_s=1$.

证明　由于 $A\eta_i=B$，$i=1,2,\cdots,s,k_1,k_2,\cdots,k_s$ 均是实数，则 $X=k_1\eta_1+k_2\eta_2+\cdots+k_s\eta_s$ 也是该非齐次线性方程组的解的充分必要条件是 $A(k_1\eta_1+k_2\eta_2+\cdots+k_s\eta_s)=k_1A\eta_1+k_2A\eta_2+\cdots+k_sA\eta_s=(k_1+k_2+\cdots+k_s)B=B$ 得 $k_1+k_2+\cdots k_s=1$.

总复习题四

1. 判断下列方程组解的情况.

(1)$\begin{cases}4x_1+2x_2-x_3=2\\3x_1-x_2+2x_3=10;\\7x_1+x_2+2x_3=6\end{cases}$　　(2)$\begin{cases}x_1-2x_2+x_3+x_4-x_5=1\\2x_1+x_2-x_3-x_4-x_5=2\\x_1+3x_2-2x_3-2x_4=4\\3x_1-x_2-2x_5=3\end{cases}$;

(3)$\begin{cases}x_1+x_2+4x_3=4\\-x_1+4x_2+x_3=16\\3x_1-x_2+8x_3=-4\\-x_1+x_2-2x_3=4\end{cases}$.

解　(1)对增广矩阵 $\bar{A}$ 进行初等行变换：

$$\bar{A}=\begin{pmatrix}4&2&-1&2\\3&-1&2&10\\7&1&2&6\end{pmatrix}\to\begin{pmatrix}1&3&-3&-8\\0&-10&11&34\\0&0&1&-6\end{pmatrix},$$

由此可见，$r(A)=r(\bar{A})=3$，所以该方程组有唯一解；

(2)对增广矩阵 $\bar{A}$ 进行初等行变换：

$$\bar{A}=\begin{pmatrix}1&-2&1&1&-1&1\\2&1&-1&-1&-1&2\\1&3&-2&-2&0&4\\3&-1&0&0&-2&3\end{pmatrix}\to\begin{pmatrix}1&-2&1&1&-1&1\\0&5&-3&-3&1&0\\0&0&0&0&0&3\\0&0&0&0&0&0\end{pmatrix},$$

由此可见，$r(A)=2\neq r(\bar{A})=3$，所以该方程组无解；

(3)对增广矩阵 $\overline{A}$ 进行初等行变换：

$$\overline{A}=\begin{pmatrix}1&1&4&4\\-1&4&1&16\\3&-1&8&-4\\-1&1&-2&4\end{pmatrix}\to\begin{pmatrix}1&1&4&4\\0&5&5&20\\0&0&0&0\\0&0&0&0\end{pmatrix},$$

由此可见，$r(A)=r(\overline{A})=2<3$，所以该方程组有无穷多组解 .

2. 讨论以下线性方程组何时有唯一解，何时有无穷多组解，何时无解.

$$\begin{cases}x_1+x_2+kx_3=4\\-x_1+kx_2+x_3=k^2.\\x_1-x_2+2x_3=-4\end{cases}$$

解 由克莱姆法则，系数行列式

$$\begin{vmatrix}1&1&k\\-1&k&1\\1&-1&2\end{vmatrix}=-(k+1)(k-4)\neq 0,$$

当 $k\neq -1$ 且 $k\neq 4$ 时，有唯一解；

当 $k=-1$ 时，$\overline{A}=\begin{pmatrix}1&1&-1&4\\-1&-1&1&1\\1&-1&2&-4\end{pmatrix}\to\begin{pmatrix}1&1&-1&4\\0&2&1&0\\0&0&0&5\end{pmatrix}$，$r(A)\neq r(\overline{A})$，方程组无解，

当 $k=4$ 时，$\overline{A}=\begin{pmatrix}1&1&4&4\\-1&4&1&16\\1&-1&2&-4\end{pmatrix}\to\begin{pmatrix}1&1&4&4\\0&5&5&20\\0&0&0&0\end{pmatrix}$，$r(A)=r(\overline{A})=2<3$，方程组有无穷多组解

3. 设齐次线性方程组 $\begin{cases}x_1+x_2+\lambda x_3=0\\x_1+\lambda x_2+x_3=0\\3x_1-x_2+(\lambda+4)x_3=0\\-x_1+x_2-2x_3=0\end{cases}$ 有非零解，求 λ 的值.

解 对系数矩阵 A 进行初等行变换：

$$A=\begin{pmatrix}1&1&\lambda\\1&\lambda&1\\3&-1&\lambda+4\\-1&1&-2\end{pmatrix}\to\begin{pmatrix}1&1&\lambda\\0&2&\lambda-2\\0&0&\dfrac{\lambda(1-\lambda)}{2}\\0&0&0\end{pmatrix},$$

齐次线性方程组有非零解，则 $r(A)<3$，得 $\lambda=0$ 或 $\lambda=1$.

4. 求下列齐次线性方程组的一个基础解系，并写出它的通解.

(1) $\begin{cases}2x_1+3x_2+7x_3+5x_4=0\\3x_1+x_2+2x_3+4x_4=0\\4x_1-x_2-3x_3+6x_4=0\\x_1-2x_2-4x_3-x_4=0\end{cases}$；　(2) $\begin{cases}x_1+2x_2+3x_3-x_4=0\\2x_1+4x_2+5x_3-3x_4-x_5=0\\-x_1-2x_2-3x_3+3x_4+4x_5=0\end{cases}$.

解　(1)对系数矩阵 A 进行初等行变换：

$A=\begin{pmatrix}2&3&7&5\\3&1&2&4\\4&-1&-3&6\\1&-2&-4&-1\end{pmatrix}\to\begin{pmatrix}1&-2&-4&-1\\0&1&2&1\\0&0&1&0\\0&0&0&3\end{pmatrix}$，$r(A)=4=n$，则齐次线性方程组仅有零解，不存在基础解系；

(2) 对系数矩阵 A 进行初等行变换：

$A=\begin{pmatrix}1&2&3&-1&0\\2&4&5&-3&-1\\-1&-2&-3&3&4\end{pmatrix}\to\begin{pmatrix}1&2&0&0&5\\0&0&1&0&-1\\0&0&0&1&2\end{pmatrix}$，

得基础解系 $\xi_1=\begin{pmatrix}-2\\1\\0\\0\\0\end{pmatrix}$，$\xi_2=\begin{pmatrix}-5\\0\\1\\-2\\1\end{pmatrix}$；通解为 $X=k_1\xi_1+k_2\xi_2$，k_1,k_2 为任意数．

5. 求解下列非齐次线性方程组.

(1) $\begin{cases}x_1-x_2+2x_3=1\\x_1-2x_2-x_3=2\\3x_1-x_2+5x_3=3\\2x_1-2x_2-3x_3=4\end{cases}$；　　(2) $\begin{cases}x_1+2x_2+3x_3-x_4=2\\2x_1+4x_2+5x_3-3x_4-x_5=3\\x_1+2x_2+3x_3-3x_4-4x_5=2\end{cases}$；

(3) $\begin{cases}x_1-2x_2+x_3-3x_4-x_5=1\\3x_1-6x_2-x_3-3x_4+4x_5=4\\x_1-2x_2+5x_3-9x_4-8x_5=0\\2x_1-4x_2-2x_3+5x_5=3\end{cases}$.

解　(1)对增广矩阵 $\overline{A}$ 进行初等行变换：

$\overline{A}=\begin{pmatrix}1&-1&2&1\\1&-2&-1&2\\3&-1&5&3\\2&-2&-3&4\end{pmatrix}\to\begin{pmatrix}1&0&0&\frac{10}{7}\\0&1&0&-\frac{1}{7}\\0&0&1&-\frac{2}{7}\\0&0&0&0\end{pmatrix}$

$r(A)=r(\overline{A})=3=n$，因此该方程组的通解为 $\begin{pmatrix}x_1\\x_2\\x_3\end{pmatrix}=\begin{pmatrix}\frac{10}{7}\\-\frac{1}{7}\\-\frac{2}{7}\end{pmatrix}$

(2)对增广矩阵 $\overline{A}$ 进行初等行变换：

$$\overline{A}=\begin{pmatrix}1&2&3&-1&0&2\\2&4&5&-3&-1&3\\1&2&3&-3&-4&2\end{pmatrix}\to\begin{pmatrix}1&2&3&-1&0&2\\0&0&-1&-1&-1&-1\\0&0&0&1&2&0\end{pmatrix}\to\begin{pmatrix}1&2&0&0&5&-1\\0&0&1&0&-1&1\\0&0&0&1&2&0\end{pmatrix}$$

对自由未知量取$\begin{pmatrix}x_2\\x_5\end{pmatrix}=\begin{pmatrix}1\\0\end{pmatrix}$和$\begin{pmatrix}0\\1\end{pmatrix}$，得$\begin{pmatrix}x_1\\x_3\\x_4\end{pmatrix}=\begin{pmatrix}-2\\0\\0\end{pmatrix}$和$\begin{pmatrix}-5\\1\\-2\end{pmatrix}$. 从而得到方程组导出组的一个基础解系：

$$\xi_1=\begin{pmatrix}-2\\1\\0\\0\\0\end{pmatrix},\ \xi_2=\begin{pmatrix}-5\\0\\1\\-2\\1\end{pmatrix}$$

对自由未知量取$\begin{pmatrix}x_2\\x_5\end{pmatrix}=\begin{pmatrix}0\\0\end{pmatrix}$，得$\begin{pmatrix}x_1\\x_3\\x_4\end{pmatrix}=\begin{pmatrix}-1\\1\\0\end{pmatrix}$，从而得到方程组的一个特解

$$\xi^*=\begin{pmatrix}-1\\0\\1\\0\\0\end{pmatrix}$$

因此该方程组的通解为

$$\begin{pmatrix}x_1\\x_2\\x_3\\x_4\\x_5\end{pmatrix}=\begin{pmatrix}-1\\0\\1\\0\\0\end{pmatrix}+k_1\begin{pmatrix}-2\\1\\0\\0\\0\end{pmatrix}+k_2\begin{pmatrix}-5\\0\\1\\-2\\1\end{pmatrix}\quad(k_1,k_2\in R)$$

（3）对增广矩阵$\overline{A}$进行初等行变换：

$$\overline{A}=\begin{pmatrix}1&-2&1&-3&-1&1\\3&-6&-1&-3&4&4\\1&-2&5&-9&-8&0\\2&-4&-2&0&5&3\end{pmatrix}\to\begin{pmatrix}1&-2&0&-\frac{3}{2}&\frac{3}{4}&\frac{5}{4}\\0&0&1&-\frac{3}{2}&-\frac{7}{4}&-\frac{1}{4}\\0&0&0&0&0&0\\0&0&0&0&0&0\end{pmatrix}$$

得到方程组导出组的一个基础解系：$\xi_1=\begin{pmatrix}2\\1\\0\\0\\0\end{pmatrix},\xi_2=\begin{pmatrix}3\\0\\3\\2\\0\end{pmatrix},\xi_3=\begin{pmatrix}-3\\0\\7\\0\\4\end{pmatrix}$

方程组的一个特解：$\xi^*=\begin{pmatrix}\frac{5}{4}\\0\\-\frac{1}{4}\\0\\0\end{pmatrix}$

因此该方程组的通解为$\begin{pmatrix}x_1\\x_2\\x_3\\x_4\\x_5\end{pmatrix}=\begin{pmatrix}\frac{5}{4}\\0\\-\frac{1}{4}\\0\\0\end{pmatrix}+k_1\begin{pmatrix}2\\1\\0\\0\\0\end{pmatrix}+k_2\begin{pmatrix}3\\0\\3\\2\\0\end{pmatrix}+k_3\begin{pmatrix}-3\\0\\7\\0\\4\end{pmatrix}\quad k_1,k_2,k_3\in R$

6. 当参数 a,b 为何值时，线性方程组 $\begin{cases}ax_1-x_2+x_3=1\\x_1+x_2+(2a+1)x_3=2\\(a-1)x_1-2x_2-2ax_3=b\end{cases}$

有唯一解、无解、有无穷多组解，并请在有解时求出它的通解.

解　$\overline{A}=\begin{pmatrix}a&-1&1&1\\1&1&2a+1&2\\a-1&-2&-2a&b\end{pmatrix}\to\begin{pmatrix}1&1&2a+1&2\\0&-a-1&-2a^2-a+1&-2a+2\\0&0&0&b+1\end{pmatrix}$,

当 $a=-1$ 时，$\overline{A}\to\begin{pmatrix}1&1&-1&2\\0&0&0&4\\0&0&0&0\end{pmatrix}$，$b$ 任意，有 $r(\overline{A})\neq r(A)$，则方程组无解．

当 $a\neq-1$ 时，$b\neq-1$，有 $r(\overline{A})\neq r(A)$，则方程组无解．

当 $a\neq-1$ 时，$b=-1$，有 $r(\overline{A})=r(A)=2<3$，则方程组有无穷多组解，此时

$\overline{A}\to\begin{pmatrix}1&0&2&0\\0&1&2a-1&2\\0&0&0&0\end{pmatrix}$，则方程组的全部解为 $X=k\begin{pmatrix}-2\\-(2a-1)\\1\end{pmatrix}+\begin{pmatrix}\frac{3}{a+1}\\\frac{2a-1}{a+1}\\0\end{pmatrix}$

7. 设 $\boldsymbol{AX}=\boldsymbol{B}$ 是含有 n 个方程的 n 元线性方程组，分块矩阵 $\boldsymbol{P}=\begin{pmatrix}\boldsymbol{A}&\boldsymbol{B}\\\boldsymbol{B}^{\mathrm{T}}&k\end{pmatrix}$，$k$ 是一个实数，若 $r(\boldsymbol{P})=r(\boldsymbol{A})$，证明：

(1)方程组 $\boldsymbol{AX}=\boldsymbol{B}$ 必有解；

(2)方程组 $\boldsymbol{PY}=\boldsymbol{O}$ 必有非零解.

解　(1)$r(A)\leqslant r(A\quad B)\leqslant r\begin{pmatrix}A&B\\B^{\mathrm{T}}&k\end{pmatrix}$，所以 $r(A)=r(A\quad B)$，方程组 $AX=B$ 必有解；

(2)$r(P)=r(A)\leqslant n<n+1$，方程组 $PY=O$ 的未知数个数为 $n+1$，所以方程组 $PY=O$ 必

有非零解.

8. 设 n 阶方阵 $\boldsymbol{A}$ 满足 $\boldsymbol{A}^2=\boldsymbol{A}$，证明：$r(\boldsymbol{A})+r(\boldsymbol{A}-\boldsymbol{I})=n$.

解 由 $A(A-I)=O$，得 $r(A)+r(A-I)\leqslant n$.

而 $r(A)+r(A-I)\geqslant r[A-(A-I)]=r(I)=n$，所以 $r(A)+r(A-I)=n$.

9. 设 $\boldsymbol{\eta}^*$ 是 n 元非齐次线性方程组 $\boldsymbol{AX}=\boldsymbol{B}$ 的一个解，$\boldsymbol{\xi}_1,\boldsymbol{\xi}_2,\cdots,\boldsymbol{\xi}_{n-r}$ 是该方程组的导出组 $\boldsymbol{AX}=\boldsymbol{O}$ 的一个基础解系，证明：

(1) $\boldsymbol{\eta}^*,\boldsymbol{\xi}_1,\boldsymbol{\xi}_2,\cdots,\boldsymbol{\xi}_{n-r}$ 线性无关；

(2) $\boldsymbol{\eta}^*,\boldsymbol{\eta}^*+\boldsymbol{\xi}_1,\boldsymbol{\eta}^*+\boldsymbol{\xi}_2,\cdots,\boldsymbol{\eta}^*+\boldsymbol{\xi}_{n-r}$ 线性无关.

解 (1) 设有一组数 k，k_1，k_2，…，k_{n-r}，使得 $k\eta^*+k_1\xi_1+k_2\xi_2+\cdots+k_{n-r}\xi_{n-r}=0$，$A(k\eta^*+k_1\xi_1+k_2\xi_2+\cdots+k_{n-r}\xi_{n-r})=kB=0$，只能 $k=0$，代入上式得 $k_1\xi_1+k_2\xi_2+\cdots+k_{n-r}\xi_{n-r}=0$，由于 $\xi_1,\xi_2,\cdots,\xi_{n-r}$ 是该方程组的导出组 $AX=O$ 的一个基础解系，$\xi_1,\xi_2,\cdots,\xi_{n-r}$ 线性无关，则只能 $k_1=k_2=\cdots=k_{n-r}=0$，所以 $\eta^*,\xi_1,\xi_2,\cdots,\xi_{n-r}$ 线性无关；

(2) 设有一组数 $l,l_1,l_2,\cdots,l_{n-r}$，使得

$l\eta^*+l_1(\eta^*+\xi_1)+l_2(\eta^*+\xi_2)+\cdots+l_{n-r}(\eta^*+\xi_{n-r})=0$. 整理后得

$(l+l_1+l_2+\cdots+l_{n-r})\eta^*+l_1(\xi_1)+l_2(\xi_2)+\cdots+l_{n-r}(\xi_{n-r})=0$,

$A[(l+l_1+l_2+\cdots+l_{n-r})\eta^*+l_1(\xi_1)+l_2(\xi_2)+\cdots+l_{n-r}(\xi_{n-r})]=(l+l_1+l_2+\cdots+l_{n-r})B=0$，只能 $l+l_1+l_2+\cdots+l_{n-r}=0$，代入上式得 $l_1(\xi_1)+l_2(\xi_2)+\cdots+l_{n-r}(\xi_{n-r})=0$,

由于 $\xi_1,\xi_2,\cdots,\xi_{n-r}$ 线性无关，则只能 $l_1=l_2=\cdots=l_{n-r}=0$，进一步得 $l=0$，所以 $\eta^*,\eta^*+\xi_1,\eta^*+\xi_2,\cdots,\eta^*+\xi_{n-r}$ 线性无关.

10. 设四元方程组 $\boldsymbol{AX}=\boldsymbol{B}$ 的系数矩阵 $\boldsymbol{A}$ 的秩等于 3，已知 $\boldsymbol{\alpha}_1,\boldsymbol{\alpha}_2,\boldsymbol{\alpha}_3$ 是它的 3 个解向量，且 $\boldsymbol{\alpha}_1=\begin{pmatrix}2\\0\\5\\-1\end{pmatrix},\boldsymbol{\alpha}_2+\boldsymbol{\alpha}_3=\begin{pmatrix}1\\9\\8\\8\end{pmatrix}$，求该方程组 $\boldsymbol{AX}=\boldsymbol{B}$ 的通解.

解 由于 $n-r(A)=4-3=1$，方程组 $AX=B$ 的导出组的一个基础解系为 $\xi=\alpha_2+\alpha_3-2\alpha_1=(-3\quad 9\quad -2\quad 10)^{\mathrm{T}}\neq 0$，取 $AX=B$ 的一个特解 $\eta^*=\alpha_1$，故 $AX=B$ 全部解为 $X=\eta^*=+k\xi$

$$\begin{pmatrix}2\\0\\5\\-1\end{pmatrix}+k\begin{pmatrix}-3\\9\\-2\\10\end{pmatrix}.$$

11. 求实数 a,b，使得向量组 $\boldsymbol{\alpha}_1=(1,1,0)^{\mathrm{T}},\boldsymbol{\alpha}_2=(0,1,1)^{\mathrm{T}},\boldsymbol{\alpha}_3=(-1,0,1)^{\mathrm{T}}$ 与向量组 $\boldsymbol{\beta}_1=(-1,0,1)^{\mathrm{T}},\boldsymbol{\beta}_2=(2,a,1)^{\mathrm{T}},\boldsymbol{\beta}_3=(0,b,1)^{\mathrm{T}}$ 等价.

解 β_1,β_2,β_3 可由 $\alpha_1,\alpha_2,\alpha_3$ 线性表示，即方程组 $(\alpha_1,\alpha_2,\alpha_3)X=\beta_i$，$i=1,2,3$ 有解，

$$(\alpha_1,\alpha_2,\alpha_3,\beta_2)=\begin{pmatrix}1&0&-1&2\\1&1&0&a\\0&1&1&1\end{pmatrix}\rightarrow\begin{pmatrix}1&0&-1&2\\0&1&1&a-2\\0&0&0&3-a\end{pmatrix}$$，得 $a=3$，

$$(\alpha_1,\alpha_2,\alpha_3,\beta_3)=\begin{pmatrix}1&0&-1&0\\1&1&0&b\\0&1&1&1\end{pmatrix}\rightarrow\begin{pmatrix}1&0&-1&0\\0&1&1&b\\0&0&0&1-b\end{pmatrix}$$，得 $b=1$.

12. 设向量组 $\boldsymbol{\alpha}_1=(1,2,3)^{\mathrm{T}},\boldsymbol{\alpha}_2=(a,2,4)^{\mathrm{T}},\boldsymbol{\alpha}_3=(-1,2,1)^{\mathrm{T}},\boldsymbol{\beta}=(b,2,c)^{\mathrm{T}}$. 试问：当 a,b,c 满足什么条件时，

(1)$\boldsymbol{\beta}$ 可由 $\boldsymbol{\alpha}_1,\boldsymbol{\alpha}_2,\boldsymbol{\alpha}_3$ 线性表示，且表达式唯一；

(2)$\boldsymbol{\beta}$ 不能由 $\boldsymbol{\alpha}_1,\boldsymbol{\alpha}_2,\boldsymbol{\alpha}_3$ 线性表示；

(3)$\boldsymbol{\beta}$ 可由 $\boldsymbol{\alpha}_1,\boldsymbol{\alpha}_2,\boldsymbol{\alpha}_3$ 线性表示，但表达式不唯一，并写出一般表达式.

解　相当于方程组$(\alpha_1,\alpha_2,\alpha_3)X=\beta$ 解的三种情况 .

由克莱姆法则，系数行列式$\begin{vmatrix}1&a&-1\\2&2&2\\3&4&1\end{vmatrix}=4(a+2)\neq0$,

(1)$a\neq2$ 时，β 可由 $\alpha_1,\alpha_2,\alpha_3$ 线性表示，且表达式唯一；

(2)$a=2$ 时，$\overline{A}=\begin{pmatrix}1&2&-1&b\\2&2&2&2\\3&4&1&c\end{pmatrix}\to\begin{pmatrix}1&2&-1&b\\0&1&-2&b-1\\0&0&0&c-b-2\end{pmatrix}$

若 $c-b\neq2$，β 不能由 $\alpha_1,\alpha_2,\alpha_3$ 线性表示；

(3)$a=2$，$c-b=2$ 时，β 可由 $\alpha_1,\alpha_2,\alpha_3$ 线性表示，但表达式不唯一 .

$\overline{A}\to\begin{pmatrix}1&0&3&2-b\\0&1&-2&b-1\\0&0&0&0\end{pmatrix}$，方程组$(\alpha_1,\alpha_2,\alpha_3)X=\beta$ 的通解为：

$X=t\begin{pmatrix}-3\\2\\1\end{pmatrix}+\begin{pmatrix}2-b\\b-1\\0\end{pmatrix}$，则一般表达式为 $\beta=(-3t-b+2)\alpha_1+(2t+b-1)\alpha_2+t\alpha_3$.

第五章　矩阵的特征值

一、知识结构图示

矩阵的特征值
向量的内积与正交
内积运算
向量长度、单位向量
夹角、正交
正交向量组
施密特正交化
正交矩阵
矩阵的特征值与特征向量
特征值与特征向量的定义及其计算
性质
特征值的性质
特征向量的性质
相似矩阵与矩阵对角化的条件
相似矩阵的共性
矩阵对角化的条件
充分必要条件
充分条件
非对称矩阵对角化的判断和计算
实对称矩阵
特征值、特征向量的特殊性质
实对称的正交相似对角化定理
实对称矩阵正交相似对角化的计算

二、内容归纳总结

(一)向量的内积与正交

1. 向量的内积与正交向量组

内积 $(\boldsymbol{\alpha},\boldsymbol{\beta})=a_1b_1+a_2b_2+\cdots+a_nb_n=\boldsymbol{\alpha}^{\mathrm{T}}\boldsymbol{\beta}$.

内积满足下列运算规律:

(1) $(\boldsymbol{\alpha},\boldsymbol{\beta})=(\boldsymbol{\beta},\boldsymbol{\alpha})$;

(2) $(k\boldsymbol{\alpha},\boldsymbol{\beta})=k(\boldsymbol{\alpha},\boldsymbol{\beta})$;

(3) $(\boldsymbol{\alpha}+\boldsymbol{\beta},\boldsymbol{\gamma})=(\boldsymbol{\alpha},\boldsymbol{\gamma})+(\boldsymbol{\beta},\boldsymbol{\gamma})$;

(4) $(\boldsymbol{\alpha},\boldsymbol{\alpha})\geqslant 0$, 且 $(\boldsymbol{\alpha},\boldsymbol{\alpha})=0$ 当且仅当 $\boldsymbol{\alpha}=0$.

向量长度 $\|\boldsymbol{\alpha}\|=\sqrt{(\boldsymbol{\alpha},\boldsymbol{\alpha})}=\sqrt{a_1^2+a_2^2+\cdots+a_n^2}$.

单位向量 当 $\|\boldsymbol{\alpha}\|=1$ 时,称 $\boldsymbol{\alpha}$ 为单位向量.

向量的单位化 $\dfrac{1}{\|\boldsymbol{\alpha}\|}\boldsymbol{\alpha}$ 是一个与 $\boldsymbol{\alpha}$ 同方向的单位向量,称为非零向量 $\boldsymbol{\alpha}$ 的单位化向量.

向量夹角 当 $\|\boldsymbol{\alpha}\|\neq 0,\|\boldsymbol{\beta}\|\neq 0$ 时,$\boldsymbol{\alpha}$ 与 $\boldsymbol{\beta}$ 的夹角 θ 定义为 $\theta=\arccos\dfrac{(\boldsymbol{\alpha},\boldsymbol{\beta})}{\|\boldsymbol{\alpha}\|\cdot\|\boldsymbol{\beta}\|},0\leqslant\theta\leqslant\pi$.

正交 $(\boldsymbol{\alpha},\boldsymbol{\beta})=0$ 当且仅当 $\boldsymbol{\alpha}$ 与 $\boldsymbol{\beta}$ 正交(或互相垂直).

正交向量组 如果非零向量组 $\boldsymbol{\alpha}_1,\boldsymbol{\alpha}_2,\cdots,\boldsymbol{\alpha}_s$ 两两正交,即 $(\boldsymbol{\alpha}_i,\boldsymbol{\alpha}_j)=0(i\neq j,i,j=1,2,\cdots,s)$,则称 $\boldsymbol{\alpha}_1,\boldsymbol{\alpha}_2,\cdots,\boldsymbol{\alpha}_s$ 为正交向量组.

正交向量组是线性无关的.

标准正交向量组 若 $\boldsymbol{\eta}_1,\boldsymbol{\eta}_2,\cdots,\boldsymbol{\eta}_s$ 为正交向量组,且其中的每个向量都是单位向量,则称 $\boldsymbol{\eta}_1,\boldsymbol{\eta}_2,\cdots,\boldsymbol{\eta}_s$ 为标准正交向量组.

施密特(Schmidt)正交化过程

设 $\boldsymbol{\alpha}_1,\boldsymbol{\alpha}_2,\cdots,\boldsymbol{\alpha}_s$ 是 R^n 的一组线性无关的向量:

(1)正交化,令

$$\boldsymbol{\beta}_1=\boldsymbol{\alpha}_1,$$

$$\boldsymbol{\beta}_2=\boldsymbol{\alpha}_2-\frac{(\boldsymbol{\alpha}_2,\boldsymbol{\beta}_1)}{(\boldsymbol{\beta}_1,\boldsymbol{\beta}_1)}\boldsymbol{\beta}_1,$$

$$\cdots$$

$$\boldsymbol{\beta}_s=\boldsymbol{\alpha}_s-\frac{(\boldsymbol{\alpha}_s,\boldsymbol{\beta}_1)}{(\boldsymbol{\beta}_1,\boldsymbol{\beta}_1)}\boldsymbol{\beta}_1-\frac{(\boldsymbol{\alpha}_s,\boldsymbol{\beta}_2)}{(\boldsymbol{\beta}_2,\boldsymbol{\beta}_2)}\boldsymbol{\beta}_2-\cdots-\frac{(\boldsymbol{\alpha}_s,\boldsymbol{\beta}_{s-1})}{(\boldsymbol{\beta}_{s-1},\boldsymbol{\beta}_{s-1})}\boldsymbol{\beta}_{s-1},$$

则 $\boldsymbol{\beta}_1,\boldsymbol{\beta}_2,\cdots,\boldsymbol{\beta}_s$ 两两正交;

(2)单位化,令

$$\boldsymbol{\eta}_1=\frac{\boldsymbol{\beta}_1}{\|\boldsymbol{\beta}_1\|},\boldsymbol{\eta}_2=\frac{\boldsymbol{\beta}_2}{\|\boldsymbol{\beta}_2\|},\cdots,\boldsymbol{\eta}_s=\frac{\boldsymbol{\beta}_s}{\|\boldsymbol{\beta}_s\|},$$

则 $\boldsymbol{\eta}_1,\boldsymbol{\eta}_2,\cdots,\boldsymbol{\eta}_s$ 称为一个标准正交向量组，且与 $\boldsymbol{\alpha}_1,\boldsymbol{\alpha}_2,\cdots,\boldsymbol{\alpha}_s$ 等价.

2. 正交矩阵

正交矩阵 设 $\boldsymbol{A}$ 为 n 阶实矩阵，如果 $\boldsymbol{A}^{\mathrm{T}}\boldsymbol{A}=\boldsymbol{A}\boldsymbol{A}^{\mathrm{T}}=\boldsymbol{I}$，称 $\boldsymbol{A}$ 为正交矩阵.

正交变换 如果 $\boldsymbol{A}$ 为 n 阶正交矩阵，则称线性变换 $\begin{pmatrix} y \\ y_2 \\ \vdots \\ y_n \end{pmatrix}=\boldsymbol{A}\begin{pmatrix} x_1 \\ x_2 \\ \vdots \\ x_n \end{pmatrix}$ 为正交变换.

正交矩阵具有下列性质.

(1)若 $\boldsymbol{A}$ 为正交矩阵，则 $\boldsymbol{A}^{\mathrm{T}}=\boldsymbol{A}^{-1}$ 也是正交矩阵.

(2)若 $\boldsymbol{A}$ 为正交矩阵，则 $|\boldsymbol{A}|=\pm 1$.

(3)正交矩阵的积仍为正交矩阵.

(4)矩阵 $\boldsymbol{A}$ 为正交矩阵的充分必要条件是它的行(列)向量组为标准正交向量组.

(5)正交变换保持向量的内积不变，从而保持向量的长度和向量之间的夹角不变.

(二)矩阵的特征值与特征向量

1. 矩阵的特征值与特征向量的定义

定义式 $\boldsymbol{A\xi}=\lambda\boldsymbol{\xi},\boldsymbol{\xi}\neq 0$，其中 λ 为 $\boldsymbol{A}$ 的一个特征值，非零向量 $\boldsymbol{\xi}$ 为 $\boldsymbol{A}$ 对应于特征值 λ 的特征向量.

特征多项式 $|\lambda\boldsymbol{I}-\boldsymbol{A}|=f(\lambda)$.

特征方程式 $|\lambda\boldsymbol{I}-\boldsymbol{A}|=0$，其根即 $\boldsymbol{A}$ 的特征值.

性质 1 如果向量 $\boldsymbol{\xi}$ 是矩阵 $\boldsymbol{A}$ 对应于特征值 λ 的特征向量，则 $k\boldsymbol{\xi}$ 也是 $\boldsymbol{A}$ 对应于 λ 的特征向量，这里的 k 是任意非零常数.

性质 2 如果向量 $\boldsymbol{\xi}_1,\boldsymbol{\xi}_2$ 都是矩阵 $\boldsymbol{A}$ 对应于特征值 λ 的特征向量，且 $\boldsymbol{\xi}_1+\boldsymbol{\xi}_2\neq 0$，则 $\boldsymbol{\xi}_1+\boldsymbol{\xi}_2$ 也是 $\boldsymbol{A}$ 对应于 λ 的特征向量.

注 如果 $\boldsymbol{\xi}_1,\boldsymbol{\xi}_2$ 是 $\boldsymbol{A}$ 分别为对应于不同特征值 λ_1,λ_2 的特征向量，则 $\boldsymbol{\xi}_1+\boldsymbol{\xi}_2$ 不是 $\boldsymbol{A}$ 的特征向量.

2. 特征值与特征向量的计算

求特征值和与特征向量的方法：

(1)计算 $|\lambda\boldsymbol{I}-\boldsymbol{A}|$；

(2)求出 $\boldsymbol{A}$ 的特征方程 $|\lambda\boldsymbol{I}-\boldsymbol{A}|=0$ 的全部根，它们就是 $\boldsymbol{A}$ 的所有特征值；

(3)对于 $\boldsymbol{A}$ 的每一个特征值 λ_i，求出方程组 $(\lambda_i\boldsymbol{I}-\boldsymbol{A})\boldsymbol{X}=0$ 的一个基础解系 $\boldsymbol{\xi}_1,\cdots,\boldsymbol{\xi}_{n-r_i}$ (其中 $r_i=r(\lambda_i\boldsymbol{I}-\boldsymbol{A})$)，则 $\boldsymbol{A}$ 对应于 λ_i 的全部特征向量为

$$k_1\boldsymbol{\xi}_1+\cdots+k_{n-r_i}\boldsymbol{\xi}_{n-r_i},$$

其中 $k_1,\cdots,k_{n-r_i}$ 是不全为 0 的任意数.

3. 特征值的性质

(1)设 $\lambda_1,\lambda_2,\cdots,\lambda_n$ 是 n 阶矩阵 $\boldsymbol{A}$ 的 n 个特征值，则

$$\lambda_1+\lambda_2+\cdots+\lambda_n=\mathrm{tr}(\boldsymbol{A}),\quad \lambda_1\lambda_2\cdots\lambda_n=|\boldsymbol{A}|.$$

(2)λ 是 $\boldsymbol{A}$ 的特征值，$\boldsymbol{\xi}$ 是对应的特征向量，则

$\boldsymbol{A}$	$k\boldsymbol{A}$	$\boldsymbol{A}^2$	$\boldsymbol{A}^k$	$\boldsymbol{A}^{-1}$	$\boldsymbol{A}^*$	$\boldsymbol{A}^{\mathrm{T}}$
λ	$k\lambda$	λ^2	λ^k	λ^{-1}	$\frac{\lvert\boldsymbol{A}\rvert}{\lambda}=\frac{\lambda_1\lambda_2\cdots\lambda_n}{\lambda}$	λ
$\boldsymbol{\xi}$	$\boldsymbol{\xi}$	$\boldsymbol{\xi}$	$\boldsymbol{\xi}$	$\boldsymbol{\xi}$	$\boldsymbol{\xi}$	—

注 1　$\boldsymbol{A}$ 与 $\boldsymbol{A}^{\mathrm{T}}$ 有相同的特征值，但特征向量未必相同.

注 2　$\boldsymbol{A}^k(k\geqslant 2)$ 的特征向量不一定是 $\boldsymbol{A}$ 的特征向量.

(3)设 $\lambda_1,\lambda_2,\cdots,\lambda_n$ 是 $\boldsymbol{A}$ 的全部特征值，$g(\boldsymbol{A})$ 是多项式矩阵，则

① $g(\boldsymbol{A})$ 的全部特征值为 $g(\lambda_1),g(\lambda_2),\cdots,g(\lambda_n)$，且

$$|g(\boldsymbol{A})|=g(\lambda_1)g(\lambda_2)\cdots g(\lambda_n);$$

② 若 $\boldsymbol{A}$ 满足 $g(\boldsymbol{A})=0$，则 $\boldsymbol{A}$ 的任何特征值都满足 $g(\lambda)=0$.

(4)$\boldsymbol{A}$ 可逆$\Leftrightarrow\boldsymbol{A}$ 的特征值都不为 0.

(5)上(或下)三角矩阵、对角矩阵的特征值就是主对角线上的 n 个元素.

(6)$r(\boldsymbol{A})=1\Leftrightarrow\boldsymbol{A}=\begin{pmatrix}a_1\\a_2\\\vdots\\a_n\end{pmatrix}(b_1\quad b_2\quad\cdots\quad b_n)\neq\boldsymbol{O}$. 所以

$\boldsymbol{A}^2=(a_1b_1+\cdots+a_nb_n)\boldsymbol{A}=\mathrm{tr}(\boldsymbol{A})\boldsymbol{A}$,

从而 $\boldsymbol{A}$ 的特征值为 $\lambda_1=\mathrm{tr}(\boldsymbol{A})$，$\lambda_2=\cdots=\lambda_n=0$(详见本章例 2).

4. 特征向量的性质

(1)矩阵 $\boldsymbol{A}$ 对应于不同特征值的特征向量线性无关.

(2)如果 n 阶矩阵 $\boldsymbol{A}$ 有 n 个不同的特征值，则 $\boldsymbol{A}$ 有 n 个线性无关的特征向量.

(3)设 λ 是矩阵 $\boldsymbol{A}$ 的 k 重特征值，则对应于 λ 的线性无关的特征向量个数至多为 k.

(三)相似矩阵与矩阵对角化的条件

1. 相似矩阵的概念与性质

矩阵的相似　设 $\boldsymbol{A},\boldsymbol{B}$ 都是 n 阶矩阵，如果存在 n 阶可逆矩阵 $\boldsymbol{P}$，使得 $\boldsymbol{P}^{-1}\boldsymbol{A}\boldsymbol{P}=\boldsymbol{B}$，则称矩阵 $\boldsymbol{A}$ 与 $\boldsymbol{B}$ 相似，记为 $\boldsymbol{A}\sim\boldsymbol{B}$.

相似矩阵的共性

(1)若 $\boldsymbol{A}\sim\boldsymbol{B}$，则$\begin{cases}\lambda_A=\lambda_B\\|\boldsymbol{A}|=|\boldsymbol{B}|\\\mathrm{tr}(\boldsymbol{A})=\mathrm{tr}(\boldsymbol{B})\\r(\boldsymbol{A})=r(\boldsymbol{B})\end{cases}$.

(2)若 $\boldsymbol{A}\sim\boldsymbol{B}$，则 $\boldsymbol{A}^{\mathrm{T}}\sim\boldsymbol{B}^{\mathrm{T}}$，$\boldsymbol{A}^{-1}\sim\boldsymbol{B}^{-1}$，$\boldsymbol{A}^*\sim\boldsymbol{B}^*$.

(3)若 $\boldsymbol{A}\sim\boldsymbol{B}$，则 $\boldsymbol{A}^k\sim\boldsymbol{B}^k$，$g(\boldsymbol{A})\sim g(\boldsymbol{B})$(从而$|g(\boldsymbol{A})|=|g(\boldsymbol{B})|$)，其中

$$g(x)=a_kx^k+a_{k-1}x^{k-1}+\cdots+a_1x+a_0.$$

注 1 具有相同特征值的同阶矩阵不一定相似. 例如, 矩阵 $\boldsymbol{A}=\begin{pmatrix}0&0\\0&0\end{pmatrix},\boldsymbol{B}=\begin{pmatrix}0&1\\0&0\end{pmatrix}$ 的特征值均为 0, 但非零矩阵 $\boldsymbol{B}$ 不可能相似于零矩阵.

注 2 设 $\boldsymbol{P}^{-1}\boldsymbol{AP}=\boldsymbol{B}$, 若 $\boldsymbol{\xi}$ 是 $\boldsymbol{A}$ 对应于 λ_0 的特征向量, 则 $\boldsymbol{P}^{-1}\boldsymbol{\xi}$ 是 $\boldsymbol{B}$ 对应于 λ_0 的特征向量.

注 3 数量矩阵只与自己相似.

2. 矩阵对角化的条件

充分必要条件 n 阶矩阵 $\boldsymbol{A}$ 相似于对角矩阵$\Leftrightarrow\boldsymbol{A}$ 有 n 个线性无关的特征向量$\Leftrightarrow k$ 重特征值对应于 k 个线性无关的特征向量$\Leftrightarrow$对于 k 重特征值 λ, $\lambda\boldsymbol{I}-\boldsymbol{A}$ 初等行变换后的行阶梯形矩阵有 k 行元素为 0.

充分条件 如果 n 阶矩阵 $\boldsymbol{A}$ 有 n 个不同的特征值, 则 $\boldsymbol{A}$ 相似于对角矩阵.

非对称矩阵 对角化的判断与计算.

(1)求出 $\boldsymbol{A}$ 的所有不同特征值 $\lambda_1,\lambda_2,\cdots,\lambda_s(s\leqslant n)$.

(2)对每个特征值 $\lambda_i(i=1,2,\cdots,s)$, 求出齐次线性方程组$(\lambda_i\boldsymbol{I}-\boldsymbol{A})\boldsymbol{X}=0$ 的一个基础解系, 依次设为

$$\xi_{11},\xi_{12},\cdots,\xi_{1m_1};\ \xi_{21},\xi_{22},\cdots,\xi_{2m_2};\ \cdots;\ \xi_{s1},\xi_{s2},\cdots,\xi_{sm_s}.$$

若 $m_1+m_2+\cdots+m_s=n$, 则 $\boldsymbol{A}$ 可对角化; 若 $m_1+m_2+\cdots+m_s<n$, 则 $\boldsymbol{A}$ 不可对角化.

(3)当 $\boldsymbol{A}$ 可对角化时, 令

$\boldsymbol{P}=(\xi_{11},\xi_{12},\cdots,\xi_{1m_1};\ \xi_{21},\xi_{22},\cdots,\xi_{2m_2};\ \cdots;\ \xi_{s1},\xi_{s2},\cdots,\xi_{sm_s})$,

则

$$\boldsymbol{P}^{-1}\boldsymbol{AP}=\boldsymbol{\Lambda}=\begin{pmatrix}\lambda_1&&&&&&\\&\ddots&&&&&\\&&\lambda_1&&&&\\&&&\ddots&&&\\&&&&\lambda_m&&\\&&&&&\ddots&\\&&&&&&\lambda_m\end{pmatrix}.$$

3. 实对称矩阵的相似对角化

性质 1 实对称矩阵的特征值都是实数.

性质 2 对应实对称矩阵不同特征值的特征向量必正交.

重要定理 n 阶实对称矩阵 $\boldsymbol{A}$ 必正交相似于对角矩阵, 即存在正交矩阵 $\boldsymbol{Q}$, 使

$$\boldsymbol{Q}^{-1}\boldsymbol{AQ}=\begin{pmatrix}\lambda_1&&&\\&\lambda_2&&\\&&\ddots&\\&&&\lambda_n\end{pmatrix},$$

其中 $\lambda_1,\lambda_2,\cdots,\lambda_n$ 是 $\boldsymbol{A}$ 的特征值.

推论 n 阶实对称矩阵必有 n 个线性无关的特征向量. 因此, 若 λ_0 是 k_0 重特征值,

则必有 $k_0=n-r(\lambda_0\boldsymbol{I}-\boldsymbol{A})$.

正交矩阵 $\boldsymbol{Q}$ 的求法：

(1)求出 A 的特征值，设 $\lambda_1,\lambda_2,\cdots,\lambda_s$ 是 $\boldsymbol{A}$ 的全部不同的特征值；

(2)对于每个 $\lambda_i(i=1,2,\cdots,s)$，求出齐次线性方程组$(\lambda_i\boldsymbol{I}-\boldsymbol{A})\boldsymbol{X}=0$ 的一个基础解系，再按施密特正交化方法，将其正交化，然后单位化；

(3)将这些正交化、单位化后的向量作为矩阵的列向量，可构成正交矩阵 $\boldsymbol{Q}$.

三、典型例题解析

(一)利用定义及性质求矩阵的特征值和特征向量

【例 1】 填空题.

(1)设三阶矩阵 $\boldsymbol{A}$ 的特征值为 $2,-2,1$，$\boldsymbol{B}=\boldsymbol{A}^2-\boldsymbol{A}+\boldsymbol{I}$，则 $|\boldsymbol{B}|=$________.

(2)设三阶矩阵 $\boldsymbol{A}$ 满足 $\boldsymbol{A}^2-\boldsymbol{A}-2\boldsymbol{I}=0,\mathrm{tr}(\boldsymbol{A})=0$，则 $\boldsymbol{A}$ 的特征值为________.

解　答案　(1)21；(2)$-1,-1,2$.

分析　(1)令 $g(x)=x^2-x+1$，则 $\boldsymbol{B}=g(\boldsymbol{A})$. 因 $\boldsymbol{A}$ 的特征值为 $\lambda_1=2,\lambda_2=-2,\lambda_3=1$，故 $g(\boldsymbol{A})$的特征值为

$$g(\lambda_1)=3,g(\lambda_2)=7,g(\lambda_3)=1,$$

从而

$$|\boldsymbol{B}|=|g(\boldsymbol{A})|=g(\lambda_1)g(\lambda_2)g(\lambda_3)=21.$$

(2)令 $f(x)=x^2-x-2$，则 $f(\boldsymbol{A})=\boldsymbol{O}$，从而 $\boldsymbol{A}$ 的特征值 $\lambda_{\boldsymbol{A}}$ 满足 $f(\lambda_{\boldsymbol{A}})=\boldsymbol{O}$，即

$$\lambda_{\boldsymbol{A}}^2-\lambda_{\boldsymbol{A}}-2=0,$$

故 $\lambda_{\boldsymbol{A}}\in\{2,-1\}$. 又因 $\mathrm{tr}(\boldsymbol{A})=\lambda_1+\lambda_2+\lambda_3=0$，所以 $\boldsymbol{A}$ 的特征值只能为 $\lambda_1=\lambda_2=-1,\lambda_3=2$.

评注　有关 $\boldsymbol{A}$ 与其多项式矩阵的特征值的结论：

① 若 $\lambda_1,\lambda_2,\cdots,\lambda_n$ 是 $\boldsymbol{A}$ 的全部特征值，则 $g(\boldsymbol{A})$的全部特征值为

$$g(\lambda_1),g(\lambda_2),\cdots,g(\lambda_n),$$

从而 $|g(\boldsymbol{A})|=g(\lambda_1)g(\lambda_2)\cdots g(\lambda_n)$；

② $f(\boldsymbol{A})=\boldsymbol{O}\Rightarrow f(\lambda_{\boldsymbol{A}})=\boldsymbol{O}$.

【例 2】 设 $\boldsymbol{\alpha}=(a_1,a_2,\cdots,a_n)^{\mathrm{T}},\boldsymbol{\beta}=(b_1,b_2,\cdots,b_n)^{\mathrm{T}}$ 均为 n 维非零列向量，$\boldsymbol{A}=\boldsymbol{\alpha\beta}^{\mathrm{T}}$.

(1)求 $\boldsymbol{A}$ 的全部特征值；

(2)当 $\boldsymbol{\alpha},\boldsymbol{\beta}$ 满足什么条件时，$\boldsymbol{A}$ 可以相似于对角矩阵 $\boldsymbol{\Lambda}$，并求可逆矩阵 $\boldsymbol{P}$，使得 $\boldsymbol{P}^{-1}\boldsymbol{AP}=\boldsymbol{\Lambda}$.

解　(1)设 λ 为 $\boldsymbol{A}$ 的任一特征值，对应的特征向量为 $\boldsymbol{\xi}$，则

$$\boldsymbol{A\xi}=\boldsymbol{\alpha}(\boldsymbol{\beta}^{\mathrm{T}}\boldsymbol{\xi})=\lambda\boldsymbol{\xi}. \tag{1}$$

两边左乘行向量 $\boldsymbol{\beta}^{\mathrm{T}}$，得 $\boldsymbol{\beta}^{\mathrm{T}}\boldsymbol{\alpha\beta}^{\mathrm{T}}\boldsymbol{\xi}=\lambda\boldsymbol{\beta}^{\mathrm{T}}\boldsymbol{\xi}$，即

$$(\lambda-\boldsymbol{\beta}^{\mathrm{T}}\boldsymbol{\alpha})\boldsymbol{\beta}^{\mathrm{T}}\boldsymbol{\xi}=0.$$

于是，当 $\boldsymbol{\beta}^{\mathrm{T}}\boldsymbol{\xi}=(\boldsymbol{\beta},\boldsymbol{\xi})\neq0$ 时，得 $\lambda_1=\boldsymbol{\beta}^{\mathrm{T}}\boldsymbol{\alpha}=a_1b_1+a_2b_2+\cdots+a_nb_n=\mathrm{tr}(\boldsymbol{A})$，且有

$$\boldsymbol{A\alpha}=(\boldsymbol{\alpha\beta}^{\mathrm{T}})\boldsymbol{\alpha}=\boldsymbol{\alpha}(\boldsymbol{\beta}^{\mathrm{T}}\alpha)=(\boldsymbol{\beta}^{\mathrm{T}}\boldsymbol{\alpha})\boldsymbol{\alpha}=(a_1b_1+a_2b_2+\cdots+a_nb_n)\boldsymbol{\alpha},$$

故 $\boldsymbol{\alpha}$ 是对应于特征值 λ_1 的一个特征向量.

当 $\boldsymbol{\beta}^{\mathrm{T}}\boldsymbol{\xi}=(\boldsymbol{\beta},\boldsymbol{\xi})=0$ 时($\boldsymbol{\beta}\perp\boldsymbol{\xi}$)，由式(1)得 $\boldsymbol{A}\boldsymbol{\xi}=0\boldsymbol{\xi}$，故 $\lambda_2=0$，且与 $\boldsymbol{\beta}$ 正交的非零向量 $\boldsymbol{\xi}$ 都是对应的特征向量. 又 $\boldsymbol{\beta}^{\mathrm{T}}\boldsymbol{\xi}=b_1x_1+b_2x_2+\cdots+b_nx_n=0$ 的基础解系含有 $n-1$ 个向量，所以 $\lambda_2=0$ 至少是 $n-1$ 重特征值. 综上，$\boldsymbol{A}$ 的特征值为 $\mathrm{tr}(\boldsymbol{A}),0,\cdots,0$.

(2)因 $\boldsymbol{\alpha}\neq 0,\boldsymbol{\beta}\neq 0$，故 $\boldsymbol{A}=\boldsymbol{\alpha}\boldsymbol{\beta}^{\mathrm{T}}=(a_ib_j)_n\neq 0$，从而 $r(\boldsymbol{A})=1$.

当 $\boldsymbol{\beta}^{\mathrm{T}}\boldsymbol{\alpha}=\mathrm{tr}(\boldsymbol{A})=0$ 时，$\boldsymbol{A}$ 的 n 个特征值全为 0(n 重)，但对应于 $\lambda=0$ 的特征向量方程 $(0\boldsymbol{I}-\boldsymbol{A})\boldsymbol{X}=0$($\boldsymbol{A}\boldsymbol{X}=\boldsymbol{O}$)仅有 $n-r(\boldsymbol{A})=n-1$ 个线性无关的解向量，故 $\boldsymbol{A}$ 不能对角化.

当 $\boldsymbol{\beta}^{\mathrm{T}}\boldsymbol{\alpha}\neq 0$ 时，$\lambda_1=\boldsymbol{\beta}^{\mathrm{T}}\boldsymbol{\alpha}\neq 0$(单根)，$\boldsymbol{\xi}_1=\boldsymbol{\alpha}$ 是对应的一个特征向量.

对于 $\lambda_2=0$($n-1$ 重)，解齐次线性方程组 $(0\boldsymbol{I}-\boldsymbol{A})\boldsymbol{X}=0$，即 $\boldsymbol{\alpha}(\boldsymbol{\beta}^{\mathrm{T}}\boldsymbol{\xi})=0$，因 $\boldsymbol{\alpha}\neq 0$，故

$$\boldsymbol{\beta}^{\mathrm{T}}\boldsymbol{\xi}=b_1x_1+b_2x_2+\cdots+b_nx_n=0.$$

因 $\boldsymbol{\beta}\neq 0$，不妨设 $b_1\neq 0$，于是由上述方程求得 $n-1$ 个线性无关的特征向量

$$\boldsymbol{\xi}_2=\begin{pmatrix}-b_2\\ b_1\\ 0\\ \vdots\\ 0\end{pmatrix},\boldsymbol{\xi}_3=\begin{pmatrix}-b_3\\ 0\\ b_1\\ \vdots\\ 0\end{pmatrix},\cdots,\boldsymbol{\xi}_n=\begin{pmatrix}-b_n\\ 0\\ 0\\ \vdots\\ b_1\end{pmatrix}.$$

综上，$\boldsymbol{A}$ 有 n 个线性无关的特征向量 $\boldsymbol{\xi}_1,\boldsymbol{\xi}_2,\cdots,\boldsymbol{\xi}_{n-1},\boldsymbol{\xi}_n$，于是 $\boldsymbol{A}$ 相似于对角矩阵. 令

$$\boldsymbol{P}=(\boldsymbol{\xi}_1,\boldsymbol{\xi}_2,\cdots,\boldsymbol{\xi}_n)=\begin{pmatrix}a_1 & -b_2 & -b_3 & \cdots & -b_n\\ a_2 & b_1 & 0 & \cdots & 0\\ a_3 & 0 & b_1 & \cdots & 0\\ \vdots & \vdots & \vdots & & \vdots\\ a_n & 0 & 0 & \cdots & b_1\end{pmatrix},$$

则 $$\boldsymbol{P}^{-1}\boldsymbol{A}\boldsymbol{P}=\begin{pmatrix}\sum\limits_{i=1}^{n}a_ib_i & & & \\ & 0 & & \\ & & \ddots & \\ & & & 0\end{pmatrix}.$$

评注 第(1)题的另解：对 $\boldsymbol{A}=\boldsymbol{\alpha}\boldsymbol{\beta}^{\mathrm{T}}$ 进行平方运算，得 $\boldsymbol{A}^2=\boldsymbol{\alpha}\boldsymbol{\beta}^{\mathrm{T}}\cdot\boldsymbol{\alpha}\boldsymbol{\beta}^{\mathrm{T}}=(\boldsymbol{\beta}^{\mathrm{T}}\boldsymbol{\alpha})\boldsymbol{A}$，从而 $\boldsymbol{A}$ 的全部特征值 λ 满足 $\lambda^2=(\boldsymbol{\beta}^{\mathrm{T}}\boldsymbol{\alpha})\lambda$，故 $\lambda=0$ 或 $\lambda=\boldsymbol{\beta}^{\mathrm{T}}\boldsymbol{\alpha}=\sum\limits_{i=1}^{n}a_ib_i$.

【例 3】 设 $\boldsymbol{\alpha}$ 和 $\boldsymbol{\beta}$ 均为实三维单位列向量，$\boldsymbol{\alpha}^{\mathrm{T}}\boldsymbol{\beta}=0$，求矩阵 $\boldsymbol{A}=\boldsymbol{\alpha}\boldsymbol{\alpha}^{\mathrm{T}}+\boldsymbol{\beta}\boldsymbol{\beta}^{\mathrm{T}}$ 的相似对角矩阵.

典例解析

解 可见矩阵 $\boldsymbol{A}$ 是实对称矩阵，故 $\boldsymbol{A}$ 相似于对角矩阵.

同例 2，可以确定矩阵 $\boldsymbol{A}$ 的特征值和特征向量. 事实上，利用

$$(\boldsymbol{\alpha},\boldsymbol{\alpha})=\boldsymbol{\alpha}^{\mathrm{T}}\boldsymbol{\alpha}=1,(\boldsymbol{\beta},\boldsymbol{\beta})=\boldsymbol{\beta}^{\mathrm{T}}\boldsymbol{\beta}=1,\boldsymbol{\alpha}^{\mathrm{T}}\boldsymbol{\beta}=0,$$

有

$$\boldsymbol{A}\boldsymbol{\alpha}=\boldsymbol{\alpha}(\boldsymbol{\alpha}^{\mathrm{T}}\boldsymbol{\alpha})+\boldsymbol{\beta}(\boldsymbol{\beta}^{\mathrm{T}}\boldsymbol{\alpha})=\boldsymbol{\alpha},$$

$$A\boldsymbol{\beta}=\boldsymbol{\alpha}(\boldsymbol{\alpha}^{\mathrm{T}}\boldsymbol{\beta})+\boldsymbol{\beta}(\boldsymbol{\beta}^{\mathrm{T}}\boldsymbol{\beta})=\boldsymbol{\beta},$$

故 $\lambda_1=\lambda_2=1$ 为 $\boldsymbol{A}$ 的特征值，对应有 2 个线性无关的特征向量 $\boldsymbol{\alpha},\boldsymbol{\beta}$.

选取非零向量 $\boldsymbol{\gamma}$ 与 $\boldsymbol{\alpha},\boldsymbol{\beta}$ 均正交，即 $\boldsymbol{\alpha}^{\mathrm{T}}\boldsymbol{\gamma}=\boldsymbol{\beta}^{\mathrm{T}}\boldsymbol{\gamma}=0$，则

$$A\boldsymbol{\gamma}=\boldsymbol{\alpha}(\boldsymbol{\alpha}^{\mathrm{T}}\boldsymbol{\gamma})+\boldsymbol{\beta}(\boldsymbol{\beta}^{\mathrm{T}}\boldsymbol{\gamma})=0\boldsymbol{\gamma},$$

故 $\boldsymbol{A}$ 的第 3 个特征值为 $\lambda_3=0$，从而 $\boldsymbol{A}$ 相似于对角矩阵 $\begin{pmatrix}1&&\\&1&\\&&0\end{pmatrix}$.

评注　① 实对称矩阵一定相似于对角矩阵，所以求实对称矩阵的相似对角矩阵，仅需确定实对称矩阵的所有特征值及其重数.

② 利用 $\lambda_1+\lambda_2+\lambda_3=\mathrm{tr}(\boldsymbol{A})$，也可确定 λ_3 的值. 事实上，

$$\mathrm{tr}(\boldsymbol{A})=\mathrm{tr}(\boldsymbol{\alpha}\boldsymbol{\alpha}^{\mathrm{T}})+\mathrm{tr}(\boldsymbol{\beta}\boldsymbol{\beta}^{\mathrm{T}})=\boldsymbol{\alpha}^{\mathrm{T}}\boldsymbol{\alpha}+\boldsymbol{\beta}^{\mathrm{T}}\boldsymbol{\beta}=\|\boldsymbol{\alpha}\|^2+\|\boldsymbol{\beta}\|^2=2,$$

故 $\lambda_3=\mathrm{tr}(\boldsymbol{A})-(\lambda_1+\lambda_2)=0$.

(二) 相似对角化的判断

【例 4】　设矩阵 $\boldsymbol{A}=\begin{pmatrix}1&2&-2\\-k&-3&k\\4&2&-5\end{pmatrix}$，当 k 为何值时，存在可逆矩阵 $\boldsymbol{P}$，使 $\boldsymbol{P}^{-1}\boldsymbol{A}\boldsymbol{P}$ 为对角矩阵，并求出 $\boldsymbol{P}$ 及相应的对角矩阵.

解　由 $\boldsymbol{A}$ 的特征方程

$$|\lambda\boldsymbol{I}-\boldsymbol{A}|=\begin{vmatrix}\lambda-1&-2&2\\k&\lambda+3&-k\\-4&-2&\lambda+5\end{vmatrix}=(\lambda+3)^2(\lambda+1)=0,$$

得特征值为 $\lambda_1=\lambda_2=-3,\lambda_3=-1$.

对于 $\lambda_1=\lambda_2=-3$，解齐次线性方程组 $(-3\boldsymbol{I}-\boldsymbol{A})\boldsymbol{X}=0$. 由 $\boldsymbol{A}$ 相似于对角矩阵知，对应于二重根 $\lambda_1=\lambda_2=-3$ 有两个线性无关的特征向量，从而 $r(-3\boldsymbol{I}-\boldsymbol{A})=3-2=1$（$-3\boldsymbol{I}-\boldsymbol{A}$ 的行阶梯形矩阵有两行元素为 0）. 于是由

$$-3\boldsymbol{I}-\boldsymbol{A}=\begin{pmatrix}-4&-2&2\\k&0&-k\\-4&-2&2\end{pmatrix}\to\begin{pmatrix}2&1&-1\\0&k&k\\0&0&0\end{pmatrix},$$

得 $k=0$. 此时，对应的线性无关的特征向量为

$$\boldsymbol{\xi}_1=(-1,2,0)^{\mathrm{T}},\boldsymbol{\xi}_2=(1,0,2)^{\mathrm{T}}.$$

对于 $\lambda_3=-1$，由

$$-\boldsymbol{I}-\boldsymbol{A}=\begin{pmatrix}-2&-2&2\\0&2&0\\-4&-2&4\end{pmatrix}\to\begin{pmatrix}1&0&-1\\0&1&0\\0&0&0\end{pmatrix},$$

得特征向量为

$$\boldsymbol{\xi}_3=(1,0,1)^{\mathrm{T}}.$$

因此当 $k=0$ 时，令

$$P=\begin{pmatrix}-1&1&1\\2&0&0\\0&2&1\end{pmatrix},$$

则

$$P^{-1}AP=\begin{pmatrix}-3&0&0\\0&-3&0\\0&0&-1\end{pmatrix}.$$

评注 ① n 阶矩阵 $A\sim\Lambda$ 的有关结论：

a)（充分条件）A 有 n 个线性无关的特征值，则 $A\sim\Lambda$；

b)（充分必要条件）$A\sim\Lambda\Leftrightarrow A$ 有 n 个线性无关的特征向量；

c)（充分必要条件）$A\sim\Lambda\Leftrightarrow$每个特征值 λ_i 的重数 k_i 等于对应的线性无关特征向量的个数，即 $k_i=n-r(\lambda_i I-A)$.

② 本例中的 A 相似于对角矩阵，所以对应于二重特征值 $\lambda_1=\lambda_2=-3$ 有两个线性无关的特征向量，即$-3I-A$ 的行阶梯形矩阵有两行元素为 0，于是 $k=0$.

【例 5】 已知矩阵 $A=\begin{pmatrix}0&2&-3\\-1&3&-3\\1&-2&a\end{pmatrix}$ 与 $B=\begin{pmatrix}1&-2&0\\0&b&0\\0&3&1\end{pmatrix}$ 相似.

(1) 求 a,b；

(2) 求可逆矩阵 P，使 $P^{-1}AP$ 为对角矩阵.

典例解析

解 (1) 由 $A\sim B$ 知 $\begin{cases}\mathrm{tr}(A)=\mathrm{tr}(B)\\|A|=|B|\end{cases}$，即 $\begin{cases}a+3=b+2\\2a-3=b\end{cases}$，解得

$$a=4,b=5.$$

(2) 因 $A\sim B$，故 A,B 有相同的特征值. 由

$$|\lambda I-B|=\begin{vmatrix}\lambda-1&2&0\\0&\lambda-5&0\\0&-3&\lambda-1\end{vmatrix}=(\lambda-1)^2(\lambda-5)=0,$$

得 A,B 的特征值为 $\lambda_1=\lambda_2=1,\lambda_3=5$.

对于 $\lambda_1=\lambda_2=1$，解齐次线性方程组 $(I-A)X=0$. 由

$$I-A=\begin{pmatrix}1&-2&3\\1&-2&3\\-1&2&-3\end{pmatrix}\to\begin{pmatrix}1&-2&3\\0&0&0\\0&0&0\end{pmatrix},$$

得基础解系 $\xi_1=(2,1,0)^{\mathrm T},\xi_2=(-3,0,1)^{\mathrm T}$.

对于 $\lambda_3=5$，解齐次线性方程组 $(5I-A)X=0$. 由

$$5I-A=\begin{pmatrix}5&-2&3\\1&2&3\\-1&2&1\end{pmatrix}\to\begin{pmatrix}1&0&1\\0&1&1\\0&0&0\end{pmatrix},$$

得基础解系 $\xi_3=(-1,-1,1)^{\mathrm T}$. 令 $P=\begin{pmatrix}2&-3&-1\\1&0&-1\\0&1&1\end{pmatrix}$，则 $P^{-1}AP=\begin{pmatrix}1&&\\&1&\\&&5\end{pmatrix}$.

评注　熟知，若 $\boldsymbol{A}\sim\boldsymbol{B}$，则两者有相同的特征值，并且

$$\mathrm{tr}(\boldsymbol{A})=\mathrm{tr}(\boldsymbol{B}),\ |\boldsymbol{A}|=|\boldsymbol{B}|,\ r(\boldsymbol{A})=r(\boldsymbol{B}).$$

这些都是矩阵相似的必要条件. 利用这些必要条件，可以判别两个同阶矩阵是否相似；已知相似时，常用来确定参数的值.

【例 6】　已知矩阵 $\boldsymbol{A}=\begin{pmatrix}2&2&0\\8&2&a\\0&0&6\end{pmatrix}$ 有 3 个线性无关的特征向量，求 a 的值，并求可逆矩阵 $\boldsymbol{P}$，使得 $\boldsymbol{P}^{-1}\boldsymbol{A}\boldsymbol{P}$ 为对角矩阵.

解　由 $\boldsymbol{A}$ 的特征方程

$$|\lambda\boldsymbol{I}-\boldsymbol{A}|=\begin{vmatrix}\lambda-2&-2&0\\-8&\lambda-2&-a\\0&0&\lambda-6\end{vmatrix}=(\lambda-6)^2(\lambda+2)=0,$$

得 $\boldsymbol{A}$ 的特征值为 $\lambda_1=\lambda_2=6,\lambda_3=-2$.

对于 $\lambda_1=\lambda_2=6$，解齐次线性方程组 $(6\boldsymbol{I}-\boldsymbol{A})\boldsymbol{X}=0$.

$$6\boldsymbol{I}-\boldsymbol{A}=\begin{pmatrix}4&-2&0\\-8&4&-a\\0&0&0\end{pmatrix}\to\begin{pmatrix}2&-1&0\\0&0&a\\0&0&0\end{pmatrix}.$$

因 $\boldsymbol{A}$ 相似于对角矩阵 $\boldsymbol{\Lambda}$，故对应于二重特征值 $\lambda_1=\lambda_2=6$ 有两个线性无关的特征向量，即 $3-r(6\boldsymbol{I}-\boldsymbol{A})=2$（$6\boldsymbol{I}-\boldsymbol{A}$ 的行阶梯形矩阵有两行元素为 0），所以 $a=0$. 在此情况下，$(6\boldsymbol{I}-\boldsymbol{A})\boldsymbol{X}=0$ 的一个基础解系为 $\boldsymbol{\xi}_1=\begin{pmatrix}1\\2\\0\end{pmatrix}$，$\boldsymbol{\xi}_2=\begin{pmatrix}0\\0\\1\end{pmatrix}$.

对于 $\lambda_3=-2$，解齐次线性方程组 $(-2\boldsymbol{I}-\boldsymbol{A})\boldsymbol{X}=0$. 由

$$-2\boldsymbol{I}-\boldsymbol{A}=\begin{pmatrix}-4&-2&0\\-8&-4&0\\0&0&-8\end{pmatrix}\to\begin{pmatrix}2&1&0\\0&0&1\\0&0&0\end{pmatrix}$$

得基础解系 $\boldsymbol{\xi}_3=\begin{pmatrix}-1\\2\\0\end{pmatrix}$. 令 $\boldsymbol{P}=\begin{pmatrix}1&0&-1\\2&0&2\\0&1&0\end{pmatrix}$，则 $\boldsymbol{P}^{-1}\boldsymbol{A}\boldsymbol{P}=\begin{pmatrix}6&&\\&6&\\&&-2\end{pmatrix}$.

评注　对于非对称的 n 阶矩阵，已知它有 n 个线性无关的特征向量，则用对角化方法求解. 其步骤是：先确定特征值，再对 k 重特征值 λ 依据 $r(\lambda\boldsymbol{I}-\boldsymbol{A})=n-k$ 求解.

【例 7】　设 $\boldsymbol{A}$ 为三阶矩阵，$\boldsymbol{\alpha}_1,\boldsymbol{\alpha}_2$ 为 $\boldsymbol{A}$ 分别对应于特征值 $-1,1$ 的特征向量，向量 $\boldsymbol{\alpha}_3$ 满足 $\boldsymbol{A}\boldsymbol{\alpha}_3=\boldsymbol{\alpha}_2+\boldsymbol{\alpha}_3$.

(1) 证明 $\boldsymbol{\alpha}_1,\boldsymbol{\alpha}_2,\boldsymbol{\alpha}_3$ 线性无关；

(2) 令 $\boldsymbol{P}=(\boldsymbol{\alpha}_1,\boldsymbol{\alpha}_2,\boldsymbol{\alpha}_3)$，求 $\boldsymbol{P}^{-1}\boldsymbol{A}\boldsymbol{P}$.

证明　(1) 设有数 k_1,k_2,k_3，使得

$$k_1\boldsymbol{\alpha}_1+k_2\boldsymbol{\alpha}_2+k_3\boldsymbol{\alpha}_3=0. \tag{2}$$

用 $\boldsymbol{A}$ 左乘上式两边，并利用 $\boldsymbol{A}\boldsymbol{\alpha}_1=-\boldsymbol{\alpha}_1$、$\boldsymbol{A}\boldsymbol{\alpha}_2=\boldsymbol{\alpha}_2$ 和 $\boldsymbol{A}\boldsymbol{\alpha}_3=\boldsymbol{\alpha}_2+\boldsymbol{\alpha}_3$，得

$$-k_1\boldsymbol{\alpha}_1+(k_2+k_3)\boldsymbol{\alpha}_2+k_3\boldsymbol{\alpha}_3=0. \tag{3}$$

由式(2)与式(3)相减，得 $2k_1\boldsymbol{\alpha}_1-k_3\boldsymbol{\alpha}_2=0$. 因 $\boldsymbol{\alpha}_1,\boldsymbol{\alpha}_2$ 为 $\boldsymbol{A}$ 对应于不同特征值的特征向量，所以 $\boldsymbol{\alpha}_1,\boldsymbol{\alpha}_2$ 线性无关，从而 $k_1=k_3=0$. 代入式(2)得 $k_2\boldsymbol{\alpha}_2=0$，而 $\boldsymbol{\alpha}_2\neq0$，故 $k_2=0$，这就证明了 $\boldsymbol{\alpha}_1,\boldsymbol{\alpha}_2,\boldsymbol{\alpha}_3$ 线性无关.

(2)因 $\boldsymbol{\alpha}_1,\boldsymbol{\alpha}_2,\boldsymbol{\alpha}_3$ 线性无关，故 $\boldsymbol{P}=(\boldsymbol{\alpha}_1,\boldsymbol{\alpha}_2,\boldsymbol{\alpha}_3)$ 可逆. 由

$$\begin{aligned}\boldsymbol{AP}&=\boldsymbol{A}(\boldsymbol{\alpha}_1,\boldsymbol{\alpha}_2,\boldsymbol{\alpha}_3)=(\boldsymbol{A\alpha}_1,\boldsymbol{A\alpha}_2,\boldsymbol{A\alpha}_3)=(-\boldsymbol{\alpha}_1,\boldsymbol{\alpha}_2,\boldsymbol{\alpha}_2+\boldsymbol{\alpha}_3)\\&=(\boldsymbol{\alpha}_1,\boldsymbol{\alpha}_2,\boldsymbol{\alpha}_3)\begin{pmatrix}-1&0&0\\0&1&1\\0&0&1\end{pmatrix}=\boldsymbol{P}\begin{pmatrix}-1&0&0\\0&1&1\\0&0&1\end{pmatrix},\end{aligned}$$

得 $\boldsymbol{P}^{-1}\boldsymbol{AP}=\begin{pmatrix}-1&0&0\\0&1&1\\0&0&1\end{pmatrix}$.

【例 8】 设 $\boldsymbol{A}$ 为 n 阶矩阵，$(\boldsymbol{A}+\boldsymbol{I})^k=\boldsymbol{O}$，且 $\boldsymbol{A}\neq-\boldsymbol{I}$，证明：$\boldsymbol{A}$ 不能相似对角化.

证明 先利用特征值的定义来确定矩阵的特征值. 设 $\boldsymbol{A\alpha}=\lambda\boldsymbol{\alpha},\boldsymbol{\alpha}\neq0$，则 $(\boldsymbol{A}+\boldsymbol{I})\boldsymbol{\alpha}=(\lambda+1)\boldsymbol{\alpha}$，从而

$$(\boldsymbol{A}+\boldsymbol{I})^k\boldsymbol{\alpha}=(\lambda+1)^k\boldsymbol{\alpha},$$

而 $(\boldsymbol{A}+\boldsymbol{I})^k=\boldsymbol{O}$，故 $(\lambda+1)^k\boldsymbol{\alpha}=0$，这里 $\boldsymbol{\alpha}\neq0$，因而 $\lambda=-1$，即 $\boldsymbol{A}$ 的特征值全为 -1.

假设 $\boldsymbol{A}$ 可相似对角化，则 $\boldsymbol{A}\sim-\boldsymbol{I}$，即存在可逆矩阵 $\boldsymbol{P}$，使得 $\boldsymbol{P}^{-1}\boldsymbol{AP}=-\boldsymbol{I}$，从而 $\boldsymbol{A}=-\boldsymbol{PIP}^{-1}=-\boldsymbol{I}$，这与 $\boldsymbol{A}\neq-\boldsymbol{I}$ 矛盾.

评注 ① 证明抽象矩阵的不可对角化问题常用反证法.

② 与数量矩阵相似的矩阵只有数量矩阵本身.

【例 9】 设 $\boldsymbol{A}$ 为 n 阶矩阵，$\boldsymbol{A}^2-2\boldsymbol{A}-3\boldsymbol{I}=\boldsymbol{O}$，证明：$\boldsymbol{A}$ 相似于对角矩阵.

证明 设 λ 为 $\boldsymbol{A}$ 的任一特征值，则由 $\boldsymbol{A}^2-2\boldsymbol{A}-3\boldsymbol{I}=\boldsymbol{O}$，得 $\lambda^2-2\lambda-3=0$，故 $\boldsymbol{A}$ 的特征值为 -1 和 3.

又由 $\boldsymbol{A}^2-2\boldsymbol{A}-3\boldsymbol{I}=\boldsymbol{O}$，得 $(\boldsymbol{A}+\boldsymbol{I})(\boldsymbol{A}-3\boldsymbol{I})=\boldsymbol{O}$，故

$$r(\boldsymbol{A}+\boldsymbol{I})+r(\boldsymbol{A}-3\boldsymbol{I})\leqslant n.$$

另外，注意到 $(\boldsymbol{A}+\boldsymbol{I})-(\boldsymbol{A}-3\boldsymbol{I})=4\boldsymbol{I}$，则有

$$n=r(4\boldsymbol{I})=r[(\boldsymbol{A}+\boldsymbol{I})-(\boldsymbol{A}-3\boldsymbol{I})]\leqslant r(\boldsymbol{A}+\boldsymbol{I})+r(\boldsymbol{A}-3\boldsymbol{I}).$$

联合上述两式，得 $r(\boldsymbol{A}+\boldsymbol{I})+r(\boldsymbol{A}-3\boldsymbol{I})=n$，即

$$[n-r(\boldsymbol{A}+\boldsymbol{I})]+[n-r(\boldsymbol{A}-3\boldsymbol{I})]=n.$$

因为对应于 $\lambda_1=-1$ 的线性无关特征向量的个数为 $n-r(\boldsymbol{A}+\boldsymbol{I})$，对应于 $\lambda_1=3$ 的线性无关特征向量的个数为 $n-r(\boldsymbol{A}-3\boldsymbol{I})$，所以上式表明：$n$ 阶矩阵 $\boldsymbol{A}$ 有 n 个线性无关的特征向量，故 $\boldsymbol{A}$ 相似于对角矩阵.

评注 如果 n 阶矩阵 $\boldsymbol{A}$ 仅有两个不同的特征值 λ_1,λ_2，那么

$$\boldsymbol{A}\sim\boldsymbol{\Lambda}\Leftrightarrow[n-r(\lambda_1\boldsymbol{I}-\boldsymbol{A})]+[n-r(\lambda_2\boldsymbol{I}-\boldsymbol{A})]=n.$$

这是因为，对应于 $\lambda_i(i=1,2)$，$n-r(\lambda_i\boldsymbol{I}-\boldsymbol{A})$ 是方程组 $(\lambda_i\boldsymbol{I}-\boldsymbol{A})\boldsymbol{X}=0$ 的基础解系所含向量的个数，即对应于 λ_i 的线性无关特征向量的个数. 因此当 $[n-r(\lambda_1\boldsymbol{I}-\boldsymbol{A})]+[n-r(\lambda_2\boldsymbol{I}-\boldsymbol{A})]=n$ 时，$\boldsymbol{A}$ 正好有 n 个线性无关的特征向量，从而 $\boldsymbol{A}$ 相似于对角矩阵.

(三)已知特征值和特征向量求矩阵

【例 10】 设三阶矩阵 $\boldsymbol{A}$ 满足 $\boldsymbol{A\alpha}_i=i\boldsymbol{\alpha}_i(i=1,2,3)$，其中列向量 $\boldsymbol{\alpha}_1=(1,2,2)^{\mathrm{T}},\boldsymbol{\alpha}_2=(2,-2,1)^{\mathrm{T}},\boldsymbol{\alpha}_3=(-2,-1,2)^{\mathrm{T}}$，试求矩阵 $\boldsymbol{A}$.

解 由 $\boldsymbol{A\alpha}_i=i\boldsymbol{\alpha}_i(i=1,2,3)$，知 $\boldsymbol{A}$ 有 3 个不同特征值 $\lambda_1=1,\lambda_2=2,\lambda_3=3$，因此 $\boldsymbol{A}$ 相似于对角矩阵. 令

$$\boldsymbol{P}=\begin{pmatrix}1&2&-2\\2&-2&-1\\2&1&2\end{pmatrix},$$

则

$$\boldsymbol{P}^{-1}\boldsymbol{AP}=\boldsymbol{\Lambda}=\begin{pmatrix}1&&\\&2&\\&&3\end{pmatrix},$$

求出 $\boldsymbol{P}^{-1}=\dfrac{1}{9}\begin{pmatrix}1&2&2\\2&-2&1\\-2&-1&2\end{pmatrix}$，因此

$$\boldsymbol{A}=\boldsymbol{P}\begin{pmatrix}1&&\\&2&\\&&3\end{pmatrix}\boldsymbol{P}^{-1}=\frac{1}{3}\begin{pmatrix}7&0&-2\\0&5&-2\\-2&-2&6\end{pmatrix}.$$

评注 已知特征值和相应的特征向量，常月相似对角化方法来求矩阵.

【例 11】 设三阶实对称矩阵 $\boldsymbol{A}$ 的特征值为 $\lambda_1=1,\lambda_2=2,\lambda_3=-2$，且 $\boldsymbol{\alpha}_1=\begin{pmatrix}1\\-1\\1\end{pmatrix}$ 为 $\boldsymbol{A}$ 对应于特征值 λ_1 的一个特征向量. 记 $\boldsymbol{B}=\boldsymbol{A}^5-4\boldsymbol{A}^3+\boldsymbol{I}$.

(1)验证 $\boldsymbol{\alpha}_1$ 是矩阵 $\boldsymbol{B}$ 的特征向量，并求 $\boldsymbol{B}$ 的全部特征值与特征向量;

(2)求矩阵 $\boldsymbol{B}$.

解 (1)因 $\boldsymbol{A\alpha}_1=\lambda_1\boldsymbol{\alpha}_1$，故 $\boldsymbol{A}^k\boldsymbol{\alpha}_1=\lambda_1^k\boldsymbol{\alpha}_1$，从而

$$\boldsymbol{B\alpha}_1=(\boldsymbol{A}^5-4\boldsymbol{A}^3+\boldsymbol{I})\boldsymbol{\alpha}_1=(\lambda_1^5-4\lambda_1^3+1)\boldsymbol{\alpha}_1=-2\boldsymbol{\alpha}_1,$$

所以 $\boldsymbol{\alpha}_1$ 是 $\boldsymbol{B}$ 的特征向量.

典例解析

令 $g(x)=x^5-4x^3+1$,则 $\boldsymbol{B}=g(\boldsymbol{A})$ 的特征值为 $g(\lambda_1)=-2,g(\lambda_2)=g(\lambda_3)=1$，且 $\boldsymbol{\alpha}_1$ 是 $\boldsymbol{B}$ 对应于特征值-2 的特征向量.

设 $\boldsymbol{\alpha}=\begin{pmatrix}x_1\\x_2\\x_3\end{pmatrix}$ 为 $\boldsymbol{B}$ 对应于特征值 1 的特征向量. 因 $\boldsymbol{A}$ 为实对称矩阵，故 $\boldsymbol{B}$ 也为实对称矩阵，而实对称矩阵不同特征值对应的特征向量正交，所以 $\boldsymbol{\alpha}\perp\boldsymbol{\alpha}_1$，即有

$$(\boldsymbol{\alpha},\boldsymbol{\alpha}_1)=x_1-x_2+x_3=0,$$

它的一个基础解系为 $\boldsymbol{\alpha}_2=\begin{pmatrix}1\\1\\0\end{pmatrix}$，$\boldsymbol{\alpha}_3=\begin{pmatrix}-1\\0\\1\end{pmatrix}$. 因此矩阵 $\boldsymbol{B}$ 对应于特征值 1 的全部特征向量为 $k_2\boldsymbol{\alpha}_2+k_3\boldsymbol{\alpha}_3$，其中 k_2,k_3 为任意非零常数；$\boldsymbol{B}$ 对应于特征值 -2 的全部特征向量为 $k_1\boldsymbol{\alpha}_1$，其中 k_1 为任意非零常数.

(2) 令 $\boldsymbol{P}=(\boldsymbol{\alpha}_1,\boldsymbol{\alpha}_2,\boldsymbol{\alpha}_3)=\begin{pmatrix}1&1&-1\\-1&1&0\\1&0&1\end{pmatrix}$，则 $\boldsymbol{P}^{-1}\boldsymbol{BP}=\begin{pmatrix}-2&0&0\\0&1&0\\0&0&1\end{pmatrix}$，于是

$$\boldsymbol{B}=\boldsymbol{P}\begin{pmatrix}-2&0&0\\0&1&0\\0&0&1\end{pmatrix}\boldsymbol{P}^{-1}=\begin{pmatrix}0&1&-1\\1&0&1\\-1&1&0\end{pmatrix}.$$

评注 与例 10 相比，本例有关特征向量的信息不全. 为了补全这些信息，我们利用了实对称矩阵的两个重要结论：

① 实对称矩阵不同特征值对应的特征向量互相正交；

② 实对称矩阵一定正交相似于对角矩阵.

需要指出的是，$\boldsymbol{A}$ 的特征向量一定是 $\boldsymbol{A}^5-4\boldsymbol{A}^3+\boldsymbol{I}$ 的特征向量，但 $\boldsymbol{A}^5-4\boldsymbol{A}^3+\boldsymbol{I}$ 的特征向量不一定是 $\boldsymbol{A}$ 的特征向量.

(四) 特征向量之间的线性关系和正交关系

【例 12】 设 $\boldsymbol{A}$ 为三阶矩阵，$\lambda_1,\lambda_2,\lambda_3$ 是其 3 个不同的特征值，$\boldsymbol{\alpha}_1,\boldsymbol{\alpha}_2,\boldsymbol{\alpha}_3$ 是对应的特征向量，证明：$\boldsymbol{\xi}_1=\boldsymbol{\alpha}_1+\boldsymbol{\alpha}_2+\boldsymbol{\alpha}_3$，$\boldsymbol{\xi}_2=\boldsymbol{A}(\boldsymbol{\alpha}_1+\boldsymbol{\alpha}_2+\boldsymbol{\alpha}_3)$，$\boldsymbol{\xi}_3=\boldsymbol{A}^2(\boldsymbol{\alpha}_1+\boldsymbol{\alpha}_2+\boldsymbol{\alpha}_3)$ 线性无关.

证明 由 $\boldsymbol{A\alpha}_i=\lambda_i\boldsymbol{\alpha}_i(i=1,2,3)$，得

$$\begin{aligned}&\boldsymbol{\xi}_1=\boldsymbol{\alpha}_1+\boldsymbol{\alpha}_2+\boldsymbol{\alpha}_3,\\&\boldsymbol{\xi}_2=\boldsymbol{A}(\boldsymbol{\alpha}_1+\boldsymbol{\alpha}_2+\boldsymbol{\alpha}_3)=\lambda_1\boldsymbol{\alpha}_1+\lambda_2\boldsymbol{\alpha}_2+\lambda_3\boldsymbol{\alpha}_3,\\&\boldsymbol{\xi}_3=\boldsymbol{A}^2(\boldsymbol{\alpha}_1+\boldsymbol{\alpha}_2+\boldsymbol{\alpha}_3)=\lambda_1^2\boldsymbol{\alpha}_1+\lambda_2^2\boldsymbol{\alpha}_2+\lambda_3^2\boldsymbol{\alpha}_3,\end{aligned}$$

即

$$(\boldsymbol{\xi}_1,\boldsymbol{\xi}_2,\boldsymbol{\xi}_3)=(\boldsymbol{\alpha}_1,\boldsymbol{\alpha}_2,\boldsymbol{\alpha}_3)\begin{pmatrix}1&\lambda_1&\lambda_1^2\\1&\lambda_2&\lambda_2^2\\1&\lambda_3&\lambda_3^2\end{pmatrix}.$$

由于 $\lambda_1,\lambda_2,\lambda_3$ 是 $\boldsymbol{A}$ 的不同的特征值，故 $\boldsymbol{\alpha}_1,\boldsymbol{\alpha}_2,\boldsymbol{\alpha}_3$ 线性无关，又范德蒙行列式 $\begin{vmatrix}1&\lambda_1&\lambda_1^2\\1&\lambda_2&\lambda_2^2\\1&\lambda_3&\lambda_3^2\end{vmatrix}\neq0$，从而 $\boldsymbol{\xi}_1,\boldsymbol{\xi}_2,\boldsymbol{\xi}_3$ 线性无关.

评注 讨论特征向量的线性关系都基于如下基本判断：

① 不同特征值所对应的特征向量线性无关；

② 设 $(\boldsymbol{\xi}_1,\boldsymbol{\xi}_2,\cdots,\boldsymbol{\xi}_s)=(\boldsymbol{\alpha}_1,\boldsymbol{\alpha}_2,\cdots,\boldsymbol{\alpha}_s)\boldsymbol{P}$，如果 $\boldsymbol{\alpha}_1,\boldsymbol{\alpha}_2,\cdots,\boldsymbol{\alpha}_s$ 线性无关，且 $\boldsymbol{P}$ 可逆，则

$\boldsymbol{\xi}_1,\boldsymbol{\xi}_2,\cdots,\boldsymbol{\xi}_s$ 线性无关.

【例 13】 设 $\boldsymbol{A}$ 是三阶矩阵，$\boldsymbol{\alpha}$ 是三维列向量，$\boldsymbol{\alpha},\boldsymbol{A\alpha},\boldsymbol{A}^2\boldsymbol{\alpha}$ 线性无关，如果 $\boldsymbol{A}^3\boldsymbol{\alpha}+2\boldsymbol{A}^2\boldsymbol{\alpha}=3\boldsymbol{A\alpha}$，证明：$\boldsymbol{A}+\boldsymbol{I}$ 相似于对角矩阵，并求 $|\boldsymbol{A}+\boldsymbol{I}|$.

证明 令 $\boldsymbol{P}=(\boldsymbol{\alpha},\boldsymbol{A\alpha},\boldsymbol{A}^2\boldsymbol{\alpha})$，因 $\boldsymbol{\alpha},\boldsymbol{A\alpha},\boldsymbol{A}^2\boldsymbol{\alpha}$ 线性无关，故 $\boldsymbol{P}$ 可逆. 利用 $\boldsymbol{A}^3\boldsymbol{\alpha}=3\boldsymbol{A\alpha}-2\boldsymbol{A}^2\boldsymbol{\alpha}$，有

$$\begin{aligned}\boldsymbol{AP}&=\boldsymbol{A}(\boldsymbol{\alpha},\boldsymbol{A\alpha},\boldsymbol{A}^2\boldsymbol{\alpha})=(\boldsymbol{A\alpha},\boldsymbol{A}^2\boldsymbol{\alpha},\boldsymbol{A}^3\boldsymbol{\alpha})\\&=(\boldsymbol{\alpha},\boldsymbol{A\alpha},\boldsymbol{A}^2\boldsymbol{\alpha})\begin{pmatrix}0&0&0\\1&0&3\\0&1&-2\end{pmatrix}=\boldsymbol{P}\begin{pmatrix}0&0&0\\1&0&3\\0&1&-2\end{pmatrix},\end{aligned}$$

故 $\boldsymbol{P}^{-1}\boldsymbol{AP}=\begin{pmatrix}0&0&0\\1&0&3\\0&1&-2\end{pmatrix}=\boldsymbol{B}$，即 $\boldsymbol{A}\sim\boldsymbol{B}$，从而 $\boldsymbol{A}+\boldsymbol{I}\sim\boldsymbol{B}+\boldsymbol{I}$，故 $|\boldsymbol{A}+\boldsymbol{I}|=|\boldsymbol{B}+\boldsymbol{I}|=-4$.

由

$$|\lambda\boldsymbol{I}-\boldsymbol{B}|=\begin{vmatrix}\lambda&0&0\\-1&\lambda&-3\\0&-1&\lambda+2\end{vmatrix}=\lambda(\lambda+3)(\lambda-1)=0,$$

得 $\boldsymbol{A},\boldsymbol{B}$ 的特征值为 $\lambda_1=0,\lambda_2=-3,\lambda_3=1$，从而 $\boldsymbol{A}+\boldsymbol{I}$ 有 3 个不同的特征值

$$\lambda_1+1=1,\lambda_2+1=-2,\lambda_3+1=2,$$

故 $\boldsymbol{A}+\boldsymbol{I}$ 可对角化，且

$$\boldsymbol{A}+\boldsymbol{I}\sim\begin{pmatrix}1&0&0\\0&2&0\\0&0&-2\end{pmatrix}.$$

评注 因 $\boldsymbol{\alpha},\boldsymbol{A\alpha},\boldsymbol{A}^2\boldsymbol{\alpha}$ 线性无关，故 $\boldsymbol{P}=(\boldsymbol{\alpha},\boldsymbol{A\alpha},\boldsymbol{A}^2\boldsymbol{\alpha})$ 可逆. 本例的要点是用相似变换矩阵 $\boldsymbol{P}$ 把抽象矩阵 $\boldsymbol{A}$ 相似地转化为一个具体的矩阵 $\boldsymbol{B}$.

【例 14】 设 $\boldsymbol{A}$ 是三阶实对称矩阵，特征值为 $\lambda_1=1,\lambda_2=2,\lambda_3=-1$，矩阵 $\boldsymbol{A}$ 对应于特征值 λ_1,λ_2 的特征向量分别为 $\boldsymbol{\alpha}_1=(1,1,1)^{\mathrm T},\boldsymbol{\alpha}_2=(1,0,-1)^{\mathrm T}$，试用矩阵 $\boldsymbol{A}$ 的特征向量表示向量 $\boldsymbol{\beta}=(-1,8,-1)^{\mathrm T}$，并求 $\boldsymbol{A}^{100}\boldsymbol{\beta}$.

解 设 $\lambda_3=-1$ 所对应的特征向量为 $(x_1,x_2,x_3)^{\mathrm T}$，因实对称矩阵 $\boldsymbol{A}$ 对应于不同特征值的特征向量相互正交，故有

$$\begin{cases}x_1+x_2+x_3=0\\x_1-x_3=0\end{cases},$$

解得基础解系 $\boldsymbol{\alpha}_3=(1,-2,1)^{\mathrm T}$，它是对应于 $\lambda_3=-1$ 的特征向量.

考虑 $\boldsymbol{\beta}$ 关于 $\boldsymbol{\alpha}_1,\boldsymbol{\alpha}_2,\boldsymbol{\alpha}_3$ 的线性表示. 由初等行变换

$$(\boldsymbol{\alpha}_1,\boldsymbol{\alpha}_2,\boldsymbol{\alpha}_3\ \vdots\ \boldsymbol{\beta})=\left(\begin{array}{ccc:c}1&1&1&-1\\1&0&-2&8\\1&-1&1&-1\end{array}\right)\rightarrow\left(\begin{array}{ccc:c}1&0&0&2\\0&1&0&0\\0&0&1&-3\end{array}\right),$$

得 $\boldsymbol{\beta}=2\boldsymbol{\alpha}_1-3\boldsymbol{\alpha}_3$，因此

$$\boldsymbol{A}^{100}\boldsymbol{\beta}=2\boldsymbol{A}^{100}\boldsymbol{\alpha}_1-3\boldsymbol{A}^{100}\boldsymbol{\alpha}_3=2(-1)^{100}\boldsymbol{\alpha}_1-3(-1)^{100}\boldsymbol{\alpha}_3=2\boldsymbol{\alpha}_1-3\boldsymbol{\alpha}_3=(-1,8,-1)^{\mathrm T}.$$

评注 尽管利用例 10 的方法能够求出 $\boldsymbol{A}$ 及其高次幂，进而求得 $\boldsymbol{A}^n\boldsymbol{\beta}$，但运算比较复杂. 而将 $\boldsymbol{\beta}$ 表示成 $\boldsymbol{\alpha}_1,\boldsymbol{\alpha}_2,\boldsymbol{\alpha}_3$ 的线性组合形式，即 $\boldsymbol{\beta}=k_1\boldsymbol{\alpha}_1+k_2\boldsymbol{\alpha}_2+k_3\boldsymbol{\alpha}_3$，再利用 $\boldsymbol{A}^n\boldsymbol{\beta}=k_1\lambda_1^n\boldsymbol{\alpha}_1+k_2\lambda_2^n\boldsymbol{\alpha}_2+k_3\lambda_3^n\boldsymbol{\alpha}_3$ 来求解，则极大地降低了计算的复杂度.

(五)正交矩阵

【例 15】 设 $\boldsymbol{A}=(a_{ij})$ 是 n 阶正交矩阵，证明：$A_{ij}=\pm a_{ij}(i,j=1,2,\cdots,n)$，其中 A_{ij} 为 a_{ij} 的代数余子式.

证明 因 $\boldsymbol{A}$ 是正交矩阵，故 $\boldsymbol{A}^{-1}=\boldsymbol{A}^{\mathrm{T}}$，且 $|\boldsymbol{A}|=\pm1$，所以

$$\boldsymbol{A}^*=|\boldsymbol{A}|\boldsymbol{A}^{-1}=\pm\boldsymbol{A}^{-1}=\pm\boldsymbol{A}^{\mathrm{T}}.$$

于是，当 $|\boldsymbol{A}|=1$ 时，$A_{ij}=a_{ij}$；当 $|\boldsymbol{A}|=-1$ 时，$A_{ij}=-a_{ij}$.

评注 运用正交矩阵的性质.

【例 16】 已知 $\boldsymbol{A}$ 是实反对称矩阵，证明：

(1) $\boldsymbol{A}-\boldsymbol{I}$ 可逆；

(2) $\boldsymbol{B}=(\boldsymbol{A}+\boldsymbol{I})(\boldsymbol{A}-\boldsymbol{I})^{-1}$ 是正交矩阵.

证明 (1)用反证法. 假设 $|\boldsymbol{A}-\boldsymbol{I}|=0$，则 $(\boldsymbol{A}-\boldsymbol{I})\boldsymbol{X}=0$ 有实非零解向量 $\boldsymbol{\xi}$，即 $\boldsymbol{A}\boldsymbol{\xi}=\boldsymbol{\xi}$，左乘 $\boldsymbol{\xi}^{\mathrm{T}}$，得

$$\boldsymbol{\xi}^{\mathrm{T}}\boldsymbol{A}\boldsymbol{\xi}=\boldsymbol{\xi}^{\mathrm{T}}\boldsymbol{\xi}=\|\boldsymbol{\xi}\|^2>0. \tag{4}$$

另外，利用 $\boldsymbol{A}^{\mathrm{T}}=-\boldsymbol{A}$，有

$$\boldsymbol{\xi}^{\mathrm{T}}\boldsymbol{A}\boldsymbol{\xi}=(\boldsymbol{\xi}^{\mathrm{T}}\boldsymbol{A}\boldsymbol{\xi})^{\mathrm{T}}=\boldsymbol{\xi}^{\mathrm{T}}\boldsymbol{A}^{\mathrm{T}}\boldsymbol{\xi}=-\boldsymbol{\xi}^{\mathrm{T}}\boldsymbol{A}\boldsymbol{\xi},$$

因此 $\boldsymbol{\xi}^{\mathrm{T}}\boldsymbol{A}\boldsymbol{\xi}=0$，这与式(4)矛盾，故 $\boldsymbol{A}-\boldsymbol{I}$ 可逆.

(2)由 $\boldsymbol{A}^{\mathrm{T}}=-\boldsymbol{A}$ 得

$$\boldsymbol{B}^{\mathrm{T}}=[(\boldsymbol{A}-\boldsymbol{I})^{\mathrm{T}}]^{-1}(\boldsymbol{A}+\boldsymbol{I})^{\mathrm{T}}=(-\boldsymbol{A}-\boldsymbol{I})^{-1}(-\boldsymbol{A}+\boldsymbol{I})=(\boldsymbol{A}+\boldsymbol{I})^{-1}(\boldsymbol{A}-\boldsymbol{I}),$$

注意到由 $(\boldsymbol{A}+\boldsymbol{I})(\boldsymbol{A}-\boldsymbol{I})=(\boldsymbol{A}-\boldsymbol{I})(\boldsymbol{A}+\boldsymbol{I})$ 可得 $(\boldsymbol{A}-\boldsymbol{I})^{-1}(\boldsymbol{A}+\boldsymbol{I})^{-1}=(\boldsymbol{A}+\boldsymbol{I})^{-1}(\boldsymbol{A}-\boldsymbol{I})^{-1}$，故

$$\boldsymbol{B}\boldsymbol{B}^{\mathrm{T}}=(\boldsymbol{A}+\boldsymbol{I})(\boldsymbol{A}-\boldsymbol{I})^{-1}(\boldsymbol{A}+\boldsymbol{I})^{-1}(\boldsymbol{A}-\boldsymbol{I})=(\boldsymbol{A}+\boldsymbol{I})(\boldsymbol{A}+\boldsymbol{I})^{-1}(\boldsymbol{A}-\boldsymbol{I})^{-1}(\boldsymbol{A}-\boldsymbol{I})=\boldsymbol{I},\text{ 得证.}$$

评注 利用正交矩阵的定义 $\boldsymbol{A}\boldsymbol{A}^{\mathrm{T}}=\boldsymbol{I}$ 证明.

【例 17】 设 $\boldsymbol{A}=(\boldsymbol{\alpha}_1,\boldsymbol{\alpha}_2\cdots,\boldsymbol{\alpha}_n)$ 为 n 阶正交矩阵，$\boldsymbol{\beta}$ 为 n 维实列向量，$\boldsymbol{\beta}^{\mathrm{T}}\boldsymbol{\alpha}_n=-1$. 令 $\boldsymbol{B}=(\boldsymbol{\alpha}_1,\boldsymbol{\alpha}_2\cdots,\boldsymbol{\alpha}_{n-1},\boldsymbol{\beta})$，证明：$\boldsymbol{B}$ 可逆.

证明 因为 $\boldsymbol{A}$ 是正交矩阵，所以 $\boldsymbol{A}$ 的列向量 $\boldsymbol{\alpha}_1,\boldsymbol{\alpha}_2\cdots,\boldsymbol{\alpha}_n$ 是标准正交向量组，即

$$(\boldsymbol{\alpha}_i,\boldsymbol{\alpha}_j)=\boldsymbol{\alpha}_i^{\mathrm{T}}\boldsymbol{\alpha}_j=\begin{cases}1, & i=j\\0, & i\neq j\end{cases}.$$

于是

$$\boldsymbol{B}^{\mathrm{T}}\boldsymbol{A}=\begin{pmatrix}\boldsymbol{\alpha}_1^{\mathrm{T}}\\ \vdots\\ \boldsymbol{\alpha}_{n-1}^{\mathrm{T}}\\ \boldsymbol{\beta}^{\mathrm{T}}\end{pmatrix}(\boldsymbol{\alpha}_1,\boldsymbol{\alpha}_2\cdots,\boldsymbol{\alpha}_n)=\begin{pmatrix}1 & 0 & \cdots & 0 & 0\\ 0 & 1 & \cdots & 0 & 0\\ \vdots & \vdots & & \vdots & \vdots\\ 0 & 0 & \cdots & 1 & 0\\ \boldsymbol{\beta}^{\mathrm{T}}\boldsymbol{\alpha}_1 & \boldsymbol{\beta}^{\mathrm{T}}\boldsymbol{\alpha}_2 & \cdots & \boldsymbol{\beta}^{\mathrm{T}}\boldsymbol{\alpha}_{n-1} & \boldsymbol{\beta}^{\mathrm{T}}\boldsymbol{\alpha}_n\end{pmatrix},$$

取行列式，得 $|\boldsymbol{B}^{\mathrm{T}}\boldsymbol{A}|=\boldsymbol{\beta}^{\mathrm{T}}\boldsymbol{\alpha}_n=-1$，故 $|\boldsymbol{B}|\neq0$.

评注　① $\boldsymbol{A}$ 是正交矩阵⇔列向量 $\boldsymbol{\alpha}_1,\boldsymbol{\alpha}_2\cdots,\boldsymbol{\alpha}_n$ 是标准正交向量组.

② 本例也可用反证法证明. 假设 $|\boldsymbol{B}|=0$，则 $\boldsymbol{\alpha}_1,\boldsymbol{\alpha}_2,\cdots,\boldsymbol{\alpha}_{n-1},\boldsymbol{\beta}$ 线性相关. 又正交向量组 $\boldsymbol{\alpha}_1,\boldsymbol{\alpha}_2,\cdots,\boldsymbol{\alpha}_n$ 线性无关，所以 $\boldsymbol{\alpha}_1,\boldsymbol{\alpha}_2,\cdots,\boldsymbol{\alpha}_{n-1}$ 也线性无关，从而 $\boldsymbol{\beta}$ 可由 $\boldsymbol{\alpha}_1,\boldsymbol{\alpha}_2,\cdots,\boldsymbol{\alpha}_{n-1}$ 线性表示. 令

$$\boldsymbol{\beta}=k_1\boldsymbol{\alpha}_1+k_2\boldsymbol{\alpha}_2+\cdots+k_{n-1}\boldsymbol{\alpha}_{n-1},$$

两边乘 $\boldsymbol{\alpha}_n^{\mathrm{T}}$，得

$$\boldsymbol{\alpha}_n^{\mathrm{T}}\boldsymbol{\beta}=k_1\boldsymbol{\alpha}_n^{\mathrm{T}}\boldsymbol{\alpha}_1+k_2\boldsymbol{\alpha}_n^{\mathrm{T}}\boldsymbol{\alpha}_2+\cdots+k_{n-1}\boldsymbol{\alpha}_n^{\mathrm{T}}\boldsymbol{\alpha}_{n-1}=0,$$

这与 $\boldsymbol{\alpha}_n^{\mathrm{T}}\boldsymbol{\beta}=\boldsymbol{\beta}^{\mathrm{T}}\boldsymbol{\alpha}_n=-1$ 矛盾.

(六)实对称矩阵的正交相似对角化

【例 18】　设 $\boldsymbol{A}$ 为三阶实对称矩阵，$\boldsymbol{A}$ 的秩为 2，且 $\boldsymbol{A}\begin{pmatrix}1&1\\0&0\\-1&1\end{pmatrix}=\begin{pmatrix}-1&1\\0&0\\1&1\end{pmatrix}$.

(1)求 $\boldsymbol{A}$ 的所有特征值与特征向量；

(2)求矩阵 $\boldsymbol{A}$.

解　(1)由

$$\boldsymbol{A}\begin{pmatrix}1\\0\\-1\end{pmatrix}=-\begin{pmatrix}1\\0\\-1\end{pmatrix},\boldsymbol{A}\begin{pmatrix}1\\0\\1\end{pmatrix}=\begin{pmatrix}1\\0\\1\end{pmatrix}$$

知，$\lambda_1=-1$ 为 $\boldsymbol{A}$ 的一个特征值，对应的一个特征向量为 $\boldsymbol{\xi}_1=\begin{pmatrix}1\\0\\-1\end{pmatrix}$；$\lambda_2=1$ 为 $\boldsymbol{A}$ 的一个特征值，对应的一个特征向量为 $\boldsymbol{\xi}_2=\begin{pmatrix}1\\0\\1\end{pmatrix}$.

由 $r(\boldsymbol{A})=2$，得 $|\boldsymbol{A}|=0$，故 $\lambda_3=0$ 为 $\boldsymbol{A}$ 的一个特征值. 令 $\boldsymbol{\xi}_3=\begin{pmatrix}x_1\\x_2\\x_3\end{pmatrix}$ 为对应于 λ_3 的一个特征向量，则由实对称矩阵不同特征值对应的特征向量正交，得 $\begin{cases}(\boldsymbol{\xi}_1,\boldsymbol{\xi}_3)=0\\(\boldsymbol{\xi}_2,\boldsymbol{\xi}_3)=0\end{cases}$，即 $\begin{cases}x_1-x_3=0\\x_1+x_3=0\end{cases}$，它的一个基础解系为 $\boldsymbol{\xi}_3=\begin{pmatrix}0\\1\\0\end{pmatrix}$.

综上，$\boldsymbol{A}$ 的特征值为 $\lambda_1=-1,\lambda_2=1,\lambda_3=0$，对应的所有特征向量分别为 $k_1\boldsymbol{\xi}_1,k_2\boldsymbol{\xi}_2,k_3\boldsymbol{\xi}_3$($k_1,k_2,k_3$ 为任意常数).

(2)令 $\boldsymbol{P}=(\boldsymbol{\xi}_1,\boldsymbol{\xi}_2,\boldsymbol{\xi}_3)=\begin{pmatrix}1&1&0\\0&0&1\\-1&1&0\end{pmatrix}$，则 $\boldsymbol{P}^{-1}\boldsymbol{AP}=\begin{pmatrix}-1&&\\&1&\\&&0\end{pmatrix}$，从而

$$A=P\begin{pmatrix}-1 & & \\ & 1 & \\ & & 0\end{pmatrix}P^{-1}=\begin{pmatrix}0&0&1\\0&0&0\\1&0&0\end{pmatrix}.$$

评注 实对称矩阵不同特征值所对应的特征向量正交.

【例 19】 设 $A=\begin{pmatrix}0&-1&4\\-1&3&a\\4&a&0\end{pmatrix}$，正交矩阵 Q 使得 Q^TAQ 为对角矩阵，若 Q 的第一列为 $\frac{1}{\sqrt6}\begin{pmatrix}1\\2\\1\end{pmatrix}$，求 a,Q.

解 因 Q 的列向量为 A 的单位特征向量，故 $\frac{1}{\sqrt6}\begin{pmatrix}1\\2\\1\end{pmatrix}$ 为 A 的特征向量，从而 $\xi_1=\begin{pmatrix}1\\2\\1\end{pmatrix}$ 也为 A 的特征向量.

设 $A\xi_1=\lambda\xi_1$，即 $\begin{pmatrix}0&-1&4\\-1&3&a\\4&a&0\end{pmatrix}\begin{pmatrix}1\\2\\1\end{pmatrix}=\lambda\begin{pmatrix}1\\2\\1\end{pmatrix}$，故 $\begin{cases}-2+4=\lambda\\-1+6+a=2\lambda\end{cases}$，解得 $\lambda=2,a=-1$，于是 $A=\begin{pmatrix}0&-1&4\\-1&3&-1\\4&-1&0\end{pmatrix}$.

由 $|\lambda I-A|=\begin{vmatrix}\lambda&1&-4\\1&\lambda-3&1\\-4&1&\lambda\end{vmatrix}=(\lambda-2)(\lambda+4)(\lambda-5)$，得特征值

$$\lambda_1=2,\lambda_2=-4,\lambda_3=5.$$

对于 $\lambda_2=-4$，解齐次线性方程组 $(-4I-A)X=0$，即 $(4I+A)X=0$. 由

$$4I+A=\begin{pmatrix}4&-1&4\\-1&7&-1\\4&-1&4\end{pmatrix}\to\begin{pmatrix}1&0&1\\0&1&0\\0&0&0\end{pmatrix},$$

得基础解系 $\xi_2=(-1,0,1)^T$.

令 $\xi_3=\begin{pmatrix}x_1\\x_2\\x_3\end{pmatrix}$ 为对应于 $\lambda_3=5$ 的一个特征向量，则由实对称矩阵不同特征值对应的特征向量正交，得 $\begin{cases}(\xi_3,\xi_1)=0\\(\xi_3,\xi_2)=0\end{cases}$，即 $\begin{cases}x_1+2x_2+x_3=0\\-x_1+x_3=0\end{cases}$，它的一个基础解系为 $\xi_3=\begin{pmatrix}1\\-1\\1\end{pmatrix}$.

将 ξ_1,ξ_2,ξ_3 单位化，得 $\eta_1=\frac{1}{\sqrt6}\begin{pmatrix}1\\2\\1\end{pmatrix},\eta_2=\frac{1}{\sqrt2}\begin{pmatrix}-1\\0\\1\end{pmatrix},\eta_3=\frac{1}{\sqrt3}\begin{pmatrix}1\\-1\\1\end{pmatrix}$.

令 $Q=\begin{pmatrix}\frac{1}{\sqrt{6}} & -\frac{1}{\sqrt{2}} & \frac{1}{\sqrt{3}}\\ \frac{2}{\sqrt{6}} & 0 & -\frac{1}{\sqrt{3}}\\ \frac{1}{\sqrt{6}} & \frac{1}{\sqrt{2}} & \frac{1}{\sqrt{3}}\end{pmatrix}$，则 $Q^{T}AQ=\begin{pmatrix}2 & & \\ & -4 & \\ & & 5\end{pmatrix}$.

四、自测练习试卷

试卷 1

一、填空题

1. 设三阶矩阵 A 的特征值为 $1,2,-1$，则 $|A^*|=$________，$|A^*-2A+I|=$________.

2. 设 A 为二阶矩阵，α,β 是线性无关的二维列向量，若 $A\alpha=0,A\beta=2\alpha+\beta$，则 A 的非零特征值为________.

3. 已知对任意非零常数 b，-2 是 $A=\begin{pmatrix}0 & 2 & -2\\ 2 & x & -2\\ -2 & 2 & b\end{pmatrix}$ 的特征值，则 $x=$________.

4. 设 A 是三阶实对称矩阵，A 的特征值为 $\lambda_1=1,\lambda_2=\lambda_3=2,\alpha=(1,1,1)^T$ 是对应于 $\lambda_1=1$ 的一个特征向量，则对应于 $\lambda_2=\lambda_3=2$ 的特征向量为________.

5. 设矩阵 $A=\begin{pmatrix}0 & 3 & 3\\ a & b & c\\ 2 & -14 & -10\end{pmatrix}\sim B=\begin{pmatrix}0 & 0 & 0\\ 0 & -1 & -1\\ 0 & 0 & -1\end{pmatrix}$，则 $a+b+c=$________.

6. 已知三阶矩阵 A 的每行元素之和为 6，且 $AB=B$，其中 $B=\begin{pmatrix}1 & 1 & 2\\ 2 & 1 & 3\\ 1 & 2 & 3\end{pmatrix}$，则 $A_{11}+A_{22}+A_{33}=$________.

二、选择题

1. 若 $\lambda=0$ 是矩阵 $A=\begin{pmatrix}1 & 0 & -1\\ 0 & 2 & 0\\ -1 & 0 & a\end{pmatrix}$ 的特征值，则 $a=$(　　).

(A)0　　(B)1　　(C)-1　　(D)-3

2. 设 λ_1,λ_2 是矩阵 A 的两个不同特征值，对应的特征向量分别为 α_1,α_2，则 $\alpha_1,A(\alpha_1+\alpha_2)$ 线性无关的充分必要条件是(　　).

(A)$\lambda_1\neq0$　　(B)$\lambda_2\neq0$　　(C)$\lambda_1=0$　　(D)$\lambda_2=0$

3. 设 A,B 均为 n 阶矩阵，且 A 与 B 相似，则(　　).

(A)$\lambda I-A=\lambda I-B$　　(B)A 与 B 有相同的特征向量

(C)A 与 B 均与同一个对角矩阵相似　　(D)A 与 B 同时可逆或不可逆

4. 设 $A=\begin{pmatrix}2 & 0 & 0\\ 0 & 2 & 1\\ 0 & 0 & 1\end{pmatrix},B=\begin{pmatrix}2 & 1 & 0\\ 0 & 2 & 0\\ 0 & 0 & 1\end{pmatrix},C=\begin{pmatrix}2 & 0 & 0\\ 0 & 2 & 0\\ 0 & 0 & 1\end{pmatrix}$，则(　　).

(A)$\boldsymbol{A}$ 与 $\boldsymbol{C}$ 相似，$\boldsymbol{B}$ 与 $\boldsymbol{C}$ 不相似　　(B)$\boldsymbol{A}$ 与 $\boldsymbol{C}$ 相似，$\boldsymbol{B}$ 与 $\boldsymbol{C}$ 相似

(C)$\boldsymbol{A}$ 与 $\boldsymbol{C}$ 不相似，$\boldsymbol{B}$ 与 $\boldsymbol{C}$ 相似　　(D)$\boldsymbol{A}$ 与 $\boldsymbol{C}$ 不相似，$\boldsymbol{B}$ 与 $\boldsymbol{C}$ 不相似

5. 设 $\boldsymbol{A},\boldsymbol{B}$ 为 n 阶可逆矩阵，且 $\boldsymbol{A}^{-1}\sim\boldsymbol{B}^{-1}$，则下列结果

$$(1)\boldsymbol{A}\sim\boldsymbol{B};\ (2)\boldsymbol{AB}\sim\boldsymbol{BA};\ (3)\boldsymbol{A}^{\mathrm{T}}\sim\boldsymbol{B}^{\mathrm{T}};\ (4)\boldsymbol{A}^2\sim\boldsymbol{B}^2$$

中正确的个数为(　　).

(A)1　　(B)2　　(C)3　　(D)4

6. 已知 $\boldsymbol{A}$ 是三阶矩阵，$r(\boldsymbol{A})=1$，则 0(　　).

(A)必是 $\boldsymbol{A}$ 的二重特征值　　(B)至少是 $\boldsymbol{A}$ 的二重特征值

(C)至多是 $\boldsymbol{A}$ 的二重特征值　　(D)可能是 $\boldsymbol{A}$ 的一、二、三重特征值

三、计算题

1. 设矩阵 $\boldsymbol{A}=\begin{pmatrix}2&-1&2\\5&a&3\\-1&b&-2\end{pmatrix}$ 有特征向量 $\boldsymbol{\xi}=(1,1,-1)^{\mathrm{T}}$.

(1)求 a,b 及 $\boldsymbol{\xi}$ 对应的特征值；

(2)$\boldsymbol{A}$ 能否对角化，并说明理由.

2. 设矩阵 $\boldsymbol{A}=\begin{pmatrix}1&-1&1\\2&4&-2\\-3&-3&a\end{pmatrix}$ 相似于 $\boldsymbol{B}=\begin{pmatrix}2&&\\&2&\\&&b\end{pmatrix}$，求 a,b 的值，并求可逆矩阵 $\boldsymbol{P}$，使得 $\boldsymbol{P}^{-1}\boldsymbol{AP}=\boldsymbol{B}$.

3. 设矩阵 $\boldsymbol{A}=\begin{pmatrix}1&1&a\\1&a&1\\a&1&1\end{pmatrix},\boldsymbol{\beta}=\begin{pmatrix}1\\1\\-2\end{pmatrix}$，已知线性方程组 $\boldsymbol{AX}=\boldsymbol{\beta}$ 有解但不唯一.

(1)求 a 的值；

(2)求正交矩阵 $\boldsymbol{Q}$，使 $\boldsymbol{Q}^{-1}\boldsymbol{AQ}$ 为对角矩阵.

4. 设 n 阶非零矩阵 $\boldsymbol{A}$ 满足 $\boldsymbol{A}^2=\boldsymbol{A},r(\boldsymbol{A})=r<n$.

(1)证明：$\boldsymbol{A}$ 可对角化，并求 $\boldsymbol{A}$ 的相似对角矩阵.

(2)计算行列式 $|\boldsymbol{A}-2\boldsymbol{I}|$.

5. 设矩阵 $\boldsymbol{A}=\begin{pmatrix}3&2&2\\2&3&2\\2&2&3\end{pmatrix}$，$\boldsymbol{P}=\begin{pmatrix}0&1&0\\1&0&0\\0&0&1\end{pmatrix}$，$\boldsymbol{B}=\boldsymbol{P}^{-1}\boldsymbol{A}^*\boldsymbol{P}$，求 $\boldsymbol{B}+2\boldsymbol{I}$ 的特征值和特征向量.

6. 设 $\boldsymbol{A}=\begin{pmatrix}1&-1&1\\x&4&y\\-3&-3&5\end{pmatrix}$ 有 3 个线性无关的特征向量，2 是 $\boldsymbol{A}$ 的二重特征值，求可逆矩阵 $\boldsymbol{P}$，使 $\boldsymbol{P}^{-1}\boldsymbol{AP}$ 为对角矩阵.

7. 设三阶实对称矩阵 $\boldsymbol{A}$ 的特征值为 $\lambda_1=1,\lambda_2=2,\lambda_3=-1$，且 $\boldsymbol{\alpha}_1=(1,k+1,2)^{\mathrm{T}},\boldsymbol{\alpha}_2=(k-1,-k,1)^{\mathrm{T}}$ 分别为 $\boldsymbol{A}$ 对应于特征值 $\lambda_1=1,\lambda_2=2$ 的特征向量，$\boldsymbol{A}^*$ 的特征值 λ_0 对应的特征向量为 $\boldsymbol{\beta}=(2,-5k,2k+1)^{\mathrm{T}}$.

(1)求 λ_0 与 k；

(2)求矩阵 $(\boldsymbol{A}^{-1})^*$.

四、证明题

1. 设 $\boldsymbol{A}$ 是 n 阶矩阵，$\boldsymbol{A}^k=\boldsymbol{O}$，证明：$\boldsymbol{A}+\boldsymbol{I}$ 可逆.

2. 已知 $\boldsymbol{A}=(\boldsymbol{\alpha}_1,\boldsymbol{\alpha}_2,\boldsymbol{\alpha}_3)$ 有 3 个不同特征值，且 $\boldsymbol{\alpha}_3=\boldsymbol{\alpha}_1+2\boldsymbol{\alpha}_2$.

(1) 证明 $r(\boldsymbol{A})=2$；

(2) 若 $\boldsymbol{\beta}=\boldsymbol{\alpha}_1+\boldsymbol{\alpha}_2+\boldsymbol{\alpha}_3$，求方程组 $\boldsymbol{AX}=\boldsymbol{\beta}$ 的通解.

3. 设 n 阶可逆矩阵 $\boldsymbol{B},\boldsymbol{C}$ 满足 $\boldsymbol{BCB}=\boldsymbol{C}^{-1}$，证明：$r(\boldsymbol{I}+\boldsymbol{BC})+r(\boldsymbol{I}-\boldsymbol{BC})=n$.

4. 设 $\boldsymbol{A}$ 为二阶矩阵，其中 $\boldsymbol{\alpha}$ 是非零向量且不是 $\boldsymbol{A}$ 的特征向量.

(1) 证明 $\boldsymbol{P}=(\boldsymbol{\alpha},\boldsymbol{A\alpha})$ 为可逆矩阵；

(2) 若 $\boldsymbol{A}^2\boldsymbol{\alpha}+\boldsymbol{A\alpha}-6\boldsymbol{\alpha}=0$，求 $\boldsymbol{P}^{-1}\boldsymbol{AP}$，并判断 $\boldsymbol{A}$ 是否相似于对角矩阵.

5. 设 $\boldsymbol{A},\boldsymbol{B}$ 均为 n 阶矩阵.

(1) 证明 $\boldsymbol{AB},\boldsymbol{BA}$ 有相同的特征值；

(2) 若 $\boldsymbol{AB}=\boldsymbol{BA}$，且 $\boldsymbol{A}$ 有 n 个不同的特征值，证明：$\boldsymbol{B}$ 相似于对角矩阵.

试卷 2

一、填空题

1. 设 $\boldsymbol{A}$ 为三阶奇异矩阵，已知 $|\boldsymbol{A}-\boldsymbol{I}|=0$，$|\boldsymbol{A}+2\boldsymbol{I}|=0$，则 $|\boldsymbol{A}+\boldsymbol{I}|=$________，$r(\boldsymbol{A}^*)=$________.

2. 已知三阶矩阵 $\boldsymbol{A}$ 和 $\boldsymbol{B}$ 相似，矩阵 $\boldsymbol{A}$ 的特征值为 1,2,3，则 $|\boldsymbol{B}^{-1}+\boldsymbol{I}|=$________.

3. 已知三阶矩阵 $\boldsymbol{A}$ 的特征值为 1,2,−2，则 $\boldsymbol{A}$ 的代数余子式 $A_{11}+A_{22}+A_{33}=$________.

4. 设 $\boldsymbol{\alpha}=(1,0,-1)^{\mathrm{T}}$，矩阵 $\boldsymbol{A}=\boldsymbol{\alpha\alpha}^{\mathrm{T}}$，$n$ 为正整数，则 $\boldsymbol{A}$ 的特征值为________，$|a\boldsymbol{I}-\boldsymbol{A}^n|=$________.

5. 设 $\boldsymbol{A}$ 为三阶实对称矩阵，$\boldsymbol{\alpha}_1=(a,-a,1)^{\mathrm{T}}$ 是 $\boldsymbol{AX}=\boldsymbol{O}$ 的解，$\boldsymbol{\alpha}_2=(a,1,-a)^{\mathrm{T}}$ 是 $(\boldsymbol{A}+\boldsymbol{I})\boldsymbol{X}=\boldsymbol{O}$ 的解，其中 $a>0$，则常数 $a=$________.

6. 设 $\boldsymbol{A}$ 是三阶实对称矩阵，$r(\boldsymbol{A})=1$，$\lambda_1=2$ 是 $\boldsymbol{A}$ 的一个特征值，对应的特征向量为 $\boldsymbol{\alpha}_1=(-1,1,1)^{\mathrm{T}}$，则线性方程组 $\boldsymbol{AX}=\boldsymbol{O}$ 的基础解系为________.

二、选择题

1. 设 $\boldsymbol{\alpha},\boldsymbol{\beta}$ 为矩阵 $\boldsymbol{A}$ 对应于不同特征值的特征向量，则(　　).

(A) $\boldsymbol{\alpha},\boldsymbol{\beta}$ 线性相关

(B) $\boldsymbol{A\alpha},\boldsymbol{A\beta}$ 线性无关

(C) $\boldsymbol{A\alpha},\boldsymbol{A\beta}$ 线性相关

(D) 不存在 $k_1\neq0,k_2\neq0$，使 $k_1\boldsymbol{\alpha}+k_2\boldsymbol{\beta}$ 是 $\boldsymbol{A}$ 的特征向量

2. 设 $\boldsymbol{A}$ 为 n 阶矩阵，且 $\boldsymbol{A}^k=\boldsymbol{O}$，则(　　).

(A) $\boldsymbol{A}=\boldsymbol{O}$　　(B) $\boldsymbol{A}$ 可能有非零的特征值

(C) $\boldsymbol{A}$ 的全部特征值为 0　　(D) $\boldsymbol{A}$ 有 n 个线性无关的特征向量

3. 设 $\boldsymbol{A}$ 为四阶实对称矩阵，且 $\boldsymbol{A}^2+\boldsymbol{A}=\boldsymbol{O}$，若 $r(\boldsymbol{A})=3$，则 $\boldsymbol{A}$ 相似于(　　).

(A) $\begin{pmatrix}1&&&\\&1&&\\&&1&\\&&&0\end{pmatrix}$　　(B) $\begin{pmatrix}1&&&\\&1&&\\&&-1&\\&&&0\end{pmatrix}$

(C)$\begin{pmatrix}1&&&\\&-1&&\\&&-1&\\&&&0\end{pmatrix}$　　　　(D)$\begin{pmatrix}-1&&&\\&-1&&\\&&-1&\\&&&0\end{pmatrix}$

4. 设 $\boldsymbol{A}$ 为三阶矩阵，$\boldsymbol{A}$ 的 3 个特征值为 1,1,2，$\boldsymbol{\xi}_1,\boldsymbol{\xi}_2,\boldsymbol{\xi}_3$ 分别为对应的 3 个特征向量，则(　　).

(A)$\boldsymbol{\xi}_1,\boldsymbol{\xi}_2,\boldsymbol{\xi}_3$ 必为 $2\boldsymbol{I}-\boldsymbol{A}$ 的特征向量

(B)$\boldsymbol{\xi}_1+\boldsymbol{\xi}_3$ 必为 $2\boldsymbol{I}-\boldsymbol{A}$ 的特征向量

(C)$\boldsymbol{\xi}_1-\boldsymbol{\xi}_2$ 必为 $2\boldsymbol{I}-\boldsymbol{A}$ 的特征向量

(D)$\boldsymbol{\xi}_1,\boldsymbol{\xi}_2$ 必为 $2\boldsymbol{I}-\boldsymbol{A}$ 的特征向量,$\boldsymbol{\xi}_3$ 不是 $2\boldsymbol{I}-\boldsymbol{A}$ 的特征向量

5. 设 $\boldsymbol{A}$ 为四阶矩阵，1 和 2 都是 $\boldsymbol{A}$ 的二重特征值，$\boldsymbol{B}=\boldsymbol{A}-\boldsymbol{I},\boldsymbol{C}=\boldsymbol{B}-\boldsymbol{I}$，则下列正确的是(　　).

(A)方程 $\boldsymbol{BX}=\boldsymbol{O}$ 的基础解系有两个线性无关的解

(B)方程 $\boldsymbol{CX}=\boldsymbol{O}$ 必有无穷多解

(C)$\boldsymbol{A}$ 可对角化

(D)以上选项都不对

6. 下列矩阵中，与矩阵$\begin{pmatrix}1&1&0\\0&1&1\\0&0&1\end{pmatrix}$相似的是(　　).

(A)$\begin{pmatrix}1&1&-1\\0&1&1\\0&0&1\end{pmatrix}$　　　　(B)$\begin{pmatrix}1&0&-1\\0&1&1\\0&0&1\end{pmatrix}$

(C)$\begin{pmatrix}1&1&-1\\0&1&0\\0&0&1\end{pmatrix}$　　　　(D)$\begin{pmatrix}1&0&-1\\0&1&0\\0&0&1\end{pmatrix}$

三、计算题

1. 已知 $\boldsymbol{A}=\begin{pmatrix}1&-1&-a\\2&a&-2\\-a&-1&1\end{pmatrix}$.

(1)求 $\boldsymbol{A}$ 的特征值；

(2)a 为何值时，$\boldsymbol{A}$ 相似于对角矩阵.

2. 设三阶实对称矩阵 $\boldsymbol{A}$ 的特征值为 $\lambda_1=\lambda_2=1,\lambda_3=-1$，$\boldsymbol{\alpha}_1=\begin{pmatrix}1\\1\\1\end{pmatrix},\boldsymbol{\alpha}_2=\begin{pmatrix}2\\2\\1\end{pmatrix}$是 $\lambda_1=\lambda_2=1$ 对应的特征向量.

(1)求 $\boldsymbol{A}$ 对应于 $\lambda_3=-1$ 的特征向量；

(2)求矩阵 $\boldsymbol{A}$.

3. 设 n 阶矩阵 $\boldsymbol{A}=\begin{pmatrix}1 & b & \cdots & b\\ b & 1 & \cdots & b\\ \vdots & \vdots & & \vdots\\ b & b & \cdots & 1\end{pmatrix}$.

(1)求矩阵 $\boldsymbol{A}$ 的特征值；

(2)求正交矩阵 $\boldsymbol{Q}$，使 $\boldsymbol{Q}^{-1}\boldsymbol{A}\boldsymbol{Q}$ 为对角矩阵.

4. 设 n 阶矩阵 $\boldsymbol{A}=\begin{pmatrix}1-\frac{1}{n} & 1 & 1 & \cdots & 1\\ 0 & 1-\frac{2}{n} & 1 & \cdots & 1\\ \vdots & \vdots & & \vdots & \vdots\\ 0 & 0 & \cdots & 1-\frac{n-1}{n} & 1\\ 0 & 0 & \cdots & \cdots & 1-\frac{n}{n}\end{pmatrix}$，求 $\lim\limits_{k\to\infty}\boldsymbol{A}^k$.

5. 已知线性方程组 $\begin{cases}x_1+2x_2+x_3=3\\ 2x_1+(a+4)x_2-5x_3=6\\ -x_1-2x_2+ax_3=-3\end{cases}$ 有无穷多解，而 $\boldsymbol{A}$ 是三阶矩阵，向量 $\boldsymbol{\alpha}_1=(1,2a,-1)^{\mathrm{T}},\boldsymbol{\alpha}_2=(a,a+3,a+2)^{\mathrm{T}},\boldsymbol{\alpha}_3=(a-2,-1,a+1)^{\mathrm{T}}$ 分别是 $\boldsymbol{A}$ 对应于特征值 $1,-1,0$ 的特征向量，求 $\boldsymbol{A}$.

6. 已知矩阵 $\boldsymbol{A}=\begin{pmatrix}-2 & -2 & 1\\ 2 & x & -2\\ 0 & 0 & -2\end{pmatrix}$ 与 $\boldsymbol{B}=\begin{pmatrix}2 & 1 & 0\\ 0 & -1 & 0\\ 0 & 0 & y\end{pmatrix}$ 相似.

(1)求 x,y；

(2)求可逆矩阵 $\boldsymbol{P}$，使 $\boldsymbol{P}^{-1}\boldsymbol{A}\boldsymbol{P}=\boldsymbol{B}$.

7. 设 $\boldsymbol{A}=\boldsymbol{I}+\boldsymbol{\alpha}\boldsymbol{\beta}^{\mathrm{T}}$，其中 $\boldsymbol{\alpha}=(a_1,a_2,\cdots,a_n)^{\mathrm{T}},\boldsymbol{\beta}=(b_1,b_2,\cdots,b_n)^{\mathrm{T}}$ 满足 $\boldsymbol{\alpha}^{\mathrm{T}}\boldsymbol{\beta}=2$.

(1)求 $\boldsymbol{A}$ 的特征值和特征向量；

(2)求可逆矩阵 $\boldsymbol{P}$，使 $\boldsymbol{P}^{-1}\boldsymbol{A}\boldsymbol{P}$ 为对角矩阵.

四、证明题

1. 若 n 阶矩阵 $\boldsymbol{A}$ 的每行元素之和为 a，证明：

(1) a 为 $\boldsymbol{A}$ 的一个特征值；

(2) $\begin{pmatrix}1\\ 1\\ \vdots\\ 1\end{pmatrix}$ 是 $\boldsymbol{A}$ 对应于 $\lambda=a$ 的特征向量；

(3)对于任意自然数 m，$\boldsymbol{A}^m$ 的每行之和为 a^m.

2. 设 $\boldsymbol{A}$ 是 n 阶对角矩阵，即 $\boldsymbol{A}^2=\boldsymbol{I}$，证明：$\boldsymbol{A}\sim\begin{pmatrix}\boldsymbol{I}_r & \\ & -\boldsymbol{I}_{n-r}\end{pmatrix}$.

3. 设 $\lambda_1,\lambda_2,\lambda_3$ 是 $\boldsymbol{A}$ 的特征值，$\boldsymbol{\alpha}_1,\boldsymbol{\alpha}_2,\boldsymbol{\alpha}_3$ 是对应的特征向量，若 $\boldsymbol{\alpha}_1+\boldsymbol{\alpha}_2+\boldsymbol{\alpha}_3$ 仍是 $\boldsymbol{A}$ 的

特征向量，证明：$\boldsymbol{\lambda}_1,\lambda_2,\lambda_3$ 中至少有两个相等.

4. 设 $\boldsymbol{A}$ 是 n 阶正交矩阵，且 $|\boldsymbol{A}|<0$，证明：-1 是 $\boldsymbol{A}$ 的一个特征值.

5. 设矩阵 $A_{m\times n}$，$B_{m\times n}$满足 $BA=I$，$m>n$.

(1)证明：$r(A)=r(B)=n$；

(2)设 $\xi_1,\cdots,\xi_{m-n}$为 $Bx=0$ 的基础解系，$\alpha_1,\cdots,\alpha_n$ 为 $A_{m\times n}$的列向量组，证明：向量组 $\xi_1,\cdots,\xi_{m-n},\alpha_1,\cdots,\alpha_n$ 线性无关.

(3)I_m+AB 相似于对角阵.

五、习题、总复习题及详解

习题 5-1　向量的内积与正交

1. 设向量

$$\boldsymbol{\alpha}=\begin{pmatrix}1\\2\\1\end{pmatrix},\boldsymbol{\beta}=\begin{pmatrix}-2\\2\\1\end{pmatrix}.$$

(1)求内积$(\boldsymbol{\alpha},\boldsymbol{\beta})$；　　(2)确定 k 的值，使 $\boldsymbol{\alpha}+\boldsymbol{\beta}$ 与 $\boldsymbol{\alpha}+k\boldsymbol{\beta}$ 正交.

解　(1) $(\alpha,\beta)=1\cdot(-2)+2\cdot2+1\cdot1=3$；

(2)由$(\alpha+\beta,\alpha+k\beta)=\|\alpha\|^2+(k+1)(\alpha,\beta)+k\|\beta\|^2=12k+9=0$，得 $k=-\dfrac{3}{4}$.

2. 在 $\mathbf{R}^3$ 中，求一单位向量与向量 $\boldsymbol{\alpha}_1=\begin{pmatrix}1\\-1\\-2\end{pmatrix},\boldsymbol{\alpha}_2=\begin{pmatrix}0\\1\\1\end{pmatrix}$均正交.

解　设 $\alpha=(x_1,x_2,x_3)^{\mathrm{T}}\perp\alpha_1$，$\alpha_2$，则$\begin{cases}x_1-x_2-2x_3=0\\x_2+x_3=0\end{cases}$，求出基础解系，再单位化得 $\alpha=\pm\dfrac{1}{\sqrt{3}}\begin{pmatrix}1\\-1\\1\end{pmatrix}$.

3. 用施密特正交化方法将 $\mathbf{R}^3$ 中的 $\boldsymbol{\alpha}_1=\begin{pmatrix}1\\2\\-1\end{pmatrix},\boldsymbol{\alpha}_2=\begin{pmatrix}-1\\3\\1\end{pmatrix},\boldsymbol{\alpha}_3=\begin{pmatrix}4\\-1\\0\end{pmatrix}$化为标准正交向量组.

解　正交化：$\beta_1=\begin{pmatrix}1\\2\\-1\end{pmatrix}$，$\beta_2=\dfrac{10}{3}\begin{pmatrix}-1\\1\\1\end{pmatrix}$，$\beta_3=\begin{pmatrix}2\\0\\2\end{pmatrix}$，再单位化：

$$\frac{1}{\sqrt{6}}\begin{pmatrix}1\\2\\-1\end{pmatrix},\ \frac{1}{\sqrt{3}}\begin{pmatrix}-1\\1\\1\end{pmatrix},\ \frac{1}{\sqrt{2}}\begin{pmatrix}1\\0\\1\end{pmatrix}.$$

4. 设 $\boldsymbol{\xi}_1,\boldsymbol{\xi}_2,\boldsymbol{\xi}_3$ 是 $\mathbf{R}^3$ 的一组标准正交向量组，证明

$$\boldsymbol{\eta}_1=\frac{1}{3}\boldsymbol{\xi}_1+\frac{2}{3}\boldsymbol{\xi}_2+\frac{2}{3}\boldsymbol{\xi}_3,\boldsymbol{\eta}_2=\frac{2}{3}\boldsymbol{\xi}_1+\frac{1}{3}\boldsymbol{\xi}_2-\frac{2}{3}\boldsymbol{\xi}_3,\boldsymbol{\eta}_3=\frac{2}{3}\boldsymbol{\xi}_1-\frac{2}{3}\boldsymbol{\xi}_2+\frac{1}{3}\boldsymbol{\xi}_3$$

也 $\mathbf{R}^3$ 的一组标准正交向量组.

证明　因为 ξ_1,ξ_2,ξ_3 是 R^3 的一组标准正交向量组，所以 $A=(\xi_1,\xi_2,\xi_3)$ 为正交矩阵．易证 $B=\frac{1}{3}\begin{pmatrix}1&2&2\\2&1&-2\\2&-2&1\end{pmatrix}$ 也是正交矩阵，从而 $(\eta_1,\eta_2,\eta_3)=(\xi_1,\xi_2,\xi_3)B=AB$ 也是正交矩阵，故 η_1,η_2,η_3 也是一组标准正交向量组．

习题 5-2　矩阵的特征值与特征向量

1. 设向量 $\alpha=(0,k,1)^{\mathrm{T}}$ 为矩阵 $\boldsymbol{A}=\begin{pmatrix}0&1&1\\1&0&1\\1&1&0\end{pmatrix}$ 的逆矩阵 $\boldsymbol{A}^{-1}$ 的特征向量，求 k 的值.

解　由定义知 $A^{-1}\alpha=\mu\alpha$，其中 μ 是 A^{-1} 的特征值，所以 $A\alpha=\frac{1}{\mu}\alpha$，由此得 $k=-1$.

2. 求下列矩阵的特征值与特征向量.

(1) $\begin{pmatrix}2&-1&2\\5&-3&3\\-1&0&2\end{pmatrix}$；　(2) $\begin{pmatrix}0&2&2\\2&0&2\\2&2&0\end{pmatrix}$；　(3) $\begin{pmatrix}0&-2&-1\\-2&3&2\\-1&2&0\end{pmatrix}$.

解　(1) 由 $|\lambda I-A|=(\lambda+1)^3=0$ 知 $\lambda_1=\lambda_2=\lambda_3=-1$，再由 $-I-A\to\begin{pmatrix}1&0&1\\0&1&1\\0&0&0\end{pmatrix}$ 得 $(-I-A)X=0$ 的基础解系为 $\alpha=(-1,-1,1)^{\mathrm{T}}$，故 $X=k(-1,-1,1)^{\mathrm{T}}$，$k\neq0$；

(2) 由 $|\lambda I-A|=(\lambda+2)^3(\lambda-4)=0$ 得 $\lambda_1=\lambda_2=-2$，$\lambda_3=4$，对应 $\lambda_1=\lambda_2=-2$，$(-2I-A)X=0$ 的基础解系为 $\alpha_1=(-1,1,0)^{\mathrm{T}}$，$\alpha_2=(-1,0,1)^{\mathrm{T}}$，故对应的特征向量 $X=k_1(1,0,-1)^{\mathrm{T}}+k_2(0,1,-1)^{\mathrm{T}}$，$k_1,k_2$ 不全为零；

对应 $\lambda_3=4$，$(4I-A)X=0$ 的基础解系为 $\alpha_3=(1,1,1)^{\mathrm{T}}$，故对应的特征向量 $X=k(1,1,1)^{\mathrm{T}}$，$k\neq0$；

(3) 特征值为 $\lambda_1=\lambda_2=-1,\lambda_3=5$，对应 $\lambda_1=\lambda_2=-1$ 的特征向量 $X=k_1(2,1,0)^{\mathrm{T}}+k_2(1,0,1)^{\mathrm{T}}$，$k_1,k_2$ 不全为零；对应 $\lambda_3=5$ 的特征向量 $X=k(-1,2,1)^{\mathrm{T}}$，$k\neq0$.

3. 设矩阵 $\boldsymbol{A}=\begin{pmatrix}1&2&3\\x&y&z\\0&0&1\end{pmatrix}$ 的特征值为 1,2,3．求 x,y,z 的值．

解　由 $\begin{cases}\lambda_1+\lambda_2+\lambda_3=tr(A)\\\lambda_1\lambda_2\lambda_3=|A|\end{cases}$ 得 $\begin{cases}y+2=6\\y-2x=6\end{cases}$，故 $\begin{cases}x=-1\\y=4\end{cases}$．$z$ 任意．

4. 设 $\boldsymbol{A}$ 为 n 阶矩阵，证明：

(1) 若 $\boldsymbol{A}$ 是**幂等**矩阵，即 $\boldsymbol{A}^2=\boldsymbol{A}$，则 $\boldsymbol{A}$ 的特征值只能是 0 和 1；

(2) 若 $\boldsymbol{A}$ 是**幂零**矩阵，即存在正整数 k 使 $\boldsymbol{A}^k=\boldsymbol{O}$，则 $\boldsymbol{A}$ 的特征值只能是 0.

解 (1)设 $A\alpha=\lambda\alpha,\alpha\neq0$，则 $A^2\alpha=\lambda^2\alpha$，而 $A^2=A$，所以 $\lambda^2\alpha=\lambda\alpha$，注意到 $\alpha\neq0$，就有 $\lambda^2=\lambda$，故 A 的特征值只能是为 0 和 1.

(2)设 $A\alpha=\lambda\alpha,\alpha\neq0$，则 $A^k\alpha=\lambda^k\alpha$，而 $A^k=O$，所以 $\lambda^k\alpha=O$，注意到 $\alpha\neq0$，就有 $\lambda=0$.

5. 设 $\boldsymbol{\alpha},\boldsymbol{\beta}$ 分别是 $\boldsymbol{A}$ 的对应于特征值 λ_1,λ_2 的特征向量，且 $\lambda_1\neq\lambda_2$，证明：$\boldsymbol{\alpha}+\boldsymbol{\beta}$ 不是 $\boldsymbol{A}$ 的特征向量.

证明 反证法：假设 $A(\alpha+\beta)=\lambda(\alpha+\beta)$，则由 $A\alpha=\lambda_1\alpha,A\beta=\lambda_2\beta$ 得 $\lambda_1\alpha+\lambda_2\beta=\lambda(\alpha+\beta)$，即 $(\lambda_1-\lambda)\alpha+(\lambda_2-\lambda)\beta=0$.

又由 $\lambda_1\neq\lambda_2$，知特征向量 α,β 线性无关，故 $\lambda_1-\lambda=\lambda_2-\lambda=0$，从而 $\lambda_1=\lambda_2$，矛盾.

习题 5-3 相似矩阵与矩阵的对角化条件

1. 证明下列各题.

(1)若 $\boldsymbol{A}\sim\boldsymbol{B}$，则 $\boldsymbol{A}^{\mathrm{T}}\sim\boldsymbol{B}^{\mathrm{T}}$；

(2)若 $\boldsymbol{A}\sim\boldsymbol{B}$，$\boldsymbol{C}\sim\boldsymbol{D}$，则 $\begin{pmatrix}\boldsymbol{A}&\boldsymbol{O}\\\boldsymbol{O}&\boldsymbol{C}\end{pmatrix}\sim\begin{pmatrix}\boldsymbol{B}&\boldsymbol{O}\\\boldsymbol{O}&\boldsymbol{D}\end{pmatrix}$；

(3)若 $\boldsymbol{A}$ 可逆，则 $\boldsymbol{AB}\sim\boldsymbol{BA}$.

证明 (1) 因为 $P^{-1}AP=B$，所以 $B^{\mathrm{T}}=(P^{-1}AP)^{\mathrm{T}}=P^{\mathrm{T}}A^{\mathrm{T}}(P^{-1})^{\mathrm{T}}=P^{\mathrm{T}}A^{\mathrm{T}}(P^{\mathrm{T}})^{-1}$；

(2)因为 $P_1^{-1}AP_1=B$，$P_2^{-1}CP_2=D$，所以

$$\begin{pmatrix}P_1&\\&P_2\end{pmatrix}^{-1}\begin{pmatrix}A&\\&C\end{pmatrix}\begin{pmatrix}P_1&\\&P_2\end{pmatrix}=\begin{pmatrix}P_1^{-1}AP_1&\\&P_2^{-1}CP_2\end{pmatrix}=\begin{pmatrix}B&\\&D\end{pmatrix};$$

(3)由 $A^{-1}(AB)A=BA$ 即得.

2. 已知 $\boldsymbol{A}$ 相似于对角阵 $\begin{pmatrix}a&&\\&b&\\&&c\end{pmatrix}$，求 $\boldsymbol{B}=(\boldsymbol{A}-a\boldsymbol{I})(\boldsymbol{A}-b\boldsymbol{I})(\boldsymbol{A}-c\boldsymbol{I})$.

解 令 $\Lambda=\begin{pmatrix}a&&\\&b&\\&&c\end{pmatrix}$，则 $(\Lambda-aI)(\Lambda-bI)(\Lambda-cI)=O$. 由 $A\sim\Lambda$ 知 $B=(A-aI)(A-bI)(A-cI)\sim(\Lambda-aI)(\Lambda-bI)(\Lambda-cI)=O$，即存在可逆矩阵 P，使得 $P^{-1}BP=O$，故 $B=O$.

3. 求可逆矩阵 $\boldsymbol{P}$，使 $\boldsymbol{P}^{-1}\boldsymbol{AP}$ 为对角矩阵，其中 $\boldsymbol{A}=\begin{pmatrix}1&1&-1\\-2&1&2\\-1&1&1\end{pmatrix}$.

解 由 $|\lambda I-A|=(\lambda-1)\lambda(\lambda-2)=0$ 得 $\lambda_1=1,\lambda_2=0,\lambda_3=2$，对应的三个特征向量分别为 $\alpha_1=(1,1,1)^{\mathrm{T}}$，$\alpha_2=(1,0,1)^{\mathrm{T}}$，$\alpha_3=(1,4,3)^{\mathrm{T}}$，令 $P=\begin{pmatrix}1&1&1\\1&0&4\\1&1&3\end{pmatrix}$，则 $P^{-1}AP=\begin{pmatrix}1&&\\&0&\\&&2\end{pmatrix}$.

4. 设矩阵 $\boldsymbol{A}=\begin{pmatrix}1&-1&1\\x&4&y\\-3&-3&5\end{pmatrix}$ 有三个线性无关的特征向量，$\lambda=2$ 是 $\boldsymbol{A}$ 的二重特征值，试求可逆矩阵 $\boldsymbol{P}$，使得 $\boldsymbol{P}^{-1}\boldsymbol{AP}$ 为对角矩阵.

解　显然 A 相似于对角阵，从而对应于二重特征值 $\lambda_{1,2}=2$ 有两个线性无关特征向量，即 $n-r(2I-A)=2$，因而 $r(2I-A)=1$，这表明 $2I-A$ 每行成比例，故 $x=2,y=-2$.

$\lambda_3=tr(A)-\lambda_1-\lambda_2=6$. 对应 $\lambda_{1,2}=2$ 的特征向量为 $\alpha_1=(-1,1,0)^{\mathrm{T}}$，$\alpha_1=(1,0,1)^{\mathrm{T}}$，对应 $\lambda_3=6$ 的特征向量为 $\alpha_3=(1,-2,3)^{\mathrm{T}}$，故 $P=\begin{pmatrix}-1&1&1\\1&0&-2\\0&1&3\end{pmatrix}$.

习题 5-4　实对称矩阵的相似对角化

1. 设 $\boldsymbol{A}$ 是三阶实对称矩阵，$\boldsymbol{\alpha}_1=(a,-a,1)^{\mathrm{T}}$ 是 $\boldsymbol{AX}=0$ 的解，$\boldsymbol{\alpha}_2=(a,-1,-a)^{\mathrm{T}}$ 是 $(\boldsymbol{A}+\boldsymbol{I})\boldsymbol{X}=0$ 的解，求 a.

解　显见 α_1，α_2 分别是对应特征值 $\lambda_1=0$，$\lambda_2=-1$ 的特征向量，而 A 是实对称矩阵，所以 $\alpha_1\perp\alpha_2$，即 $(\alpha_1,\alpha_2)=a^2+a-a=0$，故 $a=0$.

2. 求正交矩阵 $\boldsymbol{Q}$，使 $\boldsymbol{Q}^{-1}\boldsymbol{AQ}$ 为对角矩阵.

(1) $\boldsymbol{A}=\begin{pmatrix}2&2&-2\\2&5&-4\\-2&-4&5\end{pmatrix}$；　　(2) $\boldsymbol{A}=\begin{pmatrix}3&-1&-1\\-1&3&-1\\-1&-1&3\end{pmatrix}$.

解　(1) 由 $|\lambda I-A|=(\lambda-1)^2(\lambda-10)=0$ 得 $\lambda_1=\lambda_2=1,\lambda_3=10$. 对应 $\lambda_1=1$ 的两个线性无关特征向量为 $\alpha_1=(2,0,1)^{\mathrm{T}}$，$\alpha_2=(-2,1,0)^{\mathrm{T}}$，正交化：$\beta_1=(2,0,1)^{\mathrm{T}}$，$\beta_2=(-2,5,4)^{\mathrm{T}}$，单位化：$\gamma_1=\dfrac{1}{\sqrt5}(2,0,1)^{\mathrm{T}}$，$\gamma_2=\dfrac{1}{3\sqrt5}(-2,5,4)^{\mathrm{T}}$. 对应 $\lambda_3=0$ 的一个特征向量为 $\alpha_3=(-1,-2,2)^{\mathrm{T}}$，单位化：$\gamma_3=\dfrac{1}{3}(-1,-2,2)^{\mathrm{T}}$.

综上 $Q=\begin{pmatrix}\frac{2}{\sqrt5}&-\frac{2}{3\sqrt5}&-\frac{1}{3}\\0&\frac{\sqrt5}{3}&-\frac{2}{3}\\\frac{1}{\sqrt5}&\frac{4}{3\sqrt5}&\frac{2}{3}\end{pmatrix}$，$Q^{-1}AQ=\begin{pmatrix}1&&\\&1&\\&&10\end{pmatrix}$.

(2) 由 $|\lambda I-A|=(\lambda-4)^2(\lambda-1)=0$ 得 $\lambda_1=\lambda_2=4,\lambda_3=1$，对应 $\lambda_1=4$ 的两个线性无关特征向量为 $\alpha_1=(-1,1,0)^{\mathrm{T}}$，$\alpha_2=(-1,0,1)^{\mathrm{T}}$，正交化：$\beta_1=(-1,1,0)^{\mathrm{T}}$，$\beta_2=(-1,-1,2)^{\mathrm{T}}$，单位化：$\gamma_1=\dfrac{1}{\sqrt2}(-1,1,0)^{\mathrm{T}}$，$\gamma_2=\dfrac{1}{\sqrt6}(-1,-1,2)^{\mathrm{T}}$. 对应 $\lambda_3=1$ 的一个特征向量为 $\alpha_3=(1,1,1)^{\mathrm{T}}$，单位化 $\gamma_3=\dfrac{1}{\sqrt3}(1,1,1)^{\mathrm{T}}$.

综上 $Q=\begin{pmatrix} -\frac{1}{\sqrt{2}} & -\frac{1}{\sqrt{6}} & \frac{1}{\sqrt{3}} \\ \frac{1}{\sqrt{2}} & -\frac{1}{\sqrt{6}} & \frac{1}{\sqrt{3}} \\ 0 & \frac{2}{\sqrt{6}} & \frac{1}{\sqrt{3}} \end{pmatrix}$，$Q^{-1}AQ=\begin{pmatrix} 4 & & \\ & 4 & \\ & & 1 \end{pmatrix}$.

3. 设实对称矩阵 $\boldsymbol{A},\boldsymbol{B}$ 有相同的特征多项式，证明：$\boldsymbol{A}$ 相似于 $\boldsymbol{B}$.

证明 设 A,B 的特征值为 $\lambda_1,\lambda_2,\cdots,\lambda_n$(相同)，因为实对称矩阵 A 一定相似于对角阵，所以 $A\sim\Lambda=diag(\lambda_1,\lambda_2,\cdots,\lambda_n)$. 同理 $B\sim\Lambda=diag(\lambda_1,\lambda_2,\cdots,\lambda_n)$，从而由传递性得 $A\sim B$.

4. 设三阶实对称矩阵 $\boldsymbol{A}$ 的特征值为 $\lambda_1=\lambda_2=2$，$\lambda_3=5$，对应于 $\lambda_3=5$ 的特征向量为 $\boldsymbol{\xi}=\begin{pmatrix} 1 \\ 1 \\ 1 \end{pmatrix}$，求 $\boldsymbol{A}$.

解 利用实对称矩阵的不同特征值对应的特征向量正交，易得 $\xi_1=\begin{pmatrix} -1 \\ 1 \\ 0 \end{pmatrix}$，$\xi_2=\begin{pmatrix} -1 \\ 0 \\ 1 \end{pmatrix}$是对应 $\lambda_1=\lambda_2=2$ 的特征向量，令 $P=(\xi_1,\xi_2,\xi)=\begin{pmatrix} -1 & -1 & 1 \\ 1 & 0 & 1 \\ 0 & 1 & 1 \end{pmatrix}$，则 $P^{-1}AP=\begin{pmatrix} 2 & & \\ & 2 & \\ & & 5 \end{pmatrix}$，因而 $A=P\begin{pmatrix} 2 & & \\ & 2 & \\ & & 5 \end{pmatrix}P^{-1}=\begin{pmatrix} 3 & 1 & 1 \\ 1 & 3 & 1 \\ 1 & 1 & 3 \end{pmatrix}$.

总复习题五

1. 设 $\boldsymbol{\alpha},\boldsymbol{\beta}$ 为 n 维实向量，证明：

$$\|\boldsymbol{\alpha}+\boldsymbol{\beta}\|^2+\|\boldsymbol{\alpha}-\boldsymbol{\beta}\|^2=2(\|\boldsymbol{\alpha}\|^2+\|\boldsymbol{\beta}\|^2).$$

证明 左式 $=(\alpha+\beta,\alpha+\beta)+(\alpha-\beta,\alpha-\beta)=\|\alpha\|^2+2(\alpha,\beta)+\|\beta\|^2+\|\alpha\|^2-2(\alpha,\beta)+\|\beta\|^2=$ 右式.

2. 设 $\boldsymbol{A},\boldsymbol{B}$ 均为 n 阶正交矩阵，证明：$\boldsymbol{AB}$ 也是正交矩阵.

证明 已知矩阵 A,B 正交，则 $AB(AB)^{\mathrm{T}}=ABB^{\mathrm{T}}A^{\mathrm{T}}=I$，得证.

3. 求下列矩阵的特征值与特征向量.

(1) $\begin{pmatrix} 0 & -1 & 1 \\ 2 & -3 & 1 \\ 1 & -1 & -1 \end{pmatrix}$；　(2) $\begin{pmatrix} 1 & 1 & 1 & 1 \\ 1 & 1 & -1 & -1 \\ 1 & -1 & 1 & -1 \\ 1 & -1 & -1 & 1 \end{pmatrix}$；　(3) $\begin{pmatrix} a & 1 & 0 & \cdots & 0 & 0 \\ 0 & a & 1 & \cdots & 0 & 0 \\ \vdots & \vdots & \vdots & \vdots & & \vdots \\ 0 & 0 & 0 & \cdots & a & 1 \\ 0 & 0 & 0 & \cdots & 0 & a \end{pmatrix}$.

解 (1)由 $|\lambda I-A|=(\lambda+1)^2(\lambda+2)=0$ 得 $\lambda_1=\lambda_2=-1$，$\lambda_3=-2$. 对应 $\lambda_1=\lambda_2=-1$，由 $-I-A\to\begin{pmatrix} 1 & -1 & 0 \\ 0 & 0 & 1 \\ 0 & 0 & 0 \end{pmatrix}$得线性无关特征向量 $\alpha_1=\begin{pmatrix} 1 \\ 1 \\ 0 \end{pmatrix}$，所以特征向量 $X=k_1(1,1,0)^{\mathrm{T}}$，$k_1\neq 0$；对

应 $\lambda_3=-2$，由 $-2I-A\to\begin{pmatrix}1&0&0\\0&1&-1\\0&0&0\end{pmatrix}$ 得线性无关特征向量 $\alpha_2=\begin{pmatrix}0\\1\\1\end{pmatrix}$，所以特征向量为 $X=k_2$ $(0,1,1)^{\mathrm{T}}$，$k\neq0$.

(2) 由 $|\lambda I-A|=(\lambda-1)^3(\lambda-2)=0$ 得 $\lambda_1=\lambda_2=\lambda_3=2$，$\lambda_4=-2$. 对应 $\lambda=2$ 的特征向量 $X=k_1(1,1,0,0)^{\mathrm{T}}+k_2(1,0,1,0)^{\mathrm{T}}+k_3(1,0,0,1)^{\mathrm{T}}$，$k_1,k_2,k_3$ 不全为零；对应 $\lambda=-2$ 的特征向量为 $X=k(-1,1,1,1)^{\mathrm{T}}$，$k\neq0$.

(3) 上三角矩阵的特征值全为 $\lambda=a$，由 $aI-A\to\begin{pmatrix}0&1&&&\\&0&1&&\\&&\ddots&\ddots&\\&&&0&1\\&&&&0\end{pmatrix}$ 得线性无关特征向量 $\alpha=(1,0,\cdots,0)^{\mathrm{T}}$，所以特征向量为 $X=k(1,0,\cdots,0)^{\mathrm{T}}$，$k\neq0$.

4. 已知三阶矩阵 $\boldsymbol{A}$ 的特征值为 $\lambda_1=\lambda_2=1$，$\lambda_3=-2$，求

(1) $|\boldsymbol{A}^3-2\boldsymbol{A}+3\boldsymbol{I}|$；　　(2) $|\boldsymbol{A}^*-2\boldsymbol{A}^2+\boldsymbol{I}|$.

解　(1) 令 $g(x)=x^3-2x+3$，则 $g(A)$ 的特征值为 $g(\lambda_1)=g(\lambda_1)=2$，$g(\lambda_3)=-1$，因而 $|g(A)|=g(\lambda_1)g(\lambda_2)g(\lambda_3)=-4$.

(2) 因为 $|A|=-2$，$A^*=-2A^{-1}$，所以 $|A^*-2A^2+I|=|-A^{-1}(2A^3-A+2I)|=\frac{1}{2}$ $|2A^3-A+2I|$.

令 $g(x)=2x^3-x+2$，则 $g(A)$ 的特征值为 $g(\lambda_1)=g(\lambda_1)=3$，$g(\lambda_3)=-12$，因而 $|g(A)|=g(\lambda_1)g(\lambda_2)g(\lambda_3)=-108$，故 $|A^*-2A^2+I|=-54$.

5. 若 n 阶矩阵 $\boldsymbol{A},\boldsymbol{B}$ 满足 $r(\boldsymbol{A})+r(\boldsymbol{B})<n$，证明：$\boldsymbol{A},\boldsymbol{B}$ 有公共的特征值和特征向量.

证明　由 $r(A)+r(B)<n$ 知 $r(A)<n,r(B)<n$，所以 A,B 有公共的特征值 0. 考虑线性方程组 $\begin{cases}AX=0\\BX=0\end{cases}$，即 $\begin{pmatrix}A\\B\end{pmatrix}X=0$，因为 $r\begin{pmatrix}A\\B\end{pmatrix}\leqslant r(A)+r(B)<n$，所以 $\begin{pmatrix}A\\B\end{pmatrix}X=0$ 有非零解向量 ξ，这里的 ξ 就是对应特征值 0 的公共特征向量 .

6. 对下列矩阵，求可逆矩阵 $\boldsymbol{P}$，使 $\boldsymbol{P}^{-1}\boldsymbol{AP}$ 为对角矩阵.

其中 $\boldsymbol{A}=\begin{pmatrix}2&2&2\\1&3&-1\\-1&1&5\end{pmatrix}$.

解　由 $|\lambda I-A|=(\lambda-4)^2(\lambda-2)=0$ 得 $\lambda_1=\lambda_2=4$，$\lambda_3=2$，对应 $\lambda_1=4$ 有 2 个线性无关的特征向量为 $\alpha_1=(1,1,0)^{\mathrm{T}}$，$\alpha_2=(1,0,1)^{\mathrm{T}}$，对应 $\lambda_2=2$ 的一个特征向量为 $\alpha_3=(2,-1,1)^{\mathrm{T}}$，令 $P=\begin{pmatrix}1&1&2\\1&0&-1\\0&1&1\end{pmatrix}$，则 $P^{-1}AP=\begin{pmatrix}4&&\\&4&\\&&2\end{pmatrix}$.

7. 已知 $\boldsymbol{\xi}=\begin{pmatrix}-1\\1\\1\end{pmatrix}$ 是矩阵 $\boldsymbol{A}=\begin{pmatrix}4&6&0\\-3&a&0\\-3&b&1\end{pmatrix}$ 的特征向量.

(1)确定参数 a,b 的值以及 $\boldsymbol{\xi}$ 所对应的特征值;

(2)判断 $\boldsymbol{A}$ 能否相似对角化，并说明理由.

解 (1)由 $A\xi=\lambda\xi$ 易知 $a=-5,b=-6,\lambda=-2$.

(2)由 $|\lambda I-A|=(\lambda-1)^2(\lambda+2)=0$ 得 $\lambda_1=\lambda_2=1$，$\lambda_3=-2$，显见 $r(I-A)=1$，所以对应二重特征值 $\lambda_1=\lambda_2=1$，A 有两个线性无关的特征向量，从而 A 能相似对角化.

8. 设三阶矩阵 $\boldsymbol{A}$ 的特征值为 $\lambda_1=\lambda_2=1,\lambda_3=0$，对应的特征向量为 $\boldsymbol{\xi}_1=\begin{pmatrix}1\\2\\2\end{pmatrix},\boldsymbol{\xi}_2=\begin{pmatrix}-2\\2\\-1\end{pmatrix},\boldsymbol{\xi}_3=\begin{pmatrix}2\\1\\-2\end{pmatrix}$，求 $\boldsymbol{A}$ 和 $\boldsymbol{A}^k$.

解 令 $P=\begin{pmatrix}1&-2&2\\2&2&1\\2&-1&-2\end{pmatrix}$，则 $P^{-1}AP=\begin{pmatrix}1&&\\&1&\\&&0\end{pmatrix}=\Lambda$，于是 $A=\dfrac{1}{9}\begin{pmatrix}5&-2&4\\-2&8&2\\4&2&5\end{pmatrix}$.

注意到 $\Lambda^k=\Lambda$，有 $A^k=(P\Lambda P^{-1})^k=P\Lambda^kP^{-1}=P\Lambda P^{-1}=A$.

9. 设矩阵 $\boldsymbol{A}=\begin{pmatrix}0&3&4\\0&-1&0\\1&x&3\end{pmatrix}$可相似对角化，求 x 的值.

解 由 $|\lambda I-A|=(\lambda+1)^2(\lambda-4)=0$，得 $\lambda_1=\lambda_2=-1,\lambda_3=4$，因为 A 可对角化，所以 $n-r(I+A)=3-r(I+A)=2$，即有 $r(I+A)=1$，由此易得 $x=3$.

10. 设 $\boldsymbol{A}$ 为可逆矩阵，证明：如果 $\boldsymbol{A}$ 可相似对角化，则 $\boldsymbol{A}^{-1}$也可相似对角化.

证明 设 $P^{-1}AP=\begin{pmatrix}\lambda_1&&\\&\ddots&\\&&\lambda_n\end{pmatrix}$，则 $|A|=\lambda_1\lambda_2\cdots\lambda_n$，而 A 可逆，所以 $\lambda_1\lambda_2\cdots\lambda_n\neq0$，

故 $P^{-1}A^{-1}P=(P^{-1}AP)^{-1}=\begin{pmatrix}\lambda_1^{-1}&&\\&\ddots&\\&&\lambda_n^{-1}\end{pmatrix}$.

11. 设 $\boldsymbol{A}$ 为 n 阶矩阵，证明：若 $\boldsymbol{A}$ 有 n 个线性无关的特征向量，则 $\boldsymbol{A}^{\mathrm{T}}$ 也有 n 个线性无关的特征向量.

证明 因 n 阶矩阵 A 有 n 个线性无关的特征向量，故存在可逆矩阵 P 使 $P^{-1}AP=\Lambda$ 为对角阵，转置得 $P^{\mathrm{T}}A(P^{\mathrm{T}})^{-1}=\Lambda$，即 A^{T} 相似于对角阵，从而 A^{T} 也有 n 个线性无关的特征向量.

12. 证明：非零的幂零矩阵不可对角化.

证明 设 $A^k=O$，$A\neq O$，则 $\lambda^k=0$，这表明幂零矩阵的特征值全为零.假设 A 相似于对角阵，则存在可逆矩阵 P 使 $P^{-1}AP=O$，从而 $A=O$，这与 $A\neq O$ 矛盾.

13. 设 $\boldsymbol{A}$ 是三阶实对称矩阵，满足 $\boldsymbol{A\xi}_1=2\boldsymbol{\xi}_1,\boldsymbol{A\xi}_2=0,\boldsymbol{A\xi}_3=-\boldsymbol{\xi}_3$，其中

$$\boldsymbol{\xi}_1=(1,a,1)^{\mathrm{T}},\boldsymbol{\xi}_2=(-1,1,b)^{\mathrm{T}},\boldsymbol{\xi}_3=(a,a+b,-2)^{\mathrm{T}},$$

求 a,b 及 $\boldsymbol{A}$.

解　显然ξ_1,ξ_2,ξ_3是A的不同特征值对应的特征向量，由A的实对称性知ξ_1,ξ_2,ξ_3两两正交，故由$(\xi_1,\xi_2)=-1+a+b=0$，$(\xi_1,\xi_3)=a+a(a+b)-2=0$，解得$a=1,b=0$.

令$P=(\xi_1,\xi_2,\xi_3)=\begin{pmatrix}1&-1&1\\1&1&1\\1&0&-2\end{pmatrix}$，则$P^{-1}AP=\begin{pmatrix}2&&\\&0&\\&&-1\end{pmatrix}$，于是$A=\begin{pmatrix}\frac{1}{2}&\frac{1}{2}&1\\\frac{1}{2}&\frac{1}{2}&1\\1&1&0\end{pmatrix}$.

14. 设$\boldsymbol{A}=\boldsymbol{\alpha}\boldsymbol{\alpha}^{\mathrm{T}}$，其中$\boldsymbol{\alpha}=(a_1,a_2,\cdots,a_n)^{\mathrm{T}}$，$a_1\neq0$.

(1)证明$\lambda=0$是$\boldsymbol{A}$的$n-1$重特征值；

(2)求$\boldsymbol{A}$的另一个非零特征值；

(3)求矩阵$\begin{pmatrix}1&2&3&4\\2&4&6&8\\3&6&9&12\\4&8&12&16\end{pmatrix}$的特征值.

解　(1)因为$A\alpha=(a_1^2+\cdots+a_n^2)\alpha$，所以$\lambda_n=\sum\limits_{i=1}^{n}a_i^2$是$A$的一个非零特征值；

(2)易证向量组$\xi_1=(a_2,-a_1,0,\cdots,0)^{\mathrm{T}},\xi_2=(a_3,0,-a_1,0,\cdots,0)^{\mathrm{T}},\cdots,\xi_{n-1}=(a_n,0,\cdots,0,-a_1)^{\mathrm{T}}$线性无关，且$A\xi_i=0,i=1,2,\cdots,n-1$，因此对应$\lambda=0$，$A$有$n-1$个线性无关的特征值向量，所以$\lambda=0$的重数$\geqslant n-1$，结合(1)知其重数等于$n-1$；

(3) 令$\alpha=(1,2,3,4)^{\mathrm{T}}$，则$A=\alpha\alpha^{\mathrm{T}}$，所以$A=\alpha\alpha^{\mathrm{T}}$的特征值为$\lambda_1=\lambda_2=\lambda_3=0$，$\lambda_4=30$.

第六章　二次型

一、知识结构图示

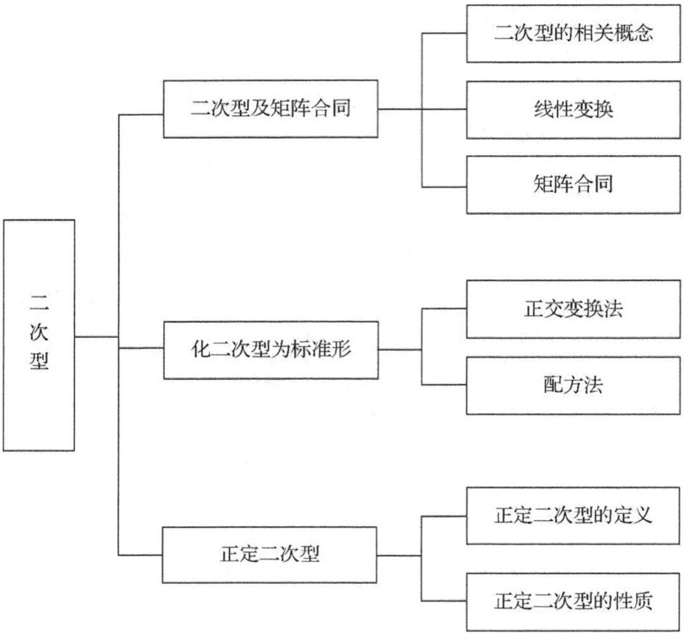

二、内容归纳总结

(一) 二次型及矩阵合同

二次型　含有 n 个变量的二次齐次多项式

$$f(x_1,x_2,\cdots,x_n)=\sum_{i=1}^{n}\sum_{j=1}^{n}a_{ij}x_ix_j,a_{ij}\in\mathbf{R},$$

称为 n 元实二次型.

二次型的矩阵形式　$f(x_1,x_2,\cdots,x_n)=\boldsymbol{X}^{\mathrm{T}}\boldsymbol{A}\boldsymbol{X}$，其中

$$\boldsymbol{A}=\begin{pmatrix}a_{11}&a_{12}&\cdots&a_{1n}\\a_{21}&a_{22}&\cdots&a_{2n}\\\vdots&\vdots&&\vdots\\a_{n1}&a_{n2}&\cdots&a_{nn}\end{pmatrix},\ \boldsymbol{X}=\begin{pmatrix}x_1\\x_2\\\vdots\\x_n\end{pmatrix}.$$

二次型的秩　对称矩阵 $\boldsymbol{A}$ 称为二次型 $f(x_1,x_2,\cdots,x_n)$ 的矩阵，$\boldsymbol{A}$ 是一个实对称矩阵，它与二次型 f 互相唯一确定，矩阵 $\boldsymbol{A}$ 的秩称为二次型的秩.

注　二次型的矩阵特指其对应的对称矩阵. 当二次型 $\boldsymbol{X}^{\mathrm{T}}\boldsymbol{B}\boldsymbol{X}$ 中的矩阵 $\boldsymbol{B}$ 不对称时，该二次型的矩阵应为$\dfrac{\boldsymbol{B}+\boldsymbol{B}^{\mathrm{T}}}{2}$.

标准形　只含有平方项的二次型 $d_1y_1^2+d_2y_2^2+\cdots+d_ny_n^2$ 称为标准形，其矩阵为对角矩阵

$$\boldsymbol{A}=\begin{pmatrix} d_1 & & & \\ & d_2 & & \\ & & \ddots & \\ & & & d_n \end{pmatrix}.$$

规范形　形如 $y_1^2+y_2^2+\cdots+y_p^2-y_{p+1}^2-\cdots-y_r^2(r\leqslant n)$ 的二次型称为规范形，其中 r 是二次型的秩.

惯性定理　任何一个实二次型都可经过可逆线性变换化为规范形，且规范形唯一.

惯性指数　实二次型的规范形中，正平方项的个数 p 称为正惯性指数，负平方项的个数 $r-p$ 称为负惯性指数，正惯性指数与负惯性指数之差称为二次型的符号差.

注　二次型的正惯性指数即其矩阵的正特征值个数，负惯性指数即其矩阵的负特征值个数.

线性变换　令 $\boldsymbol{X}=(x_1,x_2,\cdots,x_n)^{\mathrm{T}},\boldsymbol{Y}=(y_1,y_2,\cdots,y_n)^{\mathrm{T}}$，$\boldsymbol{C}$ 为 n 阶可逆矩阵，则称 $\boldsymbol{X}=\boldsymbol{C}\boldsymbol{Y}$ 为由 $\boldsymbol{X}$ 到 $\boldsymbol{Y}$ 的可逆线性变换. 特别地，若 $\boldsymbol{C}$ 为正交矩阵，则称 $\boldsymbol{X}=\boldsymbol{C}\boldsymbol{Y}$ 为正交变换.

矩阵合同　设 $\boldsymbol{A},\boldsymbol{B}$ 为 n 阶矩阵，如果存在可逆矩阵 $\boldsymbol{C}$，使

$$\boldsymbol{B}=\boldsymbol{C}^{\mathrm{T}}\boldsymbol{A}\boldsymbol{C},$$

则称 $\boldsymbol{A}$ 与 $\boldsymbol{B}$ 合同.

注　对于对称矩阵来说，合同关系意味着惯性指数相同.

矩阵间的关系主要有等价、相似、合同以及正交相似，相似和合同必等价，正交相似既是相似也是合同. 本质上，这些关系保持如下重要代数量不变：

(1) 等价保持矩阵的秩不变；

(2) 相似保持矩阵的特征值不变；

(3) 合同保持对称矩阵的惯性指数不变；

(4) 正交相似保持对称矩阵的特征值、惯性指数不变.

矩阵的关系讲解

(二) 化二次型为标准形

定理　任意 n 元实二次型 $f(x_1,x_2,\cdots,x_n)=\boldsymbol{X}^{\mathrm{T}}\boldsymbol{A}\boldsymbol{X}$，都存在正交变换 $\boldsymbol{X}=\boldsymbol{Q}\boldsymbol{Y}$，使二次型 $f(x_1,x_2,\cdots,x_n)$ 化为标准形

$$\lambda_1y_1^2+\lambda_2y_2^2+\cdots+\lambda_ny_n^2,$$

其中 $\lambda_1,\lambda_2,\cdots,\lambda_n$ 是矩阵 $\boldsymbol{A}$ 的特征值.

注　该定理说明任意二次型均可经过正交变换转化为标准形，且平方项系数为特征值.

(1)正交变换法

首先，写出二次型的矩阵 $\boldsymbol{A}$；然后，针对矩阵 $\boldsymbol{A}$ 求正交矩阵 $\boldsymbol{Q}$(详见第五章)，使

$$\boldsymbol{Q}^{-1}\boldsymbol{A}\boldsymbol{Q}=\boldsymbol{Q}^{\mathrm{T}}\boldsymbol{A}\boldsymbol{Q}=\begin{pmatrix}\lambda_1 & & & \\ & \lambda_2 & & \\ & & \ddots & \\ & & & \lambda_n\end{pmatrix},$$

其中 $\lambda_1,\lambda_2,\cdots,\lambda_n$ 是 $\boldsymbol{A}$ 的特征值；最后，对 $f(x_1,x_2,\cdots,x_n)=\boldsymbol{X}^{\mathrm{T}}\boldsymbol{A}\boldsymbol{X}$ 做正交变换 $\boldsymbol{X}=\boldsymbol{Q}\boldsymbol{Y}$，则二次型化为

$$\lambda_1y_1^2+\lambda_2y_2^2+\cdots+\lambda_ny_n^2.$$

注　正交变换具有保持向量长度、向量之间的夹角、几何形状不变的特征. 基于这种性质，有关长度、夹角、几何形状的二次型问题往往采用正交变换法进行处理.

(2)配方法

任意二次型均可通过配方法消去交叉项而成为标准形.

配方过程分两类讨论.

① 如果二次型 $f(x_1,x_2,\cdots,x_n)$ 中某个变量平方项的系数不为 0，如有 $a_{11}\neq0$，先将含有 x_1 的所有项集中，配成平方项；再对其他含平方项的变量配方，直到所有变量都配成平方和的形式.

② 如果二次型 $f(x_1,x_2,\cdots,x_n)$ 中没有平方项，而有某个 $a_{ij}\neq0(i\neq j)$，则可做线性变换

$$\begin{cases}x_i=y_i+y_j\\ x_j=y_i-y_j\\ x_k=y_k(k\neq i,j)\end{cases},$$

化成含有平方项的二次型，然后配方.

注　配方法中对变量进行逐个配方是为了保证所得线性变换是可逆的. 一些平方和形式的二次型，需要先写成一般形式再执行配方过程，而非直接变量代换. 如 $f(x_1,x_2,x_3)=(x_1-x_2)^2+(x_2-x_3)^2+(x_3-x_1)^2$，若直接变量代换 $y_1=x_1-x_2,y_2=x_2-x_3,y_3=x_3-x_1$，易知对应线性变换不可逆. 对该二次型的讨论见训练题中计算题第 5 题.

(三)正定二次型与正定矩阵

正定二次型　设 $\boldsymbol{A}$ 为实对称矩阵，对于任意非零实向量 $\boldsymbol{X}$，都使得 $f(x_1,x_2,\cdots,x_n)=\boldsymbol{X}^{\mathrm{T}}\boldsymbol{A}\boldsymbol{X}>0$，则 $f(x_1,x_2,\cdots,x_n)=\boldsymbol{X}^{\mathrm{T}}\boldsymbol{A}\boldsymbol{X}$ 是正定二次型，对称矩阵 $\boldsymbol{A}$ 称为正定矩阵.

等价条件　实二次型 $f(x_1,x_2,\cdots,x_n)=\boldsymbol{X}^{\mathrm{T}}\boldsymbol{A}\boldsymbol{X}$ 正定的充分必要条件是下列条件之一成立：

(1)$\boldsymbol{A}$ 的特征值全大于零；

(2)$\boldsymbol{A}$ 的正惯性指数为 n；

(3)$\boldsymbol{A}$ 与单位矩阵合同；

(4)$\boldsymbol{A}$ 可表示为 $\boldsymbol{A}=\boldsymbol{C}^{\mathrm{T}}\boldsymbol{C}$，其中 $\boldsymbol{C}$ 可逆；

(5)$\boldsymbol{A}$ 的各阶顺序主子式均大于零.

等价条件讲解

注　(1)设 A 为正定矩阵, $k>0$, 则 A 可逆, 且 A^*, A^{-1}, kA 均为正定矩阵.

(2)设 A, B 为正定矩阵, 则 $A+B$ 为正定矩阵, 但 AB 不一定是正定矩阵.

(3)设 A, B 为正定矩阵, 则 $kA+lB$ 为正定矩阵 $(k, l>0)$.

(4)正定矩阵之间均存在合同关系.

三、典型例题解析

(一)二次型相关概念

【例1】　填空题.

(1)已知 $f(x_1, x_2, x_3) = (x_1, x_2, x_3) \begin{pmatrix} 1 & 4 & 1 \\ 2 & -2 & 2 \\ 7 & 0 & 3 \end{pmatrix} \begin{pmatrix} x_1 \\ x_2 \\ x_3 \end{pmatrix}$, 则该二次型的矩阵为_____,

二次型的秩为_____;

(2)设 $f(x_1, x_2, x_3) = (a_1 x_1 + a_2 x_2 + a_3 x_3)(b_1 x_1 + b_2 x_2 + b_3 x_3)$ 为非零二次型. 记 $\boldsymbol{\alpha} = (a_1, a_2, a_3)^{\mathrm{T}}, \boldsymbol{\beta} = (b_1, b_2, b_3)^{\mathrm{T}}$, 则二次型的矩阵为_____. 若 $\boldsymbol{\alpha}^{\mathrm{T}} \boldsymbol{\beta} = 0$, 则正惯性指数为_____, 负惯性指数为_____.

解　答案　(1) $\begin{pmatrix} 1 & 3 & 4 \\ 3 & -2 & 1 \\ 4 & 1 & 3 \end{pmatrix}$, 3; (2) $\dfrac{1}{2}(\boldsymbol{\alpha}\boldsymbol{\beta}^{\mathrm{T}} + \boldsymbol{\beta}\boldsymbol{\alpha}^{\mathrm{T}})$, 1, 1.

分析　根据定义, 二次型的矩阵为对称矩阵. 当二次型 $\boldsymbol{X}^{\mathrm{T}} \boldsymbol{B} \boldsymbol{X}$ 中的矩阵 $\boldsymbol{B}$ 不对称时, 该二次型的矩阵应为 $\dfrac{1}{2}(\boldsymbol{B} + \boldsymbol{B}^{\mathrm{T}})$.

(1)记 $\boldsymbol{B} = \begin{pmatrix} 1 & 4 & 1 \\ 2 & -2 & 2 \\ 7 & 0 & 3 \end{pmatrix}$, $\boldsymbol{B}$ 不对称, 故二次型的矩阵为 $\dfrac{1}{2}(\boldsymbol{B} + \boldsymbol{B}^{\mathrm{T}}) = \begin{pmatrix} 1 & 3 & 4 \\ 3 & -2 & 1 \\ 4 & 1 & 3 \end{pmatrix}$, 通过初等行变换得秩为 3;

(2)记 $\boldsymbol{\alpha} = (a_1, a_2, a_3)^{\mathrm{T}}$, $\boldsymbol{\beta} = (b_1, b_2, b_3)^{\mathrm{T}}$, $\boldsymbol{X} = (x_1, x_2, x_3)^{\mathrm{T}}$, 则 $f(x_1, x_2, x_3) = \boldsymbol{X}^{\mathrm{T}} \boldsymbol{\alpha} \boldsymbol{\beta}^{\mathrm{T}} \boldsymbol{X}$, 故二次型的矩阵为 $\dfrac{1}{2}(\boldsymbol{\alpha}\boldsymbol{\beta}^{\mathrm{T}} + \boldsymbol{\beta}\boldsymbol{\alpha}^{\mathrm{T}})$.

若 $\boldsymbol{\alpha}^{\mathrm{T}} \boldsymbol{\beta} = 0$, 则 $\boldsymbol{\alpha}, \boldsymbol{\beta}$ 线性无关, 必存在向量 $\boldsymbol{\gamma} = (c_1, c_2, c_3)^{\mathrm{T}}$ 与 $\boldsymbol{\alpha}, \boldsymbol{\beta}$ 无关. 做可逆线性变换

$$\begin{cases} y_1 = a_1 x_1 + a_2 x_2 + a_3 x_3 \\ y_2 = b_1 x_1 + b_2 x_2 + b_3 x_3 \\ y_3 = c_1 x_1 + c_2 x_2 + c_3 x_3 \end{cases},$$

即 $y_1=\boldsymbol{\alpha}^{\mathrm{T}}\boldsymbol{X},y_2=\boldsymbol{\beta}^{\mathrm{T}}\boldsymbol{X},y_3=\boldsymbol{\gamma}^{\mathrm{T}}\boldsymbol{X}$，二次型转化为 c_1,c_2. 该二次型的矩阵为 $\begin{pmatrix}0&\frac{1}{2}&0\\\frac{1}{2}&0&0\\0&0&0\end{pmatrix}$，其特征值分别为 $\frac{1}{2},-\frac{1}{2},0$，故正、负惯性指数均为 1.

【例 2】 已知矩阵 $\boldsymbol{A}=\begin{pmatrix}2&1&1\\1&3&1\\1&1&4\end{pmatrix},\boldsymbol{B}=\begin{pmatrix}3&2&1\\1&2&1\\1&1&4\end{pmatrix}$，求可逆矩阵 $\boldsymbol{C}$，使得 $\boldsymbol{B}=\boldsymbol{C}^{\mathrm{T}}\boldsymbol{AC}$.

解 观察可知，互换矩阵 $\boldsymbol{A}$ 的前两行再互换前两列可得矩阵 $\boldsymbol{B}$，因此令 $\boldsymbol{C}=\begin{pmatrix}0&1&0\\1&0&0\\0&0&1\end{pmatrix}$，就有 $\boldsymbol{B}=\boldsymbol{C}^{\mathrm{T}}\boldsymbol{AC}$.

(二)正交变换法及其应用

【例 3】 用正交变换法将二次型

$$f(x_1,x_2,x_3)=x_1^2+x_2^2+x_3^2+2x_1x_2+2x_1x_3-2x_2x_3$$

化为标准形，并求出正交变换的系数矩阵.

解 二次型对应的实对称矩阵为

$$\boldsymbol{A}=\begin{pmatrix}1&1&1\\1&1&-1\\1&-1&1\end{pmatrix},$$

其特征多项式为

$$|\lambda\boldsymbol{I}-\boldsymbol{A}|=(\lambda-2)^2(\lambda+1),$$

故 $\boldsymbol{A}$ 的特征值为 $\lambda_1=\lambda_2=2,\lambda_3=-1$.

对于 $\lambda_1=\lambda_2=2$，齐次线性方程组 $(2\boldsymbol{I}-\boldsymbol{A})\boldsymbol{X}=0$ 的基础解系为

$$\boldsymbol{\xi}_1=\begin{pmatrix}1\\1\\0\end{pmatrix},\ \boldsymbol{\xi}_2=\begin{pmatrix}1\\0\\1\end{pmatrix},$$

正交化得

$$\boldsymbol{\eta}_1=\frac{1}{\sqrt{2}}\begin{pmatrix}1\\1\\0\end{pmatrix},\boldsymbol{\eta}_2=\frac{1}{\sqrt{6}}\begin{pmatrix}1\\-1\\2\end{pmatrix}.$$

对于 $\lambda_3=-1$，齐次线性方程组 $(-\boldsymbol{I}-\boldsymbol{A})\boldsymbol{X}=0$ 的基础解系为 $\boldsymbol{\xi}_3=\begin{pmatrix}-1\\1\\1\end{pmatrix}$，单位化得

$$\boldsymbol{\xi}_3=\frac{1}{\sqrt{3}}\begin{pmatrix}-1\\1\\1\end{pmatrix}.$$

于是令

$$Q=\begin{pmatrix}\frac{1}{\sqrt{2}} & \frac{1}{\sqrt{6}} & -\frac{1}{\sqrt{3}}\\ \frac{1}{\sqrt{2}} & -\frac{1}{\sqrt{6}} & \frac{1}{\sqrt{3}}\\ 0 & \frac{2}{\sqrt{6}} & \frac{1}{\sqrt{3}}\end{pmatrix}.$$

做正交线性变换 $X=QY$，化二次型为

$$f=2y_1^2+2y_2^2-y_3^2.$$

【例 4】 已知二次型 $f(x_1,x_2,x_3)=ax_1^2+2x_2^2-2x_3^2+4x_1x_3$，在正交线性变换 $X=QY$ 后得到标准形 $2y_1^2+2y_2^2-3y_3^2$，求 a 的值及所使用的正交变换矩阵 Q.

解 二次型的对称矩阵为 $A=\begin{pmatrix}a & 0 & 2\\ 0 & 2 & 0\\ 2 & 0 & -2\end{pmatrix}$，其特征值为 2,2,-3，故由 $|A|=-12$ 可知 $a=1$.

取 $\lambda_1=2$，求解 $(2I-A)X=0$，得基础解系 $\xi_1=\begin{pmatrix}0\\1\\0\end{pmatrix},\xi_2=\begin{pmatrix}2\\0\\1\end{pmatrix}$.

取 $\lambda_2=-3$，求解 $(-3I-A)X=0$，得基础解系 $\xi_3=\begin{pmatrix}-\frac{1}{2}\\0\\1\end{pmatrix}$.

易知 ξ_1,ξ_2,ξ_3 已满足正交，标准化得 $\gamma_1=\begin{pmatrix}0\\1\\0\end{pmatrix},\gamma_2=\begin{pmatrix}\frac{2}{\sqrt{5}}\\0\\\frac{1}{\sqrt{5}}\end{pmatrix},\gamma_3=\begin{pmatrix}\frac{1}{\sqrt{3}}\\\frac{1}{\sqrt{3}}\\\frac{1}{\sqrt{3}}\end{pmatrix}$.

令 $Q=(\gamma_1,\gamma_2,\gamma_3)$，则 Q 为正交矩阵，且 $Q^{\mathrm{T}}AQ=\Lambda=\begin{pmatrix}2 & & \\ & 2 & \\ & & -3\end{pmatrix}$. 因此，$Q$ 即所求矩阵.

【例 5】 设 n 阶实对称矩阵 A 的每个特征值均大于 a，证明：对任意非零实向量 X，有

$$X^{\mathrm{T}}AX>a\|X\|^2.$$

证明 取正交矩阵 Q，使 $Q^{\mathrm{T}}AQ$ 为对角矩阵，即

$$Q^{\mathrm{T}}AQ=\begin{pmatrix}\lambda_1 & & & \\ & \lambda_2 & & \\ & & \ddots & \\ & & & \lambda_n\end{pmatrix},$$

典例解析

其中 $\lambda_1,\lambda_2,\cdots,\lambda_n$ 是 A 的特征值. 令

$$X=QY,$$

则

$$X^{T}AX=Y^{T}(Q^{T}AQ)Y=\lambda_1y_1^2+\lambda_2y_2^2+\cdots+\lambda_ny_n^2.$$

因所有 $\lambda_i>a$，故

$$X^{T}AX=\lambda_1y_1^2+\lambda_2y_2^2+\cdots+\lambda_ny_n^2>a(y_1^2+y_2^2+\cdots+y_n^2)=a\|Y\|^2.$$

由于正交变换不改变向量的长度，即 $\|Y\|=\|X\|$，因此 $X^{T}AX>a\|X\|^2$.

(三) 判断二次型和对称矩阵的正定性

【例 6】 已知 A 为三阶对称矩阵，且 $r(A)=2$，$A^3+2A^2=0$，则 k 满足________时，$A+kE$ 为正定矩阵.

解 答案 $k>2$.

分析 根据题意可知，矩阵 A 的特征值分别为 $0,-2$(2 重)，因此 $A+kE$ 的特征值为 $k,k-2$. 因此，当 $k>2$ 时，$A+kE$ 的特征值均大于 0，是正定矩阵.

【例 7】 t 取何值时，二次型 $f(x_1,x_2,x_3)=x_1^2+x_2^2+2x_3^2+2tx_1x_2+2x_1x_3$ 是正定的.

解 答案 $-\frac{\sqrt{2}}{2}<t<\frac{\sqrt{2}}{2}$.

分析 二次型的矩阵为

$$A=\begin{pmatrix}1&t&1\\t&1&0\\1&0&2\end{pmatrix},$$

它的顺序主子式

$$A_1=1>0,$$

$$A_2=\begin{vmatrix}1&t\\t&1\end{vmatrix}=1-t^2>0，即 -1<t<1,$$

$$A_3=\begin{vmatrix}1&t&1\\t&1&0\\1&0&2\end{vmatrix}=1-2t^2>0，即 -\frac{\sqrt{2}}{2}<t<\frac{\sqrt{2}}{2}.$$

所以当 $-\frac{\sqrt{2}}{2}<t<\frac{\sqrt{2}}{2}$ 时，各阶顺序主子式全大于零，因此二次型正定.

【例 8】 设有 n 元实二次型

$$f(x_1,x_2,\cdots,x_n)=(x_1+a_1x_2)^2+(x_2+a_2x_3)^2+\cdots+(x_{n-1}+a_{n-1}x_n)^2+(x_n+a_nx_1)^2,$$

其中 $a_1,\cdots,a_n$ 为实数，试问：当 $a_1,\cdots,a_n$ 满足何种条件时，二次型 $f(x_1,x_2,\cdots,x_n)$ 为正定二次型.

解 显然，$f(x_1,x_2,\cdots,x_n)\geqslant 0$. $f(x_1,x_2,\cdots,x_n)=0$ 当且仅当

$$\begin{cases}x_1+a_1x_2=0\\x_2+a_2x_3=0\\\quad\vdots\\x_{n-1}+a_{n-1}x_n=0\\x_n+a_nx_1=0\end{cases}.$$

以上方程组的系数行列式为

$$|A|=\begin{vmatrix} 1 & a_1 & 0 & \cdots & 0 \\ 0 & 1 & a_2 & \cdots & 0 \\ \vdots & \vdots & \vdots & & \vdots \\ 0 & 0 & 0 & \cdots & a_{n-1} \\ a_n & 0 & 0 & \cdots & 1 \end{vmatrix}=1+(-1)^{n+1}a_1a_2\cdots a_n,$$

因此方程组只有零解的充分必要条件是 $1+(-1)^{n+1}a_1a_2\cdots a_n\neq 0$.

所以，当 $1+(-1)^{n+1}a_1a_2\cdots a_n\neq 0$ 时，对任意一组不全为 0 的数 $x_1,x_2,\cdots,x_n$ 都有 $f(x_1,x_2,\cdots,x_n)>0$，即二次型正定.

评注　用定义法判定二次型的正定性，分两步进行：(1) 证明 $f(x_1,x_2,\cdots,x_n)\geqslant 0$；(2) 证明 $f(x_1,x_2,\cdots,x_n)=0$ 当且仅当 $x_1=x_2=\cdots=x_n=0$.

【例 9】　设 $\boldsymbol{A}$ 为 $m\times n$ 实矩阵，且 $m\leqslant n$，证明：矩阵 $\boldsymbol{AA}^{\mathrm{T}}$ 正定的充分必要条件是 $r(\boldsymbol{A})=m$.

证明　已知 $\boldsymbol{AA}^{\mathrm{T}}$ 是实对称矩阵. 考虑对应的实二次型 $f(\boldsymbol{X})=\boldsymbol{X}^{\mathrm{T}}\boldsymbol{AA}^{\mathrm{T}}\boldsymbol{X}$，则有

$$f(\boldsymbol{X})=\boldsymbol{X}^{\mathrm{T}}\boldsymbol{AA}^{\mathrm{T}}\boldsymbol{X}=(\boldsymbol{A}^{\mathrm{T}}\boldsymbol{X})^{\mathrm{T}}\boldsymbol{A}^{\mathrm{T}}\boldsymbol{X}\geqslant 0.$$

所以，　$f=\boldsymbol{X}^{\mathrm{T}}\boldsymbol{AA}^{\mathrm{T}}\boldsymbol{X}$ 是正定二次型(或 $\boldsymbol{A}^{\mathrm{T}}\boldsymbol{A}$ 为正定矩阵)

$\Leftrightarrow f=\boldsymbol{X}^{\mathrm{T}}\boldsymbol{AA}^{\mathrm{T}}\boldsymbol{X}=0$ 只在 $\boldsymbol{X}=0$ 时成立

$\Leftrightarrow(\boldsymbol{A}^{\mathrm{T}}\boldsymbol{X})^{\mathrm{T}}\boldsymbol{A}^{\mathrm{T}}\boldsymbol{X}=0$ 只在 $\boldsymbol{X}=0$ 时成立

$\Leftrightarrow\boldsymbol{A}^{\mathrm{T}}\boldsymbol{X}=0$ 只有零解

$\Leftrightarrow r(\boldsymbol{A})=m$.

评注　$\boldsymbol{A}^{\mathrm{T}}\boldsymbol{A}$(或 $\boldsymbol{AA}^{\mathrm{T}}$)型的矩阵是代数中最为常见的一类矩阵，并已被广泛地应用到实际问题中. 下面我们将这类矩阵的特性归纳如下，供读者参考.

设 $\boldsymbol{A}$ 为 $m\times n$ 实矩阵，则

(1) $\boldsymbol{A}^{\mathrm{T}}\boldsymbol{A}$ 和 $\boldsymbol{AA}^{\mathrm{T}}$ 均为对称矩阵；

(2) $r(\boldsymbol{A}^{\mathrm{T}}\boldsymbol{A})=r(\boldsymbol{A})$；

(3) $\boldsymbol{A}^{\mathrm{T}}\boldsymbol{AX}=\boldsymbol{O}$ 与 $\boldsymbol{AX}=\boldsymbol{O}$ 同解；

(4) $\boldsymbol{A}^{\mathrm{T}}\boldsymbol{A}$ 正定 $\Leftrightarrow\boldsymbol{A}$ 列满秩，$\boldsymbol{AA}^{\mathrm{T}}$ 正定 $\Leftrightarrow\boldsymbol{A}$ 行满秩.

【例 10】　设 $\boldsymbol{A}$ 是 n 阶实对称矩阵，已知 $\boldsymbol{A}^2=\boldsymbol{A},r(\boldsymbol{A})=r(0<r<n)$.

(1) 证明 $\boldsymbol{A}+\boldsymbol{I}$ 是正定矩阵；

(2) 计算 $|\boldsymbol{I}+\boldsymbol{A}+\boldsymbol{A}^2+\cdots+\boldsymbol{A}^k|$.

证明　根据 $\boldsymbol{A}^2=\boldsymbol{A},r(\boldsymbol{A})=r$ 可知，矩阵 $\boldsymbol{A}$ 的特征值为 1(r 重)，0($n-r$ 重).

(1) 矩阵 $\boldsymbol{A}+\boldsymbol{I}$ 的特征值为 2(r 重),1($n-r$ 重)，均大于 0，所以 $\boldsymbol{A}+\boldsymbol{I}$ 正定；

(2) 根据特征值的基本性质可知，矩阵 $\boldsymbol{I}+\boldsymbol{A}+\boldsymbol{A}^2+\cdots+\boldsymbol{A}^k$ 的特征值为 $k+1$(r 重),1($n-r$ 重)，所以其行列式为 $(k+1)^r$.

四、自测练习试卷

试卷 1

一、填空题

1. 二次型 $f(x_1,x_2,x_3)=x_1^2+2x_2^2+x_3^2+2x_1x_2-2x_1x_3+4x_2x_3$ 的秩为________，它的正惯性指数是________，负惯性指数是________.

2. 二次型 $f(x_1,x_2,x_3)=2x_1^2+x_2^2+x_3^2+2x_1x_2+tx_2x_3$ 的矩阵为________，当 t________时，二次型正定. 此时，它的正惯性指数是________.

3. 已知 $\boldsymbol{A}=\begin{pmatrix}1&2&3\\2&x&6\\3&6&x\end{pmatrix}$ 正定，则 x 的取值范围为________.

4. 已知二次型 $f(x_1,x_2,x_3)=\boldsymbol{X}^{\mathrm{T}}\boldsymbol{A}\boldsymbol{X}$ 经过正交变换 $\boldsymbol{X}=\boldsymbol{Q}\boldsymbol{Y}$ 可化为标准形 $y_1^2-y_2^2+2y_3^2$，则矩阵 $\boldsymbol{A}^2-2\boldsymbol{A}=$________.

5. 设 n 阶实对称矩阵 $\boldsymbol{A}$ 的特征值为 $1,2,\cdots,n$，则当 t________时，$\boldsymbol{A}+t\boldsymbol{I}$ 为正定矩阵.

二、选择题

1. 矩阵 $\boldsymbol{A}=\begin{pmatrix}1&2&0\\2&1&0\\0&0&1\end{pmatrix}$. 与以下哪个矩阵合同(　　).

(A) $\begin{pmatrix}1&0&0\\0&1&0\\0&0&1\end{pmatrix}$　　(B) $\begin{pmatrix}1&0&0\\0&1&0\\0&0&-1\end{pmatrix}$

(C) $\begin{pmatrix}1&0&0\\0&-1&0\\0&0&-1\end{pmatrix}$　　(D) $\begin{pmatrix}-1&0&0\\0&-1&0\\0&0&-1\end{pmatrix}$

2. 设 $\boldsymbol{A}$ 是可逆对称矩阵，$\boldsymbol{B}$ 是 n 阶非零反对称矩阵，下列不能通过正交变换化为对角矩阵的是(　　).

(A) $\boldsymbol{AB}-\boldsymbol{BA}$　　(B) $\boldsymbol{A}^{\mathrm{T}}(\boldsymbol{B}+\boldsymbol{B}^{\mathrm{T}})\boldsymbol{A}$　　(C) $\boldsymbol{BAB}$　　(D) $\boldsymbol{ABA}$

3. 选项(　　)不是实二次型 $f(x_1,x_2,\cdots,x_n)=\boldsymbol{X}^{\mathrm{T}}\boldsymbol{A}\boldsymbol{X}$ 正定的充分必要条件.

(A) $\boldsymbol{A}^{-1}$ 为正定矩阵

(B) 任意 $x_1\neq0,x_2\neq0,\cdots,x_n=0$ 代入二次型 $f(x_1,x_2,\cdots,x_n)$，都有 $f(x_1,x_2,\cdots,x_n)>0$

(C) 存在 n 阶可逆矩阵 $\boldsymbol{C}$，使 $\boldsymbol{A}=\boldsymbol{C}^{\mathrm{T}}\boldsymbol{C}$

(D) $\boldsymbol{A}$ 的特征值全大于 0

4. 设 $\boldsymbol{X}^{\mathrm{T}}\boldsymbol{A}\boldsymbol{X},\boldsymbol{X}^{\mathrm{T}}\boldsymbol{B}\boldsymbol{X}$ 是正定二次型，则下列二次型中不一定正定的是(　　).

(A) $\boldsymbol{X}^{\mathrm{T}}(\boldsymbol{A}+\boldsymbol{B})\boldsymbol{X}$　　(B) $\boldsymbol{X}^{\mathrm{T}}\boldsymbol{ABX}$

(C) $\boldsymbol{X}^{\mathrm{T}}\boldsymbol{A}^{-1}\boldsymbol{X}$　　(D) $\boldsymbol{X}^{\mathrm{T}}(\boldsymbol{A}+\boldsymbol{B}^{-1})\boldsymbol{X}$

5. 已知 A,B 是正定矩阵，则以下哪个矩阵可能不是正定的____________.

(A) $A+B$　　(B) AB　　(C) $A^{-1}+B^{-1}$　　(D) $A^{*}+B^{*}$

三、计算题

1. 用配方法化二次型为标准形，并给出所做的线性变换.

$f(x_1,x_2,x_3)=-x_2^2-8x_3^2+2x_1x_2+4x_1x_3$；

2. 用正交变换法化二次型为标准形.

$f(x_1,x_2,x_3)=2x_1^2+5x_2^2+5x_3^2+4x_1x_2-4x_1x_3-8x_2x_3$；

3. 已知二次型 $f(x_1,x_2,x_3)=x_1^2+ax_2^2+x_3^2-4x_1x_2-8x_1x_3-4x_2x_3$，通过正交变换化为标准形 $5y_1^2+by_2^2-4y_3^2$，求 a,b 的值及所用的正交变换矩阵.

4. 已知二次型 $f(x_1,x_2,x_3)=(x_1-x_2)^2+(x_2-x_3)^2+(x_3-x_1)^2$.

(1) 用配方法将二次型化成标准形，并求所做的可逆线性变换；

(2) 用正交变换法将二次型化成标准形，并求所做的正交变换.

5. 设矩阵 $\boldsymbol{A}=\begin{pmatrix}1&0&1\\0&2&0\\1&0&1\end{pmatrix}$，矩阵 $\boldsymbol{B}=(k\boldsymbol{I}+\boldsymbol{A})^2$，求对角矩阵 $\boldsymbol{\Lambda}$，使 $\boldsymbol{B}$ 与之相似，并求 k 为何值时，$\boldsymbol{B}$ 为正定矩阵.

四、证明题

1. 若对于任意非零实向量 $\boldsymbol{X}$，二次型 $f(x_1,x_2,\cdots,x_n)=\boldsymbol{X}^{\mathrm{T}}\boldsymbol{A}\boldsymbol{X}<0$ 均成立，则称 $f(x_1,x_2,\cdots,x_n)=\boldsymbol{X}^{\mathrm{T}}\boldsymbol{A}\boldsymbol{X}$ 是负定二次型，矩阵 $\boldsymbol{A}$ 为负定矩阵. 证明：对称矩阵 $\boldsymbol{A}$ 负定的充分必要条件是，它的偶数阶顺序主子式均大于 0，同时奇数阶顺序主子式均小于 0.

2. 设 $\boldsymbol{A}$ 是 n 阶实对称矩阵，证明：对充分小的正数 t，$\boldsymbol{I}+t\boldsymbol{A}$ 为正定矩阵.

3. 证明：对称矩阵 $\boldsymbol{A}$ 是正定矩阵的充分必要条件是 $\boldsymbol{A}=\boldsymbol{C}^2$，其中 $\boldsymbol{C}$ 为可逆对称矩阵.

4. 如果 $\boldsymbol{A},\boldsymbol{B}$ 为同阶正定矩阵，证明：

(1) $\boldsymbol{AB}$ 的所有特征值大于 0；

(2) $|\lambda\boldsymbol{A}-\boldsymbol{B}|=0$ 的根都是正的.

试卷 2

一、填空题

1. 已知矩阵 $A=\begin{pmatrix}2&1&-1\\1&3&0\\-1&0&-2\end{pmatrix}$，则 A 对应的二次型为____________.

2. 二次型 $f(x_1,x_2,x_3)=x_1^2+4x_1x_2+4x_2^2+3x_1x_3-x_3^2+6x_2x_3$ 的秩为____________，正惯性指数为____________.

3. 已知二次型 $f=x_1^2+x_2^2+5x_3^2+2ax_1x_2-2x_1x_3-4x_2x_3$ 为正定二次型，则 a 满足__________.

4. 已知 A 为 3 阶对称矩阵，且 $r(A)=2$，已知 $A^3+2A^2=0$，则 k 满足____________时，$A+kI$ 为正定矩阵 .

5. 二次型 $f(x_1,x_2,x_3)=(x_1-x_2)^2-(x_2-x_3)^2-(x_3-x_1)^2$ 的规范形为____________.

二、选择题

1. 实对称矩阵 $\boldsymbol{A}=\begin{pmatrix}1 & 1\\ 1 & 2\end{pmatrix}$，$\boldsymbol{B}=\begin{pmatrix}1 & 0\\ 0 & -1\end{pmatrix}$，则 $\boldsymbol{A}$ 与 $\boldsymbol{B}$(　　).

(A)等价　　(B)相似　　(C)合同　　(D)正交相似

2. 设 $\boldsymbol{A}$ 是 n 阶矩阵，$\boldsymbol{C}$ 是 n 阶正交矩阵，且 $\boldsymbol{B}=\boldsymbol{C}^{\mathrm{T}}\boldsymbol{A}\boldsymbol{C}$，则下述结论不成立的是(　　).

(A)$\boldsymbol{A}$ 与 $\boldsymbol{B}$ 相似　　(B)$\boldsymbol{A}$ 与 $\boldsymbol{B}$ 等价

(C)$\boldsymbol{A}$ 与 $\boldsymbol{B}$ 有相同的特征值　　(D)$\boldsymbol{A}$ 与 $\boldsymbol{B}$ 有相同的特征向量

3. 设 $\boldsymbol{A},\boldsymbol{B}$ 均为 n 阶矩阵，对于任意 n 维向量 $\boldsymbol{X}$ 均有 $\boldsymbol{X}^{\mathrm{T}}\boldsymbol{A}\boldsymbol{X}=\boldsymbol{X}^{\mathrm{T}}\boldsymbol{B}\boldsymbol{X}$，则下列哪个条件能推出 $\boldsymbol{A}=\boldsymbol{B}$(　　).

(A)$r(\boldsymbol{A})=r(\boldsymbol{B})$　　(B)$\boldsymbol{A}$ 对称

(C)$\boldsymbol{B}$ 对称　　(D)$\boldsymbol{A},\boldsymbol{B}$ 均对称

4. 设 $\boldsymbol{A}$ 是一个 n 阶矩阵，交换 $\boldsymbol{A}$ 的第 i 列和第 j 列后再交换第 i 行和第 j 行得到矩阵 $\boldsymbol{B}$，则 $\boldsymbol{A},\boldsymbol{B}$ 之间的关系是(　　).

(A)等价但不相似　　(B)相似但不合同

(C)相似、合同但不等价　　(D)等价、相似、合同

5. 矩阵 $\begin{pmatrix}3 & 1 & 0\\ 1 & 2 & 0\\ 0 & 0 & -1\end{pmatrix}$ 与以下哪个矩阵合同？ ____________.

(A)$\begin{pmatrix}1 & 0 & 0\\ 0 & 1 & 0\\ 0 & 0 & -1\end{pmatrix}$　　(B)$\begin{pmatrix}1 & 0 & 0\\ 0 & 1 & 0\\ 0 & 0 & 1\end{pmatrix}$

(C)$\begin{pmatrix}1 & 0 & 0\\ 0 & -1 & 0\\ 0 & 0 & -1\end{pmatrix}$　　(D)$\begin{pmatrix}-1 & 0 & 0\\ 0 & -1 & 0\\ 0 & 0 & -1\end{pmatrix}$

三、计算题

1. 用配方法化二次型为标准形，并给出所做的线性变换.

$f(x_1,x_2,x_3)=2x_1x_2+2x_1x_3-6x_2x_3$.

2. 用正交变换法化二次型为标准形.

$f(x_1,x_2,x_3)=2x_1^2+3x_2^2+3x_3^2+4x_2x_3$.

3. 已知二次型 $f(x_1,x_2,x_3)=\boldsymbol{X}^{\mathrm{T}}\boldsymbol{A}\boldsymbol{X}$ 经过正交变换可化为标准形 $-y_1^2-y_2^2+2y_3^2$，向量 $\boldsymbol{\alpha}=(1,1,-1)^{\mathrm{T}}$ 是 $\boldsymbol{A}$ 对应于特征值 2 的特征向量，求矩阵 $\boldsymbol{A}$ 及所使用的正交变换.

4. 已知 1,1,−1 是 3 阶实对称矩阵 A 的特征值，向量 $(1\quad 1\quad 1)^{\mathrm{T}}$ 是对应−1 的特征向量，求矩阵 A.

5. 设矩阵 $\boldsymbol{A}=\begin{pmatrix}0 & 1 & 0 & 0\\ 1 & 0 & 0 & 0\\ 0 & 0 & y & 1\\ 0 & 0 & 1 & 2\end{pmatrix}$.

（1）已知 $\boldsymbol{A}$ 的一个特征值为 3，试求 y；

（2）求矩阵 $\boldsymbol{P}$，使 $(\boldsymbol{AP})^{\mathrm{T}}(\boldsymbol{AP})$ 为对角矩阵.

四、证明题

1. 设 $\boldsymbol{A},\boldsymbol{B}$ 均为对称矩阵，且 $\boldsymbol{A}$ 正定，证明：存在实数 t，使得 $t\boldsymbol{A}+\boldsymbol{B}$ 是正定矩阵.

2. 设 $\boldsymbol{A}$ 为 n 阶实对称矩阵，$\lambda_1\leqslant\cdots\leqslant\lambda_n$，证明：$\min\limits_{\boldsymbol{X}^{\mathrm{T}}\boldsymbol{X}=1}\boldsymbol{X}^{\mathrm{T}}\boldsymbol{AX}=\lambda_1$，$\max\limits_{\boldsymbol{X}^{\mathrm{T}}\boldsymbol{X}=1}\boldsymbol{X}^{\mathrm{T}}\boldsymbol{AX}=\lambda_n$.

3. 设 $\boldsymbol{A}$ 是 n 阶实对称矩阵，证明：$r(\boldsymbol{A})=n$ 的充分必要条件为存在一个 n 阶实矩阵 $\boldsymbol{B}$，使 $\boldsymbol{AB}+\boldsymbol{B}^{\mathrm{T}}\boldsymbol{A}$ 是正定矩阵.

4. 已知 A 为 m 阶实对称矩阵且正定，矩阵 B 为 $m\times n$ 矩阵，证明：矩阵 $B^{\mathrm{T}}AB$ 正定当且仅当 $r(B)=n$.

五、习题、总复习题及详解

习题 6-1　二次型及矩阵合同

1. 判断以下函数是否为二次型.

(1) $f(x_1,x_2,x_3)=x_1^2-x_2^2+2x_1x_2-5x_2+x_3$；

(2) $f(x_1,x_2,x_3)=5x_1^3-x_2^2+x_3^2-x_1x_2+7x_2x_3$；

(3) $f(x_1,x_2,x_3)=\begin{pmatrix}x_1 & x_2 & x_3\end{pmatrix}\begin{pmatrix}4 & 3 & -1\\2 & -2 & 2\\7 & -6 & 1\end{pmatrix}\begin{pmatrix}x_1\\x_2\\x_3\end{pmatrix}$.

解　(1)包含一次项，故不是二次型；(2)包含三次项，故不是二次型；(3)是二次齐次多项式，故是二次型.

2. 写出以下二次型的矩阵，并判断二次型的秩.

(1) $f(x_1,x_2,x_3)=x_1^2+x_2^2-3x_3^2+4x_1x_2+6x_2x_3$；

(2) $f(x_1,x_2,x_3)=x_1^2-2x_2^2+3x_3^2-6x_1x_2+4x_1x_3$

解　(1)二次型的矩阵为 $\begin{pmatrix}1 & 2 & 0\\2 & 1 & 3\\0 & 3 & -3\end{pmatrix}$，经初等行变换可化为行阶梯形 $\begin{pmatrix}1 & 2 & 0\\0 & 1 & -1\\0 & 0 & 0\end{pmatrix}$，故秩为 2；

(2)二次型的矩阵为 $\begin{pmatrix}1 & -3 & 2\\-3 & -2 & 0\\2 & 0 & 3\end{pmatrix}$，其行列式非零，故秩为 3.

3. 判断矩阵 $\begin{pmatrix}1 & 2 & 0\\2 & 1 & 0\\0 & 0 & 1\end{pmatrix}$ 与矩阵 $\begin{pmatrix}1 & 0 & 0\\0 & 1 & 0\\0 & 0 & -1\end{pmatrix}$ 是否合同.

解　计算矩阵 $\begin{pmatrix}1 & 2 & 0\\2 & 1 & 0\\0 & 0 & 1\end{pmatrix}$ 的特征值分别为−1，1，3，惯性指数与 $\begin{pmatrix}1 & 0 & 0\\0 & 1 & 0\\0 & 0 & -1\end{pmatrix}$ 相同，故合同.

习题 6-2　化二次型为标准形

1. 利用正交变换将下列二次型化为标准型，并写出相应的正交变换 .

(1) $f(x_1,x_2,x_3)=4x_1^2+3x_2^2+3x_3^2+2x_2x_3$；

(2) $f(x_1,x_2,x_3)=2x_1^2+3x_2^2+3x_3^2+4x_2x_3$.

解　(1)二次型矩阵为 $A=\begin{pmatrix}4&0&0\\0&3&1\\0&1&3\end{pmatrix}$，其特征多项式为

$$|\lambda I-A|=\begin{vmatrix}\lambda-4&0&0\\0&\lambda-3&-1\\0&-1&\lambda-3\end{vmatrix}=(\lambda-4)^2(\lambda-2),$$

因此其特征值为 $\lambda_1=\lambda_2=4$，$\lambda_3=2$.

考虑 $\lambda_1=\lambda_2=4$，求解 $(4I-A)X=0$，得特征向量 $\xi_1=\begin{pmatrix}1\\0\\0\end{pmatrix}$，$\xi_2=\begin{pmatrix}0\\1\\1\end{pmatrix}$，

考虑 $\lambda_3=2$，求解 $(2I-A)X=0$，得特征向量 $\xi_3=\begin{pmatrix}0\\-1\\1\end{pmatrix}$.

令 $\gamma_1=\begin{pmatrix}1\\0\\0\end{pmatrix}$，$\gamma_2=\frac{1}{\sqrt{2}}\begin{pmatrix}0\\1\\1\end{pmatrix}$，$\gamma_3=\frac{1}{\sqrt{2}}\begin{pmatrix}0\\-1\\1\end{pmatrix}$，$Q=(\gamma_1,\gamma_2,\gamma_3)$，则经过正交变换 $X=QY$，二次型可转化成标准形 $4y_1^2+4y_2^2+2y_3^2$.

(2)二次型的矩阵为 $=\begin{pmatrix}2&0&0\\0&3&2\\0&2&3\end{pmatrix}$. 其特征多项式为

$$|\lambda I-A|=\begin{vmatrix}\lambda-2&0&0\\0&\lambda-3&-2\\0&-2&\lambda-3\end{vmatrix}=(\lambda-1)(\lambda-2)(\lambda-5),$$

因此特征值为 $\lambda_1=1,\lambda_2=2,\lambda_3=5$

考虑 $\lambda_1=1$，求解 $(I-A)X=0$，得特征向量 $\xi_1=\begin{pmatrix}0\\-1\\1\end{pmatrix}$

考虑 $\lambda_2=2$，求解 $(2I-A)X=0$，得特征向量 $\xi_2=\begin{pmatrix}1\\0\\0\end{pmatrix}$

考虑 $\lambda_3=5$，求解 $(5I-A)X=0$，得特征向量 $\xi_3=\begin{pmatrix}0\\1\\1\end{pmatrix}$.

将 ξ_1,ξ_2,ξ_3，单位化得 $\gamma_1=\frac{1}{\sqrt{2}}\begin{pmatrix}0\\-1\\1\end{pmatrix}$，$\gamma_2=\begin{pmatrix}1\\0\\0\end{pmatrix}$，$\gamma_3=\frac{1}{\sqrt{2}}\begin{pmatrix}0\\1\\1\end{pmatrix}$. 令 $Q=(\gamma_1,\gamma_2,\gamma_3)$，经过正交变换 $X=QY$，二次型可转化为标准形 $y_1^2+2y_2^2+5y_3^2$.

2. 利用配方法将下列二次型化为标准型，并写出相应的线性变换.

(1) $f(x_1,x_2,x_3)=2x_1^2+x_2^2+4x_3^2+2x_1x_2-2x_2x_3$；

(2) $f(x_1,x_2,x_3)=x_1^2+2x_2^2+x_3^2+2x_1x_2+2x_1x_3+4x_2x_3$.

解　(1)
$$\begin{aligned}f(x_1,x_2,x_3)&=2\left(x_1^2+x_1x_2+\frac{1}{4}x_2^2\right)+\frac{1}{2}x_2^2-2x_2x_3+4x_3^2\\&=2\left(x_1+\frac{1}{2}x_2\right)^2+\frac{1}{2}(x_2^2-4x_2x_3+4x_3^2)+2x_3^2\\&=2\left(x_1+\frac{1}{2}x_2\right)^2+\frac{1}{2}(x_2-2x_3)^2+2x_3^2.\end{aligned}$$

令 $\begin{cases}y_1=x_1+\frac{1}{2}x_2\\y_2=x_2-2x_3\\y_3=x_3\end{cases}$，即 $\begin{cases}x_1=y_1-\frac{1}{2}y_2-y_3\\x_2=y_2+2y_3\\x_3=y_3\end{cases}$，此时，二次型可转化为标准形 $2y_1^2+\frac{1}{2}y_2^2+2y_3^2$，所使用线性变换 $X=CY$ 对应的矩阵为 $C=\begin{pmatrix}1&0&0\\-\frac{1}{2}&1&0\\-1&2&1\end{pmatrix}$.

(2)
$$\begin{aligned}f(x_1,x_2,x_3)&=x_1^2+2x_1(x_2+x_3)+(x_2+x_3)^2-(x_2+x_3)^2+2x_2^2+4x_2x_3+x_3^2\\&=(x_1+x_2+x_3)^2+x_2^2+2x_2x_3+x_3^2-x_3^2\\&=(x_1+x_2+x_3)^2+(x_2+x_3)^2-x_3^2\end{aligned}$$

令 $\begin{cases}y_1=x_1+x_2+x_3\\y_2=x_2+x_3\\y_3=x_3\end{cases}$，即 $\begin{cases}x_1=y_1-y_2\\x_2=y_2-y_3\\x_3=y_3\end{cases}$，此时，二次型可转化为标准形 $y_1^2+y_2^2-y_3^2$，所使用线性变换 $X=CY$ 所对应的矩阵 C 为 $\begin{pmatrix}1&0&0\\-1&1&0\\0&-1&1\end{pmatrix}$.

3. 写出二次型 $f(x_1,x_2,x_3)=(x_1+2x_2+3x_3)^2$ 的矩阵，并给出二次型的惯性指数及符号差.

解　二次型所对应的矩阵为 $\begin{pmatrix}1&2&3\\2&4&6\\3&6&9\end{pmatrix}$，计算特征多项式 $|\lambda I-A|=\lambda^2(\lambda-14)$，得特征值为 $\lambda_1=\lambda_2=0,\lambda_3=14$，因此正、负惯性指数为 1、0，符号差为 1.

4. 计算二次型 $f(x_1,x_2,x_3)=2x_1^2+x_2^2-2x_3^2+2x_1x_2$ 的规范形，并给出二次型的惯性指数及符号差.

解 二次型所对应的矩阵为$\begin{pmatrix}2&1&0\\1&1&0\\0&0&-2\end{pmatrix}$，计算特征值为$\frac{3+\sqrt{5}}{2},\frac{3-\sqrt{5}}{2},-2$，因此其规范形为$y_1^2+y_2^2-y_3^2$，正、负惯性指数分别为2、1，符号差为1.

也可将二次型配方得标准形$2y_1^2+\frac{1}{2}y_2^2-2y_3^2$，同样可得结论.

习题 6-3 正定二次型

1. 判断以下二次型是否为正定二次型.

(1)$f(x_1,x_2,x_3)=x_1^2+2x_2^2-7x_3^2$；

(2)$f(x_1,x_2,x_3)=3x_1^2+x_3^2$；

(3)$f(x_1,x_2,x_3)=5x_1^2+2x_2^2+3x_3^2-4x_1x_2+4x_1x_3$；

解 (1)正惯性指数为2，负惯性指数为1，故不是正定二次型；

(2)正惯性指数为2，负惯性指数为0，故不是正定二次型；

(3)$A=\begin{pmatrix}5&-2&2\\-2&2&0\\2&0&3\end{pmatrix}$，其顺序主子式分别为5，6，10，是正定二次型.

2. 已知矩阵$\boldsymbol{A}=\begin{pmatrix}1&2&2\\2&4&4\\2&4&4\end{pmatrix}$，若$k\boldsymbol{I}+\boldsymbol{A}$是正定矩阵，则$k$需满足什么条件？

解 矩阵A的特征多项式$|\lambda I-A|=\lambda^2(\lambda-9)$，故特征值为$\lambda_1=\lambda_2=0$，$\lambda_3=9$，因此，$k>0$时，$kI+A$的所有特征值均大于0，此时$kI+A$是正定矩阵.

3. t取何值时，以下二次型是正定二次型.

(1)$x_1^2+x_2^2+5x_3^2+2tx_1x_2-2x_1x_3+4x_2x_3$；

(2)$x_1^2+4x_2^2+3x_3^2+2tx_1x_2+2(2-t)x_2x_3$.

解 (1)$A=\begin{pmatrix}1&t&-1\\t&1&2\\-1&2&5\end{pmatrix}$，若$A$正定，则所有顺序主子式均大于0，即$1>0$，$\begin{vmatrix}1&t\\t&1\end{vmatrix}=1-t^2>0$，$\begin{vmatrix}1&t&-1\\t&1&2\\-1&2&5\end{vmatrix}=-t(5t+4)>0$，故当$-\frac{4}{5}<t<0$时，二次型正定.

(2)$A=\begin{pmatrix}1&t&0\\t&4&2-t\\0&2-t&3\end{pmatrix}$，若$A$正定，则令所有顺序主子式均大于0，即$1>0$，$\begin{vmatrix}1&t\\t&4\end{vmatrix}=4-t^2>0$，$\begin{vmatrix}1&t&0\\t&4&2-t\\0&2-t&3\end{vmatrix}=-4(t-2)(t+1)>0$，故$-1<t<2$时，二次型正定.

4. 证明：若对称矩阵 $\boldsymbol{A}$ 为正定矩阵，则 $|\boldsymbol{A}+\boldsymbol{I}|>1$.

证明　由于矩阵 A 正定，则 A 的所有特征值均大于 0，$A+I$ 的特征值均大于 1，故所有特征值的乘积大于 1，所以 $|A+I|\geqslant 1$.

总复习题六

1. 写出下列二次型的矩阵.

(1) $f(x_1,x_2,x_3)=x_1^2-x_2^2-4x_1x_2-2x_2x_3$；

(2) $f(x_1,x_2,x_3)=(x_1,x_2,x_3)\begin{pmatrix}1&2&2\\0&3&1\\2&0&1\end{pmatrix}\begin{pmatrix}x_1\\x_2\\x_3\end{pmatrix}$；

(3) $f(x_1,x_2,x_3)=(a_1x_1+a_2x_2+a_3x_3)(b_1x_1+b_2x_2+b_3x_3)$.

解　(1) $\begin{pmatrix}1&-2&0\\-2&-1&-1\\0&-1&0\end{pmatrix}$；

(2) $\begin{pmatrix}1&1&2\\1&3&1/2\\2&1/2&1\end{pmatrix}$；

(3) $\dfrac{1}{2}(\alpha\beta^{\mathrm{T}}+\beta\alpha^{\mathrm{T}})$，其中 $\alpha=(a_1,a_2,a_3)^{\mathrm{T}}$，$\beta=(b_1,b_2,b_3)^{\mathrm{T}}$.

2. 用正交变换法将二次型化为标准形.

(1) $f(x_1,x_2,x_3)=2x_1^2+2x_2^2+2x_3^2+2x_1x_2+2x_1x_3+2x_2x_3$；

(2) $f(x_1,x_2,x_3)=17x_1^2+14x_2^2+14x_3^2-4x_1x_2-4x_1x_3-8x_2x_3$.

解　(1) 二次型的矩阵为 $A=\begin{pmatrix}2&1&1\\1&2&1\\1&1&2\end{pmatrix}$，其特征多项式为 $|\lambda I-A|=\begin{vmatrix}\lambda-2&-1&-1\\-1&\lambda-2&-1\\-1&-1&\lambda-2\end{vmatrix}=(\lambda-1)^2(\lambda-4)$，故特征值为 $\lambda_1=\lambda_2=1$，$\lambda_3=4$.

考虑 $\lambda_1=\lambda_2=1$，求解方程组 $(I-A)X=0$，的特征向量 $\xi_1=\begin{pmatrix}-1\\1\\0\end{pmatrix}$，$\xi_2=\begin{pmatrix}-1\\0\\1\end{pmatrix}$. 将 ξ_1,ξ_2 正交化得 $\beta_1=\begin{pmatrix}-1\\1\\0\end{pmatrix}$，$\beta_2=\begin{pmatrix}-\frac{1}{2}\\-\frac{1}{2}\\1\end{pmatrix}$；

考虑 $\lambda_3=4$，求解方程组 $(4I-A)X=0$，的特征向量 $\xi_3=\begin{pmatrix}1\\1\\0\end{pmatrix}$.

将 β_1,β_2,β_3 单位化，得 $\gamma_1=\frac{1}{\sqrt{2}}\begin{pmatrix}-1\\1\\0\end{pmatrix}$，$\gamma_2=\frac{1}{\sqrt{6}}\begin{pmatrix}-1\\-1\\2\end{pmatrix}$，$\gamma_3=\frac{1}{\sqrt{3}}\begin{pmatrix}1\\1\\1\end{pmatrix}$.

令 $Q=(\gamma_1,\gamma_2,\gamma_3)$，经过正交变换 $X=QY$，二次型可化为 $y_1^2+y_2^2+4y_3^2$.

(2)二次型的矩阵为 $A=\begin{pmatrix}17&-2&-2\\-2&14&-4\\-2&-4&14\end{pmatrix}$，其特征多项式 $|\lambda I-A|=\begin{vmatrix}\lambda-17&2&2\\2&\lambda-14&4\\2&4&\lambda-14\end{vmatrix}=$ $(\lambda-18)^2(\lambda-9)$，故特征值为 $\lambda_1=\lambda_2=18$，$\lambda_3=9$.

考虑特征值 $\lambda_1=\lambda_2=18$，求解 $(18I-A)X=0$，得特征向量 $\xi_1=\begin{pmatrix}-2\\1\\0\end{pmatrix}$，$\xi_2=\begin{pmatrix}-2\\0\\1\end{pmatrix}$，将 ξ_1，ξ_2 正交化得 $\beta_1=\begin{pmatrix}-2\\1\\0\end{pmatrix}$，$\beta_2=\begin{pmatrix}-\frac{2}{5}\\-\frac{4}{5}\\1\end{pmatrix}$；

考虑 $\lambda_3=9$，求解 $(9I-A)X=0$，得特征向量 $\xi_3=\begin{pmatrix}\frac{1}{2}\\1\\1\end{pmatrix}$，将 ξ_1,ξ_2，β_3 单位化得

$\gamma_1=\frac{1}{\sqrt{5}}\begin{pmatrix}-2\\1\\0\end{pmatrix}$，$\gamma_2=\frac{1}{\sqrt{5}}\begin{pmatrix}-2\\-4\\5\end{pmatrix}$，$\gamma_3=\frac{1}{3}\begin{pmatrix}1\\2\\2\end{pmatrix}$.

令 $Q=(\gamma_1,\gamma_2,\gamma_3)$，经过正交变换 $X=QY$，二次型化为 $18y_1^2+18y_2^2-9y_3^2$.

3. 用配方法将二次型化为规范形.

(1) $f(x_1,x_2,x_3)=x_1^2+2x_2^2+5x_3^2+2x_1x_2+2x_1x_3+6x_2x_3$；

(2) $f(x_1,x_2,x_3)=(x_1-x_2)^2+(x_1-x_3)^2-(x_2-x_3)^2$；

(3) $f(x_1,\ x_2,\ x_3)=-4x_1x_2+2x_1x_3+2x_2x_3$.

解 (1)
$$\begin{aligned}f(x_1,x_2,x_3)&=x_1^2+2x_2^2+5x_3^2+2x_1x_2+2x_1x_3+6x_2x_3\\&=x_1^2+2x_1(x_2+x_3)+(x_2+x_3)^2+x_2^2+4x_3^2+4x_2x_3\\&=(x_1+x_2+x_3)^2+(x_2+2x_3)^2\end{aligned}$$

令 $\begin{cases}y_1=x_1+x_2+x_3\\y_2=x_2+2x_3\\y_3=x_3\end{cases}$，即 $\begin{cases}x_1=y_1-y_2+y_3\\x_2=y_2-y_3\\x_3=y_3\end{cases}$，此时二次型可转化为标准形 $y_1^2+y_2^2$；

(2)
$$\begin{aligned}f(x_1,x_2,x_3)&=(x_1-x_2)^2+(x_1-x_3)^2+(x_2-x_3)^2\\&=2x_1^2+2x_2^2+2x_3^2-2x_1x_2-2x_1x_3-2x_2x_3\\&=2\left(x_1^2-x_1(x_2+x_3)+\frac{1}{4}(x_2+x_3)^2\right)-\frac{1}{2}(x_2+x_3)^2+2x_2^2+2x_3^2-2x_2x_3\end{aligned}$$

$$=2\left(x_1-\frac{1}{2}x_2-\frac{1}{2}x_3\right)^2+\frac{3}{2}x_2^2-3x_2x_3+\frac{3}{2}x_3^2$$

$$=2\left(x_1-\frac{1}{2}x_2-\frac{1}{2}x_3\right)^2+\frac{3}{2}(x_2-x_3)^2$$

令$\begin{cases}y_1=x_1-\frac{1}{2}x_2-\frac{1}{2}x_3\\y_2=x_2-x_3\\y_3=x_3\end{cases}$，即$\begin{cases}x_1=y_1+\frac{1}{2}y_2+y_3\\x_2=y_2+y_3\\x_3=y_3\end{cases}$，此时二次型转化为标准形 $2y_1^2-\frac{3}{2}y_2^2$.

(3)由于 $f(x_1,x_2,x_3)=-4x_1x_2+2x_1x_3+2x_2x_3$ 不包含平方项，故先进行线性变换 $\begin{cases}x_1=y_1+y_2\\x_2=y_1-y_2\\x_3=y_3\end{cases}$，即 $X=C_1Y$，其中 $C_1=\begin{pmatrix}1&1&0\\1&-1&0\\0&0&1\end{pmatrix}$，此时二次型转化为$f=-4y_1^2+4y_2^2+4y_1y_3$.

继续进行配方得$f=-4\left(y_1^2-y_1y_3+\frac{1}{4}y_3^2\right)+y_3^2+4y_2^2=-4\left(y_1-\frac{1}{2}y_3\right)^2+4y_2^2+y_3^2$.

令$\begin{cases}z_1=y_1-\frac{1}{2}y_3\\z_2=y_2\\z_3=y_3\end{cases}$，即$\begin{cases}y_1=z_1+\frac{1}{2}z_3\\y_2=z_2\\y_3=z_3\end{cases}$，因此经线性变换 $Y=C_2Z$，其中 $C_2=\begin{pmatrix}1&0&0\\\frac{1}{2}&1&0\\0&0&1\end{pmatrix}$，二次型转化为$-4z_1^2+4z_2^2+z_3^2$.

综合两次线性变换 $X=C_1Y$，$Y=C_2Z$ 可知，线性变换 $X=CZ$，其中 $C=C_1C_2=$

$$\begin{pmatrix}1&1&0\\1&-1&0\\0&0&1\end{pmatrix}\begin{pmatrix}1&0&0\\\frac{1}{2}&1&0\\0&0&1\end{pmatrix}=\begin{pmatrix}\frac{3}{2}&1&0\\\frac{1}{2}&-1&0\\0&0&1\end{pmatrix}.$$

4. 已知二次型

$$f(x_1,x_2,x_3)=2x_1^2+3x_2^2+3x_3^2+2ax_2x_3(a>0),$$

通过正交变换可化为标准形$f=y_1^2+2y_2^2+5y_3^2$，求参数 a 及所使用的正交变换.

解　二次型的矩阵为$A=\begin{pmatrix}2&0&0\\0&3&a\\0&a&3\end{pmatrix}$，根据题意知其特征值分别为$\lambda_1=1,\lambda_2=2,\lambda_3=5$，行列式为 10，即 $|A|=2(9-a^2)=10$. 又 $a>0$，因此 $a=2$.

考虑特征值 $\lambda_1=1$，求解方程组$(I-A)X=0$，得特征向量为 $\xi_1=\begin{pmatrix}0\\-1\\1\end{pmatrix}$；

考虑特征值 $\lambda_1=2$，求解方程组$(2I-A)X=0$，得特征向量为 $\xi_2=\begin{pmatrix}1\\0\\0\end{pmatrix}$；

考虑特征值 $\lambda_1=5$，求解方程组 $(5I-A)X=0$，得特征向量为 $\xi_3=\begin{pmatrix}0\\1\\1\end{pmatrix}$；记矩阵 $Q=(\xi_1,\xi_2,\xi_3)$，易知该矩阵是正交矩阵，$X=QY$ 即所求正交变换．

5. 证明：秩为 r 的对称矩阵 $\boldsymbol{A}$ 可分解为 r 个秩为 1 的对称矩阵之和.

证明 设对称矩阵 A 的秩为 r，可知 A 有 r 个非零特征值．不妨记 A 的 r 个非零特征值为 $\lambda_1,\lambda_2,\cdots,\lambda_r$，则存在正交矩阵 Q 使得 $Q^{\mathrm{T}}AQ=D$，其中 $D=\begin{pmatrix}\lambda_1&&&&&\\&\ddots&&&&\\&&\lambda_r&&&\\&&&0&&\\&&&&\ddots&\\&&&&&0\end{pmatrix}$，即 $A=QDQ^{\mathrm{T}}$. 将矩阵 D 进行分解 $D=D_1+\cdots+D_r$，其中 $D_i=\begin{pmatrix}0&&&&&\\&\ddots&&&&\\&&\lambda_i&&&\\&&&0&&\\&&&&\ddots&\\&&&&&0\end{pmatrix}$，则矩阵 $A=Q(D_1+\cdots+D_r)Q^{\mathrm{T}}=QD_1Q^{\mathrm{T}}+\cdots+QD_rQ^{\mathrm{T}}$. 易知矩阵 QD_iQ^{T} 为对称矩阵且秩为 1，故秩为 r 的对称矩阵 A 可分解为 r 个秩为 1 的对称矩阵之和．

6. 证明：可逆实对称矩阵 $\boldsymbol{A}$ 与 $\boldsymbol{A}^{-1}$ 合同.

证明 已知可逆矩阵 A，由于 A 与 A^{-1} 的特征值互为倒数，可知二者惯性指数相同，故合同．

7. 判断下列二次型的正定性.

(1) $f(x_1,x_2,x_3)=x_1^2+2x_2^2+4x_3^2+2x_1x_2-2x_2x_3$；

(2) $f(x_1,x_2,\cdots,x_n)=\sum\limits_{i=1}^{n}x_i^2+\sum\limits_{i<j}x_ix_j$.

解 (1) 二次型的矩阵为 $A=\begin{pmatrix}1&1&0\\1&2&-1\\0&-1&4\end{pmatrix}$，计算其顺序主子式分别为 1，1，3，可知该二次型是正定的；

(2) 二次型的矩阵为 $A=\begin{pmatrix}1&\frac{1}{2}&\cdots&\frac{1}{2}\\\frac{1}{2}&1&\cdots&\frac{1}{2}\\\vdots&\vdots&\vdots&\vdots\\\frac{1}{2}&\frac{1}{2}&\cdots&1\end{pmatrix}$，其 k 阶顺序主子式为 $\dfrac{k+1}{2^k}$ 均大于 0，因此

二次型是正定的.

8. t 取何值时，下列二次型是正定的.

(1) $f(x_1,x_2,x_3)=x_1^2+x_2^2+2x_3^2+2tx_1x_2+2x_1x_3$；

(2) $f(x_1,x_2,x_3,x_4)=t(x_1^2+x_2^2+x_3^2)+x_4^2+2x_1x_2-2x_1x_3-2x_2x_3$.

解　(1) 二次型的矩阵为 $A=\begin{pmatrix}1&t&1\\t&1&0\\1&0&2\end{pmatrix}$，若 A 正定，则各阶顺序主子式均大于 0，即 $1>0$，$\begin{vmatrix}1&t\\t&1\end{vmatrix}=1-t^2>0$，$\begin{vmatrix}1&t&1\\t&1&0\\1&0&2\end{vmatrix}=-2t^2+1>0$，因此当 $-\frac{1}{\sqrt{2}}\leqslant t\leqslant\frac{1}{\sqrt{2}}$ 时，二次型是正定的 .

(2) 二次型的矩阵为 $A=\begin{pmatrix}t&1&-1&0\\1&t&-1&0\\-1&-1&t&0\\0&0&0&1\end{pmatrix}$，若 A 正定，则各阶顺序主子式均大于 0，即 $1>0$，$\begin{vmatrix}t&1\\1&t\end{vmatrix}=t^2-1>0$，$\begin{vmatrix}t&1&-1&0\\1&t&-1&0\\-1&-1&t&0\\0&0&0&1\end{vmatrix}=\begin{vmatrix}t&1&-1\\1&t&-1\\-1&-1&t\end{vmatrix}=(t-1)^2(t+2)>0$，故当 $-2<t<-1$ 或者 $t>1$ 时，二次型是正定的 .

9. 证明.

(1) 若 $\boldsymbol{A}$ 是正定矩阵，则 $\boldsymbol{A}^{-1}$，$\boldsymbol{A}^*$ 也正定；

(2) 若 $\boldsymbol{A}$、$\boldsymbol{B}$ 是正定矩阵，则 $\boldsymbol{A}+\boldsymbol{B}$ 也正定；

(3) 设 $\boldsymbol{A}$ 是列满秩矩阵，则 $\boldsymbol{A}^{\mathrm{T}}\boldsymbol{A}$ 是正定矩阵.

证明　(1) 根据特征值的性质，若 λ 是可逆矩阵 A 的特征值，则 λ^{-1} 和 $\frac{|A|}{\lambda}$ 是矩阵 A^{-1}，A^* 的特征值 . 由于 A 正定，则其特征值及行列式均大于 0，因此 A^{-1}，A^* 的特征值也均大于 0，是正定矩阵 .

(2) 由于 A，B 为正定矩阵，则对于任意非零向量 X 均有 $X^{\mathrm{T}}AX>0$，$X^{\mathrm{T}}BX>0$. 因此，对于任意非零向量 X 均有 $X^{\mathrm{T}}(A+B)X>0$，故 $A+B$ 正定 .

(3) 由于 A 是列满秩矩阵，则方程组 $AX=O$ 只有零解，即任意非零向量 X 均使得 AX 非零 . 因此任意非零向量 X 均使得 $(AX)^{\mathrm{T}}AX>0$，即 $XA^{\mathrm{T}}AX>0$，因此 $A^{\mathrm{T}}A$ 是正定矩阵 .

10. 设 $\boldsymbol{A}$ 为实对称矩阵，且满足 $\boldsymbol{A}^2-3\boldsymbol{A}+2\boldsymbol{I}=\boldsymbol{O}$，证明：$\boldsymbol{A}$ 为正定矩阵.

解　记实对称矩阵 A 的特征值为 λ，则 A 的特征值为 1,2，故正定 .

11. 设 $\boldsymbol{A}$ 为实对称矩阵，证明：当 t 充分大时，$t\boldsymbol{I}+\boldsymbol{A}$ 是正定矩阵.

解　记 $\lambda_1,\lambda_2,\cdots,\lambda_n$ 为 n 阶实对称 A 的特征值，不妨假设 $\lambda_1\leqslant\lambda_2\leqslant\cdots\leqslant\lambda_n$. 对于任意实数 t，$tI+A$ 的特征值为 $t+\lambda_1,t+\lambda_2,\cdots,t+\lambda_n$. 只要 $t+\lambda_1>0,t+\lambda_2>0,\cdots,t+\lambda_n>0$，即 $t>-\lambda_1$，

矩阵 $tI+A$ 所有特征值均大于 0，故 $tI+A$ 正定 .

12. 设 $\boldsymbol{A}$，$\boldsymbol{B}$ 为实对称矩阵，$\boldsymbol{A}$ 的特征值均大于 a，$\boldsymbol{B}$ 的特征值均大于 b，证明：$\boldsymbol{A}+\boldsymbol{B}$ 的特征值均大于 $a+b$.

解 由于 A 的特征值均大于 a，B 的特征值均大于 b，则矩阵 $A-aI$,$B-bI$ 的特征值均大于 0，故正定；利用上一题结论，$A+B-(a+b)I$ 也正定，其特征值大于 0，所以 $A+B$ 的特征值均大于 $a+b$.